AF255289

G. LEJEUNE DIRICHLET'S WERKE.

HERAUSGEGEBEN AUF VERANLASSUNG

DER

KÖNIGLICH PREUSSISCHEN AKADEMIE DER WISSENSCHAFTEN.

IN ZWEI BÄNDEN.

BERLIN.

DRUCK UND VERLAG VON GEORG REIMER.

1897.

G. LEJEUNE DIRICHLET'S WERKE.

HERAUSGEGEBEN AUF VERANLASSUNG

DER

KÖNIGLICH PREUSSISCHEN AKADEMIE DER WISSENSCHAFTEN

VON

L. KRONECKER.

FORTGESETZT

VON

L. FUCHS.

ZWEITER BAND.

BERLIN.

DRUCK UND VERLAG VON GEORG REIMER.

1897.

VORWORT.

Der Herausgeber des ersten Bandes von Dirichlet's Werken, welcher zum Schmerz der mathematischen Welt und seiner Freunde aus voller Schaffensfreude jählings abgerufen worden, hatte mit grosser Liebe und Sorgfalt die Vorbereitungen für eine würdige Ausgabe der gesammelten Schriften Dirichlet's betrieben, wie jeder Leser des ersten Bandes der Werke schon selber zu erkennen Gelegenheit gehabt. Um so mehr ist es zu bedauern, dass es ihm nicht vergönnt war das Werk zu vollenden. Als die Königliche Akademie der Wissenschaften mich beauftragte die Fortsetzung der Herausgabe zu übernehmen, waren vom zweiten Bande die ersten fünfzehn Bogen bereits gedruckt, während für den Druck des Restes der ersten Abtheilung ein von Kronecker verfasstes Programm vorlag. Dieses Programm hat in der Ausführung im Ganzen zur Richtschnur gedient, als wesentliche Abweichung von demselben ist hervorzuheben, dass nicht alle Uebersetzungen Dirichlet'scher Abhandlungen — wie es in dem Programm vorgesehen war — sondern nur solche Aufnahme gefunden haben, welche von Dirichlet selbst oder unter seiner Antheilnahme gemacht worden waren. Von den übrigen findet sich ein Verzeichniss am Schlusse dieses Bandes.

Ueber das Material, welches Kronecker aus den nachgelassenen Schriften aufgenommen wissen wollte, fanden sich im Programm nur unvollständige Notizen vor. Von dem handschriftlichen Nachlass war nur ein Theil so beschaffen, dass eine Reconstruction des Inhaltes noch möglich war und in den Anhang mit aufgenommen werden konnte. Das Uebrige, aus unzusammenhängenden Notizen bestehend, musste als Material für einen späteren Enträthsler zurückgelassen werden. Zu spät, um noch in die erste Abtheilung aufgenommen zu werden, fand sich die Preisaufgabe über die Abel'schen Functionen, welche ebenfalls im Anhang (S. 358) Platz gefunden hat. Gleichfalls im Anhang ist der Briefwechsel zwischen DIRICHLET und GAUSS, sowie zwischen DIRICHLET und KRONECKER zum Abdruck gekommen. Von der Correspondenz zwischen DIRICHLET und ALEXANDER VON HUMBOLDT konnte nur derjenige Theil Platz finden, welcher mit mathematischen Fragen in Zusammenhang steht.

Den Schluss des Anhanges bilden zwei Anmerkungen; die eine von Herrn DEDEKIND enthält eine Berichtigung einer Stelle des ersten Bandes, die andere von Herrn H. WEBER eine interessante Mittheilung von G. KIRCHHOFF.

Leider fanden sich in dem mir zu Gebote stehenden von KRONECKER hinterlassenen Material zum zweiten Bande nicht genügende Anhaltspunkte, um die im Vorwort zum ersten Bande von KRONECKER erörterte Frage über die redactionelle Abweichung der beiden im ersten Bande S. 1 und S. 21 abgedruckten denselben Gegenstand behandelnden Arbeiten DIRICHLET's vollständig zu klären.

Es ist mir eine angenehme Pflicht, an dieser Stelle allen denjenigen Herren, welche der Herausgabe ihr wohlwollendes Interesse zugewendet haben, zu danken, insbesondere dem Herrn HERMITE, welcher auch im zweiten Bande die grosse Güte gehabt hat, die französischen Correcturbogen durchzusehen, in gleicher Weise den Herren SCHERING, FROBENIUS, HENSEL und LUDWIG SCHLESINGER für ihre gütige Antheilnahme an der Revision der Correcturbogen. Herrn HETTNER verdanke ich den Hinweis auf die S. 368 abgedruckte Mittheilung von ENCKE. Herr HIRSCHFELD hatte die Güte, die Note: Entwurf zu einer akademischen Rede (S. 364), Herr M. CANTOR die Arbeit: *Mémoire sur la géométrie des Hindous* (S. 345) durchzusehen. Um die Sichtung des handschriftlichen Nachlasses, der in den Anhang aufgenommen worden ist, haben sich mein Sohn RICHARD und Herr H. LEMKE ganz besonders verdient gemacht. Den Druck hat mit dankenswerther Sorgfalt Herr E. E. BOEHM geleitet.

Vor allem aber drängt es mich Herrn DEDEKIND meinen wärmsten Dank abzustatten, welcher nicht nur die Richtigstellung des Textes einer sorgfältigen Kritik unterwarf, sondern auch Dank seiner tiefen Kenntniss der DIRICHLET'schen Schriften und den Erinnerungen aus seinem persönlichen Umgange mit DIRICHLET mich in der Auswahl des handschriftlichen Nachlasses zu unterstützen in der Lage war.

Berlin, Juli 1897.

L. FUCHS.

INHALTS-VERZEICHNISS.

G. Lejeune Dirichlet's Werke. II.

I. ABTHEILUNG,

ENTHALTEND

DIE VON G. LEJEUNE DIRICHLET SELBST VERÖFFENTLICHTEN ARBEITEN.

(FORTSETZUNG.)

ÜBER DIE STABILITÄT DES GLEICHGEWICHTS.

VON

G. LEJEUNE DIRICHLET.

Crelle, Journal für die reine und angewandte Mathematik, Bd. 32 p. 85—88.

1*

ÜBER DIE STABILITÄT DES GLEICHGEWICHTS.

[Auszug aus einer am 22. Januar 1846 in der Königl. Akademie der Wissenschaften gelesenen Abhandlung.] [1]

Wenn auf ein System materieller Punkte anziehende oder abstossende, bloss von der Entfernung abhängige Kräfte wirken, die entweder nach festen Centren gerichtet sind, oder für die, wenn sie gegenseitig zwischen zwei Massen stattfinden, Wirkung und Gegenwirkung einander gleich sind, und überdies die Bedingungsgleichungen, welche die Coordinaten der Punkte unter einander verbinden, die Zeit nicht enthalten, so gilt immer das sogenannte Integral der lebendigen Kraft, welches in seiner ganzen Allgemeinheit zuerst von D. BERNOULLI aufgestellt worden und in der Gleichung:

$$\Sigma m v^2 = f(x,\ y,\ z,\ x',\ \ldots) + C$$

enthalten ist. Das Summenzeichen erstreckt sich auf alle Massen des Systems, von denen jede mit m, ihre Geschwindigkeit mit v bezeichnet ist, und C bedeutet die willkürliche Constante. Die Function der Coordinaten hängt bloss von der Natur der Kräfte ab und lässt sich immer durch eine bestimmte Anzahl unabhängiger Variabeln $\lambda,\ \mu,\ \nu,\ \ldots$ ausdrücken, wodurch die Gleichung in:

$$\Sigma m v^2 = \varphi(\lambda,\ \mu,\ \nu,\ \ldots) + C$$

übergeht. Die Function φ steht in inniger Beziehung zu den Gleichgewichtslagen des Systems, indem die Bedingung, dass für eine, bestimmten Werthen von $\lambda,\ \mu,\ \nu,\ \ldots$ entsprechende Lage Gleichgewicht stattfinde, mit der zusammenfällt, dass für diese Werthe das vollständige Differential von φ verschwinde; so dass also im Allgemeinen für jede Gleichgewichtslage die Function ein Maximum oder Minimum sein wird. Findet wirklich das Maximum statt, so hat das Gleichgewicht den Charakter der Stabilität, d. h. das System wird sich, wenn die Punkte aus einer solchen Lage nur wenig verrückt werden und kleine Anfangsgeschwindigkeiten erhalten, im Laufe der Zeit nie über gewisse enge Grenzen hinaus von derselben entfernen.

---

[1] Im Jahrgang 1846 der Akademie-Berichte wird der Auszug auf S. 34 mit den Worten eingeleitet: Hr. Lejeune Dirichlet las *über die Bedingungen der Stabilität des Gleichgewichts.* Für den Abdruck im Journal hat Dirichlet den Titel, so wie an einigen Stellen den Text etwas verändert und den ganzen Absatz am Schlusse neu hinzugefügt. **K.**

Der eben erwähnte Satz gehört unstreitig zu den wichtigsten der ganzen Mechanik; auf ihm beruht namentlich die Theorie der kleinen Schwingungen, welche so viele interessante physikalische Anwendungen in sich begreift, und man muss sich in der That wundern, dass die Wahrheit desselben bisher nicht mit der nöthigen Strenge dargethan worden ist. Setzt man voraus, dass die Gleichgewichtslage oder das Maximum der Function φ den Werthen $\lambda = 0$, $\mu = 0, \ldots$ entspricht, was immer geschehen kann, ohne der Allgemeinheit Abbruch zu thun, so besteht der von LAGRANGE*) gegebene Beweis darin, dass die Entwickelung der Function nach Potenzen von $\lambda, \mu, \nu, \ldots$, welche mit den Gliedern zweiter Ordnung beginnt, auf diese beschränkt wird, und dass dann aus dem bekannten Kriterium für das Maximum, nach welchem die Glieder zweiter Ordnung als eine Summe von negativen Quadraten dargestellt werden können, Grenzen für $\lambda, \mu, \nu, \ldots$ abgeleitet werden, die sie nicht überschreiten können. Diese Schlussweise, welche auch bei anderen Fragen der Stabilität, und namentlich in der physischen Astronomie nicht selten in Anwendung gebracht wird, ermangelt aber offenbar der Beweiskraft, und es kann mit Recht gezweifelt werden, ob Grössen, für die man unter der *Voraussetzung*, dass sie immer klein bleiben — denn nur in dieser liegt die Befugniss, die höheren Glieder zu vernachlässigen —, kleine Grenzen findet, nach einer beliebigen Zeit wirklich in diese oder überhaupt nur in enge Grenzen eingeschlossen sein werden.

Der oben erwähnte Beweis ist, so viel ich weiss, bisher ohne wesentliche Veränderung von allen Schriftstellern reproducirt worden, welche sich mit diesem Gegenstande beschäftigt haben, und was namentlich POISSON**) zu demselben hinzugefügt hat, um die Glieder höherer Ordnung zu berücksichtigen, beruht auf der ganz unhaltbaren Annahme, dass *jedes* Glied zweiter Ordnung den Inbegriff aller höheren Glieder übertreffe. Aber selbst wenn die von LAGRANGE angestellten Betrachtungen für den Fall, worauf sie sich beziehen, und wo sich das Maximum in den Gliedern zweiter Ordnung zu erkennen giebt, vervollständigt würden, wäre damit der fragliche Satz noch nicht in seinem ganzen Umfange bewiesen. Bekanntlich ist die Existenz eines Maximums mit dem Verschwinden der Glieder zweiter Ordnung verträglich; nur muss immer die niedrigste Ordnung, für welche nicht sämmtliche Glieder verschwinden, eine gerade sein und das Aggregat aller dieser Glieder immer negativ bleiben. Die

---

*) Mécanique analytique, première partie, section III.   **) Traité de Mécanique, tome second, page 492.[1]
[1] Dieses Citat fehlt im Akademie-Bericht.   K.

vollständigen Kriterien für diese letztere Bedingung sind bisher, selbst wenn es sich um die vierte Ordnung handelt, nicht aufgestellt worden (Théorie des fonctions, seconde partie, no. 57); sie wären daher vor Allem aufzusuchen; was nothwendig in den Beweis des mechanischen Satzes grosse Complication bringen würde.

Glücklicherweise lässt sich das Princip der Stabilität des Gleichgewichts unabhängig von diesen Kriterien und durch höchst einfache, unmittelbar an den Begriff des Maximums anknüpfende Betrachtungen nachweisen.

Indem wir die obige Voraussetzung beibehalten, dass die Gleichgewichtslage verschwindenden Werthen von λ, μ, ν, ... entspricht, machen wir noch die zweite: dass der Werth von $\varphi(0, 0, 0, ...)$ ebenfalls Null ist; was wegen der willkürlichen Constante gestattet ist. Bestimmt man nun die Constante aus dem gegebenen Anfangszustande, für welchen v, λ, μ, ν, ... mit v_0, λ_0, μ_0, ν_0, ... bezeichnet werden sollen, so erhält man:
$$\Sigma m v^2 = \varphi(\lambda, \mu, \nu, ...) - \varphi(\lambda_0, \mu_0, \nu_0, ...) + \Sigma m v_0^2.$$
Vermöge der Annahme, dass $\varphi(\lambda, \mu, \nu, ...)$ für $\lambda = 0$, $\mu = 0$, $\nu = 0$, ... ein Maximum ist, dessen Werth selbst verschwindet, lassen sich nun immer so kleine positive Grössen l, m, n, ... angeben, dass für jedes System λ, μ, ν, ..., wenn die Zahlenwerthe dieser Variabeln respective nicht grösser als l, m, n, ... sind, $\varphi(\lambda, \mu, \nu, ...)$ stets negativ ist; den einzigen Fall ausgenommen, wo λ, μ, ν, ... gleichzeitig verschwinden. Dieser Fall wird ausgeschlossen, wenn wir nur solche Systeme betrachten, in welchen wenigstens eine der Variabeln λ, μ, ν, ..., abgesehen vom Zeichen, ihrer Grenze l, m, n, ... gleich ist. Ist von allen diesen negativen Werthen der Function, $-p$, abgesehen vom Zeichen, der kleinste, so lässt sich leicht zeigen, dass, wenn λ_0, μ_0, ν_0, ... numerisch kleiner als l, m, n, ... genommen werden und zugleich der Bedingung:
$$-\varphi(\lambda_0, \mu_0, \nu_0, ...) + \Sigma m v_0^2 < p$$
Genüge geschieht, jede der Variabeln λ, μ, ν, ... im Laufe der Bewegung numerisch unter ihrer Grenze l, m, n, ... bleiben wird. Fände das Gegentheil statt, so müsste, da die anfänglichen Werthe λ_0, μ_0, ν_0, ... der Voraussetzung nach die eben ausgesprochene Bedingung erfüllen und bei der Stetigkeit der Variabeln λ, μ, ν, ...[1]), zu einer gewissen Zeit zuerst Gleichheit zwischen einem oder mehreren der Zahlenwerthe von λ, μ, ν, ... und der entsprechenden Grenze l, m, n, ... eintreten, ohne dass einer der übrigen diese noch überschritten hätte. Für diesen Zeitpunkt wäre der negative Werth von $\varphi(\lambda, \mu, \nu, ...)$

---

[1]) Die Worte „und bei der Stetigkeit der Variabeln λ, μ, ν, ...“ fehlen im Akademie-Bericht.　K.

numerisch nicht kleiner als p, und also die zweite Seite unserer Gleichung wegen der obigen auf den Anfangszustand sich beziehenden Ungleichheit negativ; was mit der Natur der ersten Seite in Widerspruch steht. Zugleich ist klar, dass auch die Geschwindigkeiten v immer in Grenzen eingeschlossen bleiben werden, da stets:

$$\Sigma m v^2 \leqq \Sigma m v_0^2 - \varphi(\lambda_0,\ \mu_0,\ \nu_0,\ \ldots)$$

sein wird, so wie auch, dass die Grenzen für jedes v, so wie für jede der die Lage des Systems bestimmenden Variabeln λ, μ, ν, $\ldots$, beliebig enge gemacht werden können, da l, m, n, $\ldots$ jedes Grades von Kleinheit fähig sind.[1]

Schliesslich wollen wir noch auf einen merkwürdigen, bei verschiedenen Schriftstellern vorkommenden Irrthum aufmerksam machen, welcher den eben besprochenen Gegenstand betrifft[*]. Es wird behauptet, dass, wenn das System im Laufe der Bewegung durch mehrere Gleichgewichtslagen hindurch geht, diese abwechselnd Lagen des stabilen und unstabilen Gleichgewichts, d. h. solche sind, denen ein Maximum oder Minimum der Function $\varphi(\lambda, \mu, \nu, \ldots)$ entspricht; und diese Behauptung wird darauf gegründet, dass 1^0 ein Maximum oder Minimum diesen Charakter nicht verliert, wenn die früher als unabhängig betrachteten Variabeln λ, μ, ν, $\ldots$ die besonderen Werthe, für welche ein solches stattfindet, dadurch erhalten, dass sie Functionen von einer neuen Grösse t werden, und dann 2^0 darauf, dass bei einer Function einer einzigen Variabeln t Maxima und Minima einander abwechselnd folgen. Beides ist richtig, berechtigt aber nicht zu der daraus gezogenen Folgerung; es wäre vielmehr erforderlich, dass das Erstere auch umgekehrt gültig bliebe, d. h. dass die bloss von t abhängige Function $\varphi(\lambda, \mu, \nu, \ldots)$, wenn sie für ein bestimmtes t ein Maximum oder Minimum darbietet, dieselbe Eigenschaft behielte, wenn man die entsprechenden Werthe von λ, μ, ν, $\ldots$ als besondere Werthe der als unabhängige Variabeln betrachteten Grössen λ, μ, ν, $\ldots$ ansieht. Dies braucht aber nicht der Fall zu sein, selbst dann nicht, wenn nur eine Grösse, z. B. λ, vorkommt. So hat die Function λ^2 nur ein Minimum und gar kein Maximum, während für die Function $\sin^2 t$, in welche jene durch die Annahme $\lambda = \sin t$ übergeht, nicht nur unendlich viele Minima, welche einander und dem früheren gleich sind, sondern überdies unendlich viele Maxima stattfinden. Der Irrthum, in welchen man in dieser Beziehung verfallen ist, muss um so mehr befremden, als die Unrichtigkeit der aufgestellten Behauptung sich schon bei der gewöhnlichen Pendelbewegung zu erkennen giebt.

---

[1] Hier schliesst der Auszug im Akademie-Bericht (vgl. S. 37 im Jahrgang 1846).   K.
[*] Traité de Mécanique par Poisson, tome second, page 491.

SUR UN MOYEN GÉNÉRAL DE VÉRIFIER L'EXPRESSION DU POTENTIEL RELATIF A UNE MASSE QUELCONQUE, HOMOGÈNE OU HÉTÉROGÈNE.

PAR

M. G. LEJEUNE DIRICHLET.

Crelle, Journal für die reine und angewandte Mathematik, Bd. 32 p. 80—84.

SUR UN MOYEN GÉNÉRAL DE VÉRIFIER L'EXPRESSION DU POTENTIEL RELATIF A UNE MASSE QUELCONQUE, HOMOGÈNE OU HÉTÉROGÈNE.

Étant donnée une masse quelconque, limitée en tout sens, formant un tout continu ou composée de plusieurs parties séparées, et ayant en chacun de ses points une densité finie, si l'on fait la somme de tous les éléments de cette masse, divisés chacun par sa distance à un point quelconque m, on aura ce que les géomètres sont convenus d'appeler le potentiel de la masse par rapport à ce point. On sait que l'intégrale triple ainsi définie, qui est toujours une fonction déterminée des coordonnées rectangulaires x, y, z du point m, jouit d'un grand nombre de propriétés importantes dont je ne rappellerai ici que celles sur lesquelles porte la remarque qui fait l'objet de cette note.

1) Le potentiel v et ses coefficients différentiels du premier ordre:

$$\frac{\partial v}{\partial x}, \quad \frac{\partial v}{\partial y}, \quad \frac{\partial v}{\partial z},$$

qui expriment les composantes de l'attraction exercée par la masse au point m, sont des fonctions finies et continues de x, y, z dans toute l'étendue de l'espace.

2) Il existe toujours des limites déterminées que les produits:

$$xv, \quad yv, \quad zv, \quad x^2\frac{\partial v}{\partial x}, \quad y^2\frac{\partial v}{\partial y}, \quad z^2\frac{\partial v}{\partial z}$$

ne sauraient dépasser en aucun point de l'espace.

3) Si l'on fait abstraction des points particuliers autour desquels la densité varie d'une manière brusque, chacune des trois dérivées:

$$\frac{\partial^2 v}{\partial x^2}, \quad \frac{\partial^2 v}{\partial y^2}, \quad \frac{\partial^2 v}{\partial z^2}$$

aura toujours une valeur finie et unique, et ces valeurs simultanées seront

2*

telles que:

$$(a) \qquad \frac{\partial^2 v}{\partial x^2} + \frac{\partial^2 v}{\partial y^2} + \frac{\partial^2 v}{\partial z^2} = -4\pi\varrho,$$

ϱ désignant la densité au point (x, y, z), que l'on devra considérer comme nulle lorsque ce point se trouve en dehors de la masse. Pour les points que nous venons d'excepter et qui seront toujours situés sur certaines surfaces, parmi lesquelles se trouveront aussi comprises celles qui servent de limite à la masse ou du moins les parties de ces dernières où la densité n'est pas nulle, les fonctions:

$$\frac{\partial^2 v}{\partial x^2}, \quad \frac{\partial^2 v}{\partial y^2}, \quad \frac{\partial^2 v}{\partial z^2}$$

auront généralement chacune deux valeurs distinctes, mais toujours finies, qui pour la première, par exemple, seront les deux limites du rapport:

$$\frac{\varDelta \frac{\partial v}{\partial x}}{\varDelta x},$$

qui répondent à une valeur infiniment petite de $\varDelta x$, positive ou négative. De la combinaison de ces doubles valeurs résulteront en général pour le trinôme (a) huit valeurs différentes qu'il n'est pas nécessaire de considérer; il suffit pour notre objet de savoir qu'elles sont toutes finies.

Voici maintenant la remarque très simple à laquelle les propriétés que nous venons d'énoncer, donnent lieu et qui n'avait pas encore été faite, que je sache. C'est que ces propriétés caractérisent complètement le potentiel v, et qu'il n'existe aucune autre fonction v' qui jouisse de toutes ces propriétés réunies.

Pour le prouver, admettons que le contraire ait lieu, et voyons ce qui en résultera pour la différence $v' - v = u$. D'après la nature des propriétés dont il s'agit, il est évident que la nouvelle fonction u satisfera encore aux conditions (1) et (2), tandis que l'équation (a) sera remplacée par celle-ci:

$$\frac{\partial^2 u}{\partial x^2} + \frac{\partial^2 u}{\partial y^2} + \frac{\partial^2 u}{\partial z^2} = 0.$$

Il faut toutefois excepter les points mentionnés plus haut; nous savons seulement qu'à de tels points répondent des valeurs finies du trinôme. Ces valeurs finies — inconnues pour le moment, mais qui sont effectivement toutes égales à zéro, puisque nous allons voir qu'on a $u = 0$ — n'ayant lieu que le long de certaines surfaces, seront sans aucune influence sur le résultat d'une triple intégration, et nous aurons rigoureusement:

$$\iiint u \left(\frac{\partial^2 u}{\partial x^2} + \frac{\partial^2 u}{\partial y^2} + \frac{\partial^2 u}{\partial z^2} \right) dx\, dy\, dz = 0,$$

les limites étant quelconques. Étendons chacune des trois intégrations depuis $-a$ jusqu'à $+a$, et considérons en particulier l'intégrale du premier terme. Si nous commençons par l'opération relative à x, l'intégration par parties donnera:

$$\int_{-a}^{+a} u \frac{\partial^2 u}{\partial x^2}\, dx = \left(u \frac{\partial u}{\partial x} \right)_{-a}^{+a} - \int_{-a}^{+a} \left(\frac{\partial u}{\partial x} \right)^2 dx,$$

les indices ajoutés au premier terme indiquant qu'il faut prendre la différence des deux valeurs qui répondent à $+a$ et à $-a$. C'est en effet à cette seule différence que se réduisent les termes que l'intégration par parties produit en dehors du signe, $u \frac{\partial u}{\partial x}$ étant une fonction continue de x. En opérant d'une manière analogue sur les deux autres intégrales, il viendra:

$$\iiint \left(\left(\frac{\partial u}{\partial x} \right)^2 + \left(\frac{\partial u}{\partial y} \right)^2 + \left(\frac{\partial u}{\partial z} \right)^2 \right) dx\, dy\, dz$$
$$= \iint \left(u \frac{\partial u}{\partial x} \right)_{-a}^{+a} dy\, dz + \iint \left(u \frac{\partial u}{\partial y} \right)_{-a}^{+a} dx\, dz + \iint \left(u \frac{\partial u}{\partial z} \right)_{-a}^{+a} dx\, dy.$$

En vertu des conditions (2), la fonction de y et z, qui se trouve sous le signe dans la première intégrale double, sera dans toute l'étendue de cette intégrale numériquement moindre que $\frac{k}{a^3}$, k ne dépendant pas de a; l'intégrale est donc inférieure à $\frac{4k}{a}$, et s'évanouit pour $a = \infty$. La même chose ayant lieu relativement aux deux autres, il s'ensuit que l'intégrale triple, prise entre des limites infinies, est pareillement nulle. Or, la fonction soumise à la triple intégration, étant continue et ne pouvant jamais devenir négative, on conclut qu'elle est identiquement nulle, et par suite que u a une valeur constante, qui ne saurait être que zéro, u devant s'évanouir à l'infini, ce qu'il s'agissait de faire voir.

Le résultat que nous venons d'obtenir, fournit un moyen général de vérifier l'expression du potentiel, lorsque ce potentiel est donné dans toute l'étendue de l'espace. Il suffira pour cela de s'assurer que l'expression donnée satisfait à toutes les conditions énumérées plus haut.

L'application de ce procédé aux formules connues qui se rapportent à un ellipsoïde homogène, offre peut-être le moyen le plus expéditif d'établir les théorèmes relatifs à cette question célèbre, si toutefois il ne s'agit que d'une simple vérification et si l'on n'a pas en vue une méthode qui conduise naturellement aux résultats supposés inconnus, en même temps qu'elle les démontre.

L'équation de l'ellipsoïde étant:

$$\frac{x^2}{\alpha^2} + \frac{y^2}{\beta^2} + \frac{z^2}{\gamma^2} = 1,$$

le trinôme qui en forme le premier membre, sera inférieur ou supérieur à l'unité, selon que le point (x, y, z) sera intérieur ou extérieur à l'ellipsoïde. Dans le second cas, l'équation:

$$\frac{x^2}{\alpha^2+\sigma} + \frac{y^2}{\beta^2+\sigma} + \frac{z^2}{\gamma^2+\sigma} = 1$$

a une racine positive unique σ, qui varie d'une manière continue avec les variables x, y et z. On le voit en remarquant que les dérivées:

$$\frac{\partial \sigma}{\partial x}, \quad \frac{\partial \sigma}{\partial y}, \quad \frac{\partial \sigma}{\partial z},$$

données par les équations:

$$(b) \qquad l\frac{\partial \sigma}{\partial x} = \frac{2x}{\alpha^2+\sigma}, \quad l\frac{\partial \sigma}{\partial y} = \frac{2y}{\beta^2+\sigma}, \quad l\frac{\partial \sigma}{\partial z} = \frac{2z}{\gamma^2+\sigma},$$

où:

$$l = \frac{x^2}{(\alpha^2+\sigma)^2} + \frac{y^2}{(\beta^2+\sigma)^2} + \frac{z^2}{(\gamma^2+\sigma)^2},$$

ont des valeurs toujours finies. Cela posé, si nous faisons pour abréger:

$$D = \sqrt{\left(1+\frac{s}{\alpha^2}\right)\left(1+\frac{s}{\beta^2}\right)\left(1+\frac{s}{\gamma^2}\right)},$$

il s'agira de prouver qu'on a:

$$v = \pi\int_0^\infty \left(1 - \frac{x^2}{\alpha^2+s} - \frac{y^2}{\beta^2+s} - \frac{z^2}{\gamma^2+s}\right)\frac{ds}{D},$$

ou:

$$v = \pi\int_\sigma^\infty \left(1 - \frac{x^2}{\alpha^2+s} - \frac{y^2}{\beta^2+s} - \frac{z^2}{\gamma^2+s}\right)\frac{ds}{D},$$

selon que le point (x, y, z) se trouve dans l'intérieur ou en dehors de la masse, dont la densité est supposée égale à l'unité. La différentiation donne:

$$\frac{\partial v}{\partial x} = -2\pi x \int_0^\infty \frac{ds}{(\alpha^2+s)D},$$

ou:

$$\frac{\partial v}{\partial x} = -2\pi x \int_\sigma^\infty \frac{ds}{(\alpha^2+s)D},$$

le terme provenant de la variabilité de la limite σ dans le second cas, s'évanouissant en vertu de l'équation dont σ est racine. Il est manifeste que les premières expressions de v et de $\frac{\partial v}{\partial x}$ et les expressions analogues pour $\frac{\partial v}{\partial y}$, $\frac{\partial v}{\partial z}$ varient d'une manière continue avec les coordonnées x, y, z, et qu'il en est de même de celles qui répondent à un point extérieur; et l'on voit également que la continuité n'est pas non plus rompue à la surface où l'on a $\sigma = 0$, ce qui fait coïncider les expressions correspondantes.

Les conditions (2) ont évidemment lieu pour un point intérieur, et sont déjà comprises pour ce cas dans les conditions (1). Pour les vérifier en dehors de l'ellipsoïde, soit λ le plus petit des demi-axes α, β, γ; on aura évidemment, en observant que le facteur de $\frac{ds}{D}$ dans la seconde expression de v est moindre que l'unité, et en n'ayant égard qu'aux valeurs numériques:

$$v < \frac{2\pi\alpha\beta\gamma}{(\lambda^2+\sigma)^{\frac{1}{2}}}, \quad \frac{1}{x}\cdot\frac{\partial v}{\partial x} < \frac{4\pi\alpha\beta\gamma}{3(\lambda^2+\sigma)^{\frac{3}{2}}}.$$

Comme d'un autre côté, l'équation en σ donne, abstraction faite du signe, $x < (\alpha^2+\sigma)^{\frac{1}{2}}$, on en conclut:

$$xv < 2\pi\alpha\beta\gamma\left(\frac{\alpha^2+\sigma}{\lambda^2+\sigma}\right)^{\frac{1}{2}}, \quad x^2\frac{\partial v}{\partial x} < \tfrac{4}{3}\pi\alpha\beta\gamma\left(\frac{\alpha^2+\sigma}{\lambda^2+\sigma}\right)^{\frac{3}{2}},$$

inégalités dont les seconds membres restent finis, lorsque σ croît depuis zéro jusqu'à l'infini.

Passons aux dérivées du second ordre. On trouve:

$$\frac{\partial^2 v}{\partial x^2} = -2\pi \int_0^\infty \frac{ds}{(\alpha^2+s)D}$$

ou:

$$\frac{\partial^2 v}{\partial x^2} = \frac{2\pi x}{(\alpha^2+\sigma)\varDelta}\cdot\frac{\partial\sigma}{\partial x} - 2\pi \int_\sigma^\infty \frac{ds}{(\alpha^2+s)D},$$

$\varDelta$ désignant la valeur de D qui répond à $s = \sigma$. Ces expressions sont encore finies et déterminées, mais ne coïncident plus à la surface. Si nous ajoutons maintenant à chacune de ces équations les deux équations analogues, et que nous observions qu'on a indéfiniment:

$$\int \left(\frac{1}{\alpha^2 + s} + \frac{1}{\beta^2 + s} + \frac{1}{\gamma^2 + s} \right) \frac{ds}{D} = - \frac{2}{D} + \text{const.},$$

il viendra selon les deux cas:

$$\frac{\partial^2 v}{\partial x^2} + \frac{\partial^2 v}{\partial y^2} + \frac{\partial^2 v}{\partial z^2} = -4\pi,$$

ou:

$$\frac{\partial^2 v}{\partial x^2} + \frac{\partial^2 v}{\partial y^2} + \frac{\partial^2 v}{\partial z^2} = \left(\frac{2x}{\alpha^2 + \sigma} \cdot \frac{\partial \sigma}{\partial x} + \frac{2y}{\beta^2 + \sigma} \cdot \frac{\partial \sigma}{\partial y} + \frac{2z}{\gamma^2 + \sigma} \cdot \frac{\partial \sigma}{\partial z} - 4 \right) \frac{\pi}{\varDelta}.$$

La première de ces deux équations s'accorde déjà avec la condition (a), et pour s'assurer qu'il en est de même de la seconde, il suffira de faire la somme des trois équations (b), multipliées chacune par son second membre, et de supprimer ensuite le facteur commun l, évidemment différent de zéro. On reconnaît ainsi que le second membre de la dernière équation s'évanouit, comme cela doit être pour un point extérieur.

Nous avons supposé jusqu'à présent que la masse donnée présentait trois dimensions; lorsque cette masse n'en aura que deux et sera distribuée sur une ou sur plusieurs surfaces, le mode de vérification que nous venons d'exposer, devra subir certaines modifications qui résultent toutefois trop simplement des théorèmes connus qui se rapportent à ce cas, pour qu'il soit nécessaire d'entrer dans de nouveaux détails à cet égard.[1]

---

[1] Vgl. den unmittelbar folgenden Aufsatz.   K.

ÜBER
DIE CHARAKTERISTISCHEN EIGENSCHAFTEN DES POTENTIALS EINER AUF EINER ODER MEHREREN ENDLICHEN FLÄCHEN VERTHEILTEN MASSE.

VON

G. LEJEUNE DIRICHLET.

Bericht über die Verhandlungen der Königl. Preuss. Akademie der Wissenschaften. Jahrg. 1846, S. 211—212.

ÜBER
DIE CHARAKTERISTISCHEN EIGENSCHAFTEN DES POTENTIALS EINER AUF EINER ODER MEHREREN ENDLICHEN FLÄCHEN VERTHEILTEN MASSE.

Wie schon in einer früheren Abhandlung[*] bemerkt worden, lässt sich die dort für den Fall einer nach drei Dimensionen ausgedehnten Masse entwickelte Methode auch auf die eben erwähnte Frage anwenden und ergiebt, dass für eine auf Flächen vertheilte Masse die charakteristischen Eigenschaften des Potentials, d. h. diejenigen, welche den Ausdruck desselben vollständig bestimmen, die folgenden sind:

1) Das Potential v ist für den ganzen Raum eine endliche und stetige Function der rechtwinkligen Coordinaten x, y, z.

2) Die drei nach den Coordinaten genommenen partiellen Differentialquotienten des Potentials sind ebenfalls überall ausserhalb der Flächen stetig; für einen auf diesen liegenden Punkt hingegen findet eine Unterbrechung der Stetigkeit statt, welche darin besteht, dass, wenn man das Potential für einen solchen und die auf der Normale nach beiden Seiten in der Entfernung ε liegenden Punkte mit v, v', v'' bezeichnet, der Quotient $\frac{v'+v''-2v}{\varepsilon}$ für ein unendlich kleines positives ε den Ausdruck $-4\pi\varrho$ zur Grenze hat, wo ϱ die im Punkte der Fläche stattfindende Dichtigkeit bedeutet.

3) Ueberall ausserhalb der Flächen gilt die Gleichung:
$$\frac{\partial^2 v}{\partial x^2} + \frac{\partial^2 v}{\partial y^2} + \frac{\partial^2 v}{\partial z^2} = 0.$$

4) In unendlicher Entfernung von den Flächen sind dieselben Bedingungen wie für eine nach drei Dimensionen ausgedehnte Masse erfüllt.

[*] Crelle's Journal, Band 32, Seite 80.[1)]

[1)] S. 9 des II. Bandes dieser Ausgabe von G. Lejeune Dirichlet's Werken. Die Bemerkung findet sich am Schlusse der Abhandlung auf S. 16.   K.

Ausser dem Nutzen, den der Beweis, dass die eben angeführten Eigenschaften das Potential vollständig charakterisiren, gewähren kann, um den irgendwoher bekannten Ausdruck des Potentials zu verificiren, bietet derselbe noch ein anderes wesentlicheres Interesse dar. Es geht nämlich daraus hervor, dass der wichtige von Gauss aufgestellte Satz, nach welchem immer eine Masse so auf gegebenen Flächen vertheilt werden kann, dass das dieser Vertheilung entsprechende Potential in jedem Punkte der Flächen einen beliebig gegebenen, nach der Stetigkeit sich ändernden Werth erhalte, ganz identisch mit der Aussage ist, dass in einer den ganzen Raum erfüllenden homogenen Masse, wenn nur ursprünglich in unendlicher Entfernung verschwindende Temperaturen stattfinden, sich immer unter dem Einflusse von constanten auf Flächen vertheilten Wärmequellen nach unendlicher Zeit überall eine feste Temperatur einstellen wird. Die Identität beider Sätze und die dadurch begründete neue Beziehung zwischen zwei schon so grosse Verwandtschaft darbietenden Zweigen der mathematischen Physik erhellt augenblicklich aus dem oben Gesagten, indem die bekannten Bedingungen, welche den permanenten Wärmezustand bestimmen, ganz mit denen zusammenfallen, wodurch das der verlangten Massenvertheilung entsprechende Potential charakterisirt wird.

ÜBER DIE REDUCTION
DER POSITIVEN QUADRATISCHEN FORMEN
MIT DREI UNBESTIMMTEN GANZEN ZAHLEN.

VON

G. LEJEUNE DIRICHLET.

Bericht über die Verhandlungen der Königl. Preuss. Akademie der Wissenschaften. Jahrg. 1848, S. 285—288.

ÜBER
DIE REDUCTION DER POSITIVEN QUADRATISCHEN FORMEN MIT DREI UNBESTIMMTEN GANZEN ZAHLEN.

Bekanntlich hat LAGRANGE zuerst gezeigt, dass jede binäre quadratische Form reducirt werden d. h. in eine andere verwandelt werden kann, deren Coefficienten gewisse Ungleichheitsbedingungen erfüllen, und hat zugleich nachgewiesen, dass in jeder Classe positiver Formen immer nur eine einzige solche Form existirt, so dass für diesen Fall die verschiedenen einer gegebenen Determinante entsprechenden reducirten Formen als die Repräsentanten der verschiedenen Classen dienen können. Nachdem später in den *Disquisitiones arithmeticae* die ternären Formen aus einem allgemeinen Gesichtspunkt betrachtet worden waren, wurde es für die weitere Ausbildung dieser Theorie erforderlich, die von LAGRANGE ausgeführte Untersuchung auf die positiven Formen dieser Art auszudehnen, d. h. solche Ungleichheitsbedingungen zwischen den Coefficienten aufzufinden, dass dieselben in jeder Classe von einer und nur von einer Form erfüllt werden. Diese mit grossen Schwierigkeiten verbundene Erweiterung ist von SEEBER in einem speciell den positiven ternären Formen gewidmeten Werke geleistet worden, dessen Hauptinhalt sie ausmacht. Die grosse Complication der von SEEBER befolgten Methode liess einen einfacheren zu denselben Resultaten führenden Weg wünschenswerth erscheinen, der jedoch erst nach manchen fruchtlosen Versuchen hat aufgefunden werden können.

Zu leichterer Bezeichnung dieses neuen Verfahrens von überraschender Einfachheit wird es zweckmässig sein, die Sache in ein geometrisches Gewand zu kleiden, indem wir dabei die interessante geometrische Construction benutzen, durch welche Gauss in einem kleinen Aufsatz, worin er das Seebersche Werk bespricht*), die Haupteigenschaften der positiven binären und ternären Formen darstellt. Nach dieser geometrischen Darstellung entspricht jeder positiven ternären Form ein unendliches System parallelepipedisch geordneter Punkte, und die verschiedenen Unterformationen der Form sind nichts Anderes als veränderte Anordnungen desselben Systems, nach einem andern Elementarparallelepipedon. In dieser Sprache ausgedrückt, bestehen die Seeberschen Resultate wesentlich in Folgendem.

1. Jedes System parallelepipedisch geordneter Punkte lässt sich immer so abtheilen, dass bei dem entsprechenden Elementarparallelepipedon weder die Seiten der Flächen grösser sind als die Diagonalen derselben, noch die Kanten des Parallelepipedons grösser als die Diagonalen des Parallelepipedons.
2. Eine solche Anordnung kann bei einem gegebenen System im Allgemeinen nur auf eine Weise bewerkstelligt werden.

Von der Richtigkeit des ersten dieser Sätze überzeugt man sich leicht durch folgende höchst einfache Betrachtung.

Es sei (0) ein beliebiger Punkt des Systems. Die übrigen Punkte desselben liegen offenbar immer paarweise in gleicher Entfernung und entgegengesetzter Richtung von (0). Es sei (1) einer der Punkte des Paares, für welche die Entfernung von (0) kleiner ist als für jedes andere Paar. Findet dieselbe kleinste Entfernung für mehrere Paare statt, so wähle man (1) nach Belieben in irgend einem derselben. Legt man jetzt durch die Gerade (01) und irgend einen Punkt des Systems ausserhalb derselben eine unendliche Ebene, so werden alle in diese Ebene fallenden Punkte ein parallelogrammatisches System bilden. In einer der beiden nächsten Parallellinien dieses Systems nehme man den am nächsten bei (0) liegenden Punkt, oder nach Belieben einen derselben, falls dieselbe kürzeste Entfernung für zwei Punkte dieser Linie stattfindet. Unter allen Ebenen, welche auf die angegebene Weise durch (01) gelegt werden können, wird diese kürzeste Entfernung bei einer oder bei einigen kleiner sein als bei allen übrigen. Diese Ebene, oder eine derselben, wenn dieselbe kürzeste Entfernung mehreren gemeinsam sein sollte,

---

*) Crelle's Journal, Band 20, Seite 312. [1]
    [1]) Gauss' Werke, Bd. II S. 188.   K.

und den Punkt in ihr, den wir mit (2) bezeichnen wollen, halte man fest. Man hat dann offenbar:

$$(02) \geqq (01),$$

und eben so leicht sieht man, dass in dem durch die Seiten (01) und (02) bestimmten Parallelogramm die beiden Diagonalen nicht kleiner als diese Seiten sind. Nachdem auf diese Weise die Ebene (012) fixirt worden, bemerke man, dass das gesammte Punktensystem in der Ebene (012) und anderen mit dieser parallelen und untereinander aequidistanten Ebenen liegt. Nun nehme man in einer der beiden der Ebene (012) benachbarten Ebenen den bei (0) nächsten Punkt, oder einen der nächsten, wenn dieselbe kürzeste Entfernung bei mehreren stattfinden sollte. Nennt man diesen Punkt (3), so hat man offenbar:

$$(03) \geqq (02),$$

und das durch die Kanten (01), (02) und (03) bestimmte Grundparallelepipedon wird die verlangten Eigenschaften haben.

Nach dem, was oben über das Parallelogramm mit den Seiten (01) und (02) bemerkt worden ist, haben wir noch zu zeigen, dass sowohl bei den Parallelogrammen (013), (023) als bei dem Parallelepipedon die Seiten und Kanten nicht grösser als die Diagonalen sind. Dies kommt wegen der zwei Ungleichheiten:

$$(03) \geqq (02) \geqq (01)$$

offenbar darauf hinaus, nachzuweisen, dass (03) weder grösser ist als eine der 4 Diagonalen der genannten Parallelogramme, noch grösser als eine der 4 Diagonalen des Parallelepipedons. Nun fallen aber offenbar diese 8 Diagonalen der Länge nach mit den 8 Geraden zusammen, welche von (0) nach den 8 Parallelogramm-Ecken gezogen werden können, die in der mit (012) parallelen, durch (3) gehenden Ebene um (3) herum liegen. Dass aber von diesen 8 Verbindungslinien keine kleiner als (03) ist, folgt unmittelbar aus der Bedingung, nach welcher der Punkt (3) gewählt worden.

Sind bei der eben angedeuteten Construction (1), (2) und (3) völlig bestimmte Punkte (von der immer stattfindenden Möglichkeit abgesehen, dass man für jeden derselben auch den Punkt nehmen kann, welcher in Bezug auf (0) in gleicher Entfernung und entgegengesetzter Richtung liegt), so werden die Kanten (01), (02) und (03) des erhaltenen Grundparallelepipedons ungleich und die Diagonalen wirklich grösser als die Seiten und Kanten sein, von denen sie im Allgemeinen nicht übertroffen werden sollen. Für diesen Fall beweist man dann leicht, dass dem System nur dieses einzige Elementarparallelepipedon mit den verlangten Eigenschaften entspricht.

Etwas anders gestaltet sich die Sache, wenn bei unserer Construction zwischen verschiedenen nicht entgegengesetzten Lagen für die Punkte (1), (2) und (3) gewählt werden kann; in solchen singulären Fällen können für das System mehrere nicht congruente Grundparallelepipeda existiren, welche die verlangten Eigenschaften besitzen. Alle diese Parallelepipeda lassen sich jedoch ohne Schwierigkeit vollständig aufzählen, und man kann immer eines derselben durch gewisse Nebenbedingungen von den übrigen trennen, so dass durch das Hinzutreten dieser secundären Bedingungen der Satz, dass jede Classe nur eine reducirte Form enthält, seine Gültigkeit nicht verliert. Etwas Ähnliches findet bekanntlich auch schon in der Theorie der positiven binären Formen statt, wo man in zwei besondern Fällen für den mittleren Coefficienten ein bestimmtes Zeichen vorschreiben muss, wenn man in jeder Classe nur eine reducirte Form behalten will.

ÜBER DIE REDUCTION
DER POSITIVEN QUADRATISCHEN FORMEN
MIT DREI UNBESTIMMTEN GANZEN ZAHLEN.

VON

G. LEJEUNE DIRICHLET.

Crelle, Journal für die reine und angewandte Mathematik, Bd. 40 p. 209—227.

4*

ÜBER
DIE REDUCTION DER POSITIVEN QUADRATISCHEN FORMEN MIT DREI UNBESTIMMTEN GANZEN ZAHLEN.

[Vorgetragen in der Sitzung der physikalisch-mathematischen Classe der Akademie
am 31. Juli 1848*).]

Bekanntlich hat LAGRANGE zuerst gezeigt, dass jede binäre quadratische Form reducirt, d. h. in eine andere äquivalente verwandelt werden kann, deren Coefficienten gewisse Ungleichheitsbedingungen erfüllen, und zugleich nachgewiesen, dass in jeder Classe positiver Formen immer nur eine einzige solche Form existirt, so dass für diesen Fall die verschiedenen, einer gegebenen Determinante entsprechenden reducirten Formen als die Repräsentanten der verschiedenen Classen dienen können. Nachdem später in den „*Disquisitiones arithmeticae*" die ternären Formen aus einem allgemeinen Gesichtspunkt betrachtet worden waren, wurde es für die weitere Ausbildung dieser Theorie erforderlich, die von LAGRANGE für die positiven binären Formen ausgeführte Untersuchung auf die ternären derselben Art auszudehnen, d. h. solche Ungleichheitsbedingungen zwischen den Coefficienten aufzufinden, dass dieselben in jeder Classe von einer und nur von einer Form erfüllt werden.

Diese mit grossen Schwierigkeiten verbundene Erweiterung ist von SEEBER in einem speciell den positiven ternären Formen gewidmeten Werke geleistet worden, dessen Hauptinhalt sie ausmacht und welches GAUSS in einer höchst

---

*) Von dieser Abhandlung ist bereits ein Auszug im Monatsbericht der Akademie gegeben worden, worin das Princip dieser neuen Behandlung der Reduction der positiven ternären Formen, die Betrachtung successiver Minima, angedeutet und der Beweis des ersten der beiden SEEBER'schen Resultate nach diesem Princip vollständig durchgeführt ist. [1]

[1] S. 21 des II. Bandes dieser Ausgabe von G. Lejeune Dirichlet's Werken.　K.

interessanten Anzeige*) wie folgt charakterisirt:

„Dem Geiste der Gründlichkeit, womit diese Gegenstände**) durchgeführt sind, müssen wir volle Gerechtigkeit widerfahren lassen, und wenn wir es dabei bedauern müssen, dass damit eine grosse und vielleicht manchen abschreckende Weitläuftigkeit verbunden gewesen ist, da die Auflösung des Problems 41 Seiten und der Beweis des Theorems 91 Seiten einnimmt, so wollen wir dies doch keineswegs als einen Tadel angesehen wissen. Wenn ein schwieriges Problem oder Theorem aufzulösen oder zu beweisen vorliegt, so ist allezeit der erste und mit gebührendem Danke zu erkennende Schritt, dass überhaupt eine Auflösung oder ein Beweis gefunden werde, und die Frage, ob dies nicht auf eine leichtere und einfachere Art hätte geschehen können, bleibt so lange eine müssige, als die Möglichkeit nicht zugleich durch die That entschieden wird. Wir halten es daher für unzeitig, hier bei dieser Frage zu verweilen.“

Die grosse Complication der SEEBERschen Methode hat mich schon vor längerer Zeit zu dem Versuche gereizt, die Theorie der reducirten ternären Formen auf eine einfachere Weise zu begründen. Indem ich jetzt der Classe das Resultat meiner dahin gerichteten Bemühungen mitzutheilen mir erlaube, glaube ich im Interesse der Kürze und, wenn ich so sagen darf, der Durchsichtigkeit der Darstellung, die geometrische Form beibehalten zu müssen, worin ich die Untersuchung geführt habe, der ich die merkwürdigen Beziehungen zu Grunde gelegt habe, welche zwischen den quadratischen Formen mit zwei oder drei Elementen und gewissen räumlichen Gebilden stattfinden. Ich beginne mit der Ausführung der schon von GAUSS in der erwähnten Anzeige über diese Beziehungen gegebenen Andeutungen.

§. 1.

Die ternäre Form:

(1) $$ax^2 + by^2 + cz^2 + 2a'yz + 2b'xz + 2c'xy = \varphi,$$

in welcher wir x, y, z als erstes, zweites, drittes Element betrachten, heisst

---

*) CRELLE's Journal, Band 20, pag. 312.[1]

**) Die Auflösung der Aufgabe nämlich, in jeder Classe eine reducirte Form zu finden, und der Beweis, dass es in jeder nur eine giebt.

[1] Gauss' Werke, Bd. II, S. 191.   K.

positiv, wenn φ für reelle Werthe dieser Elemente nie negativ wird; in einer solchen Form sind die Coefficienten:

$$a, \quad b, \quad c$$

immer positiv, während die Coefficientenverbindungen:

$$(2) \quad a'^2 - bc, \quad b'^2 - ac, \quad c'^2 - ab, \quad aa'^2 + bb'^2 + cc'^2 - abc - 2a'b'c' = -D,$$

deren letzte $-D$ die Determinante der Form heisst, negativ sind[*]). Vermöge dieser Bedingungen giebt es immer drei durch die Gleichungen:

$$\cos\lambda = \frac{a'}{\sqrt{bc}}, \quad \cos\mu = \frac{b'}{\sqrt{ac}}, \quad \cos\nu = \frac{c'}{\sqrt{ab}}$$

völlig bestimmte spitze oder stumpfe Winkel λ, μ, ν, aus denen eine dreikantige Ecke gebildet werden kann, da die hierzu erforderliche Bedingung:

$$\cos^2\lambda + \cos^2\mu + \cos^2\nu - 2\cos\lambda\cos\mu\cos\nu < 1$$

mit $D > 0$ zusammenfällt. Da jedoch mit denselben Winkeln λ, μ, ν zwei zu einander symmetrische Ecken gebildet werden können, so wollen wir übereinkommen, immer diejenige von diesen beiden Ecken zu wählen, bei welcher die Kanten, wie sie diesen Winkeln der Reihe nach gegenüber liegen, in Bezug auf eine vom Scheitel 0 nach dem Innern der Ecke gerichtete und als nach oben gehend gedachte Gerade einander von der Rechten zur Linken folgen. Betrachten wir nun die drei Kanten als die positiven Axen eines Coordinatensystems, so können wir den ganzen unendlichen Raum auf unsere Form beziehen, indem wir die Producte $x\sqrt{a}$, $y\sqrt{b}$, $z\sqrt{c}$ als die Coordinaten eines beliebigen Punktes desselben ansehen, und φ drückt dann das Quadrat der Entfernung dieses Punktes vom Scheitel aus, oder noch allgemeiner das Quadrat der Entfernung zweier Punkte, deren gleichnamige Coordinaten jene Producte zu Differenzen haben.

Bildet man jetzt mit drei neuen unbestimmten Elementen x', y', z' die linearen Ausdrücke:

$$(3) \quad x = \alpha x' + \beta y' + \gamma z', \quad y = \alpha'x' + \beta'y' + \gamma'z', \quad z = \alpha''x' + \beta''y' + \gamma''z',$$

wobei nur die eine Beschränkung stattfinden soll, dass die aus den 9 Coefficienten α, β, γ, α', β', γ', α'', β'', γ'' gebildete Determinante:

$$(4) \quad \alpha\beta'\gamma'' + \beta\gamma'\alpha'' + \gamma\alpha'\beta'' - \gamma\beta'\alpha'' - \alpha\gamma'\beta'' - \beta\alpha'\gamma'' = E$$

nicht Null ist, so geht φ in eine neue Form φ' über, in Bezug auf welche alles

---

[*]) Disquisitiones arithmeticae, art. 271.

Entsprechende mit den accentuirten Buchstaben bezeichnet werden soll[1]). Lässt man der neuen Form wieder einen unendlichen Raum entsprechen, so sind dadurch zwei unendliche Räume Punkt für Punkt auf einander bezogen, indem je zwei Punkte einander entsprechen, wenn in den Ausdrücken ihrer Coordinaten:

$$x\sqrt{a}, \quad y\sqrt{b}, \quad z\sqrt{c}; \quad x'\sqrt{a'}, \quad y'\sqrt{b'}, \quad z'\sqrt{c'}$$

die Elemente x, y, z und x', y', z' durch die Gleichungen (3) mit einander verbunden sind. Sind die eben geschriebenen Ausdrücke die Coordinatendifferenzen für zwei Paare correspondirender Punkte, so finden offenbar noch dieselben Beziehungen zwischen x, y, ... statt, woraus nach Obigem und wegen $\varphi = \varphi'$ sogleich folgt, dass die Entfernung je zweier Punkte des einen Raumes der Entfernung der entsprechenden des andern gleich ist. Die beiden punktweise auf einander bezogenen Räume sind also entweder congruent oder symmetrisch, d. h. sie lassen sich, indem die Anfangspunkte 0 und 0' auf einander gelegt werden, in eine solche Lage bringen, dass entweder jeder Punkt auf seinen entsprechenden oder auf den Gegenpunkt des letzteren fällt, wenn wir zur Abkürzung zwei Punkte desselben Raumes, die vom Anfangspunkte aus in gleicher Entfernung und entgegengesetzter Richtung liegen, Gegenpunkte nennen. Um zu entscheiden, welcher von diesen beiden Fällen stattfindet, hat man in dem einen Raume vom Scheitel aus nach drei beliebigen Punkten Linien zu ziehen und dann zu untersuchen, ob die im andern von seinem Scheitel aus nach den entsprechenden Punkten gezogenen Geraden eine übereinstimmende oder die entgegengesetzte Aufeinanderfolge darbieten. Nimmt man z. B. im zweiten Raume die nach den Punkten mit den Coordinaten:

$$\sqrt{a'}, \quad 0, \quad 0; \quad 0, \quad \sqrt{b'}, \quad 0; \quad 0, \quad 0, \quad \sqrt{c'}$$

gezogenen, auf die positiven Axen des zweiten Raumes fallenden Linien, so folgen diese nach der oben getroffenen Uebereinkunft einander von der Rechten zur Linken. Für die entsprechenden Punkte im ersten Raume hat man die Coordinaten:

$$\alpha\sqrt{a'}, \quad \alpha'\sqrt{a'}, \quad \alpha''\sqrt{a'}; \quad \beta\sqrt{b'}, \quad \beta'\sqrt{b'}, \quad \beta''\sqrt{b'}; \quad \gamma\sqrt{c'}, \quad \gamma'\sqrt{c'}, \quad \gamma''\sqrt{c'}.$$

Um auszumitteln, ob die nach diesen Punkten gerichteten Linien einander von der Rechten zur Linken, d. h. wie die Axen des ersten Raumes, oder in umgekehrter Ordnung folgen, kann man sich des bekannten oder wenigstens aus

---

[1]) Die hierdurch bestimmte Bedeutung ist es, in welcher die accentuirten Buchstaben a', b', c' nachher gebraucht werden; sie ist also in diesem zweiten Absatz des §. 1 eine wesentlich andere als im ersten. K.

bekannten Eigenschaften leicht ableitbaren Satzes[*]) bedienen, nach welchem die nach den drei Punkten (ξ, η, ζ), (ξ', η', ζ'), (ξ'', η'', ζ'') gezogenen Geraden dieselbe Aufeinanderfolge wie die Axen der ξ, η, ζ oder die entgegengesetzte darbieten, je nachdem die aus den 9 Coordinaten gebildete Determinante, wenn man darin dem Gliede $\xi \eta' \zeta''$ das positive Zeichen giebt, positiv oder negativ ist. Für unseren Fall wird diese Determinante $E\sqrt{a'b'c'}$; es findet also Congruenz oder Symmetrie statt, je nachdem E positiv oder negativ ist.

Bisher hatten die Elemente x, y, z beliebige Werthe. Lässt man sie jetzt nur noch ganze Zahlen bedeuten, so haben wir statt des ganzen Raumes ein unendliches System parallelepipedisch geordneter Punkte, d. h. ein Punktensystem, welches durch die Durchschnitte dreier Reihen paralleler äquidistanter Ebenen gebildet wird. Nehmen wir nun noch an, dass auch die Substitutionscoefficienten α, β, γ, ... ganze Zahlen sind und E den Werth ± 1 hat, so wird jeder ganzzahligen Verbindung x, y, z eine ganzzahlige Verbindung x', y', z' und umgekehrt entsprechen. Die so auf einander bezogenen parallelepipedischen Systeme können nach Obigem in solche Lage gebracht werden, dass das eine entweder mit dem anderen oder mit den Gegenpunkten des letzteren zusammenfällt. Doch sind, da die Gegenpunkte der Punkte eines solchen Systems wieder dasselbe System bilden, die beiden Fälle nicht von einander verschieden, und dies erhellt auch aus dem Umstande, dass φ' ungeändert bleibt, wenn man α, β, γ, ... mit entgegengesetzten Zeichen nimmt, wodurch E in $-E$ übergeht. Die beiden Systeme sind also immer congruent, und man sieht, dass Systeme, welche zwei äquivalenten ternären Formen φ und φ' entsprechen, dasselbe räumliche Gebilde in zwei verschiedenen Anordnungen sind. Umgekehrt entsprechen irgend zwei verschiedenen parallelepipedischen Anordnungen desselben Systems äquivalente Formen. Nimmt man nämlich irgend einen Punkt des Systems zum gemeinschaftlichen Anfangspunkt, so hat man zwischen den auf die beiden Axensysteme bezüglichen Coordinaten und also auch zwischen den ihnen proportionalen Elementen x, y, z, x', y', z' lineare Gleichungen ohne constantes Glied, d. h. Gleichungen von der Form (3), und da nach unserer Voraussetzung, wenn x, y, z ganze Zahlen sind, auch x', y', z' dieselbe Eigenschaft haben müssen und umgekehrt, so folgt, dass α, β, γ, ... ebenfalls ganze

---

[*]) Disquisitiones generales circa superficies curvas auctore C. F. GAUSS. §. 2. VII.[1])
[1]) Gauss' Werke, Bd. IV, S. 221.   K.

Zahlen sind und dass $E = \pm 1$ ist. Andererseits hat man für zusammengehörige ganze Werthe der Elemente die Gleichung $\varphi = \varphi'$, welche daher auch identisch stattfindet, w. z. b. w.

Aehnliche Beziehungen finden zwischen einer positiven binären Form:

$$lx^2 + 2mxy + ny^2$$

und einem System parallelogrammatisch geordneter Punkte statt. Nimmt man hier zwei unter dem durch die Gleichung $m = \sqrt{ln}\cos\theta$ bestimmten Winkel θ gegen einander geneigte Axen, indem man bei der Unterscheidung dieser Axen immer gleichförmig verfährt und z. B. die zweite links von der ersten wählt, nachdem eine bestimmte Seite der Ebene als die obere bezeichnet worden, und betrachtet $x\sqrt{l}$, $y\sqrt{n}$ als Coordinaten, so erhält man ein durch die quadratische Form völlig bestimmtes System von Punkten, welche als die Durchschnitte von zwei Reihen äquidistanter Parallellinien betrachtet werden können. Findet dann zwischen zwei Formen die sogenannte eigentliche Aequivalenz statt, so dass $\alpha\delta - \beta\gamma$ in den Substitutionsgleichungen $x = \alpha x' + \beta y'$, $y = \gamma x' + \delta y'$ der positiven Einheit gleich ist, so lassen sich die entsprechenden Systeme durch Bewegung in der Ebene zum Coïncidiren bringen, während im anderen Falle, wo $\alpha\delta - \beta\gamma = -1$ ist, allgemein zu reden, eines der Systeme zu diesem Zwecke umgelegt werden muss.

§. 2.

Nachdem wir im Vorhergehenden den Zusammenhang zwischen den quadratischen Formen und gewissen geometrischen Gebilden festgestellt haben, sind einige weitere Eigenschaften dieser Gebilde zu entwickeln, wobei wir zur Abkürzung ein System parallelogrammatisch oder parallelepipedisch geordneter Punkte ein *System zweiter* oder *dritter Ordnung*, und eine unendliche Reihe äquidistanter Punkte in gerader Linie ein *System erster Ordnung* nennen werden.

Der gemeinsame Charakter aller drei Gattungen von Systemen besteht offenbar darin, dass, wenn ein solches System durch eine Bewegung ohne Drehung, die wir eine Verschiebung nennen wollen, so in eine andere Lage gebracht wird, dass ein Punkt desselben in die anfänglich von einem anderen eingenommene Stelle übergeht, dasselbe für alle Punkte stattfindet, so dass das System in seiner neuen Lage mit dem System in der ursprünglichen Lage vollständig coïncidirt. Es lässt sich leicht nachweisen, dass die eben besprochene Verschiebbarkeit alle drei Gattungen von Systemen vollständig charakterisirt, und dass ein mit diesem Charakter begabtes System, wenn es in einer Geraden liegt und zwei Punkte enthält, wenn es in einer Ebene liegt und drei nicht in einer Geraden liegende Punkte enthält, so wie endlich ein System, welches wenigstens vier nicht in einer Ebene befindliche Punkte enthält, respective ein System erster, zweiter oder dritter Ordnung sein wird.

Hat man z. B. ein System von Punkten, die sämmtlich in derselben Geraden liegen, und sind a und a' zwei benachbarte Punkte desselben, so wird durch eine Verschiebung, durch welche a nach a' gelangt, a' nach einem Punkte a'' gelangen, welcher von a' ebenso weit wie a' von a entfernt ist; der Punkt a'' gehört daher ebenfalls zum System, und dasselbe hat keinen Punkt zwischen a' und a'', da ein solcher vor der Bewegung zwischen a und a' gewesen wäre. Da sich diese Betrachtung nach beiden Seiten ins Unbestimmte fortsetzen lässt, so ist die Behauptung bewiesen.

Es seien jetzt in einem ebenen Systeme mit dem Charakter der Verschiebbarkeit zwei benachbarte Punkte a und a', so dass in der Linie aa' zwischen a und a' kein Punkt des Systems sich befindet. Da durch die Verschiebung von a nach a' die unendliche Gerade aa' sich in sich selbst fortbewegt, so folgt, dass sämmtliche Punkte des Systems in dieser Geraden ein System erster Ordnung $\ldots''a'aaa'a''\ldots$ bilden. Da nun das System nach der Voraussetzung noch wenigstens einen Punkt ausserhalb dieser Geraden hat, so sei b einer der dieser Geraden nächsten Punkte. Tritt jetzt eine Verschiebung ein, durch welche a nach b gelangt, so geht das System erster Ordnung in die neue Lage $\ldots''b'bbb'b''\ldots$ über und gehört in dieser dem ursprünglichen Systeme an; zugleich ist klar, dass weder zwischen den Punkten $\ldots''b, 'b, b, b', b'', \ldots$ noch zwischen den Geraden $\ldots'bbb'\ldots, \ldots'aaa'\ldots$ sich ein Punkt des Systems befinden kann. Schliesst man so fort, so sieht man, dass das gesammte System parallelogrammatisch angeordnet werden kann, und dass man $aa'b'b$ zu einem Grundparallelogramm desselben wählen kann. Wir fügen noch hinzu, dass durch die angegebene Construction offenbar alle parallelogrammatischen Anordnungen, deren das System fähig ist, erhalten werden können. Es folgt dies daraus, dass die Wahl von a' bis auf die offenbar nothwendige Beschränkung, dass zwischen a und a' kein Punkt liege, ganz beliebig ist, und dass dann b in der nächsten Parallellinie beliebig angenommen werden kann.

Hat man endlich ein System mit dem Charakter der Verschiebbarkeit, welches wenigstens vier nicht in derselben Ebene liegende Punkte enthält, so lege man durch irgend drei nicht in einer Geraden liegende Punkte desselben eine Ebene. Da durch jede parallel mit dieser Ebene bewirkte Verschiebung diese sich in sich selbst bewegt, so bilden nach dem Vorigen die in dieser befindlichen Punkte ein System der zweiten Ordnung. Nachdem man dieses auf irgend eine Art parallelogrammatisch abgetheilt hat, nehme man einen der übrigen Punkte des räumlichen Systems, welche der Ebene am nächsten liegen, und ertheile dem System eine Verschiebung, durch welche ein beliebiger Punkt in der Ebene nach dem schon ausserhalb derselben gewählten Punkte gelangt. Durch wiederholte Anwendung derselben und der dieser entgegengesetzten Bewegung erhält man offenbar eine parallelepipedische Anordnung des gegebenen Systems, und zugleich ist klar, dass die angegebene Construction die gehörige Allgemeinheit hat, da die Wahl der ersten Ebene, die Anordnung des Systems zweiter Ordnung in dieser und endlich die Wahl des Punktes in der nächsten Ebene nach Belieben geschehen kann.

Zum Schlusse dieses Paragraphen wollen wir noch zeigen, dass, wie man dasselbe System zweiter oder dritter Ordnung auch abtheile, das der jedesmaligen Abtheilung zu Grunde liegende Parallelogramm oder Parallelepipedon immer denselben Inhalt behält, was die geometrische Bedeutung des Satzes ist, dass äquivalente Formen gleiche Determinanten haben. Denkt man sich nämlich in der Ebene eines Systems zweiter Ordnung eine in sich zurückkehrende Linie, z. B. eine Kreislinie, bezeichnet mit z den von ihr eingeschlossenen Flächenraum und mit s die Anzahl der Punkte im Innern der Linie, wobei es gleichgültig ist, ob man die Punkte auf dem Umfang mitzählen will oder nicht, so hat offenbar der Quotient $\frac{z}{s}$ bei wachsendem Radius den Inhalt eines Grundparallelogramms zur Grenze, woraus, da s und z von der Art der Anordnung des Systems unabhängig sind, der Satz für Systeme zweiter Ordnung erhellt. Ganz auf dieselbe Weise folgt die Richtigkeit der Behauptung für räumliche Systeme.

§. 3.

Wir wollen jetzt zeigen, dass ein System zweiter Ordnung sich immer nach einem Grundparallelogramm abtheilen lässt, dessen Seiten nicht grösser sind als seine Diagonalen.

I. Es sei o ein beliebiger Punkt des Systems. Die übrigen Punkte desselben liegen immer paarweise in gleicher Entfernung und entgegengesetzter Rich-

tung von o. Es sei nun p einer der Punkte des Paares, für welches die Entfernung von o kleiner als für jedes andere
Paar ist. Findet dieselbe kürzeste Entfernung für mehr als ein Paar statt, so wähle
man p nach Belieben in einem derselben.
Das gegebene System besteht aus einer. unendlichen Anzahl unter einander congruenter
und äquidistanter Systeme erster Ordnung,
deren eines dasjenige ist, wozu o und p ge-

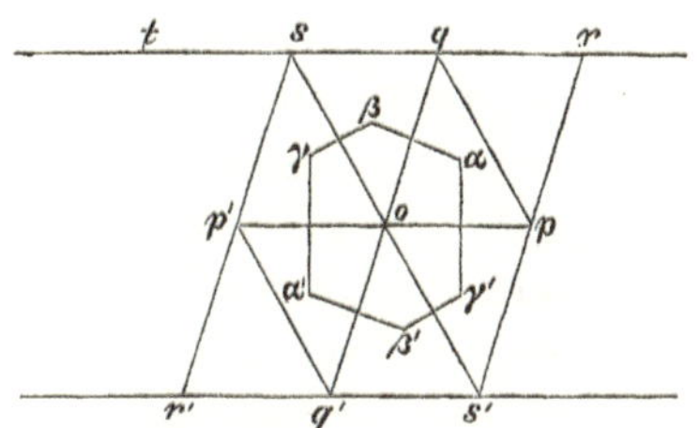

hören. In einem der beiden diesem letzteren benachbarten nehme man den
Punkt q, welcher o am nächsten ist, oder, falls dieselbe kürzeste Entfernung für
zwei Punkte stattfinden sollte, einen derselben nach Belieben. Das so erhaltene
Parallelogramm $poqr$ hat die verlangten Eigenschaften, da nach der Construction $op \leqq oq$, $oq \leqq or$, $oq \leqq os = pq$. Ein Grundparallelogramm, welches
diese Bedingungen erfüllt, soll fortan ein *reducirtes* heissen.

II. Wir haben jetzt die Beziehungen zwischen einem solchen Parallelogramm und dem ebenen System, dem es angehört, festzustellen. Ist $poqr$ ein
reducirtes Parallelogramm, so können wir, ohne der Allgemeinheit zu schaden,
den Winkel poq als nicht stumpf voraussetzen, da im entgegengesetzten Falle
der Winkel bei o für das anliegende zu derselben Anordnung gehörige Parallelogramm ein spitzer ist, und ebenso können wir $op \leqq oq$ annehmen. Alsdann
ist offenbar $or > oq$, und wir haben nur noch die Bedingung $pq \geqq oq$ zu berücksichtigen. Dies vorausgesetzt und wenn wir zur Abkürzung $op = \sqrt{l}$,
$oq = \sqrt{n}$ setzen, so dass also $l \leqq n$, lässt sich die Beziehung unseres Parallelogramms zum gesammten Punktensystem dahin aussprechen, dass das Minimum der
Entfernung irgend eines Punktes des Systems von o gleich $\sqrt{l}$ ist, und dass, nachdem man einen Punkt in dieser Entfernung gewählt, in allen noch übrigen Richtungen, d. h. ausserhalb der von o nach dem ersteren gezogenen Geraden, das
zweite Minimum gleich $\sqrt{n}$ ist. Das eben Gesagte gilt ganz allgemein; was wir
jetzt hinzufügen, dass nämlich das erste Minimum nur für den Punkt p (wenn
wir von zwei Gegenpunkten immer nur einen erwähnen), das zweite nur für q
stattfindet, gilt mit folgenden Ausnahmen:

1°.   Ist $op < oq$, $oq = pq = os$, so findet das erste Minimum nur für p,
    das zweite für q und s statt.

2⁰.   Ist $op = oq$, $oq < pq = os$, so sind die Minima gleich, und man kann p und q mit einander vertauschen.

3⁰.   Ist endlich $op = oq = pq = os$, so kann man einen der Punkte p, q, s als ersten Punkt und dann einen der übrigen als zweiten wählen.

Um das eben Behauptete zu beweisen, haben wir offenbar, da Gegenpunkte immer gleich weit von o entfernt sind, nur zu zeigen, dass q näher bei o liegt, *erstens* als alle übrigen Punkte in der Geraden sqr, mit Ausnahme des Punktes s, dessen Entfernung von o, nach der Voraussetzung gleich $os = pq \geq oq$ ist, und *zweitens* als alle Punkte der folgenden Parallellinien.

Da $pq \geq op$, $pq \geq oq$ und Winkel poq nicht stumpf ist, so hat das Dreieck opq und also auch das mit ihm congruente oqs keinen stumpfen Winkel; es fällt daher das von o auf qs herabgelassene Perpendikel zwischen s und q (incl.), womit der erste Punkt erledigt ist.

Setzt man:

$$\cos poq = \frac{m}{\sqrt{ln}},$$

wo also m nicht negativ ist, so hat man:

$$\overline{pq}^2 = l - 2m + n \geq \overline{oq}^2 = n,$$

und folglich:

$$2m \leq l, \quad 2m \leq n, \quad 4m^2 \leq ln.$$

Setzt man noch das Quadrat der Höhe unseres Parallelogramms ($op = \sqrt{l}$ als Grundlinie betrachtet) gleich k, so erhält man für das Quadrat Δ seines Inhalts:

$$\Delta = lk = ln - m^2 \geq \tfrac{3}{4} ln,$$

und folglich:

$$\sqrt{k} \geq \tfrac{1}{2} \sqrt{3n}.$$

Hiernach ist schon die zweite Parallellinie wenigstens um $\sqrt{3n} = oq\sqrt{3}$ entfernt, und es ist also auch der zweite Punkt bewiesen.

III.   Da die successiven Minima $\sqrt{l}$, $\sqrt{n}$ durch das System an sich und unabhängig von jeder bestimmten Anordnung desselben bestimmt sind und andererseits, wie wir so eben gesehen haben, der Grösse nach mit den Seiten des reducirten Parallelogramms übereinstimmen, so sieht man, dass, wenn das System verschiedene Anordnungen dieser Art gestattet, die Seiten der reducirten Parallelogramme immer die Werthe $\sqrt{l}$ und $\sqrt{n}$ behalten werden. Man wird daher nothwendig alle möglichen Grundparallelogramme erhalten, wenn man

von o aus nach allen nächsten Punkten (immer mit Ausschluss der Gegenpunkte)
Linien zieht und dann in einer der jedesmaligen nächsten Parallellinien den
nächsten oder die beiden nächsten Punkte nimmt; und da nach dem so eben
(II.) Bewiesenen dieser nächste oder diese nächsten Punkte näher bei o liegen
als alle Punkte der folgenden Parallellinien, so kann man von der Bedingung
absehen, dass die zweiten Punkte in der ersten Parallellinie zu nehmen sind.
Es werden sich daher alle möglichen Anordnungen des Systems ergeben, wenn
man o nach einander mit allen Punktenpaaren verbindet, für welche die successiven Minima stattfinden, woraus mit Berücksichtigung von (II.) sogleich
folgt, dass es im Allgemeinen und in dem zweiten der dort erwähnten singulären Fälle nur eine solche Anordnung, im ersten und dritten Ausnahmefalle
dagegen resp. zwei und drei Anordnungen des Systems giebt.

In unseren jetzigen Zeichen entsprechen die eben erwähnten singulären
Fälle den Voraussetzungen $2m = l < n$, $2m < l = n$, $2m = l = n$.

§. 4.

Wir haben bisher nur Eigenschaften der geometrischen Gebilde behandelt,
welche als die constructive Repräsentation bekannter Sätze aus der Theorie der
Formen anzusehen und schon in dem in der Einleitung angeführten Aufsatz angedeutet sind. Es ist jetzt noch eine Aufgabe anderer Art zu lösen, die Aufgabe nämlich, wenn ein System zweiter Ordnung gegeben und ein bestimmter
Punkt o desselben bezeichnet ist, den Theil der Ebene zu bestimmen, innerhalb
dessen jeder Punkt näher bei o als bei irgend einem anderen Punkte des Systems
liegt. Da die Bedingung, dass ein Punkt nicht weiter von o als von einem
anderen v liege, darin besteht, dass der Punkt mit o auf derselben Seite des in
der Mitte von ov errichteten Perpendikels sich befinde, so werden wir also o
mit allen übrigen Punkten des Systems zu combiniren und das von allen entsprechenden Perpendikeln gebildete convexe Vieleck zu construiren haben. Aber
von diesen Perpendikeln in unendlicher Anzahl kommt nur eine beschränkte Anzahl in Betracht, indem die übrigen das durch diese bestimmte Vieleck nicht
treffen. Wir behalten alle obigen Annahmen bei, so dass also in dem reducirten
Parallelogramm $(poqr)$ $op \leqq oq$, der Winkel poq nicht stumpf ist und opq, oqp
spitz sind. Dies vorausgesetzt, ist leicht zu beweisen, dass man nur die sechs
Eckpunkte p, q, s, p', q', s' der vier in o zusammenstossenden Parallelogramme zu

berücksichtigen hat, und dass selbst die s und s' entsprechenden Perpendikel die zu bildende Figur in dem besonderen Falle, wenn poq ein Rechter ist, nur streifen, wo dann aber dasselbe von den r und r' entsprechenden Perpendikeln geschieht. Zieht man die Geraden pq, os, $p'q'$, os', so erhält man die congruenten Dreiecke:

$$poq, \quad qos', \quad sop', \quad p'oq', \quad q'os', \quad s'op.$$

Berücksichtigt man nur die Punkte p, q, s, p', q', s', so hat man in den Mitten der von o nach diesen gehenden Geraden Perpendikel zu errichten, d. h. dieselbe Construction zu machen, als wenn man für die genannten Dreiecke die Mittelpunkte der umgeschriebenen Kreise finden wollte. Da in den Dreiecken kein stumpfer Winkel vorkommt, so werden sich je zwei aufeinanderfolgende Perpendikel nicht ausserhalb des entsprechenden Dreiecks schneiden. Man erhält so das Sechseck $\alpha\beta\gamma\alpha'\beta'\gamma'$ mit dem Mittelpunkt o und gleichen gegenüberliegenden Winkeln und Seiten als den Raum, innerhalb dessen jeder Punkt weniger weit von o entfernt ist, als von einem der Punkte p, q, s, p', q', s', und man überzeugt sich leicht, dass, mit Ausnahme von r und r', die den übrigen Punkten entsprechenden Perpendikel unser Sechseck nicht treffen. Dies braucht, wegen der Symmetrie, nur für die Punkte in und über der Geraden pop' nachgewiesen zu werden. Für die ersteren ist es klar; für die letzteren wird es daraus erhellen, dass ihre Entfernung von o grösser ist als der Durchmesser des um das Sechseck beschriebenen Kreises. Nennt man das Quadrat seines Radius ϱ, so ist:

$$4\varrho\varDelta = ln(l-2m+n),$$

woraus wegen $2m \leqq l$, $2m \leqq n$, $\varDelta \geqq \tfrac{3}{4}ln$, folgt:

$$4\varrho \leqq \tfrac{4}{3}(l-2m+n) \leqq \tfrac{8}{3}n.$$

Da nun für die Punkte der zweiten und der folgenden Parallellinien, wie schon bemerkt, das Quadrat ihrer Entfernung von o wenigstens $3n$ beträgt, so bleiben bloss noch die Punkte in $tsqr$ ausser s, q, r zu betrachten. Von allen diesen ist aber keiner näher bei o als t, für den das Quadrat der Entfernung gleich $4l-4m+n$ ist, und dass dies grösser als 4ϱ ist, sieht man sogleich, wenn man mit $\varDelta$ multiplicirt und dann die Ungleichheiten $2m \leqq l \leqq n$ berücksichtigt[1]). Was den Punkt r betrifft, so überzeugt man sich auf dieselbe Weise, dass das Quadrat seiner Entfernung von o gleich $l+2m+n > 4\varrho$ ist, den einzigen Fall aus-

---

[1]) Die Differenz $4l-4m+n-4\varrho$, multiplicirt mit $\varDelta$, lässt sich durch den Ausdruck darstellen:
$$4m^3+n(l^2-m^2)+ln(l-2m)+l(ln-4m^2),$$
in welchem die beiden ersten Glieder positiv, die beiden letzten nicht negativ sind.   K.

genommen, wo $m = 0$, in welchem das entsprechende Perpendikel streift. Es ist also bewiesen, dass jeder Punkt im Innern des Sechsecks $\alpha\beta\gamma\alpha'\beta'\gamma'$, und nur ein solcher, dem Punkte o näher liegt als irgend einem anderen des Systems. Auf jeder Seite wird die Entfernung von o der Entfernung von einem zweiten Punkte gleich, welcher z. B. für $\alpha\beta$ der Punkt q ist, und jeder Eckpunkt der Figur ist in gleicher Entfernung von o und noch zwei anderen Punkten des Systems. Die letztere Aussage erleidet nur in dem besonderen Falle eine Modification, wenn der Winkel poq ein rechter ist; alsdann fallen β und γ sowie β' und γ' zusammen, und das Sechseck wird zu einem Rechteck, dessen Ecken von o und noch drei anderen Punkten des Systems gleich weit entfernt sind.

Es versteht sich von selbst, dass man immer dasselbe Sechseck erhalten wird, welches reducirte Parallelogramm man auch in den singulären Fällen, wo mehr als eines existirt, der Construction zu Grunde lege, so wie auch, dass die allen Punkten des Systems entsprechenden Sechsecke oder Vierecke congruent sind und die ganze Ebene desselben bedecken.

Wir bemerken noch, dass, wie man sich leicht überzeugt, der Ausdruck:

$$\varrho = \frac{ln(l-2m+n)}{4(ln-m^2)}$$

abnimmt, wenn man darin, l und n constant voraussetzend, m von Null bis zu seiner Grenze $\frac{1}{2}l$ wachsen lässt, so dass also:

$$(1) \qquad \varrho \leqq \tfrac{1}{4}(l+n) \leqq \tfrac{1}{2}n.$$

Auch findet noch die folgende Ungleichheit statt:

$$(2) \qquad 2\varDelta(n-\varrho) \geqq ln^2,$$

deren Richtigkeit sogleich erhellt, wenn man mit 2 multiplicirt, alles auf eine Seite bringt und dann $\varDelta = ln - m^2$, $4\varDelta\varrho = ln(l-2m+n)$ einsetzt, wodurch sie in $ln(l-2m) + 2mn(n-l) \geqq 0$ übergeht.

§. 5.

Wir kommen nun zu unserem eigentlichen Gegenstande und haben nachzuweisen, dass sich jedes System dritter Ordnung nach einem Parallelepipedon anordnen lässt, dessen Flächen reducirte Parallelogramme sind, und dessen Kanten, von denen je vier einander gleich sind, seine Diagonalen nicht übertreffen.

Nachdem man einen beliebigen Punkt (0) des Systems fixirt hat, wähle man in dem Paare von Gegenpunkten, für welche die Entfernung von (0) ein Minimum ist, oder, wenn das Minimum der Entfernung für mehrere Paare stattfindet, nach Belieben in einem dieser Paare einen Punkt (1). Von allen Punkten ausserhalb der Geraden (01) wähle man wieder einen der beiden nächsten (2), wobei wieder die Wahl unter verschiedenen Paaren, für welche dieselbe kürzeste Entfernung stattfindet, nach Belieben geschehen kann. Da im ganzen System, mit Ausnahme der Punkte in (01), kein Punkt näher bei (0) liegt als (2), so gilt dasselbe auch von der Ebene (102), und für das in dieser enthaltene System ist (102) ein reducirtes Parallelogramm (§. 3, III.). Nimmt man nun in einer der beiden nächsten Parallelebenen den bei (0) nächsten Punkt oder, wenn das Minimum für mehr als einen stattfindet, einen der nächsten und verbindet (0) mit dem gewählten Punkt (3), so wird das Parallelepipedon mit den Kanten (01), (02), (03), wie leicht zu sehen, der Forderung genügen. Zunächst folgt aus der Construction: $(01) \leqq (02) \leqq (03)$. Da für die Grundflächen des Parallelepipedon (als solche werden wir immer diejenigen einander gegenüberliegenden Flächen bezeichnen, in denen die beiden die dritte an Grösse nicht übertreffenden Kanten vorkommen, und die Benennung Seitenflächen auf die vier übrigen anwenden) schon bewiesen ist, dass sie reducirte sind, so haben wir vermöge der eben bemerkten doppelten Ungleichheit nur noch zu zeigen, dass die vier Diagonalen der Seitenflächen, so wie die vier Diagonalen des Körpers nicht kleiner als (03) sind. Nun stimmen aber die acht genannten Diagonalen, wie man sogleich sieht, der Grösse nach mit den acht Verbindungslinien überein, welche von (0) nach den in der Ebene der oberen Grundfläche um (3) herumliegenden acht Punkten gezogen werden können, wenn wir so der Bequemlichkeit wegen die acht Eckpunkte der in (3) zusammenstossenden vier Parallelogramme bezeichnen. Dass aber von den genannten Verbindungslinien keine kleiner als (03) ist, folgt aus der Bedingung, nach welcher (3) gewählt worden ist.

Nachdem wir uns überzeugt haben, dass ein System dritter Ordnung immer nach einem reducirten Parallelepipedon abgetheilt werden kann, haben wir nun die Beziehungen zwischen einem solchen und dem System festzustellen und namentlich die Entfernungen der Punkte des Systems von (0) mit einander zu vergleichen. Wir setzen $(01) = \sqrt{a}$, $(02) = \sqrt{b}$, $(03) = \sqrt{c}$ und halten immer die Voraussetzung $a \leqq b \leqq c$ fest.

1^0. In der Ebene der Grundfläche finden die oben (§. 3, II.) besprochenen Verhältnisse statt, so dass also die successiven Minima der Entfernung der Grösse nach hier immer $\sqrt{a}$, $\sqrt{b}$ sind, wobei dann in den dort erwähnten singulären Fällen eine Willkür in der Wahl der Punkte stattfindet.

2⁰. Betrachten wir jetzt die Punkte ausserhalb der Ebene der unteren Grundfläche und zwar zunächst die in der Ebene der oberen Grundfläche. Da nach der Voraussetzung, dass unser Parallelepipedon ein reducirtes ist, die Linie (03) nicht grösser ist als eine der von (0) nach den acht um (3) herumliegenden Punkten gezogenen Geraden, so wird also der Fusspunkt des von (0) auf die Ebene der oberen Grundfläche herabgelassenen Perpendikels nicht weiter von (3) entfernt sein als von einem der genannten acht Punkte. Dieser Fusspunkt fällt also nicht ausserhalb des im vorigen Paragraphen construirten zu (3) gehörigen Sechsecks oder Vierecks. Von jenen acht Punkten kann ausnahmsweise, wenn der Fusspunkt auf eine Seite fällt, einer, oder es können, wenn der Fusspunkt mit einem Eckpunkt zusammenfällt, zwei (drei, wenn das Vieleck ein Rechteck wird,) dem Fusspunkt ebenso nahe liegen als der Punkt (3), während alle übrigen Punkte der Ebene von demselben weiter entfernt sind. Es folgt daraus, dass die ($\sqrt{c}$ betragende) kürzeste Entfernung von (0) nach einem Punkte in der oberen Grundfläche im Allgemeinen nur für den Punkt (3) gilt, aber ausnahmsweise noch für einen, zwei oder gar drei andere Punkte stattfinden kann.

3⁰. Für die Betrachtung der folgenden Parallelebenen haben wir eine Grenze für das Quadrat h des schon erwähnten Perpendikels zu bestimmen. Da der Fusspunkt desselben nicht ausserhalb des zu (3) gehörigen Sechsecks fällt, so ist, wenn ϱ das Quadrat des Radius des umgeschriebenen Kreises bezeichnet:

$$h \geqq c - \varrho.$$

Nun ist aber auch nach §. 4: $\varrho \leqq \tfrac{1}{2}b \leqq \tfrac{1}{2}c$, folglich $h \geqq \tfrac{1}{2}c$. Da mithin schon die zweite Parallelebene wenigstens um $\sqrt{2c}$ entfernt ist, so giebt es über der oberen Grundfläche nur Punkte, deren Entfernung von (0) grösser als $\sqrt{c}$ ist.

Fasst man das Gesagte zusammen, so sieht man, dass das Minimum der Entfernung für das ganze System den Werth $\sqrt{a}$ hat, dass, nachdem ein Punkt in dieser Entfernung gewählt ist, das Minimum in den noch übrigen Richtungen $\sqrt{b}$ beträgt, und dass endlich, nachdem auch der zweite Punkt fixirt worden, für alle Punkte ausserhalb der Ebene, welche durch (0) und die beiden ersten Punkte bestimmt wird, die kleinste Entfernung von (0) sich auf $\sqrt{c}$ reducirt. Sind aber auch die successiven Minima $\sqrt{a}$, $\sqrt{b}$, $\sqrt{c}$ der Grösse nach immer völlig bestimmt, so gilt dasselbe in örtlicher Beziehung nicht ohne einige leicht aufzuzählende

Ausnahmen. Ist z. B. $a \leqq b$, $b < c$, so sind die beiden ersten Punkte in der unteren Grundfläche zu wählen, wobei die in §. 3, II. erwähnten singulären Fälle stattfinden können, während der dritte Punkt in der oberen Grundfläche liegt, dort im Allgemeinen eine bestimmte Lage hat, in singulären Fällen jedoch zwei, drei oder vier verschiedene Stellen einnehmen kann. Eben so leicht übersieht man, welche Varietäten in den beiden anderen Fällen, wo $a < b = c$ oder $a = b = c$ ist, eintreten können.

Da aus der Voraussetzung eines reducirten Parallelepipedon mit den Kanten $\sqrt{a} \leqq \sqrt{b} \leqq \sqrt{c}$ die Längen dieser Kanten sich als die successiven Minima des Systems ergeben haben, so folgt sogleich, dass, wenn mehrere reducirte Parallelepipeda existiren, nach welchen das System angeordnet werden kann, diese hinsichtlich der Länge ihrer Kanten alle unter einander übereinstimmen werden, und es lässt sich auch leicht zeigen, dass drei von (0) nach Punkten des Systems gerichtete Linien von den Längen $\sqrt{a}$, $\sqrt{b}$, $\sqrt{c}$, wenn sie nur nicht in einer Ebene liegen, immer die Kanten eines reducirten Parallelepipedon sind. Es bedarf dazu nur der einfachen schon in einem ähnlichen Falle (§. 3, III.) angewandten Betrachtung. Da hiernach sämmtliche reducirte Parallelepipeda des Systems erhalten werden, wenn man die successiven Minima auf alle möglichen Arten construirt, so erhellt, dass, wenn dies nur auf eine Weise geschehen kann (wohin wir auch den Fall rechnen, wo bei der Gleichheit von zweien der Grössen $\sqrt{a}$, $\sqrt{b}$, $\sqrt{c}$, oder bei der Gleichheit von allen dreien, die drei Linien örtlich völlig bestimmt sind und nur eine Vertauschung zwischen zweien oder allen dreien stattfinden kann), das räumliche System nur eine Anordnung nach einem reducirten Parallelepipedon zulässt. In allen anderen Fällen giebt es mehrere solche Anordnungen, denen Parallelepipeda zu Grunde liegen, die entweder alle von einander verschieden oder zum Theil oder sogar alle unter einander congruent sein können. (Ähnlicher Weise waren in den zwei oben erwähnten singulären Fällen eines Systems zweiter Ordnung die den zwei oder drei verschiedenen Anordnungen zu Grunde liegenden reducirten Parallelogramme unter einander congruent.)

Zur Entscheidung der Frage, ob ein System dritter Ordnung nur eine einzige oder mehr als eine Anordnung nach einem reducirten Parallelepipedon gestattet, wird es somit nur der Kenntniss einer einzigen Anordnung des Systems bedürfen, und der erste Fall wird immer und ausschliesslich dann stattfinden, wenn das durch diese Anordnung gegebene reducirte Parallelepipedon von solcher Beschaffenheit ist, dass alle Linien, welche von anderen nicht übertroffen werden dürfen, diese wirklich übertreffen, d. h. wenn alle Diagonalen der Flächen grösser als die Seiten derselben, und ebenso alle Diagonalen des Parallelepipedon grösser als die Kanten des Körpers sind.

§. 6.

Indem wir jetzt die Resultate des vorigen Paragraphen auf die ternären Formen übertragen, soll der Gleichförmigkeit wegen und zur Vermeidung unnützer Unterscheidungen vorausgesetzt werden, dass man jeder ternären Form:

$$(1) \qquad ax^2 + by^2 + cz^2 + 2a'yz + 2b'xz + 2c'xy$$

durch Vertauschung oder Zeichenänderung der unbestimmten Elemente, wodurch die Form nicht aufhört derselben Classe anzugehören, eine solche Gestalt gegeben habe, dass erstens $a \leq b \leq c$ sei, dass zweitens unter den Coefficienten a', b', c', wenn sie nicht alle drei von Null verschieden und negativ sind, keiner das negative Zeichen habe, und dass drittens, wenn $b = c$ ist, c' abgesehen vom Zeichen nicht grösser als b', wenn $a = b$ ist, b' nicht grösser als a', und wenn endlich $a = b = c$ ist, weder c' grösser als b', noch b' grösser als a' sei. Wie leicht zu sehen, lässt sich diesen Bedingungen immer nur auf eine Weise genügen, und die Einführung derselben gewährt den Vortheil, dass, wie schon ohne diese Bedingungen jeder ternären Form ein völlig bestimmtes Parallelepipedon entspricht, nun auch zu jedem Parallelepipedon ein analytischer Ausdruck gehört, dessen Coefficienten auch hinsichtlich ihrer Aufeinanderfolge und ihrer Zeichen völlig bestimmt sind. Dies vorausgesetzt, nennen wir die Form (1), in der also $a \leq b \leq c$ ist, eine *reducirte*, wenn sie einem reducirten Parallelepipedon entspricht. Da die Diagonalen der Flächen nicht kleiner als die Seiten derselben sein dürfen, so hat man:

$$a \pm 2c' + b \geq b, \quad a \pm 2b' + c \geq c, \quad b \pm 2a' + c \geq c.$$

Setzt man $\sigma = -1$, wenn a', b', c' alle drei negativ sind, sonst $\sigma = 1$, so sind diese Bedingungen gleichbedeutend mit:

$$(2) \qquad a \geq 2c'\sigma, \quad a \geq 2b'\sigma, \quad b \geq 2a'\sigma,$$

und nur, wenn das Gleichheitszeichen stattfindet, wird in dem entsprechenden Parallelogramm die eine der Diagonalen einer Seite gleich sein. Die Bedingungen hinsichtlich der Diagonalen des Parallelepipedon ergeben:

$$a + b + c + 2a'\varepsilon + 2b'\delta + 2c'\delta\varepsilon \geq c \qquad (\delta = \pm 1, \ \varepsilon = \pm 1),$$

wo die Zeichen in $\delta = \pm 1$, $\varepsilon = \pm 1$ beliebig sind. Betrachtet man zunächst den Fall, wo keiner der Coefficienten a', b', c' negativ ist, und berücksichtigt die vier Zeichencombinationen, sowie dass, wenn a und b einander gleich sind, $b' \leq a'$ ist, so sieht man sogleich, dass unsere Ungleichheit vermöge der schon erhaltenen Bedingungen immer von selbst erfüllt ist, und dass der Grenzfall der Gleichheit, in welchem die Diagonale der Kante $\sqrt{c}$ gleich wird, nur einmal und nur dann eintreten kann, wenn eine der Grössen b', c' gleich Null ist, und wenn zugleich von den Bedingungen (2) die auf die andere der beiden Grössen b', c' bezügliche, sowie diejenige, welche a' enthält, den Grenzfall der Gleichheit darbietet. Sind a', b', c' negativ, so ist unsere Ungleichheit immer und zwar so erfüllt, dass der Grenzfall nicht stattfinden kann, ausser wenn $\delta = \varepsilon = 1$, so dass also die neue Bedingung aufzustellen ist:

$$(3) \qquad\qquad a+b+2a'+2b'+2c' \geqq 0,$$

wo wieder das untere Zeichen sich auf das Gleichwerden einer Diagonale mit der Kante $\sqrt{c}$ bezieht.

Sind die eben entwickelten Bedingungen (2) und, wenn a', b', c' negativ sind, überdies (3) so erfüllt, dass in keiner der Ungleichheiten der Grenzfall der Gleichheit stattfindet, so wird es in der Classe, zu welcher die Form gehört, nicht noch eine zweite von dieser verschiedene mit oder ohne Gleichheitszeichen in den Definitionsbedingungen geben, da nach dem am Ende des vorigen Paragraphen Bemerkten das entsprechende Punktensystem nur nach einem reducirten Parallelepipedon abgetheilt werden kann. Anders verhält sich die Sache, wenn nicht in allen Bedingungen die oberen Zeichen stattfinden; es können alsdann in derselben Classe mehrere reducirte Formen vorkommen, die sich dann aus einer gegebenen ableiten lassen. Es wird genügen, dies für einen Hauptfall zu zeigen. Wir wählen dazu den Fall, wo $b < c$ ist.

Setzt man zunächst $a > 2c'\sigma$ voraus, so kann nur die Richtung der Kante $\sqrt{c}$ verändert werden, wenn es nämlich in der Ebene der oberen Grundfläche noch einen oder mehrere Punkte giebt, deren Entfernung vom Scheitel $\sqrt{c}$ beträgt. Sind ξ, η, 1 die einem solchen Punkte entsprechenden Werthe der Elemente, so werden, wenn die dritte Kante nach demselben gerichtet wird, alle Coefficienten bis auf a', b' ungeändert bleiben, diese aber resp. in $a'+c'\xi+b\eta$, $b'+a\xi+c'\eta$ übergehen, wie man sich leicht und fast ohne Rechnung überzeugt. Nun sind aber nach der vorher gemachten Aufzählung die Werthe von ξ, η,

welche die Bedingung erfüllen, wenn $a = 2\,b'\sigma$ ist:
$$\xi = -\sigma, \quad \eta = 0;$$
wenn $b = 2\,a'\sigma$ ist:
$$\xi = 0, \quad \eta = -\sigma;$$
wenn gleichzeitig $a = 2\,b'$, $b = 2\,a'$, $c' = 0$ ist:
$$\xi = -1, \quad \eta = -1;$$
und wenn a', b', c' negativ sind und die Gleichung $a+b+2a'+2b'+2c'=0$ erfüllen:
$$\xi = 1, \quad \eta = 1.$$
Diesen vier Voraussetzungen entsprechend hat man also a', b' in:
$$a'-c'\sigma, \quad b'-a\sigma(=-b'); \qquad -a', \quad b'-c'\sigma; \qquad -a', \quad -b'; \qquad a'+b+c', \quad a+b'+c'$$
zu verwandeln. Von dem dritten Falle und überhaupt von der Annahme $c'=0$ kann man absehen, da dieser eine neue Form entspricht, welche, nachdem man in derselben die zu Anfang dieses Paragraphen vorgeschriebenen Zeichenänderungen vorgenommen hat, offenbar mit der Form, von welcher man ausgegangen ist, identisch wird. In jeder der drei übrigen Voraussetzungen erhält man nach Anwendung der erforderlichen Zeichenänderungen eine derselben Classe angehörige neue reducirte Form (falls sie nicht mit der ursprünglichen coïncidirt), und man erhält zwei solche Formen, wenn zwei unserer Voraussetzungen zugleich bestehen. Damit ist dann die Aufzählung der Formen beendigt, da offenbar die Gleichzeitigkeit von allen drei Voraussetzungen nicht stattfinden kann. Wäre, immer unter der Voraussetzung $b < c$, $a = 2\,c'\sigma$ gewesen, so hätte man, falls $a < b$, die zweite Kante in der Grundfläche drehen, für $a = b$ auch noch die erste Kante in die ursprüngliche Lage der zweiten übergehen lassen und diese neue oder diese beiden neuen Lagen der zwei ersten Kanten mit allen Richtungen der dritten, die ursprüngliche nicht ausgenommen, in Verbindung bringen müssen.

Man kann dem Übelstande, dass sich in singulären Fällen mehrere reducirte Formen in derselben Classe befinden können, leicht abhelfen und diese Ausnahmen dadurch entfernen, dass man für solche singuläre Fälle in die allgemeine Definition noch gewisse secundäre Bedingungen aufnimmt, die sich leicht ergeben, wenn man z. B. die Forderung aufstellt, dass der letzte Coëfficient c', falls er nicht völlig bestimmt ist, den kleinsten numerischen Werth erhalte, dessen er in den reducirten Formen der Classe fähig ist, und dann eben so in Bezug auf b' verfährt. Um dies an einem Beispiel zu zeigen, wollen wir unter den vorher behandelten singulären Fällen den betrachten, wo $b < c$ ist, von den drei Bedingungen (2) keine mit dem unteren Zeichen gilt, dagegen die drei negativen

Werthe a', b', c' die Gleichung:

$$a+b+2a'+2b'+2c' = 0$$

erfüllen. Nach dem vorher Bemerkten ist c' bestimmt, und giebt es für diesen Fall nur zwei reducirte Formen. Sind a' und b' die Werthe des vierten und fünften Coefficienten in einer derselben, so sind sie in der anderen $a'+b+c'$, $a+b'+c'$, oder, da diese letzteren Werthe offenbar positiv sind, c' aber negativ und folglich, um der Zeichenvorschrift zu genügen, z in $-z$ zu verwandeln ist, vielmehr $-(a'+b+c')$, $-(a+b'+c')$. Wie es in der Natur der Sache liegt, genügen diese Werthe, wenn man sie für a', b' substituirt, wieder der Gleichung:

$$a+b+2a'+2b'+2c' = 0,$$

und aus ihnen gehen die Werthe a', b' auf dieselbe Weise hervor, wie sie selbst aus a', b' entstanden sind. Da hiernach der fünfte Coëfficient nur die beiden negativen Werthe b' und $-(a+b'+c')$ zulässt, deren Summe gleich $-a-c'$ ist, so sieht man, dass, wenn man zu den Definitionsbedingungen noch:

$$-b' \leqq \tfrac{1}{2}(a+c')$$

hinzufügt, die Classe nur eine reducirte Form enthalten wird.

Indem wir die Abhandlung beschliessen, wollen wir noch aus unseren Principien einen schönen, von SEEBER durch Induction gefundenen und von GAUSS in der schon oft erwähnten Anzeige bewiesenen Satz ableiten. Nach diesem Satze ist in einer reducirten Form das Product der drei ersten Coefficienten nicht grösser als der doppelte absolute Werth der Determinante.

Da der absolute Werth der Determinante dem Quadrate des Rauminhaltes des der Form entsprechenden Parallelepipedon gleich ist, so ist also, nach der in §. 5, 3° gebrauchten Bezeichnung, die zu beweisende Ungleichheit:

$$abc \leqq 2\varDelta h,$$

worin $\varDelta$ das Quadrat der Grundfläche bedeutet. Setzt man:

$$c = b+t,$$

wo also t nicht negativ ist, zieht von der in §. 5, 3° erhaltenen Ungleichheit:

$$h \geqq c-\varrho = b-\varrho+t,$$

nachdem man sie mit $2\varDelta$ multiplicirt hat, die Gleichung ab:

$$abc = ab^2+abt,$$

so erhält man:

$$2\varDelta h-abc \geqq 2\varDelta(b-\varrho)-ab^2+(2\varDelta-ab)t.$$

Da nun nach der am Ende von §. 4 bewiesenen Ungleichheit $2\varDelta(b-\varrho)-ab^2$ nicht negativ und $2\varDelta-ab \geqq \tfrac{1}{2}ab$ positiv ist, so erhellt die Wahrheit des Satzes.

ÜBER
DIE BESTIMMUNG DER MITTLEREN WERTHE IN DER ZAHLENTHEORIE.

VON

G. LEJEUNE DIRICHLET.

Abhandlungen der Königlich Preussischen Akademie der Wissenschaften von 1849, S. 69—83.

ÜBER
DIE BESTIMMUNG DER MITTLEREN WERTHE
IN DER ZAHLENTHEORIE.

[Gelesen in der Akademie der Wissenschaften am 9. August 1849[1]).]

Obgleich die Functionen, welche in der Theorie der Zahlen betrachtet werden, fast nie durch analytische Ausdrücke darstellbar sind und scheinbar ganz regellos fortschreiten, so tritt doch in den mittleren Werthen derselben eine um so grössere Gesetzmässigkeit hervor, je weiter man die Reihe derselben verfolgt, d. h. es giebt bestimmte einfache Ausdrücke, welche den Fortgang der mittleren Werthe mit unaufhörlich wachsender Genauigkeit und gerade so darstellen, wie eine Curve sich dem Laufe einer anderen immer näher anschliesst, deren Asymptote sie ist. Man findet namentlich gegen das Ende der fünften Section der *Disquisitiones arithmeticae* mehrere höchst merkwürdige Ausdrücke dieser Art, welche sich auf die Theorie der quadratischen Formen beziehen. Da weder diese interessanten Resultate, welche dort nur beiläufig und ohne Begründung mitgetheilt werden, bisher bewiesen worden sind, noch überhaupt Methoden zur Behandlung ähnlicher Fragen bekannt sind, so habe ich mich schon vor mehreren Jahren mit der Aufsuchung dazu geeigneter Mittel beschäftigt. Ich habe jedoch von meiner damaligen Arbeit ausser einigen neuen Resultaten nichts der Öffentlichkeit übergeben[2]), da sich mir die Aussicht darbot, durch fortgesetzte Bemühungen die Behandlung solcher Probleme noch wesentlich zu vereinfachen und namentlich von der Integralrechnung unabhängig zu machen. Andere Untersuchungen haben mich dann längere Zeit von diesem Gegenstande abgezogen. Nachdem ich denselben später wieder aufgenommen, habe ich mich überzeugt, dass man in vielen Fällen durch ganz elementare, auf

---

[1]) Die darauf bezügliche Mittheilung im Akademie-Bericht von 1849, S. 218 lautet: „Hr. Dirichlet las über die Bestimmung der mittleren Werthe in der Zahlentheorie". K.

[2]) Vgl. S. 351 und S. 372 des I. Bandes dieser Ausgabe von G. Lejeune Dirichlet's Werken. K.

7*

eine höchst einfache Reihenumformung gegründete Betrachtungen zum asymptotischen Ausdruck des mittleren Werthes gelangt. Ich beschränke mich für jetzt auf eine Reihe von Aufgaben, für welche das angeführte Mittel allein ausreicht. In einer folgenden Abhandlung werde ich mich mit schwierigeren Problemen beschäftigen, deren Lösung die Verbindung der eben erwähnten Transformation mit anderen Hülfsmitteln erfordert.

1.

Um die Transformation, auf welcher die Lösung der in dieser Abhandlung behandelten Aufgaben hauptsächlich beruht, in das rechte Licht zu setzen, scheint es zweckmässig, sogleich mit einer der einfachsten Fragen zu beginnen, die Lösung derselben so weit zu führen, als es ohne jene Umformung geschehen kann, und sie dann mit Hülfe derselben zu vervollständigen.

Es bezeichne $f(n)$ die Anzahl der Divisoren der ganzen Zahl n, und man stelle sich die Aufgabe, das sogenannte summatorische Glied dieser Function, d. h. die Summe:

$$f(1)+f(2)+\cdots+f(n) = F(n),$$

zu bestimmen. Ist s eine ganze Zahl $\leqq n$, so wird sich in so vielen Gliedern unserer Summe eine dem Divisor s entsprechende Einheit befinden, als es unter den Zahlen 1, 2, ..., n Vielfache von s giebt. Nun ist aber die Anzahl dieser Vielfachen $\left[\dfrac{n}{s}\right]$, wenn wir uns, wie überall in der Folge, der eckigen Klammern zur Bezeichnung der grössten ganzen Zahl bedienen, welche in dem eingeklammerten Werthe enthalten ist. Es folgt daraus:

$$F(n) = \Sigma_1^n\left[\frac{n}{s}\right],$$

wo sich das Summenzeichen auf s erstreckt. Aus dieser Gleichung ergiebt sich sogleich eine angenäherte Bestimmung, d. h. ein asymptotischer Ausdruck für $F(n)$. Da nämlich $\dfrac{n}{s}$ die ganze Zahl $\left[\dfrac{n}{s}\right]$ um weniger als eine Einheit übertrifft, so hat man bis auf einen Fehler, der die Grenze n nicht übersteigen kann:

$$F(n) = n\Sigma_1^n\frac{1}{s}\,.$$

Nun ist aber:

$$\Sigma_1^n\frac{1}{s} = \log n+C+\frac{1}{2n}+\cdots,$$

wo $C = 0{,}5772156\ldots\,$ ist. Da jedoch der letzte Ausdruck für $F(n)$ schon mit einem Fehler der Ordnung n behaftet ist, so ist von der unendlichen Reihe nur das erste Glied beizubehalten, und man sieht, dass die Gleichung:

$$F(n) = n\log n$$

nur bis auf einen Fehler erster Ordnung genau ist, für welchen sich übrigens leicht eine Grenze angeben lässt, die er nicht überschreiten kann. Ob die Function, die von der Ordnung $n\log n$ ist, in ihrem asymptotischen Ausdruck ein Glied der Ordnung n mit constantem Coefficienten enthält, oder mit anderen Worten, ob $\dfrac{1}{n}F(n) - \log n$ sich für wachsende Werthe von n einer festen Grenze nähert, lässt sich auf diesem Wege nicht entscheiden.

2.

Die schon erwähnte Umformung, mit welcher wir uns jetzt beschäftigen wollen, beruht auf der einfachen Bemerkung, dass, während die Glieder der Reihe:

$$\left[\frac{n}{1}\right],\ \left[\frac{n}{2}\right],\ \ldots,\ \left[\frac{n}{s}\right],\ \ldots,$$

welche mit dem n^{ten} Gliede abbricht, anfangs sehr rasch abnehmen, von einer gewissen Stelle ab jedes Glied dem folgenden entweder gleich ist oder dasselbe um eine Einheit übertrifft. Es wird dies offenbar der Fall sein, sobald der Unterschied:

$$\frac{n}{s} - \frac{n}{s+1} = \frac{n}{s(s+1)}$$

der Einheit oder einem ächten Bruche gleich geworden ist. Bestimmt man also die kleinste ganze Zahl μ, welche der Bedingung $\mu(\mu+1) \geqq n$ entspricht, so wird die erwähnte Eigenschaft spätestens vom μ^{ten} Gliede incl. ab stattfinden. Da es jedoch für unseren Zweck ganz unwesentlich ist, ob in die beabsichtigte Umformung ein Glied mehr oder weniger hineingezogen wird, so werden wir der grösseren Einfachheit wegen für μ die ganze Zahl wählen, welche entweder der Wurzel $\sqrt{n}$ gleich ist oder, im Falle der Irrationalität derselben, unmittelbar darüber liegt. Man hat also:

$$\mu^2 \gtreqless n$$

und folglich $\mu(\mu+1) > n$. Setzt man nun:

$$\left[\frac{n}{\mu}\right] = \nu,$$

wo, wie leicht zu sehen ist, ν höchstens um 2 Einheiten von μ verschieden sein kann, und bezeichnet mit t irgend eine der Zahlen ν, $\nu-1$, ..., 2, 1, so lässt sich leicht der Zeiger s des vom Anfange entferntesten Gliedes $\left[\frac{n}{s}\right]$ bestimmen, welchem der Werth t zukommt, und auf welches daher ein Glied mit dem Werthe $t-1$ folgt. Der gesuchte Zeiger wird durch die doppelte Bedingung gegeben:

$$\frac{n}{s} \geq t, \qquad \frac{n}{s+1} < t,$$

woraus sogleich folgt:

$$s \leq \frac{n}{t}, \qquad s+1 > \frac{n}{t}, \qquad \text{d. h.} \qquad s = \left[\frac{n}{t}\right].$$

Betrachten wir jetzt die Summe:

$$\left[\frac{n}{1}\right]\varphi(1) + \left[\frac{n}{2}\right]\varphi(2) + \cdots + \left[\frac{n}{p}\right]\varphi(p),$$

wo p, wie sich von selbst versteht, grösser als μ und nicht grösser als n angenommen wird, oder vielmehr nur denjenigen Theil der Summe, welcher sich vom μ^{ten} Gliede ab erstreckt:

$$\left[\frac{n}{\mu}\right]\varphi(\mu) + \cdots + \left[\frac{n}{s}\right]\varphi(s) + \cdots + \left[\frac{n}{p}\right]\varphi(p),$$

so können wir diesen dadurch umformen, dass wir die Glieder, für welche $\left[\frac{n}{s}\right]$ denselben Werth hat, in Partialsummen vereinigen und dann alle Partialsummen addiren.

Lassen wir der grösseren Gleichförmigkeit wegen aus der ersten Partialsumme das $s = \mu$ entsprechende Glied weg, ziehen dasselbe zu den schon abgesonderten $\mu-1$ ersten Gliedern und setzen:

$$\left[\frac{n}{p}\right] = q,$$

so erstrecken sich die Partialsummen nach Obigem respective von

$s = \mu$ excl. bis $s = \left[\frac{n}{\nu}\right]$ incl., und der entsprechende Werth von $\left[\frac{n}{s}\right]$ ist ν,

$s = \left[\frac{n}{\nu}\right]$ „   „ $s = \left[\frac{n}{\nu-1}\right]$ „   „   „   „   „   „ $\left[\frac{n}{s}\right]$ „ $\nu-1$,

$s = \left[\frac{n}{\nu-1}\right]$ „   „ $s = \left[\frac{n}{\nu-2}\right]$ „   „   „   „   „   „ $\left[\frac{n}{s}\right]$ „ $\nu-2$,

. . . .

$s = \left[\frac{n}{q+1}\right]$ „   „ $s = p$ „   „   „   „   „   „ $\left[\frac{n}{s}\right]$ „ q.

Bezeichnet nun $\psi(s)$ das summatorische Glied der Function $\varphi(s)$, ist also:

$$\psi(s) = \sum_{h=1}^{h=s} \varphi(h),$$

so sind die Werthe der Partialsummen:

$$\nu\left(\psi\left[\frac{n}{\nu}\right]-\psi(\mu)\right), \quad (\nu-1)\left(\psi\left[\frac{n}{\nu-1}\right]-\psi\left[\frac{n}{\nu}\right]\right),$$

$$(\nu-2)\left(\psi\left[\frac{n}{\nu-2}\right]-\psi\left[\frac{n}{\nu-1}\right]\right), \quad \ldots, \quad q\left(\psi(p)-\psi\left[\frac{n}{q+1}\right]\right),$$

deren Vereinigung den Ausdruck:

$$-\nu\,\psi(\mu)+\psi\left[\frac{n}{\nu}\right]+\psi\left[\frac{n}{\nu-1}\right]+\cdots+\psi\left[\frac{n}{q+1}\right]+q\,\psi(p)$$

ergiebt. Wir erhalten so die allgemeine Transformationsgleichung:

$$(a) \qquad \Sigma_1^p\left[\frac{n}{s}\right]\varphi(s) = q\,\psi(p)-\nu\,\psi(\mu)+\Sigma_1^\mu\left[\frac{n}{s}\right]\varphi(s)+\Sigma_{q+1}^\nu\,\psi\left[\frac{n}{s}\right].$$

Der bei der Anwendung dieser Gleichung am häufigsten vorkommende Fall ist der, wo $p = n$ und folglich $q = 1$ ist. Man erhält bei dieser Voraussetzung:

$$(b) \qquad \Sigma_1^n\left[\frac{n}{s}\right]\varphi(s) = -\nu\,\psi(\mu)+\Sigma_1^\mu\left[\frac{n}{s}\right]\varphi(s)+\Sigma_1^\nu\,\psi\left[\frac{n}{s}\right].$$

Wie man sieht, besteht der Vortheil dieser Umformung darin, dass durch dieselbe eine Reihe, deren Gliederzahl n ist, und die in jedem Gliede einen Ausdruck der Form $\left[\frac{n}{s}\right]$ enthält, auf zwei andere zurückgeführt wird, in denen die Anzahl der ebenfalls $\left[\frac{n}{s}\right]$ enthaltenden Glieder sich auf die Ordnung $\sqrt{n}$ erniedrigt. Eine ähnliche Umformung bleibt noch ausführbar, wenn an die Stelle des Nenners s in dem Ausdruck $\left[\frac{n}{s}\right]$ eine mit s wachsende Function von s tritt. Da jedoch eine solche Allgemeinheit für unseren gegenwärtigen Zweck überflüssig ist, so beschränken wir uns auf die eben betrachtete speciellere Reihenform.

3.

Nehmen wir jetzt die in Art. 1 behandelte Aufgabe wieder auf, so erhalten wir, wenn in der Gleichung (b) $\varphi(s) = 1$ und folglich $\psi(s) = s$ gesetzt wird:

$$F(n) = \Sigma_1^n\left[\frac{n}{s}\right] = -\mu\nu+\Sigma_1^\mu\left[\frac{n}{s}\right]+\Sigma_1^\nu\left[\frac{n}{s}\right].$$

Setzt man in den beiden Summen $\frac{n}{s}$ statt $\left[\frac{n}{s}\right]$, so ist der Fehler nur von der Ordnung $\sqrt{n}$, und da ebenso:

$$n \Sigma_1^\mu \frac{1}{s} = n \Sigma_1^\nu \frac{1}{s} = \tfrac{1}{2}n\log n + Cn, \quad \mu\nu = n,$$

so folgt bis auf einen Fehler der Ordnung $\sqrt{n}$ genau:

$$F(n) = n\log n + (2C-1)n.$$

Aus dem eben gefundenen asymptotischen Ausdruck für die Function $F(n)$ lässt sich nun leicht ein Ausdruck für den mittleren Werth der Divisorenanzahl ableiten. Schreibt man die Gleichung zur grösseren Deutlichkeit in der Form:

$$F(n) = n\log n + (2C-1)n + \zeta\sqrt{n},$$

wo ζ zwar unbekannt ist aber für ein noch so grosses n numerisch unter einer bestimmten Grenze, die leicht anzugeben wäre, bleiben wird, verwandelt n in $n+s$, wobei ζ in ζ' übergehe, und dividirt die Differenz beider Gleichungen durch s, so erhält man für das arithmetische Mittel der den s Zahlen $n+1$, $n+2, \ldots, n+s$ entsprechenden Factorenanzahlen:

$$\log(n+s) + 2C - 1 + \frac{n}{s}\log\left(1 + \frac{s}{n}\right) + \frac{\zeta'\sqrt{n+s} - \zeta\sqrt{n}}{s}.$$

Denkt man sich nun $\frac{s}{\sqrt{n}}$ über jede Grenze hinaus wachsend, so nähert sich das letzte Glied der Null, d. h. der Unterschied zwischen dem erwähnten arithmetischen Mittel und dem aus den übrigen Gliedern gebildeten Ausdruck wird kleiner als jede angebbare Grösse. Verbindet man mit der schon gemachten Annahme noch die, dass auch $\frac{n}{s}$ jede Grenze überschreite, so erhält man für das dieser doppelten Voraussetzung entsprechende Mittel den höchst einfachen asymptotischen Werth:

$$\log n + 2C,$$

der, wie leicht zu sehen, auch dann noch gilt, wenn n, statt die der Reihe von s Zahlen, in Bezug auf welche das Mittel genommen wird, unmittelbar vorhergehende Zahl zu bezeichnen, mit einer dieser Zahlen selbst zusammenfällt. Ist nämlich m eine derselben, so hat man $n+t = m$, wo $t \leq s$, und der Unterschied $\log m - \log n$ nähert sich in Folge obiger Voraussetzung der Null.

4.

Die oben erhaltene Gleichung:

$$\Sigma_1^n \left[\frac{n}{s}\right] = n\log n + (2C-1)n,$$

in welcher der Fehler von der Ordnung $\sqrt{n}$ ist, giebt zu einer Bemerkung Veranlassung, bei welcher wir einen Augenblick verweilen wollen. Da andererseits:

$$\Sigma_1^n \frac{n}{s} = n\log n + Cn$$

ist, wo der Fehler für jedes n eine feste Grenze nicht überschreitet, so hat man mit einem Fehler der Ordnung $\sqrt{n}$:

$$\Sigma_1^n \left(\frac{n}{s} - \left[\frac{n}{s}\right]\right) = (1-C)n.$$

Da hiernach das arithmetische Mittel aus den Werthen der Differenz:

$$\frac{n}{s} - \left[\frac{n}{s}\right],$$

welche $s = 1, 2, \ldots, n$ entsprechen, gleich $1 - C$, also kleiner als $\frac{1}{2}$ ist, so lässt sich vermuthen, dass, wenn man n der Reihe nach durch die genannten Zahlen dividirt, der Fall öfter vorkommen wird, wo der Rest unter dem halben Divisor liegt, als der entgegengesetzte, wo er demselben gleich ist oder ihn übertrifft. Wir wollen die Richtigkeit dieser Vermuthung zu prüfen und das Verhältniss, nach welchem die Zahlen $1, 2, \ldots, n$ sich in dieser Beziehung in zwei Gruppen vertheilen, zu bestimmen suchen.

Die Zahl s wird den ersten oder den zweiten Fall darbieten, je nachdem:

$$\frac{n}{s} - \left[\frac{n}{s}\right] < \tfrac{1}{2} \quad \text{oder} \quad \gtreqless \tfrac{1}{2}$$

ist. Da hiernach respective:

$$\left[\frac{2n}{s}\right] - 2\left[\frac{n}{s}\right] = 0 \quad \text{oder} \quad \left[\frac{2n}{s}\right] - 2\left[\frac{n}{s}\right] = 1$$

ist, so wird die Anzahl der in der zweiten Gruppe enthaltenen Zahlen durch den Ausdruck:

$$\Sigma_1^n \left[\frac{2n}{s}\right] - 2\Sigma_1^n \left[\frac{n}{s}\right]$$

gegeben, dessen zweites Glied oben schon bestimmt worden ist. Zur Bestimmung des ersten dient die Gleichung (a), in welcher n in $2n$ zu verwandeln und $p = n$, $q = 2$, $\varphi(s) = 1$, $\psi(s) = s$ zu setzen ist. Man erhält so:

$$\Sigma_1^n\left[\frac{2n}{s}\right] = 2n - \mu\nu + \Sigma_1^\mu\left[\frac{2n}{s}\right] + \Sigma_3^\nu\left[\frac{2n}{s}\right].$$

Da μ die unmittelbar über $\sqrt{2n}$ liegende ganze Zahl und $\nu = \left[\frac{2n}{\mu}\right]$ ist, so ist $\mu\nu$ von $2n$ nur um eine Grösse der Ordnung $\sqrt{n}$ verschieden, und die beiden ersten Glieder heben sich auf. Der Werth der ersten Summe wird, immer mit Vernachlässigung der Ordnung $\sqrt{n}$, durch die Gleichung gegeben:

$$\Sigma_1^\mu\left[\frac{2n}{s}\right] = 2n\,\Sigma_1^\mu\frac{1}{s} = 2n(\log\mu + C) = n\log 2n + 2Cn.$$

Derselbe Werth würde auch für die zweite Summe gelten, wenn darin nicht die beiden, $s = 1$ und $s = 2$ entsprechenden Glieder fehlten. Man hat also, um $\Sigma_1^n\left[\frac{2n}{s}\right]$ zu erhalten, den eben gefundenen Ausdruck zu verdoppeln und $\left[\frac{2n}{1}\right] + \left[\frac{2n}{2}\right] = 3n$ abzuziehen. Man findet so für die Zahlen der zweiten Gruppe die Anzahl:

$$(\log 4 - 1)n$$

und also für die Zahlen der ersten Gruppe:

$$(2 - \log 4)n.$$

Für ein grosses n verhält sich daher die Anzahl der Divisoren, denen die erste Eigenschaft entspricht, zu der Anzahl derjenigen, welchen die zweite zukommt, wie $2 - \log 4$ zu $\log 4 - 1$.

5.

Betrachten wir jetzt die Function $f(n)$, welche die Summe der Divisoren von n ausdrückt, oder vielmehr zunächst wieder, wie in · No. 1, die daraus gebildete Summe:

$$F(n) = f(1) + f(2) + \cdots + f(n).$$

Durch Betrachtungen, welche denen ganz ähnlich sind, die wir dort angestellt haben, erhält man:

$$F(n) = \Sigma_1^n s\left[\frac{n}{s}\right].$$

Durch Anwendung der Gleichung (b) ergiebt sich hieraus:

$$F(n) = -\tfrac{1}{2}(\mu^2 + \mu)\nu + \Sigma_1^\mu s\left[\frac{n}{s}\right] + \tfrac{1}{2}\Sigma_1^\nu\left(\left[\frac{n}{s}\right]^2 + \left[\frac{n}{s}\right]\right).$$

Um zu übersehen, von welcher Ordnung die Grössen sind, welche man als nicht vollständig bestimmbar vernachlässigen muss, betrachte man zunächst den ersten Theil der letzten Summe. Setzt man:

$$\left[\frac{n}{s}\right] = \frac{n}{s} - \varepsilon,$$

wo ε ein von n und s abhängiger positiver ächter Bruch ist, so erhält man:

$$\Sigma_1^\nu \left[\frac{n}{s}\right]^2 = \Sigma_1^\nu \frac{n^2}{s^2} - 2\Sigma_1^\nu \frac{n}{s}\varepsilon + \Sigma_1^\nu \varepsilon^2,$$

wo das zweite und dritte Glied, welche resp. die Ordnung $n\log n$ und $\sqrt{n}$ nicht überschreiten können, wegen des darin vorkommenden, analytisch nicht ausdrückbaren Bruchs ε wegzulassen sind. Es ist daher auch der zweite Theil der Summe, nämlich $\Sigma_1^\nu \left[\dfrac{n}{s}\right]$, den wir schon oben bestimmt haben, und welcher von der Ordnung $n\log n$ ist, nicht zu berücksichtigen, obgleich dieser Theil bis auf die erste Ordnung incl. genau angebbar ist. Ferner ist mit Vernachlässigung der ersten Ordnung:

$$(\mu^2 + \mu)\nu = n^{\frac{3}{2}}, \quad \Sigma_1^\mu s\left[\frac{n}{s}\right] = n^{\frac{3}{2}};$$

es ergiebt sich daher, bis auf einen Fehler der Ordnung $n\log n$ genau:

$$F(n) = \tfrac{1}{3}n^{\frac{3}{2}} + \tfrac{1}{2}n^2 \Sigma_1^\nu \frac{1}{s^2}.$$

Da nun andererseits nach einer bekannten Formel:

$$\Sigma_1^\nu \frac{1}{s^2} = \frac{\pi^2}{6} - \frac{1}{\nu} + \frac{1}{2\nu^2} - \cdots,$$

also bis auf die erste Ordnung exclusive:

$$\tfrac{1}{2}n^2 \Sigma_1^\nu \frac{1}{s^2} = \frac{\pi^2}{12} n^2 - \tfrac{1}{2}n^{\frac{3}{2}},$$

so erhält man schliesslich die Gleichung:

$$F(n) = \frac{\pi^2}{12} n^2,$$

in welcher der Fehler die Ordnung $n\log n$ nicht überschreitet.

Bestimmt man mit Hülfe des eben gefundenen Ausdrucks den mittleren Werth von $f(n)$, so findet man für diesen mittleren Werth, nämlich für:

$$\frac{1}{s}\left(f(n+1) + \cdots + f(n+s)\right),$$

den asymptotischen Ausdruck:

$$\frac{\pi^2}{6}\,n,$$

vorausgesetzt, dass man sich das gleichzeitige Wachsen von s und n so denke, dass dabei:

$$\frac{n}{s} \quad \text{und} \quad \frac{s}{\log n}$$

jede endliche Grenze überschreiten. Dieses Resultat hat jedoch, wie leicht zu sehen, eine wesentlich andere Bedeutung als das am Ende von No. 3 gefundene. Während dort der Unterschied zwischen dem wahren mittleren Werth und seinem asymptotischen Ausdruck kleiner als jede gegebene Grösse wurde, gilt dies hier nur von dem Verhältniss dieses Unterschiedes zum wahren oder genäherten mittleren Werthe.

6.

In den bisher behandelten Aufgaben, zu denen andere auf ganz ähnliche Weise zu lösende hinzuzufügen überflüssig scheint, hatte die näherungsweise zu bestimmende Function unmittelbar die Form der Reihe (a). In anderen Fällen wird diese Function durch eine Gleichung gegeben, welche eine solche Reihe enthält, in deren allgemeinem Gliede die zu bestimmende Function vorkommt, so dass man also nur eine recurrirende Beziehung zwischen auf einander folgenden Werthen der Function kennt. Das einfachste Beispiel dieser Art bietet die Function $\varphi(n)$ dar, welche die Anzahl der in der Reihe $1, 2, \ldots, n$ enthaltenen relativen Primzahlen zu n ausdrückt und welche in der Theorie der Zahlen eine so grosse Rolle spielt. Bekanntlich ist der Ausdruck für diese Function:

$$\varphi(n) = n\left(1-\frac{1}{a}\right)\left(1-\frac{1}{b}\right)\left(1-\frac{1}{c}\right)\cdots,$$

wo $a, b, c, \ldots$ die verschiedenen in n aufgehenden Primzahlen bezeichnen. Diese Formel ist jedoch für unsere Untersuchung nicht geeignet, und wir müssen für dieselbe einen anderen Ausgangspunkt wählen. Wir gehen von der bekannten Gleichung aus:

$$\Sigma\varphi(\delta) = n,$$

in welcher sich das Summenzeichen auf sämmtliche Divisoren δ von n bezieht. Addirt man diese Gleichung und die ähnlichen für $n-1$, $n-2$, $\ldots$, 1 geltenden, so wird auf der linken Seite das Glied $\varphi(s)$, in welchem $s \leqq n$ ist,

so oft vorkommen, als es in der Reihe 1, 2, ..., n Vielfache von s giebt, d. h.
$\left[\dfrac{n}{s}\right]$ mal. Man erhält also:

$$\Sigma_1^n \left[\frac{n}{s}\right] \varphi(s) = \tfrac{1}{2}n^2 + \tfrac{1}{2}n.$$

Ehe wir weiter gehen, wollen wir einen Augenblick auf die Formel (b)
zurückkommen und die Bemerkung machen, dass es für manche Aufgaben, zu
denen auch die in No. 5 behandelte gehört, eine Abkürzung gewährt, wenn die
Umformung die ganze Reihe umfasst, obgleich dadurch der in anderen Fällen
unentbehrliche Vortheil verloren geht, die Anzahl der Glieder auf eine niedri-
gere Ordnung zu bringen. Um die so modificirte Formel zu erhalten, erwäge
man, dass der Werth t, wenn t ganz allgemein eine der Zahlen 1, 2, 3, ..., n
bedeutet, sich zwar nicht immer unter den Gliedern:

$$\left[\frac{n}{1}\right], \quad \left[\frac{n}{2}\right], \quad \cdots, \quad \left[\frac{n}{s}\right], \quad \cdots, \quad \left[\frac{n}{n}\right]$$

finden wird, da diese Glieder im Anfange der Reihe sehr rasch abnehmen, dass
es aber immer ein und nur ein Glied geben wird, welches nicht grösser als
t ist, und auf welches ein anderes folgt, dessen Werth kleiner als t ist. Der
Zeiger s dieses Gliedes muss, wie oben, die Ungleichheiten erfüllen:

$$\frac{n}{s} \gtreqless t, \quad \frac{n}{s+1} < t,$$

aus welchen folgt:

$$s = \left[\frac{n}{t}\right].$$

Hiernach ist allgemein $\left[\dfrac{n}{s}\right] = t$, von $s = \left[\dfrac{n}{t+1}\right]$ excl. bis $s = \left[\dfrac{n}{t}\right]$ incl., und
die Summe aller Glieder, in denen $\left[\dfrac{n}{s}\right]$ den Werth t hat, ist gleich:

$$\left(\psi\left[\frac{n}{t}\right] - \psi\left[\frac{n}{t+1}\right]\right) t,$$

welcher Ausdruck verschwindet und richtig bleibt, wenn keine solche Glieder
existiren, d. h. wenn $\left[\dfrac{n}{t}\right] = \left[\dfrac{n}{t+1}\right]$ wird. Vereinigt man die Werthe des Ausdrucks für $t = 1, 2, ..., n$ und bemerkt, dass für $t = n$ das Glied $\psi\left[\dfrac{n}{t+1}\right]$
offenbar auf Null zu reduciren ist, so erhält man:

$$(c) \qquad\qquad \Sigma_1^n \left[\frac{n}{s}\right] \varphi(s) = \Sigma_1^n \psi\left[\frac{n}{s}\right],$$

und diese Umformung ist es, von welcher wir nun in unserer Aufgabe Gebrauch machen wollen. Unsere obige Gleichung wird mit Hülfe derselben:

$$\Sigma_1^n \, \psi\left[\frac{n}{s}\right] = \tfrac{1}{2}n^2 + \tfrac{1}{2}n.$$

Man übersieht bald, dass der asymptotische Ausdruck für $\psi(n)$ die Form αn^2 haben wird, wo α eine Constante ist. Man könnte diese Constante in dem folgenden Beweise zunächst unbestimmt lassen, wo sich dann im Laufe der Entwickelung der Werth $\alpha = \dfrac{3}{\pi^2}$ herausstellen würde. Da jedoch dieser Werth ebenfalls leicht vorherzusehen ist, so werden wir der Kürze wegen sogleich den Ausdruck $\dfrac{3}{\pi^2}\,n^2$ betrachten. Wie auch die noch unbekannte Function $\psi(n)$ beschaffen sein möge, so können wir allgemein setzen:

$$\psi(n) = \frac{3}{\pi^2}\,n^2 + \zeta\chi(n),$$

wo auch ζ von n abhängt und die Function $\chi(n)$ beliebig und nur mit der Beschränkung gewählt werden soll, dass sie immer positiv bleibe, mit dem Argumente wachse und für den Werth $n = 1$ desselben nicht verschwinde. Denkt man sich $\chi(n)$ auf die angegebene Weise gewählt und dann in unsere Gleichung für n alle Werthe von $n = 1$ bis $n = N$ eingesetzt, so werden die entsprechenden Werthe von ζ alle endlich sein. Es sei nun A der grösste der so für ζ erhaltenen numerischen Werthe. Dies vorausgesetzt, bringen wir unsere Gleichung in die Form:

$$\psi(n) = -\Sigma_2^n \, \psi\left[\frac{n}{s}\right] + \tfrac{1}{2}n^2 + \tfrac{1}{2}n$$

und betrachten nun die Werthe von n, welche zwischen $n = N+1$ und $n = 2N$ liegen. Da $\left[\dfrac{n}{s}\right]$ in der Summe die Grenze N nicht überschreitet, so sieht man, dass derjenige Theil unserer Summe, welcher aus dem Einsetzen des zweiten Gliedes des oben für $\psi(n)$ angenommenen Ausdrucks entsteht, numerisch kleiner ist als:

$$A\,\Sigma_2^n\chi\left(\frac{n}{s}\right).$$

Der vom ersten Gliede herrührende Theil, nämlich:

$$\frac{3}{\pi^2}\,\Sigma_2^n\left[\frac{n}{s}\right]^2,$$

geht, wenn man wieder $\left[\dfrac{n}{s}\right] = \dfrac{n}{s} - \varepsilon$ setzt, über in:

$$\frac{3n^2}{\pi^2} \Sigma_2^n \frac{1}{s^2} - \frac{6n}{\pi^2} \Sigma_2^n \frac{\varepsilon}{s} + \frac{3}{\pi^2} \Sigma_2^n \varepsilon^2.$$

Da nun:

$$\Sigma_2^n \frac{1}{s^2} = \frac{\pi^2}{6} - 1 + \tau,$$

wo τ von der Ordnung $\dfrac{1}{n}$ ist, und die beiden anderen Summen resp. die Ordnung $\log n$ und n nicht überschreiten können, so erhält man eine Gleichung:

$$\psi(n) = \frac{3}{\pi^2} n^2 + \xi,$$

in welcher ξ numerisch kleiner ist als:

$$Pn \log n + A \Sigma_2^n \chi\left(\frac{n}{s}\right),$$

wo P eine hinlänglich grosse von N unabhängige Constante ist. Vergleicht man dieses von $n = N + 1$ bis $n = 2N$ geltende Resultat mit dem oben für $\psi(n)$ angenommenen Ausdruck:

$$\frac{3}{\pi^2} n^2 + \zeta \chi(n),$$

so ergiebt sich, dass für dieses neue Intervall der grösste Zahlenwerth von ζ das Maximum der in dem genannten Intervall stattfindenden Werthe des Ausdrucks:

$$\frac{Pn \log n}{\chi(n)} + \frac{\cdot A}{\chi(n)} \Sigma_2^n \chi\left(\frac{n}{s}\right)$$

nicht überschreitet. Giebt man jetzt der bisher unbestimmt gelassenen Function $\chi(n)$ die Form einer positiven Potenz n^δ, so erhält man für den in A multiplicirten Ausdruck:

$$\Sigma_2^n \frac{1}{s^\delta} < \Sigma_2^\infty \frac{1}{s^\delta} = q,$$

und δ lässt sich so zwischen 1 und 2 wählen, dass die Constante q ein ächter Bruch wird. Andererseits kann man N so gross wählen, dass für $n \geqq N$:

$$\frac{Pn \log n}{n^\delta} < k$$

wird, wo die Constante k beliebig klein ist. Bezeichnet man mit A' den grössten zwischen $n = N + 1$ und $n = 2N$ vorkommenden Zahlenwerth von ζ, so hat man:

$$A' < Aq + k.$$

Da nun k für ein wachsendes N beliebig klein werden kann, A nicht abnimmt, q aber constant bleibt, so ist für ein hinlänglich grosses N:

$$A' < A,$$

d. h. das ursprünglich bis $n = N$ geltende Maximum A gilt auch bis $2N$, aus demselben Grunde aber auch bis $4N$, $8N$, ..., oder ganz allgemein.

Es ist also:

$$\psi(n) = \frac{3}{\pi^2}\, n^2$$

mit einem Fehler, der die Ordnung n^δ nicht überschreiten kann, wo die Constante δ den durch die Gleichung:

$$\Sigma_2^\infty \frac{1}{s^r} = 1$$

gegebenen Werth γ, wenn auch noch so wenig, übersteigt. Für den mittleren Werth von $\varphi(n)$ ergiebt sich hiernach der Ausdruck:

$$\frac{6}{\pi^2}\, n,$$

dessen Bedeutung aus Obigem klar ist.

7.

Als letztes Beispiel wählen wir die Function $\varphi(n)$, welche die Anzahl aller möglichen Zerfällungen von n in zwei Factoren ohne gemeinschaftlichen Theiler bezeichnet und bekanntlich die Potenz 2^ϱ zum Ausdruck hat, wenn man unter ϱ die Anzahl der verschiedenen in n aufgehenden Primzahlen versteht. Setzt man wieder:

$$\Sigma_1^n \varphi(s) = \psi(n),$$

so wird $\psi(n)$ in einem einfachen Zusammenhang mit der in Art. 1 und 3 behandelten Function $F(n)$ stehen. $F(n)$ drückt nämlich offenbar die Anzahl der Zahlenpaare x, y aus, welche der Bedingung $xy \leqq n$ genügen, während $\psi(n)$ die Anzahl der Paare der zu einander relativen Primzahlen ξ, η bezeichnet, für welche ebenfalls $\xi\eta \leqq n$ ist. Theilt man nun die Paare x, y in Gruppen, deren s^{te} diejenigen Paare x, y enthält, für welche s der grösste gemeinschaftliche Theiler ist, so dass also, wenn $x = \xi s$, $y = \eta s$ gesetzt wird, ξ und η relative Primzahlen sind, und dividirt die Ungleichheit durch s^2, so kommt:

$$\xi\eta \leqq \frac{n}{s^2} \quad \text{oder} \quad \xi\eta \leqq \left[\frac{n}{s^2}\right].$$

Da nun auch umgekehrt je zwei relative Primzahlen ξ, η, welche dieser Bedingung entsprechen, durch Multiplication mit s zwei Zahlen x, y mit dem grössten gemeinschaftlichen Theiler s ergeben, für welche $xy \leqq n$ ist, so folgt, dass die Anzahl der in der s^{ten} Gruppe enthaltenen Paare durch $\psi\left[\dfrac{n}{s^2}\right]$ ausgedrückt wird. Man erhält so die Gleichung:

$$\boldsymbol{\Sigma}\,\psi\left[\frac{n}{s^2}\right] = F(n) = n\log n + (2C-1)n,$$

wo sich die Summe von $s = 1$ bis $s = [\sqrt{n}\,]$ erstreckt, und nach Obigem das vernachlässigte Glied die Ordnung $\sqrt{n}$ nicht überschreitet. Es ist hiernach leicht zu übersehen, dass der asymptotische Ausdruck für $\psi(n)$ die Form:

$$\alpha n \log n + \beta n$$

haben wird, wo α und β zwei noch zu bestimmende Constanten bezeichnen. Setzt man nämlich, wie im vorigen Artikel, in unserer Gleichung:

$$\psi(n) = \alpha n \log n + \beta n + \zeta n^\delta,$$

wählt α und β so, dass sich die Glieder der Ordnung $n\log n$ und n aufheben, nämlich:

$$\alpha = \frac{6}{\pi^2}\,, \quad \beta = \frac{6}{\pi^2}\left(\frac{12\,C'}{\pi^2} + 2C - 1\right),$$

wo C die frühere Bedeutung hat und $C' = \boldsymbol{\Sigma}_2^\infty\,\dfrac{\log s}{s^2}$ ist, so findet man durch Schlüsse, welche den im vorigen Artikel entwickelten ganz analog sind, dass ζ für ein beliebig grosses n unter einer festen Grenze bleibt, wenn nur $\delta > \tfrac{1}{2}\gamma$ ist, γ in der obigen Bedeutung genommen. Aus dem so gefundenen Ausdruck für $\psi(n)$:

$$\alpha n \log n + \beta n$$

folgt dann für $\varphi(n)$, in einem durch das eben Gesagte bestimmten Sinne, der mittlere Werth:

$$\frac{6}{\pi^2}\left(\log n + \frac{12\,C'}{\pi^2} + 2C\right)\cdot$$

Mit der eben behandelten Frage hängt der im Art. 301 der *Disquisitiones arithmeticae* gegebene mittlere Werth für die Anzahl der *genera* zusammen, welche einer negativen Determinante $-n$ entsprechen. Der Ausdruck für die Anzahl der *genera* ist nämlich nach bekannten Sätzen, den 5 Linearformen:

$$n = 8h, \quad n = 8h+4, \quad n = 4h+2, \quad n = 4h+1, \quad n = 4h+3$$

entsprechend:

$$\varphi(n), \qquad \tfrac{1}{2}\varphi(n), \qquad \tfrac{1}{2}\varphi(n), \qquad \varphi(n), \qquad \tfrac{1}{2}\varphi(n).$$

Andererseits lässt sich durch nahe liegende, an die vorher angestellten Betrachtungen anzubringende Modificationen, deren Ausführung wir dem Leser überlassen, der genäherte Werth von $\psi(n)$ bestimmen, wenn n eine vorgeschriebene Linearform hat, und die Summe $\Sigma\varphi(s) = \psi(n)$ nicht mehr über alle Zahlen 1, 2, ..., n, sondern nur über die in dieser Reihe enthaltenen Zahlen dieser Form erstreckt wird, und dann daraus der mittlere Werth von $\varphi(n)$ ableiten. Man findet so für die oben angegebenen Linearformen:

$$n = 8h, \qquad n = 8h+4, \qquad n = 4h+2, \qquad n = 4h+1, \qquad n = 4h+3$$

als mittleren Werth von $\varphi(n)$, wenn man zur Abkürzung:

$$\log n + \frac{12\,C'}{\pi^2} + 2C = \varDelta$$

setzt:

$$\frac{8}{\pi^2}(\varDelta - \tfrac{8}{3}\log 2), \quad \frac{8}{\pi^2}(\varDelta - \tfrac{2}{3}\log 2), \quad \frac{8}{\pi^2}(\varDelta + \tfrac{1}{3}\log 2), \quad \frac{4}{\pi^2}(\varDelta + \tfrac{4}{3}\log 2), \quad \frac{4}{\pi^2}(\varDelta + \tfrac{4}{3}\log 2).$$

Nach Obigem ergeben diese Ausdrücke, resp. mit 1, $\tfrac{1}{2}$, $\tfrac{1}{2}$, 1, $\tfrac{1}{2}$ multiplicirt, die mittleren Anzahlen der *genera* der Determinante $-n$ für die vorher aufgezählten Linearformen, und da von je 8 aufeinander folgenden Zahlen resp. 1, 1, 2, 2, 2 in diesen Formen enthalten sind, so ist die Summe unserer der Reihe nach mit:

$$1\cdot\tfrac{1}{8}, \quad \tfrac{1}{2}\cdot\tfrac{1}{8}, \quad \tfrac{1}{2}\cdot\tfrac{2}{8}, \quad 1\cdot\tfrac{2}{8}, \quad \tfrac{1}{2}\cdot\tfrac{2}{8}$$

multiplicirten Ausdrücke, d. h.:

$$\frac{4}{\pi^2}(\varDelta - \tfrac{1}{6}\log 2),$$

die gesuchte mittlere Anzahl der *genera*, welche der Determinante $-n$ entsprechen, wenn diese allgemein, d. h. nicht mehr auf eine besondere Linearform beschränkt, gedacht wird, was mit dem am angeführten Orte gegebenen Resultat übereinstimmt. Dass übrigens derselbe Ausdruck auch für die positive Determinante n gilt, folgt leicht daraus, dass die den Linearformen $4h+1$, $4h+3$ entsprechenden mittleren Werthe von $\varphi(n)$ zusammenfallen, und dass andererseits die bei den quadratischen Determinanten eintretenden Ausnahmen offenbar ohne Einfluss auf das Endresultat sind.

ÜBER EINEN NEUEN AUSDRUCK ZUR BESTIMMUNG DER DICHTIGKEIT EINER UNENDLICH DÜNNEN KUGELSCHALE, WENN DER WERTH DES POTENTIALS DERSELBEN IN JEDEM PUNKTE IHRER OBERFLÄCHE GEGEBEN IST.

VON

G. LEJEUNE DIRICHLET.

Abhandlungen der Königlich Preussischen Akademie der Wissenschaften von 1850, S. 99—116.

9*

ÜBER
EINEN NEUEN AUSDRUCK ZUR BESTIMMUNG DER DICHTIGKEIT EINER UNENDLICH DÜNNEN KUGELSCHALE, WENN DER WERTH DES POTENTIALS DERSELBEN IN JEDEM PUNKTE IHRER OBERFLÄCHE GEGEBEN IST.

[Gelesen in der Akademie der Wissenschaften am 28. November 1850. [1])]

Nach einem schönen, von GAUSS zuerst aufgestellten und bewiesenen Satze [*] lässt sich jede Fläche mit einer unendlich dünnen Massenschicht belegen, deren Potential in jedem Punkte der Fläche einen beliebig gegebenen Werth erhält, vorausgesetzt dass dieser Werth im ganzen Umfange der Fläche sich nach der Stetigkeit ändere. Die wirkliche Ausmittelung aber der dies leistenden Massenvertheilung ist im gegenwärtigen Zustande der Wissenschaft nur für einige besondere Flächen ausführbar, zu welchen, wie GAUSS schon bemerkt hat, die ganze Kugelfläche gehört.

Bezeichnet R den Kugelradius, r die Entfernung jedes Punktes im Raume vom Mittelpunkte, θ den Winkel zwischen r und einer festen Geraden und φ den Flächenwinkel zwischen der durch diese und r gelegten Ebene und einer festen Ebene, so kann man den auf der ganzen Fläche gegebenen durch θ und φ ausgedrückten Potentialwerth V nach den bekannten Kugelfunctionen entwickeln. Es sei:

$$V = \Sigma X_n$$

diese Entwickelung, wo sich das Summenzeichen von $n = 0$ bis $n = \infty$ er-

---

[1]) Im Akademie-Bericht von 1850 wird auf S. 464 darüber mitgetheilt: „Hr. Dirichlet hielt einen Vortrag über einen neuen Ausdruck der Massen-Vertheilung auf einer Kugelfläche, wenn das Potential in jedem Punkte der Fläche einen beliebig gegebenen Werth erhalten soll." K.

[*]) Allgemeine Lehrsätze in Beziehung auf die im verkehrten Verhältnisse des Quadrats der Entfernung wirkenden Anziehungs- und Abstossungs-Kräfte von C. F. GAUSS. [2])

[2]) Gauss' Werke, Bd. V, S. 195. K.

streckt, und:

$$\varrho = \Sigma\, Y_n$$

die ähnliche Entwickelung der zu bestimmenden Dichtigkeit ϱ. Mit Hülfe dieser letzteren lässt sich das Potential v für jeden Punkt im Raume darstellen[*]). Von den beiden Ausdrücken desselben, von welchen der eine im inneren, der andere im äusseren Raume gilt und jeder zu unserem Zwecke genügt, ist der erstere:

$$v = 4\pi R \Sigma\, \frac{1}{2n+1}\left(\frac{r}{R}\right)^{n} Y_n .$$

Da dieser Ausdruck bis $r = R$ gültig bleibt, für welchen Fall v in V übergeht, und dieselbe Function nur einer Entwickelung nach Kugelfunctionen fähig ist, so ergiebt die Vergleichung mit der ersten Reihe $Y_n = \dfrac{2n+1}{4\pi R} X_n$, und daher:

$$\varrho = \frac{1}{4\pi R}\, \Sigma (2n+1) X_n .$$

In einer früheren Abhandlung[**]) ist gezeigt worden, dass jede für die ganze Kugelfläche, d. h. von $\theta = 0$, $\varphi = 0$ bis $\theta = \pi$, $\varphi = 2\pi$, beliebig gegebene Function, wenn sie nur nirgends unendlich wird, convergirend nach Kugelfunctionen entwickelt werden kann. Die Convergenz der Reihe für V, welche den Ausgangspunkt der eben entwickelten Lösung bildet, ist daher unzweifelhaft. Anders verhält es sich aber mit der für die Dichtigkeit ϱ angenommenen und dann durch Vergleichung mit jener bestimmten Reihe ΣY_n. Da es mit der Existenz einer völlig bestimmten Massenvertheilung, welcher der gegebene Potentialwerth V entspricht, verträglich ist, dass die Dichtigkeit in einzelnen Punkten oder Linien unendlich werde, so bleibt es für alle solche Fälle völlig ungewiss, ob die Reihe an allen Stellen, wo die Dichtigkeit endlich bleibt, ihre Convergenz behält und die Dichtigkeit wirklich darstellt. Es schien mir nicht uninteressant, diese Frage einer näheren Erörterung zu unterwerfen, wozu meine frühere Abhandlung die nöthigen Hülfsmittel darbot, um so mehr als sich von dieser Untersuchung eine Vereinfachung des eben für ϱ gefundenen Ausdrucks erwarten liess. Dieser Ausdruck involvirt eine vierfache unendliche Operation, eine doppelte Summation und eine ebenfalls doppelte Integration. Dass die

---

[*]) Mécanique céleste. Livre III, No. 13.

[**]) Sur les séries dont le terme général dépend de deux angles, et qui servent à exprimer des fonctions arbitraires entre des limites données. CRELLE's Journal Band XVII.[1])

[1]) Bd. I, S. 283 dieser Ausgabe von G. Lejeune Dirichlet's Werken.   K.

letztere nicht aus dem Ausdrucke entfernt werden kann, leuchtet ein, da die Dichtigkeit für jeden Punkt von sämmtlichen im ganzen Umfange der Fläche bis auf die Stetigkeit als beliebig vorauszusetzenden Potentialwerthen abhängen muss. Dagegen hat sich ergeben, dass die Dichtigkeit immer ohne Reihen durch ein doppeltes Integral dargestellt werden kann, welches sogar in vielen Fällen auf ein einfaches zurückführbar ist.

1.

Setzt man:

$$V = f(\theta, \varphi),$$

so hat man bekanntlich für das allgemeine Glied X_n:

$$\frac{2n+1}{4\pi}\iint f(\theta', \varphi')P_n(\cos\omega)\sin\theta'\,d\theta'\,d\varphi',$$

wo:

$$\cos\omega = \cos\theta\cos\theta' + \sin\theta\sin\theta'\cos(\varphi-\varphi')$$

gesetzt ist, $P_n(\cos\omega)$ den Coefficienten von α^n in dem entwickelten Radical:

$$\frac{1}{\sqrt{1-2\alpha\cos\omega+\alpha^2}}$$

bezeichnet und sich die doppelte Integration von:

$$\theta' = 0, \quad \varphi' = 0$$

bis:

$$\theta' = \pi, \quad \varphi' = 2\pi$$

erstreckt. Lässt man den Divisor R weg oder, was dasselbe ist, setzt den Kugelradius der Einheit gleich, so wird das allgemeine Glied der ϱ darstellenden Reihe:

$$\frac{(2n+1)^2}{(4\pi)^2}\iint f(\theta', \varphi')P_n(\cos\omega)\sin\theta'\,d\theta'\,d\varphi'.$$

Es wird offenbar genügen, diese Reihe für den Fall zu untersuchen, wo $\theta = 0$ gesetzt wird, d. h. für den Pol p der sphärischen Polarcoordinaten θ, φ, da sich, wie in der früheren Abhandlung, das für den Punkt p gefundene Resultat unmittelbar auf jeden anderen Punkt m der Fläche übertragen lässt. Man hat dann:

$$\cos\omega = \cos\theta',$$

und $P_n(\cos\omega)$ wird von φ' unabhängig. Setzt man:

$$\frac{1}{2\pi}\int_0^{2\pi} f(\theta', \varphi')\,d\varphi' = F(\theta'),$$

so dass also $F(\theta')$ den mittleren Werth des Potentials V auf dem von p als Mittelpunkt mit dem sphärischen Radius θ' beschriebenen Kreise bedeutet, und schreibt γ statt θ' zur Uebereinstimmung mit der Bezeichnung in der früheren Abhandlung, auf die wir uns häufig zu beziehen haben, so wird das allgemeine Glied:

$$\frac{(2n+1)^2}{8\pi}\int_0^\pi F(\gamma)P_n(\cos\gamma)\sin\gamma\,d\gamma.$$

Zerlegt man $(2n+1)^2$ in seine Bestandtheile $4n^2$, $4n$, 1, so zerfällt das allgemeine Glied in drei andere und folglich die Reihe selbst in drei Partialreihen. Da die Convergenz der zweiten und dritten dieser Reihen schon in der früheren Abhandlung gezeigt worden ist, so haben wir es nur mit der ersten zu thun, deren allgemeines Glied:

$$\frac{1}{2\pi}n^2\int_0^\pi F(\gamma)P_n(\cos\gamma)\sin\gamma\,d\gamma.$$

Nimmt man die Summe der $n+1$ ersten Glieder, drückt $P_n(\cos\gamma)$ nach Gleichung (3) der früheren Abhandlung[1]) durch ein bestimmtes Integral aus und kehrt die Ordnung der beiden Integrationen um, so erhält man:

$$\frac{1}{\pi^2}\int_0^\pi (\cos\psi+4\cos2\psi+\cdots+n^2\cos n\psi)\,\Pi(\psi)d\psi,$$

wo wie früher:

$$\Pi(\psi)=\sin\tfrac{1}{2}\psi\int_0^\psi F(\gamma)\sin\gamma\,\frac{d\gamma}{\Delta}+\cos\tfrac{1}{2}\psi\int_\psi^\pi F(\gamma)\sin\gamma\,\frac{d\gamma}{E},$$

$$\Delta=\sqrt{2(\cos\gamma-\cos\psi)},\quad E=\sqrt{2(\cos\psi-\cos\gamma)}$$

gesetzt ist. Da die in $\Pi(\psi)$ enthaltenen Integrale (nach §. 3 der früheren Abhandlung) Functionen von ψ sind, welche von $\psi=0$ bis $\psi=\pi$ stetig bleiben, so kommt dieselbe Eigenschaft auch der Function $\Pi(\psi)$ zu.

Unsere gegenwärtige Untersuchung erfordert überdies die Discussion des Differentialquotienten $\Pi'(\psi)$, zu dessen Bildung, wegen der in den Integralen enthaltenen Nenner Δ und E, eine vorgängige Umformung durch theilweise Integration erforderlich ist. Berücksichtigt man, dass $F(\gamma)$, nach seinem Ursprunge aus dem stetigen Potentialwerthe $f(\theta,\varphi)$, selbst stetig ist, so ergiebt diese doppelte Operation:

---

[1]) Bd. I, S. 291 dieser Ausgabe von G. Lejeune Dirichlet's Werken.   K.

$$\Pi'(\psi) = (F(0)-F(\pi))\sin\psi+\tfrac{1}{2}\cos\tfrac{1}{2}\psi\int_0^\psi F'(\gamma)\varDelta\,d\gamma+\tfrac{1}{2}\sin\tfrac{1}{2}\psi\int_\psi^\pi F'(\gamma)E\,d\gamma$$

$$+\sin\tfrac{1}{2}\psi\sin\psi\int_0^\psi F'(\gamma)\frac{d\gamma}{\varDelta}+\cos\tfrac{1}{2}\psi\sin\psi\int_\psi^\pi F'(\gamma)\frac{d\gamma}{E}\,.$$

Wir machen nun die Annahme, dass $F'(\gamma)$ von $\gamma=0$ bis $\gamma=\pi$ überall endlich bleibt. Alsdann werden sämmtliche Bestandtheile von $\Pi'(\psi)$, und also auch $\Pi'(\psi)$ selbst, von $\psi=0$ bis $\psi=\pi$ endlich und stetig sein. Für die drei ersten Glieder ist dies einleuchtend, und hinsichtlich der beiden letzten überzeugt man sich durch Betrachtungen, welche den oben citirten ganz ähnlich sind, dass die in ihnen enthaltenen Integrale diese doppelte Eigenschaft so lange behalten, als im ersten $\psi<\pi$ und im zweiten $\psi>0$ vorausgesetzt wird. Für $\psi=\pi$ und $\psi=0$ können zwar diese Integrale beziehungsweise unendlich grosse Werthe erhalten, die aber, wie leicht zu sehen, resp. die Ordnung:

$$\log\left(\frac{1}{\cos\tfrac{1}{2}\psi}\right)\quad\text{und}\quad\log\left(\frac{1}{\sin\tfrac{1}{2}\psi}\right)$$

nicht überschreiten können, so dass die Glieder selbst Null werden.

Für das Folgende ist noch die Kenntniss der zweiten Derivirten $\Pi''(\psi)$ für den besonderen Werth $\psi=0$ erforderlich. Bemerkt man, dass $\Pi'(0)=0$ ist, so lässt sich der gesuchte Werth am leichtesten dadurch finden, dass man ψ in dem Quotienten $\frac{1}{\psi}\Pi'(\psi)$ unendlich klein werden lässt. Man erhält so:

$$\Pi''(0) = F(0)-F(\pi)+\tfrac{1}{2}\int_0^\pi F'(\gamma)\sin\tfrac{1}{2}\gamma\,d\gamma+\tfrac{1}{2}\int_0^\pi\frac{F'(\gamma)d\gamma}{\sin\tfrac{1}{2}\gamma}\,,$$

oder, wenn man das dritte Glied theilweise integrirt:

$$\Pi''(0) = F(0)-\tfrac{1}{2}F(\pi)-\tfrac{1}{4}\int_0^\pi F(\gamma)\cos\tfrac{1}{2}\gamma\,d\gamma+\tfrac{1}{2}\int_0^\pi\frac{F'(\gamma)d\gamma}{\sin\tfrac{1}{2}\gamma}\,.$$

Findet nun ausser der vorhin angenommenen Endlichkeit von $F'(\gamma)$ und der daraus folgenden Stetigkeit von $\Pi'(\psi)$ noch ein bestimmter endlicher Werth für $\Pi''(0)$ statt, oder, was dasselbe ist, hat das zweite Integral einen solchen Werth, so wird unsere Reihe immer convergiren und die Summe derselben leicht anzugeben sein. Setzt man nämlich zur Abkürzung:

$$X(\psi) = \frac{\sin(2n+1)\tfrac{1}{2}\psi}{2\sin\tfrac{1}{2}\psi} = \tfrac{1}{2}+\cos\psi+\cos2\psi+\cdots+\cos n\psi,$$

so wird obiger Ausdruck für die Summe der $n+1$ ersten Glieder:

$$-\frac{1}{\pi^2}\int_0^\pi \varPi(\psi)X''(\psi)d\psi.$$

Da das bei zweimaliger theilweiser Integration heraustretende Glied:

$$\varPi(\psi)X'(\psi)-\varPi'(\psi)X(\psi)$$

stetig ist und an beiden Grenzen verschwindet, so kommt durch diese Operation:

$$-\frac{1}{\pi^2}\int_0^\pi \varPi''(\psi)\frac{\sin(2n+1)\tfrac{1}{2}\psi}{2\sin\tfrac{1}{2}\psi}\,d\psi,$$

und dieser Ausdruck nähert sich nach einem bekannten Satze, selbst dann, wenn $\varPi''(\psi)$ für einen oder mehrere von Null verschiedene Werthe von ψ unendlich wird, bei wachsendem n der Grenze:

$$-\frac{1}{2\pi}\varPi''(0)=-\frac{1}{2\pi}F(0)+\frac{1}{4\pi}F(\pi)+\frac{1}{8\pi}\int_0^\pi F(\gamma)\cos\tfrac{1}{2}\gamma\,d\gamma-\frac{1}{4\pi}\int_0^\pi \frac{F'(\gamma)d\gamma}{\sin\tfrac{1}{2}\gamma}\,.$$

Addirt man zu diesem Werthe die der beiden anderen Reihen, wie sie in der früheren Abhandlung gefunden worden, so erhält man für die Dichtigkeit in p:

$$\varrho=\frac{1}{4\pi}\left[F(\pi)-\int_0^\pi \frac{F'(\gamma)}{\sin\tfrac{1}{2}\gamma}\,d\gamma\right].$$

Es bliebe nun noch zu untersuchen, wie es sich mit der die Dichtigkeit ausdrückenden Reihe rücksichtlich ihrer Convergenz in dem Falle verhält, wo zwar das Integral:

$$\int_0^\pi \frac{F'(\gamma)}{\sin\tfrac{1}{2}\gamma}\,d\gamma$$

und also auch der eben gefundene Ausdruck für ϱ einen bestimmten endlichen Werth behält, die Function $F'(\gamma)$ aber für einen oder mehrere von Null verschiedene Werthe von γ unendlich wird. Die Bedingung für die Convergenz besteht alsdann nach Obigem lediglich darin, dass die aus $F'(\gamma)$ abgeleitete Function $\varPi'(\psi)$ von $\psi=0$ bis $\psi=\pi$ endlich und stetig bleibe. Eine genauere Betrachtung der Bildungsweise von $\varPi'(\psi)$ ergiebt nun, dass, wenn das Unendlichwerden von $F'(\gamma)$ so erfolgt, dass für jeden Werth c, für den $F'(\gamma)$ einen unendlich grossen Werth erhält, $\sqrt{\varepsilon}\,F'(c\pm\varepsilon)$ für ein unendlich kleines ε selbst unendlich klein wird, die Continuität von $\varPi'(\psi)$ ebenso stattfindet wie in dem vorhin untersuchten Falle einer überall endlichen Function $F'(\gamma)$ und mit ihr die Convergenz der Reihe, welche die Dichtigkeit darstellt, dass hingegen im Allgemeinen Divergenz eintritt, wenn die eben ausgesprochene Bedingung nicht mehr erfüllt ist. Obgleich die Begründung des erwähnten Resultates keine wesentlichen Schwierigkeiten darbietet, so erfordert sie doch andererseits zu viel Raum und gewährt zu wenig Interesse, um dieselbe hier durchzuführen. Es genügt für den sicheren Gebrauch der Reihe, durch das Obige die Fälle zu kennen, in denen allein die Convergenz der Reihe aufhören kann. Uebrigens wird sich weiter unten Gelegenheit finden, die in einem solchen Falle wirklich eintretende Divergenz an einem höchst einfachen Beispiele nachzuweisen.

2.

Da die vorige Ableitung des für ϱ gefundenen endlichen Ausdrucks ihre Gültigkeit verliert, wenn die Reihe zu convergiren aufhört, so bedarf es noch eines auf alle Fälle anwendbaren Beweises dieses Ausdrucks.

Nach einem bekannten Satze nähert sich der Differentialquotient $\frac{\partial v}{\partial r}$, wenn darin θ und φ als constant, r aber der Einheit sich nähernd gedacht werden, zwei verschiedenen Grenzen, je nachdem dabei immerfort $r < 1$ oder $r > 1$ vorausgesetzt wird. Nennt man diese Grenzwerthe beziehungsweise K und L, so wird die Dichtigkeit im entsprechenden Punkte der Fläche durch die Gleichung:

$$\varrho = \frac{1}{4\pi}(K-L)$$

bestimmt. Zwischen den Grenzen K, L und dem Potentialwerth V auf der Fläche findet ein einfacher Zusammenhang statt, so dass man es nur mit der Ausmittelung eines der Grenzwerthe zu thun hat. Sind nämlich v und v_1 die Potentialwerthe für zwei Punkte auf demselben Radiusvector, deren Entfernungen vom Mittelpunkt, r und r_1, der Gleichung:

$$r r_1 = 1$$

genügen, so hat man, wie leicht ersichtlich:

$$v_1 = \frac{1}{r_1} v$$

und folglich:

$$\frac{\partial v_1}{\partial r_1} = -\frac{1}{r_1^2} v + \frac{1}{r_1} \cdot \frac{\partial v}{\partial r} \cdot \frac{\partial r}{\partial r_1} = -\frac{1}{r_1^2} v - \frac{1}{r_1^3} \cdot \frac{\partial v}{\partial r} .$$

10*

Man sieht also, dass:

$$L = -V-K$$

und:

$$\varrho = \frac{1}{4\pi}\,(V+2K)$$

ist. Zur Bestimmung von K bedarf es nur des für den inneren Raum geltenden Ausdrucks von v:

$$v = \frac{(1-r^2)}{4\pi}\iint \frac{f(\theta',\varphi')\sin\theta'\,d\theta'\,d\varphi'}{(1-2r\cos\omega+r^2)^{\frac{3}{2}}},$$

welcher leicht ohne Reihenentwickelung bewiesen wird. Es genügt dazu die Bemerkung, dass der Ausdruck, wenn in demselben r sich seiner oberen Grenze 1 nähert, nach einem bekannten vielfach behandelten Satze in $f(\theta,\varphi) = V$ übergeht, und dass derselbe andererseits der zuerst von LAPLACE für v aufgestellten partiellen Differentialgleichung genügt, da:

$$\frac{(1-r^2)}{(1-2r\cos\omega+r^2)^{\frac{3}{2}}},$$

als Function der Polarcoordinaten r, θ, φ betrachtet, ein particuläres Integral dieser Gleichung darstellt. Für den Fall, wo $\theta = 0$ ist, nimmt der Ausdruck, wenn wieder γ statt θ' geschrieben und die frühere Bezeichnung beibehalten wird, die einfache Form an:

$$v = \tfrac{1}{2}(1-r^2)\int_0^\pi \frac{F(\gamma)\sin\gamma\,d\gamma}{(1-2r\cos\gamma+r^2)^{\frac{3}{2}}}.$$

Differentiirte man den Ausdruck in dieser Gestalt, so würde sich der Grenzwerth von $\frac{\partial v}{\partial r}$ schwer bestimmen lassen, und es ist zweckmässig, vorher eine theilweise Integration mit demselben vorzunehmen. Man erhält so:

$$2v = \left(\frac{1}{r}+1\right)F(0)-\left(\frac{1}{r}-1\right)F(\pi)+\left(\frac{1}{r}-r\right)\int_0^\pi \frac{F'(\gamma)\,d\gamma}{(1-2r\cos\gamma+r^2)^{\frac{1}{2}}},$$

wo jetzt der Uebergang zur Grenze nach vorher geschehener Differentiation keine Schwierigkeiten mehr darbietet und das Resultat ergiebt:

$$K = -\tfrac{1}{2}F(0)+\tfrac{1}{2}F(\pi)-\tfrac{1}{2}\int_0^\pi \frac{F'(\gamma)}{\sin\tfrac{1}{2}\gamma}\,d\gamma.$$

Hieraus folgt mit Berücksichtigung, dass für den Punkt p:

$$V = F(0)$$

ist, die Gleichung:

$$\varrho = \frac{1}{4\pi}\left[F(\pi)-\int_0^\pi \frac{F'(\gamma)}{\sin\frac{1}{2}\gamma}\,d\gamma\right],$$

welche mit der aus der Reihe abgeleiteten übereinstimmt.

3.

Wird das Resultat, welches für den $\theta = 0$ entsprechenden Punkt gefunden worden ist, auf einen beliebigen Punkt m übertragen, so ergiebt sich zur Bestimmung der Dichtigkeit die folgende allgemeine Regel.

Man suche durch eine erste Integration für den von m als Mittelpunkt mit dem beliebigen sphärischen Radius λ auf der Fläche beschriebenen Kreis den mittleren Werth des gegebenen Potentials V. Bezeichnet man diesen mit $\varphi(\lambda)$, so wird die gesuchte Dichtigkeit ϱ durch die Gleichung gegeben:

$$\varrho = \frac{1}{4\pi}\left[\varphi(\pi)-\int_0^\pi \frac{\varphi'(\lambda)}{\sin\frac{1}{2}\lambda}\,d\lambda\right].$$

Man kann noch bemerken, dass, nach der Bedeutung der Function $\varphi(\lambda)$, der besondere Werth $\varphi(\pi)$ den Potentialwerth für den Gegenpunkt des Punktes m bezeichnet, und es bedarf kaum der Erwähnung, dass die Function $\varphi(\lambda)$ für jeden Punkt m eine andere sein, oder mit anderen Worten, dass $\varphi(\lambda)$ ausser λ noch die beiden Grössen enthalten wird, durch welche die Lage von m auf der Fläche bestimmt wird.

Dagegen ist es vielleicht nicht überflüssig, einem Irrthum vorzubeugen, welcher bei unaufmerksamer Betrachtung des eben ausgesprochenen Resultats leicht entstehen kann. Man ist auf den ersten Blick wegen des unter dem Integralzeichen vorkommenden, an der unteren Grenze verschwindenden Divisors versucht zu vermuthen, dass das Integral nur für besondere Lagen des Punktes m endlich bleibt, im Allgemeinen aber unendlich wird, während gerade das umgekehrte Verhältniss stattfindet. Zunächst ist in Folge der Stetigkeit von $\varphi(\lambda)$ leicht einzusehen, dass der Theil des Integrals, welcher sich von einem noch so kleinen positiven Werthe δ bis zur oberen Grenze π erstreckt, immer bestimmt und endlich bleibt, wie oft auch $\varphi'(\lambda)$ selbst in diesem Intervalle unendlich werde. Dass aber auch für den von 0 bis δ sich erstreckenden Theil des Integrals, singuläre Fälle ausgenommen, dasselbe gilt, hat seinen Grund darin, dass $\varphi'(\lambda)$ für kleine Werthe von λ im Allgemeinen wie der Nenner von der ersten Ordnung ist. Stellt man den Potentialwerth V als Function $\chi(\lambda, \psi)$ der sphärischen Polarcoordinaten $\lambda,\ \psi$ dar, deren Pol der Punkt m ist, wo dann:

$$\varphi(\lambda) = \frac{1}{2\pi}\int_0^{2\pi}\chi(\lambda, \psi)d\psi$$

wird, so tritt die erwähnte Eigenschaft nur deshalb nicht hervor, weil die Function $\chi(\lambda, \psi)$ keine beliebige ist sondern die besonderen Bedingungen erfüllen muss, in Bezug auf ψ periodisch zu sein und für $\lambda = 0$ von ψ unabhängig zu werden. Man überzeugt sich dagegen sogleich von dem vorhin Behaupteten, wenn man die Kugelfläche auf eine beliebige Ebene projicirt, deren Punkte auf zwei rechtwinklige Axen der t und u bezogen sind, und dann V für jeden Punkt durch die Coordinaten t, u seiner Projection ausdrückt. Es hat diese Darstellungsweise allerdings den Uebelstand, dass man, um die ganze Fläche zu umfassen, zwei Functionen von t und u zu betrachten hat; dieser Uebelstand fällt aber für unseren Zweck weg, der nur die Berücksichtigung eines beliebig kleinen, den Punkt m einschliessenden Flächenstücks erfordert. Nimmt man die an m gelegte Tangentialebene zur Projectionsebene, m zum Anfangspunkt der Coordinaten und setzt $V = \chi(t, u)$, so hat diese neue Function keine andere Bedingung als die der Stetigkeit zu erfüllen. Da nun offenbar:

$$t = \sin\lambda\cos\psi, \quad u = \sin\lambda\sin\psi$$

angenommen werden kann, so erhält $\varphi(\lambda)$ die Form:

$$\varphi(\lambda) = \frac{1}{2\pi}\int_0^{2\pi}\chi(\sin\lambda\cos\psi,\ \sin\lambda\sin\psi)d\psi,$$

in welcher das Stattfinden der oben erwähnten Eigenschaft einleuchtet, wenn anders die Differentialquotienten von $\chi(t, u)$ bis zur zweiten Ordnung incl. für den Fall, wo gleichzeitig $t = 0$ und $u = 0$ ist, bestimmte endliche Werthe behalten. Übrigens ist es für die Endlichkeit von ϱ nicht einmal erforderlich, dass $\varphi'(\lambda)$ für kleine Werthe der Veränderlichen von der ersten Ordnung sei; es genügt, dass die Ordnung von $\varphi'(\lambda)$ mit der irgend einer positiven Potenz von λ übereinstimme.

Ähnlich wie mit dem Unendlichwerden von ϱ und der daraus folgenden Divergenz der Reihe verhält es sich mit dem Falle, wo die Reihe bei endlich bleibender Dichtigkeit zu convergiren aufhört. Dieser Fall hat sogar noch weniger Umfang als der eben besprochene, wie man sich bei näherer Erwägung der Bedingungen, von denen er abhängt, sehr leicht überzeugen wird.

4.

Um das wirkliche Stattfinden der Divergenz der Reihe für ϱ in den oben bezeichneten Ausnahmefällen durch ein einfaches Beispiel zu erläutern, machen wir die Voraussetzung, dass der Potentialwerth V den Winkel φ nicht enthält und durch $f(\theta)$ dargestellt wird. Es tritt dann bekanntlich eine einfachere Form für die Kugelfunctionreihen ein, und man hat:

$$V = \tfrac{1}{2}\Sigma(2n+1)A_n P_n(\cos\theta) \quad \text{und} \quad \varrho = \frac{1}{8\pi}\Sigma(2n+1)^2 A_n P_n(\cos\theta),$$

wo der allgemeine Coefficient A_n durch die Gleichung:

$$A_n = \int_0^\pi f(\theta) P_n(\cos\theta)\sin\theta\, d\theta$$

gegeben wird. Setzt man:

$$f(\theta) = \sqrt{\cos\theta},$$

so lange $\theta < \tfrac{1}{2}\pi$, und:

$$f(\theta) = 0,$$

wenn θ zwischen $\tfrac{1}{2}\pi$ und π liegt, so wird der Forderung der Continuität genügt, und man hat das Integral:

$$A_n = \int_0^{\frac{1}{2}\pi} P_n(\cos\theta)\sqrt{\cos\theta}\sin\theta\, d\theta$$

zu bestimmen. Da die Ausmittelung desselben mit Hülfe der bekannten Ausdrücke für $P_n(\cos\theta)$ das Resultat nicht unmittelbar in der einfachsten Form ergiebt, so ist der folgende Weg vorzuziehen.

In Folge der Gleichung:

$$\Sigma P_n(\cos\theta)\alpha^n = \frac{1}{\sqrt{1-2\alpha\cos\theta+\alpha^2}}$$

ist das gesuchte Integral der Coefficient von α^n in dem entwickelten Ausdrucke:

$$\int_0^{\frac{1}{2}\pi} \frac{\sqrt{\cos\theta}\sin\theta\, d\theta}{\sqrt{1-2\alpha\cos\theta+\alpha^2}},$$

in welchem der ächte Bruch α als positiv betrachtet werden kann. Durch die

Substitution $t = \sqrt{\cos\theta}$ und Ausführung der Integration erhält man:

$$2\int_0^1 \frac{t^2\,dt}{\sqrt{1-2\alpha t^2+\alpha^2}} = \sqrt{\frac{1}{8\alpha^3}}\left((1+\alpha^2)\arcsin\sqrt{\frac{2\alpha}{1+\alpha^2}}-(1-\alpha)\sqrt{2\alpha}\right).$$

Setzt man zur Erleichterung der Entwickelung:

$$z = \arcsin\sqrt{\frac{2\alpha}{1+\alpha^2}}$$

und differentiirt, so kommt:

$$\frac{dz}{d\alpha} = \frac{1+\alpha}{1+\alpha^2}\sqrt{\frac{1}{2\alpha}} = \frac{1}{\sqrt{2}}\left(\alpha^{-\frac{1}{2}}+\alpha^{\frac{1}{2}}-\alpha^{\frac{3}{2}}-\alpha^{\frac{5}{2}}+\cdots\right),$$

und wenn man integrirt und bemerkt, dass z mit α verschwindet:

$$\arcsin\sqrt{\frac{2\alpha}{1+\alpha^2}} = \sqrt{2}\left(\alpha^{\frac{1}{2}}+\tfrac{1}{3}\alpha^{\frac{3}{2}}-\tfrac{1}{5}\alpha^{\frac{5}{2}}-\tfrac{1}{7}\alpha^{\frac{7}{2}}+\cdots\right).$$

Setzt man ein, so erhält man für die gesuchte Entwickelung:

$$-\frac{1}{2}\left(\left(\frac{1}{-1}-\frac{1}{3}\right)-\left(\frac{1}{1}-\frac{1}{5}\right)\alpha-\left(\frac{1}{3}-\frac{1}{7}\right)\alpha^2+\left(\frac{1}{5}-\frac{1}{9}\right)\alpha^3+\cdots\right),$$

wo die Vorzeichen innerhalb der Klammer die viergliedrige Periode:

$$+\ -\ -\ +$$

bilden, welche durch $(-1)^{\frac{1}{2}n(n+1)}$ dargestellt werden kann. Es ist also:

$$A_n = -(-1)^{\frac{1}{2}n(n+1)}\frac{2}{(2n-1)(2n+3)},$$

und obige Reihen erhalten die Form:

$$V = -\boldsymbol{\Sigma}(-1)^{\frac{1}{2}n(n+1)}\frac{2n+1}{(2n-1)(2n+3)}\,P_n(\cos\theta),$$

$$\varrho = -\frac{1}{4\pi}\boldsymbol{\Sigma}(-1)^{\frac{1}{2}n(n+1)}\frac{(2n+1)^2}{(2n-1)(2n+3)}\,P_n(\cos\theta).$$

Nach dem im vorigen Artikel Bemerkten sieht man in unserem Falle ohne Schwierigkeit, dass der Differentialquotient $\varphi'(\lambda)$ nur dann, und zwar für $\lambda = \frac{1}{2}\pi$, so unendlich wird, dass die am Ende von Art. 1 ausgesprochene Bedingung nicht erfüllt ist, wenn der Punkt m dem Werthe $\theta = 0$ oder $\theta = \pi$ entspricht, in welchen Fällen jedoch $\varphi'(\lambda)$ für kleine Werthe von λ die Ordnung λ und also ϱ einen bestimmten endlichen Werth behält, so wie auch dass die Dichtigkeit nur am Äquator oder für $\theta = \frac{1}{2}\pi$ unendlich wird, indem alsdann $\varphi'(\lambda)$ für ein kleines λ von der Ordnung $\lambda^{-\frac{1}{2}}$ ist. In diesen drei Fällen wird also die Reihe zu convergiren aufhören, wovon man sich sogleich überzeugt, wenn man berücksichtigt, dass $P_n(\cos\theta)$ für $\theta = 0$ und $\theta = \pi$ beziehungsweise die Werthe 1 und $(-1)^n$ hat, für $\theta = \frac{1}{2}\pi$ aber, wenn n ungerade ist, verschwindet und, wenn n gerade ist, dem Ausdrucke:

$$\frac{1.3.5\ldots(n-1)}{2.4.6\ldots n}(-1)^{\frac{1}{2}n}$$

gleich wird, welcher bekanntlich für grosse Werthe von n von der Ordnung $n^{-\frac{1}{2}}$ ist.

In den beiden ersten Fällen, wo ϱ einen bestimmten endlichen Werth behält, hat die Reihe den Charakter einer oscillirenden, indem ihre Glieder, von denen unter je vier auf einander folgenden zwei das positive und zwei das negative Zeichen haben, sich der Einheit als Grenze nähern, während im dritten Falle alle Glieder dasselbe Vorzeichen erhalten und eine unendlich grosse Summe ergeben.

5.

Obgleich die Methode, durch welche wir vorhin den Coefficienten A_n bestimmt haben, nicht mehr anwendbar ist, wenn man, unter Beibehaltung der Voraussetzung $f(\theta) = 0$ für den zweiten Theil des Intervalls, im ersten $f(\theta) = \cos^k\theta$ annimmt, wo k eine beliebige positive Constante bezeichnet, so lässt die höchst einfache Form des für den besonderen Werth $k = \frac{1}{2}$ gefundenen Resultats etwas Ähnliches für den allgemeineren Fall erwarten. Da der einfachste Ausdruck von A_n jedoch etwas versteckt ist, so wollen wir uns einen Augenblick bei dessen Ausmittelung aufhalten. POISSON, welcher in einer seiner Abhandlungen[*]) die eben definirte Function als Beispiel der Entwickelung nach Kugelfunctionen gewählt hat, lässt dem Coefficienten A_n die Form:

$$\frac{1.3\ldots(2n-1)}{1.2\ldots n}\cdot\left(\frac{1}{k+n+1} - \frac{n(n-1)}{2(2n-1)}\cdot\frac{1}{k+n-1} + \frac{n(n-1)(n-2)(n-3)}{2.4.(2n-1)(2n-3)}\cdot\frac{1}{k+n-3} - \ldots\right),$$

in welcher sich derselbe unmittelbar darstellt, wenn man bei der Entwickelung den gewöhnlichen Ausdruck von $P_n(\cos\theta)$ zu Grunde legt, ohne die grosse Vereinfachung zu bemerken, deren diese Form fähig ist, und welche man in der That nicht leicht vermuthet, wenn man nicht durch einen besonderen Fall, wie der obige, darauf aufmerksam gemacht wird. Zu dem einfachsten Ausdruck für A_n führt der folgende sehr kurze, wenn auch nicht elementare Weg.

---

[*]) Connaissance des temps pour l'an 1829.

Da nach §. 1 der früheren Abhandlung[1]) die beiden Integrale:

$$\frac{2}{\pi}\int_0^\gamma \frac{\cos n\psi\,\cos\frac{1}{2}\psi}{\sqrt{2(\cos\psi-\cos\gamma)}}\,d\psi, \qquad -\frac{2}{\pi}\int_0^\gamma \frac{\sin n\psi\,\sin\frac{1}{2}\psi}{\sqrt{2(\cos\psi-\cos\gamma)}}\,d\psi$$

resp. den Coefficienten von α^n in den Entwickelungen von:

$$\frac{1}{2}+\frac{1}{2}\,\frac{1+\alpha}{\sqrt{1-2\alpha\cos\gamma+\alpha^2}}, \qquad -\frac{1}{2}+\frac{1}{2}\,\frac{1-\alpha}{\sqrt{1-2\alpha\cos\gamma+\alpha^2}}$$

gleich sind, so erhält man durch Addition:

$$P_n(\cos\gamma) = \frac{2}{\pi}\int_0^\gamma \frac{\cos(n+\frac{1}{2})\psi}{\sqrt{2(\cos\psi-\cos\gamma)}}\,d\psi.$$

Wird diese Gleichung mit $\cos^k\gamma\sin\gamma\,d\gamma$ multiplicirt, alsdann von $\gamma=0$ bis $\gamma=\frac{1}{2}\pi$ integrirt, und die Ordnung der Integrationen auf der zweiten Seite umgekehrt, so ergiebt sich:

$$A_n = \frac{2}{\pi}\int_0^{\frac{1}{2}\pi} d\psi\,\cos(n+\tfrac{1}{2})\,\psi\int_\psi^{\frac{1}{2}\pi}\frac{\cos^k\gamma\sin\gamma}{\sqrt{2(\cos\psi-\cos\gamma)}}\,d\gamma,$$

oder, wenn man für γ durch die Gleichung $\cos\gamma = t\cos\psi$ eine neue Veränderliche t einführt, wodurch sich die beiden Integrationen von einander trennen:

$$A_n = \frac{\sqrt{2}}{\pi}\int_0^1 \frac{t^k}{\sqrt{1-t}}\,dt\cdot\int_0^{\frac{1}{2}\pi}\cos^{k+\frac{1}{2}}\psi\,\cos(n+\tfrac{1}{2})\psi\,d\psi.$$

Nun ist nach einer bekannten Formel:

$$\int_0^{\frac{1}{2}\pi}\cos^{p-1}\psi\,\cos q\,\psi\,d\psi = \frac{\Gamma(p)}{\Gamma(\frac{1}{2}(1+p+q))\,\Gamma(\frac{1}{2}(1+p-q))}\cdot\frac{\pi}{2^p},$$

in welcher die Constante p positiv sein muss und die Transcendente $\Gamma(l)$, wenn das Argument l negativ wird, nach der Relation $\Gamma(l+1) = l\Gamma(l)$, oder, was dasselbe ist, nach der von GAUSS gegebenen Definition zu verstehen ist, welche positive und negative Argumente gleichmässig umfasst. Vermittelst dieser Formel und der bekannten Darstellung eines EULERschen Integrals der ersten Gattung durch drei der zweiten, wird unsere Gleichung:

$$A_n = \frac{\Gamma(k+1)}{\Gamma(\tfrac{1}{2}(k+n-3))\,\Gamma(\tfrac{1}{2}(k-n+2))} \cdot \frac{\sqrt{\pi}}{2^{k+1}}$$

oder:

$$A_n = \frac{k(k-1)(k-2)\cdots(k-n+1)}{\tfrac{1}{2}(k+n+1).(\tfrac{1}{2}(k+n+1)-1)\cdots(\tfrac{1}{2}(k+n+1)-n)} \cdot \frac{\Gamma(k-n+1)}{\Gamma(\tfrac{1}{2}(k-n+1))\,\Gamma(\tfrac{1}{2}(k-n+2))} \cdot \frac{\sqrt{\pi}}{2^{k+1}},$$

und wenn man für den zweiten Factor seinen bekannten Werth $2^{k-n}\pi^{-\frac{1}{2}}$ setzt:

$$A_n = \frac{k(k-1)(k-2)\cdots(k-n+1)}{(k+n+1)(k+n-1)(k+n-3)\cdots(k-n+1)},$$

wo die Factoren im Nenner um zwei Einheiten abnehmen.

Es bedarf kaum der Erwähnung, dass dieser einfache Ausdruck mit der grössten Leichtigkeit verificirt werden kann. Man darf denselben z. B. nur in Partialbrüche zerlegen, um die Übereinstimmung mit dem oben erwähnten zu erkennen. Will man letzteren zu dieser Verification nicht benutzen, so kann man sich dazu der Gleichung:

$$(n+1)A_{n+1,k} = (2n+1)A_{n,k+1} - nA_{n-1,k}$$

bedienen, die unmittelbar aus der Relation folgt, welche zwischen je drei aufeinander folgenden der Entwickelungscoefficienten $P_n(\cos\gamma)$ stattfindet.

Um den gefundenen Ausdruck noch weiter zu vereinfachen, hat man zu unterscheiden, ob n gerade oder ungerade ist, und erhält beziehungsweise:

$$A_n = \frac{k(k-2)\cdots\cdots(k-n+2)}{(k+1)(k+3)\cdots(k+n+1)}, \qquad A_n = \frac{(k-1)(k-3)\cdots(k-n+2)}{(k+2)(k+4)\cdots(k+n+1)}.$$

Mit Hülfe dieser Ausdrücke und der bekannten Formeln, welche die genäherten Werthe von Facultäten sehr grosser Factorenanzahl ergeben, kann man sich leicht überzeugen, dass der oben speciell untersuchte Fall $k = \tfrac{1}{2}$ hinsichtlich der bei $\theta = 0$ und $\theta = \pi$ stattfindenden Divergenz der Reihe gerade der Grenzfall ist, und dass die Divergenz aufhört, sobald $k > \tfrac{1}{2}$ ist. Anders verhält es sich dagegen mit dem Werthe $\theta = \tfrac{1}{2}\pi$; an dieser Stelle besteht die Divergenz und der unendlich grosse Werth der Dichtigkeit so lange fort, als nicht $k > 1$ angenommen wird.

11*

6.

Wir wollen nun noch von dem für die Dichtigkeit gefundenen endlichen Ausdruck eine Anwendung auf einen speciellen Fall machen. Wird wieder V als eine blosse Function von θ betrachtet, die wir in die Form $f(\cos\theta)$ bringen können, so wird auch ϱ nur von der sphärischen Entfernung θ des Punktes m vom Pol p abhängen. Auf dem von m als Mittelpunkt mit dem sphärischen Radius λ beschriebenen Kreise ist dann in Folge der Grundformel der Trigonometrie:

$$V = f(\cos\theta\cos\lambda + \sin\theta\sin\lambda\cos\psi),$$

wo ψ den Winkel zwischen einem beliebigen Radius λ und dem von m nach p gerichteten bezeichnet. Da dieser Ausdruck für ψ und $-\psi$ denselben Werth hat, so kann man das den mittleren Werth $\varphi(\lambda)$ ausdrückende Integral von $\psi = 0$ bis $\psi = \pi$ nehmen und dann verdoppeln. Man erhält so:

$$\varphi(\lambda) = \frac{1}{\pi}\int_0^\pi f(\cos\theta\cos\lambda + \sin\theta\sin\lambda\cos\psi)d\psi.$$

So oft sich $\varphi'(\lambda)$ ohne Integralzeichen darstellen lässt, was namentlich der Fall ist, wenn $f(z)$ oder noch allgemeiner $f'(z)$ eine rationale Function von z ist, mag nun die Form dieser Function für das ganze Intervall zwischen $z = -1$ und $z = +1$ dieselbe bleiben oder sich stellenweise so ändern, dass die Stetigkeit nicht verletzt wird, wird ϱ auf ein einfaches Integral zurückgeführt oder selbst ohne Integralzeichen ausgedrückt werden können[*]).

Wir behandeln unter den hierher gehörigen Fällen nur den, wo:

$$f(\cos\theta) = \cos\theta,$$

so lange $\theta < \tfrac{1}{2}\pi$, und:

$$f(\cos\theta) = 0,$$

wenn $\theta > \tfrac{1}{2}\pi$ angenommen wird. Das Integral wird sich dann nur über den

---

[*]) Im allgemeinen Falle, wo V beide Winkel θ, φ enthält, findet die Zurückführung von ϱ auf eine einfache Quadratur immer statt, wenn man, $x = \cos\theta$, $y = \sin\theta\cos\varphi$, $z = \sin\theta\sin\varphi$ setzend, V durch eine Function $f(x, y, z)$ der Grössen x, y, z darstellen kann, deren drei Differentialquotienten erster Ordnung rationale, ganze oder gebrochene Functionen von x, y, z sind, wobei wieder die Form von $f(x, y, z)$ in verschiedenen Theilen der Fläche eine andere sein kann, was ein durch seinen grossen Umfang bemerkenswerthes Resultat ist.

Theil des Intervalls zwischen $\psi = 0$ und $\psi = \pi$ erstrecken, innerhalb dessen:

$$\cos\theta\cos\lambda + \sin\theta\sin\lambda\cos\psi$$

positive Werthe erhält. Setzt man $\theta < \tfrac{1}{2}\pi$ voraus, auf welchen Fall der, wo $\theta > \tfrac{1}{2}\pi$ ist, leicht zurückgeführt wird, so findet man durch eine einfache Discussion des vorigen Ausdrucks, dass, so lange λ unter $\tfrac{1}{2}\pi - \theta$ liegt, das Integral von $\psi = 0$ bis $\psi = \pi$ zu nehmen ist, dass für die Werthe von λ, welche zwischen $\tfrac{1}{2}\pi - \theta$ und $\tfrac{1}{2}\pi + \theta$ liegen, die Grenzen des Integrals 0 und der durch die Gleichung:

$$\cos\theta\cos\lambda + \sin\theta\sin\lambda\cos\psi_1 = 0$$

bestimmte, zwischen 0 und π liegende Winkel ψ_1 sind, und dass endlich für $\lambda > \tfrac{1}{2}\pi + \theta$ das Integral verschwindet, indem der obige Ausdruck immerfort negativ ist. Die Function $\varphi(\lambda)$ ist also nach den drei eben unterschiedenen Intervallen:

$$\cos\theta\cos\lambda, \quad \frac{1}{\pi}\int_0^{\psi_1}(\cos\theta\cos\lambda + \sin\theta\sin\lambda\cos\psi)d\psi, \quad 0,$$

wo im zweiten Falle die Ausführung der Integration zur Abkürzung der Rechnung bis nach der Differentiation aufgeschoben ist. Bei dieser verschwindet das von der Veränderlichkeit der oberen Grenze ψ_1 herrührende Glied in Folge der ψ_1 bestimmenden Gleichung, und man erhält für $\varphi'(\lambda)$ die drei Ausdrücke:

$$-\cos\theta\sin\lambda, \quad \frac{1}{\pi}(-\psi_1\cos\theta\sin\lambda + \sin\psi_1\sin\theta\cos\lambda), \quad 0,$$

an welchen man sich im Vorbeigehen überzeugen kann, dass, wenigstens so lange m auf der Halbkugel bleibt, für welche sie gelten, $\varphi'(\lambda)$ nicht unendlich wird und für ein kleines λ, für welches die erste Formel gilt, von der ersten Ordnung bleibt. Es findet in letzterer Beziehung nur für $\theta = \tfrac{1}{2}\pi$ eine Ausnahme statt, in welchem Falle, da die beiden äusseren Intervalle verschwinden, $\varphi'(\lambda)$ überall den Ausdruck $\dfrac{1}{\pi}\cos\lambda$ erhält, welcher für kleine Werthe von λ von der Ordnung Null ist, so dass also am Äquator eine unendlich grosse Dichtigkeit stattfindet.

Nach den für $\varphi'(\lambda)$ gefundenen Ausdrücken zerfällt das im allgemeinen Ausdrucke für ϱ enthaltene Integral in zwei andere, welche sich beziehungsweise von 0 bis $\tfrac{1}{2}\pi - \theta$ und von $\tfrac{1}{2}\pi - \theta$ bis $\tfrac{1}{2}\pi + \theta$ erstrecken, und deren erstes den einfachen Werth:

$$-4\cos\theta\sin(\tfrac{1}{4}\pi-\tfrac{1}{2}\theta)$$

erhält. Das zweite, welches aus zwei Theilen besteht, ist, wenn man zunächst die Grenzen nicht berücksichtigt:

$$\frac{\sin\theta}{\pi}\int\frac{\sin\psi_1\cos\lambda}{\sin\tfrac{1}{2}\lambda}\,d\lambda-\frac{2\cos\theta}{\pi}\int\psi_1\cos\tfrac{1}{2}\lambda\,d\lambda,$$

und erhält durch theilweise Integration des letzten Theils die Form:

$$\frac{\sin\theta}{\pi}\int\frac{\sin\psi_1\cos\lambda}{\sin\tfrac{1}{2}\lambda}\,d\lambda+\frac{4\cos\theta}{\pi}\int\frac{\partial\psi_1}{\partial\lambda}\sin\tfrac{1}{2}\lambda\,d\lambda-\frac{4}{\pi}\,\psi_1\cos\theta\sin\tfrac{1}{2}\lambda.$$

Bemerkt man, dass nach der ψ_1 bestimmenden Gleichung an den Grenzen resp. $\psi_1=\pi$ und $\psi_1=0$ ist, so erhält man beim Übergange zu den Grenzen aus dem vom Integralzeichen freien Gliede einen Werth, welcher dem oben für das erste Integral gefundenen entgegengesetzt ist. Es bleiben daher nur die beiden ersten Glieder, welche durch Substitution der aus der Gleichung für ψ_1 sich ergebenden Ausdrücke:

$$\sin\psi_1=\frac{\sqrt{\sin^2\theta-\cos^2\lambda}}{\sin\theta\sin\lambda},$$

$$\frac{\partial\psi_1}{\partial\lambda}=-\frac{\cos\theta}{\sin\lambda}\,\frac{1}{\sqrt{\sin^2\theta-\cos^2\lambda}}$$

die Form erhalten:

$$\frac{1}{\pi}\int\frac{\cos\lambda}{\sin\lambda\sin\tfrac{1}{2}\lambda}\sqrt{\sin^2\theta-\cos^2\lambda}\,d\lambda-\frac{4\cos^2\theta}{\pi}\int\frac{\sin\tfrac{1}{2}\lambda}{\sin\lambda}\cdot\frac{d\lambda}{\sqrt{\sin^2\theta-\cos^2\lambda}},$$

in welcher die Integrale von $\lambda=\tfrac{1}{2}\pi-\theta$ bis $\lambda=\tfrac{1}{2}\pi+\theta$ zu nehmen sind. Führt man als neue Veränderliche $z=\dfrac{\cos\lambda}{\sin\theta}$ ein, so werden die Grenzen für diese $+1$ und -1, oder wenn man das Vorzeichen ändert, -1 und $+1$, und man erhält, wenn man in den Ausdruck für ϱ einsetzt und zugleich berücksichtigt, dass $\varphi(\pi)$ verschwindet:

$$\varrho=\frac{1}{2\sqrt{2}\,\pi^2}\int_{-1}^{+1}\left(\frac{2-z\sin\theta}{1-z^2\sin^2\theta}\cos^2\theta-z\sin\theta\right)\frac{dz}{\sqrt{(1-z^2)(1-z\sin\theta)}}.$$

Dieses Resultat enthält nur scheinbar einen von den elliptischen Integralen der dritten Gattung abhängigen Bestandtheil. Da nämlich die Grenzen zwei der aufeinander folgenden Werthe sind, für welche das Radical verschwindet, so wird der Ausdruck, auf die gewöhnliche Form gebracht, nur sogenannte vollständige elliptische Integrale enthalten*) und folglich nach einem schönen von Legendre herrührenden Satze auf die erste und zweite Gattung zurückgeführt werden können.

Zum Schluss wollen wir noch bemerken, wie der in der oben erwähnten Abhandlung behandelte Fall des Problems für eine Fläche, welche nur wenig von der Kugelfläche abweicht, ohne Reihenentwickelung auf den Fall der Kugel zurückgeführt werden kann.

Es sei $r = 1 + \gamma z$ die Gleichung der Fläche, worin γ eine kleine Constante, deren höhere Potenzen vernachlässigt werden sollen, und z eine Function von θ und φ bezeichnet. Kommt man überein, den Werth, welchen eine Function von θ, φ erhält, wenn darin θ, φ in θ', φ' verwandelt werden, durch einen hinzugefügten Accent zu bezeichnen, nennt ds' das zu θ', φ' gehörige Element der Fläche, und p die Entfernung der den Coordinatenverbindungen θ, φ und θ', φ' entsprechenden Punkte derselben, so erfordert die Aufgabe, dass der Gleichung:

$$V = \int \frac{\varrho' ds'}{p},$$

worin sich die doppelte Integration über die ganze Fläche, oder von $\theta' = 0$, $\varphi' = 0$ bis $\theta' = \pi$, $\varphi' = 2\pi$ erstreckt, für alle Werthe von θ, φ in demselben Umfange genügt werde. Ist $d\sigma'$ das dem Elemente ds' entsprechende Element der Kugelfläche, welches von denselben Radienvectoren wie dieses ausgeschieden wird, und q die Entfernung der auf der Kugelfläche zu θ, φ und θ', φ' gehörigen Punkte, so hat man sogleich durch die einfachsten geometrischen Betrachtungen:

$$ds' = (1 + 2\gamma z')d\sigma'$$

und

$$p = q(1 + \tfrac{1}{2}\gamma(z + z')).$$

---

*) Fundamenta nova theoriae functionum ellipticarum, auctore C. G. J. Jacobi, p. 14.[1]
[1] C. G. J. Jacobi's gesammelte Werke, Bd. I, S. 67.   K.

Setzt man diese Ausdrücke ein, so wird unsere Gleichung:

$$V = \int \varrho' \left(1 + \gamma\left(\tfrac{3}{2}z' - \tfrac{1}{2}z\right)\right) \frac{d\sigma'}{q}$$

oder:

$$V + \tfrac{1}{2}\gamma z \int \frac{\varrho' \, d\sigma'}{q} = \int \varrho'\left(1 + \tfrac{3}{2}\gamma z'\right) \frac{d\sigma'}{q}.$$

Da in Folge der vorletzten Gleichung das in der letzten mit γ multiplicirte Integral von V nur um eine Grösse der Ordnung γ verschieden ist, so kann V für dasselbe gesetzt werden, und man erhält die Gleichung:

$$\left(1 + \tfrac{1}{2}\gamma z\right) V = \int \varrho'\left(1 + \tfrac{3}{2}\gamma z'\right) \frac{d\sigma'}{q},$$

durch welche die Aufgabe auf den Fall der Kugelfläche zurückgeführt ist. Man sieht, dass man den gegebenen Potentialwerth, mit $1 + \tfrac{1}{2}\gamma z$ multiplicirt, als für die Kugelfläche geltend zu betrachten und dann die für diese Voraussetzung bestimmte Dichtigkeit durch $1 + \tfrac{3}{2}\gamma z$ zu dividiren hat.

ÜBER
DIE ZERLEGBARKEIT DER ZAHLEN
IN DREI QUADRATE.

VON

G. LEJEUNE DIRICHLET.

Crelle, Journal für die reine und angewandte Mathematik, Bd. 40 p. 228—232.

ÜBER
DIE ZERLEGBARKEIT DER ZAHLEN IN DREI QUADRATE.

Die Theorie der Zerlegung der ganzen Zahlen n, welche nicht eine der Formen $4k$, $8k+7$ haben, in drei Quadrate ohne gemeinschaftlichen Theiler, gehört zu den complicirteren der höheren Arithmetik, wenn man diese Theorie vollständig entwickeln, d. h. nicht bloss die Zerlegbarkeit nachweisen, sondern zugleich die Anzahl aller möglichen Zerlegungen bestimmen will, welche entweder durch die der binären Formen für die Determinante $-n$, wie es GAUSS zuerst gezeigt hat[*]), oder auch unabhängig von dieser letzteren ausgedrückt werden kann[**]). Da es jedoch Fälle giebt, in denen nur die Zerlegbarkeit vorauszusetzen ist, wie denn namentlich der von CAUCHY gegebene[***]), später von LEGENDRE vereinfachte Beweis des FERMAT'schen Satzes über die Polygonalzahlen lediglich darauf beruht, dass jede Zahl, mit Ausnahme der vorher ausgeschlossenen, die Summe von drei Quadraten ist, so scheint ein einfacher Beweis für die Zerlegbarkeit nicht ganz ohne Interesse zu sein. Ein solcher soll in diesem Aufsatz mitgetheilt werden.

Zunächst bedarf man dazu des bekannten Satzes, dass jede positive ternäre Form von der Determinante -1, d. h. jeder Ausdruck:

$$(1) \qquad ax^2 + by^2 + cz^2 + 2a'yz + 2b'xz + 2c'xy,$$

---

[*]) Disquisitiones arithmeticae art. 229.
[**]) CRELLE's Journal Band 21, Seite 155.[1])
[***]) Exercices de Mathématiques par CAUCHY, année 1826, page 265.[2])
[1]) S. 496 des I. Bandes dieser Ausgabe von G. Lejeune Dirichlet's Werken.   K.
[2]) Oeuvres complètes d'Augustin Cauchy, II. Série, Tome VI, p. 320.   K.

dessen ganzzahlige Coefficienten der Gleichung:

$$(2) \qquad aa'^2 + bb'^2 + cc'^2 - abc - 2a'b'c' = -1$$

genügen und überdies die Bedingungen erfüllen, dass:

$$a, \quad b, \quad c, \quad bc - a'^2, \quad ac - b'^2, \quad ab - c'^2$$

positiv sind (von welchen Bedingungen übrigens die erste und vierte die übrigen involviren), mit der Form:

$$(3) \qquad x^2 + y^2 + z^2$$

äquivalent ist. Zum Beweise dieses Satzes genügt es, sich zu überzeugen, dass für die Determinante —1 der Ausdruck (3) die einzige reducirte positive Form ist.

Soll die Form (1) eine reducirte sein, so darf nach dem am Ende der vorhergehenden Abhandlung[1]) bewiesenen Satze abc nicht grösser als 2 sein, woraus, wenn man $a \leq b \leq c$ voraussetzt, sogleich:

$$a = b = 1$$

folgt. Da nun aber andererseits nach der Definition der reducirten Formen sowohl $2c'$ als auch $2b'$, abgesehen vom Zeichen, nicht grösser als a sein darf und $2a'$ nicht grösser als b, so erhält man:

$$a' = b' = c' = 0$$

und dann aus (2):

$$c = 1.$$

Dies vorausgesetzt, wird die Zerlegbarkeit der positiven Zahl a dargethan sein, sobald man eine positive ternäre Form (1) von der Determinante —1 gefunden hat, deren erster Coefficient a ist. Da nämlich eine solche Form mit der Form (3) äquivalent ist, so kann letztere in sie transformirt werden, und man erhält:

$$a = \alpha^2 + \alpha'^2 + \alpha''^2,$$

wo $\alpha, \alpha', \alpha''$ drei der neun Substitutionscoefficienten sind und keinen gemeinschaftlichen Theiler haben können, da jedes Glied der aus diesen neun Coeffi-

---

[1]) Bd. II, S. 48 dieser Ausgabe von G. Lejeune Dirichlet's Werken. Die citirte Abhandlung „Über die Reduction der positiven quadratischen Formen mit drei unbestimmten ganzen Zahlen" ist im 40. Bande des Crelle'schen Journals unmittelbar vor diesem Aufsatze abgedruckt.   K.

cienten gebildeten Determinante entweder α, oder α', oder α'' zum Factor hat, und diese Determinante der Einheit gleich ist.

Alles kommt also darauf hinaus, a als gegeben angenommen, der Gleichung (2) durch fünf ganze Zahlen b, c, a', b', c' zu genügen, wobei nur noch die einzige Bedingung zu erfüllen ist, dass $bc - a'^2$ positiv werden muss. Nimmt man $b' = 1$, $c' = 0$, so wird die Gleichung:

$$b = a\varDelta - 1,$$

wo:

$$\varDelta = bc - a'^2$$

gesetzt ist, und man hat nur zu zeigen, dass man die positive Zahl $\varDelta$ so wählen kann, dass $-\varDelta$ quadratischer Rest von $b = a\varDelta - 1$ wird, indem unter dieser Voraussetzung c und a' sich so bestimmen lassen, dass $a'^2 - bc = -\varDelta$ wird. Es soll nun nachgewiesen werden, dass der eben ausgesprochenen Bedingung immer durch einen ungeraden Werth $\varDelta$ genügt werden kann, für den, wenn a die Form $4k+2$ hat, $b = a\varDelta - 1$ einer ungeraden Primzahl p und, wenn a ungerade aber nicht von der Form $8k+7$ ist, dem Doppelten einer solchen Primzahl p gleich wird.

Beginnen wir mit dem zweiten Fall, so haben wir die Gleichung:

$$2p = a\varDelta - 1,$$

worin wir zunächst p noch nicht als Primzahl, sondern bloss ungerade voraussetzen. Setzt man $\varDelta = 8t + \varepsilon$, wo ε einer der Zahlen 1, 3, 5, 7 gleich ist, so sieht man sogleich, dass in jedem der vier Fälle, welche a in Bezug auf den Divisor 8 darbieten kann, $\varDelta$ zwei Formen nach diesem Divisor oder ε zwei Werthe zulässt, wenn p, wie wir verlangen, ungerade sein soll. Für jeden der sich so ergebenden acht Fälle wende man in der aus $2p = a\varDelta - 1$ folgenden Gleichung:

$$\left(\frac{p}{\varDelta}\right) = \left(\frac{-2}{\varDelta}\right)$$

(worin das Legendre'sche Zeichen in der von Jacobi eingeführten erweiterten Bedeutung gebraucht ist) auf die erste Seite das Reciprocitätsgesetz an, setze für $\left(\dfrac{-2}{\varDelta}\right)$ seinen bekannten Werth und multiplicire dann mit $\left(\dfrac{-1}{p}\right) = \pm 1$, wo ± 1 ebenfalls nach der jedesmaligen Linearform von p bekannt sein wird. Man erhält so die Resultate:

$$a = 8k+1, \quad \begin{cases} \varDelta = 8t+3, \quad p = 4s+1, \quad \left(\dfrac{-\varDelta}{p}\right) = +1, \\[2mm] \varDelta = 8t+7, \quad p = 4s+3, \quad \left(\dfrac{-\varDelta}{p}\right) = -1, \end{cases}$$

$$a = 8k+3, \quad \begin{cases} \varDelta = 8t+1, \quad p = 4s+1, \quad \left(\dfrac{-\varDelta}{p}\right) = +1, \\[2mm] \varDelta = 8t+5, \quad p = 4s+3, \quad \left(\dfrac{-\varDelta}{p}\right) = +1, \end{cases}$$

$$a = 8k+5, \quad \begin{cases} \varDelta = 8t+3, \quad p = 4s+3, \quad \left(\dfrac{-\varDelta}{p}\right) = +1, \\[2mm] \varDelta = 8t+7, \quad p = 4s+1, \quad \left(\dfrac{-\varDelta}{p}\right) = -1, \end{cases}$$

$$a = 8k+7, \quad \begin{cases} \varDelta = 8t+1, \quad p = 4s+3, \quad \left(\dfrac{-\varDelta}{p}\right) = -1, \\[2mm] \varDelta = 8t+5, \quad p = 4s+1, \quad \left(\dfrac{-\varDelta}{p}\right) = -1. \end{cases}$$

Man sieht, dass wenn, wie vorausgesetzt worden, a nicht von der Form $8k+7$ ist, der Bedingung $\left(\dfrac{-\varDelta}{p}\right) = 1$ immer genügt werden kann. Dass aber auch in allen acht Fällen p eine Primzahl werden kann, erhellt aus dem Ausdruck:

$$p = \tfrac{1}{2}(a\varDelta - 1) = 4at + \tfrac{1}{2}(a\varepsilon - 1),$$

in welchem $\tfrac{1}{2}(a\varepsilon - 1)$ nach der Wahl von ε ungerade und überdies ohne gemeinschaftlichen Theiler mit a ist. Dieser Ausdruck ist also das allgemeine Glied einer arithmetischen Reihe, welche nothwendig Primzahlen enthält. Hat man nun eine Primzahl p, für welche $\left(\dfrac{-\varDelta}{p}\right) = 1$, so ist $-\varDelta$ quadratischer Rest von p und folglich auch von $2p$, w. z. b. w.

Im Falle eines geraden a setzen wir sogleich $a = 4k+2$, da man im voraus weiss, dass für $a = 4k$ die Bedingung sich nicht erfüllen lässt. Da wir in der Gleichung:

$$p = a\varDelta - 1$$

$\varDelta$ ungerade voraussetzen, so hat p die Form $4s+1$, und man erhält:

$$\left(\frac{-1}{\varDelta}\right) = \left(\frac{p}{\varDelta}\right) = \left(\frac{\varDelta}{p}\right) = \left(\frac{-\varDelta}{p}\right).$$

Man muss also $\varDelta$ die Form $4t+1$ geben, damit $\left(\dfrac{-\varDelta}{p}\right) = 1$ werde. Man erhält so:

$$p = 4at + a - 1,$$

und dieser Ausdruck kann wieder eine Primzahl werden, von welcher dann $-\varDelta$ quadratischer Rest ist.

Die Anwendung des eben entwickelten Verfahrens ist nicht auf den Fall der Determinante -1 beschränkt, und wir wollen noch ein zweites Beispiel für die Determinante -3 hinzufügen.

Sucht man wieder, wie oben, die reducirten Formen für diese Determinante, so giebt die Bedingung:
$$abc \leqq 6,$$
unter der Voraussetzung $a \leqq b \leqq c$, für a den Werth 1, während b gleich 1 oder 2 sein kann. Es folgt dann, da $2c'$ und $2b'$ numerisch nicht grösser als $a = 1$ sein dürfen:
$$b' = c' = 0,$$
und die Gleichung, durch welche die Determinante bestimmt wird, reducirt sich auf:
$$a'^2 - bc = -3.$$
Da nun auch $2a'$ numerisch nicht grösser als b sein darf, so hat man, wenn $b = 1$ ist, $a' = 0$, und folglich $c = 3$. Ist dagegen $b = 2$, so hat man $2a' = 0$ oder $2a' = \pm 2$. Der erste Werth genügt obiger Gleichung nicht, in welcher $bc \geqq 4$ ist. Es bleibt also nur $a' = \pm 1$ zu setzen, woraus sich $c = 2$ ergiebt. Vernachlässigt man das untere Zeichen, was auf eine blosse Zeichenänderung von z hinauskommt, so erhält man demnach die beiden reducirten Formen:

$$(4) \qquad x^2 + y^2 + 3z^2, \quad x^2 + 2y^2 + 2z^2 + 2yz,$$

so dass also jede positive ternäre Form (1) von der Determinante -3, d. h. in welcher die Coefficienten die Gleichung:

$$(5) \qquad aa'^2 + bb'^2 + cc'^2 - abc - 2a'b'c' = -3$$

befriedigen, einer dieser Formen (4) äquivalent sein wird. Untersucht man nun die Reste nach dem Divisor 8, welche die Ausdrücke (4) lassen, wenn man in denselben den Elementen x, y, z alle Combinationen gerader und ungerader Werthe beilegt, wobei nur die Gleichzeitigkeit von drei geraden Werthen auszuschliessen ist, da die Elemente immer ohne gemeinschaftlichen Theiler vorauszusetzen sind, so findet man, dass die erste der Formen (4) alle möglichen Reste nach dem Modul 8 darbietet, während der zweite Ausdruck für keine Combination eine der Formen $8k + 5$, $4k$ annimmt. Erwägt man nun ferner, dass zwei äquivalente Formen immer dieselben Zahlen darstellen, so wird man für eine Form der Determinante -3, die eine Zahl $8k + 5$ oder $4k$ darstellt (was namentlich immer der Fall ist, wenn einer ihrer drei ersten Coefficienten, z. B. b, eine solche Zahl ist), sogleich schliessen können, dass sie nicht mit der zweiten, und folglich, dass sie mit der ersten der Formen (4) äquivalent ist.

Soll nun bewiesen werden, dass die gegebene Zahl a durch die erste der Formen (4) darstellbar ist, so haben wir nach unserer obigen Betrachtungsweise, und indem wir in (5) wieder:

$$b' = 1, \quad c' = 0, \quad \varDelta = bc - a'^2$$

setzen, nur darzuthun, dass die positive Zahl $\varDelta$ so bestimmt werden kann, dass $b = a\varDelta - 3$ die Form $8k+5$ oder $4k$ erhält und $-\varDelta$ zugleich quadratischer Rest von b wird. Wir beschränken uns dabei auf die Zahlen a, welche mit der Determinante keinen gemeinschaftlichen Theiler haben, d. h. nicht durch 3 theilbar sind. Setzt man:

$$\varDelta = 8\varDelta',$$

wo $\varDelta'$ ungerade und nicht durch 3 theilbar sein soll, so wird b relative Primzahl zu $\varDelta'$ sein und die Form $8k+5$ erhalten, und wir haben nur noch die andere Bedingung zu erfüllen. Aus der Gleichung $b = 8a\varDelta' - 3$ folgt sogleich:

$$\left(\frac{b}{\varDelta'}\right) = \left(\frac{-3}{\varDelta'}\right),$$

oder, wenn man die Congruenz $b \equiv 1 \pmod{4}$ berücksichtigt und bekannte Sätze anwendet:

$$\left(\frac{b}{\varDelta'}\right) = \left(\frac{\varDelta'}{b}\right) = \left(\frac{-\varDelta'}{b}\right) = \left(\frac{-3}{\varDelta'}\right).$$

Durch Multiplication mit $\left(\frac{8}{b}\right) = \left(\frac{2}{b}\right) = -1$ ergiebt sich hieraus:

$$\left(\frac{-\varDelta}{b}\right) = -\left(\frac{-3}{\varDelta'}\right),$$

und man sieht, dass die Bedingung $\left(\frac{-\varDelta}{b}\right) = 1$ erfüllt ist, wenn:

$$\varDelta' = 6t - 1$$

und folglich:

$$b = 48at - 8a - 3$$

gesetzt wird. Da dieser letztere Ausdruck offenbar einer Primzahl gleich werden kann, so ist bewiesen, dass jede nicht durch 3 theilbare Zahl durch die Form:

$$x^2 + y^2 + 3z^2$$

so ausgedrückt werden kann, dass x, y, z keinen gemeinschaftlichen Theiler erhalten. Ähnliche Betrachtungen lassen sich auf die durch 3 theilbaren Zahlen, zu deren Darstellbarkeit eine sich leicht ergebende Bedingung erforderlich ist, so wie auch auf die durch die zweite der Formen (4) ausdrückbaren Zahlen anwenden.

Berlin, im Juni 1850.

ÜBER
EIN DIE DIVISION BETREFFENDES PROBLEM.

VON

G. LEJEUNE DIRICHLET.

Bericht über die Verhandlungen der Königl. Preuss. Akademie der Wissenschaften. Jahrg. 1851, S. 20—25.

ÜBER EIN DIE DIVISION BETREFFENDES PROBLEM.

[Mitgetheilt in der Sitzung der physikalisch-mathematischen Classe
der Akademie der Wissenschaften am 20. Januar 1851.*)]

In einer Abhandlung**), welche sich unter denen des Jahres 1849 befindet, ist beiläufig bemerkt worden, dass bei der Division einer ganzen Zahl n
durch alle nicht grösseren der Fall häufiger vorkommt, dass der Rest unter
dem halben Divisor liegt, als der entgegengesetzte, wo er denselben übertrifft
oder ihm gleich ist, und es ist dort zugleich gezeigt worden, dass das Verhältniss der Anzahl der Divisoren, bei welchen der erste Fall eintritt, zu ihrer
Gesammtanzahl n für ein wachsendes n sich der Grenze $2 - \log 4 = 0{,}61370 \ldots$
nähert. Es scheint einiges Interesse darzubieten, die Untersuchung zu verall-
gemeinern und die Anzahl h derjenigen der Divisoren $1, 2, \ldots, p$, wo $p \leqq n$,
zu bestimmen, denen ein Rest entspricht, dessen Verhältniss zum Divisor unter
einem gegebenen echten Bruche α liegt. Bedient man sich der eckigen
Klammern zur Bezeichnung der grössten ganzen Zahl, welche der eingeklammerte Werth enthält, so dass also $x - [x]$ immer Null oder ein positiver echter
Bruch ist, so ist leicht zu sehen, dass der Divisor s die verlangte Eigenschaft
haben oder nicht haben wird, je nachdem die Differenz $\left[\dfrac{n}{s}\right] - \left[\dfrac{n}{s} - \alpha\right]$ der po-

---

*) Im Jahrgang 1851 der Akademie-Berichte wird die Mittheilung auf S. 20 mit den Worten eingeleitet: Hr. Lejeune
Dirichlet legte folgende Note *über ein die Theorie der Division betreffendes Problem* vor.

Beim Abdruck auf Seite 151 bis 154 des 47. Bandes des Crelle'schen Journals (1854) hat Dirichlet Titel und Text etwas
verändert. Ich habe hier fast durchweg diese spätere Fassung benutzt.   K.

**) Über die Bestimmung der mittleren Werthe in der Zahlentheorie.¹)

¹) Bd. II, S. 49 dieser Ausgabe von G. Lejeune Dirichlet's Werken. Die angeführte Bemerkung findet sich auf S. 57.   K.

13*

sitiven Einheit oder der Null gleich ist. Man hat also:

$$h = \sum_1^p \left(\left[\frac{n}{s}\right] - \left[\frac{n}{s} - \alpha\right] \right) = \sum_1^p \left[\frac{n}{s}\right] - \sum_1^p \left[\frac{n}{s} - \alpha\right],$$

wo sich das Summenzeichen, wie überall im Folgenden, auf s bezieht. In dieser Form ist der Ausdruck für h weder zur numerischen Rechnung geeignet, noch lässt sich daraus erkennen, wie h für wachsende Werthe von n und p sich ändert. Eine diesem doppelten Zweck entsprechende Gestalt erhält derselbe durch die folgende auch in vielen anderen Fällen anwendbare Umformung.

Es sei $y = f(x)$ eine Function, welche, wenn die Veränderliche x von $x = \mu$ bis $x = p$ wächst, immerfort abnimmt. Die durch Umkehrung daraus entstehende Function $x = F(y)$ wird offenbar denselben Charakter haben und ebenfalls immer kleiner werden, während die Veränderliche y von $y = f(p)$ bis $y = f(\mu)$ zunimmt. Versteht man unter den Constanten μ und p ganze Zahlen, setzt zur Abkürzung:

$$[f(\mu)] = v, \quad [f(p)] = q,$$

und bildet die Reihe:

$$[f(\mu)], \quad [f(\mu+1)], \quad \ldots, \quad [f(s)], \quad \ldots, \quad [f(p)],$$

in welcher jedes Glied dem folgenden gleich ist oder dasselbe übertrifft, so soll nun ausgemittelt werden, welche Glieder dieser Reihe einer beliebigen zwischen q und v liegenden ganzen Zahl t gleich sind.

Hierzu suche man zunächst den völlig bestimmten Zeiger s desjenigen Gliedes, dessen Werth $\geqq t$, während das folgende $< t$ ist. Man hat also:

$$[f(s)] \geqq t, \quad [f(s+1)] < t,$$

oder, was dasselbe ist:

$$f(s) \geqq t, \quad f(s+1) < t,$$

und hieraus folgt nach der über die Function $f(x)$ gemachten Voraussetzung:

$$s \leqq F(t), \quad s+1 > F(t),$$

also:

$$s = [F(t)].$$

Wendet man dieses Resultat auf t und $t+1$ an, so sieht man, dass der Werth t

nur denjenigen Gliedern zukommt, deren Zeiger s die doppelte Bedingung:

$$s > [F(t+1)], \quad s \leqq [F(t)]$$

erfüllen. Dieses Resultat erleidet, wegen des gegebenen Anfangs und Endes der Reihe, für $t = \nu$ die Modification, dass alsdann die erste Bedingung $s \geqq \mu$ wird, und für $t = q$ die, dass statt der zweiten $s \leqq p$ zu setzen ist.

Mit Berücksichtigung dieses Resultates ist es nun leicht, die Summe:

$$\sum_{\mu+1}^{p} [f(s)]\varphi(s),$$

in welcher $\varphi(s)$ eine ganz beliebige Function bedeutet, dadurch zu transformiren, dass man zuerst alle Glieder vereinigt, in denen $[f(s)]$ einen und denselben Werth hat, und dann alle so erhaltenen Partialsummen addirt. Setzt man:

$$\sum_{1}^{s} \varphi(s) = \Psi(s),$$

so erhält man für die Partialsumme, in welcher $[f(s)]$ den Werth t hat:

$$t(\Psi[F(t)] - \Psi[F(t+1)]), \quad \text{wenn } q < t < \nu \text{ ist,}$$

$$\nu(\Psi[F(\nu)] - \Psi(\mu)), \quad \text{wenn } t = \nu \text{ ist,}$$

$$q(\Psi(p) - \Psi[F(q+1)]), \quad \text{wenn } t = q \text{ ist,}$$

und also:

$$\sum_{\mu+1}^{p} [f(s)]\varphi(s) = q\Psi(p) - \nu\Psi(\mu) + \sum_{q+1}^{\nu} \Psi[F(s)].$$

Sondert man jetzt in jeder der beiden Summen, welche der oben für h gegebene Ausdruck enthält, die μ ersten Glieder ab und wendet die eben gefundene Formel auf die übrigen Glieder an, so ergiebt sich:

$$\sum_{\mu+1}^{p} \left[\frac{n}{s}\right] = \sum_{q+1}^{\nu} \left[\frac{n}{s}\right] + pq - \mu\nu,$$

wo $\left[\dfrac{n}{\mu}\right] = \nu$ und $\left[\dfrac{n}{p}\right] = q$ ist, und:

$$\sum_{\mu+1}^{p} \left[\frac{n}{s} - \alpha\right] = \sum_{q'+1}^{\nu'} \left[\frac{n}{s+\alpha}\right] + pq' - \mu\nu',$$

wo $\left[\dfrac{n}{\mu} - \alpha\right] = \nu'$, $\left[\dfrac{n}{p} - \alpha\right] = q'$ gesetzt ist.

Bezeichnet man zur Abkürzung $\nu - \nu'$ mit δ und $q - q'$ mit ε, so dass δ und ε nur die Werthe 0 oder 1 haben können, bringt die letzte Summe in die Form:

$$\sum_{q'+1}^{\nu'}\left[\frac{n}{s+\alpha}\right] = \sum_{q+1}^{\nu}\left[\frac{n}{s+\alpha}\right] + \varepsilon\left[\frac{n}{q+\alpha}\right] - \delta\left[\frac{n}{\nu+\alpha}\right]$$

und substituirt, so kommt:

$$h = \sum_{1}^{\mu}\left(\left[\frac{n}{s}\right]-\left[\frac{n}{s}-\alpha\right]\right) + \sum_{q+1}^{\nu}\left(\left[\frac{n}{s}\right]-\left[\frac{n}{s+\alpha}\right]\right) + \left(p-\left[\frac{n}{q+\alpha}\right]\right)\varepsilon - \left(\mu-\left[\frac{n}{\nu+\alpha}\right]\right)\delta.$$

Die eben bewirkte Umformung, obgleich für alle Werthe von p gültig, ist nur in dem Falle vortheilhaft, wenn p grösser als $\sqrt{n}$ ist, und wird bei dieser Voraussetzung am vortheilhaftesten, wenn man, wie es im Folgenden geschehen soll, für die bisher beliebig gelassene Zahl μ eine der ganzen Zahlen wählt, welche $\sqrt{n}$ benachbart sind. Wie leicht zu übersehen, beträgt alsdann die Anzahl der zur genauen Bestimmung von h nöthigen Divisionen ungefähr:

$$2\sqrt{n}-\frac{n}{p},$$

während der ursprüngliche Ausdruck p Divisionen erforderte.

Wir wollen nun unter der Voraussetzung, dass p von einer höheren Ordnung als $\sqrt{n}$ ist, d. h. dass $\dfrac{p}{\sqrt{n}}$ mit n über jede Grenze hinaus wächst, den Grenzwerth des Verhältnisses $\dfrac{h}{p}$ der Anzahl der Divisoren, welchen die verlangte Eigenschaft zukommt, zu deren Gesammtzahl p zu bestimmen suchen. Bei dieser Untersuchung kann man in dem Ausdrucke für h alle Glieder, deren Ordnung niedriger als die von p ist, vernachlässigen. Lässt man das erste weg, dessen Ordnung $\sqrt{n}$ nicht überschreiten, so wie das vierte, welches nur eine beschränkte Anzahl Einheiten enthalten kann, so kommt:

$$h = \sum_{q+1}^{\nu}\left(\left[\frac{n}{s}\right]-\left[\frac{n}{s+\alpha}\right]\right) + \left(p-\left[\frac{n}{q+\alpha}\right]\right)\varepsilon,$$

oder auch, wenn man die eckigen Klammern weglässt, was offenbar nur eine Änderung, welche die Ordnung $\sqrt{n}$ nicht übersteigt, zur Folge hat:

$$h = n\sum_{q+1}^{\nu}\left(\frac{1}{s}-\frac{1}{s+\alpha}\right) + \left(p-\frac{n}{q+\alpha}\right)\varepsilon.$$

Verwandelt man die obere Grenze ν in ∞, so erhält die Summe den Zuwachs:

$$\frac{1}{\nu+1} - \frac{1}{\nu+1+\alpha} + \frac{1}{\nu+2} - \frac{1}{\nu+2+\alpha} + \cdots < \frac{1}{\nu+1},$$

dessen Werth, mit n multiplicirt, die Ordnung $\sqrt{n}$ ebenfalls nicht übersteigt. Man erhält so:

$$\lim \frac{h}{p} = \frac{n}{p} \sum_{q+1}^{\infty} \left(\frac{1}{s} - \frac{1}{s+\alpha} \right) + \left(p - \frac{n}{q+\alpha} \right) \frac{\varepsilon}{p}.$$

Man muss jetzt den Fall, wo der Quotient $\dfrac{n}{p}$, welcher der Voraussetzung nach $\geqq 1$ ist, über jede Grenze hinaus wächst, und denjenigen, wo dieser Quotient endlich bleibt, von einander unterscheiden.

Im ersten Falle nähert sich das zweite Glied der Null, während das Verhältniss der im ersten enthaltenen Summe zu $\dfrac{\alpha}{q}$ die Einheit zur Grenze hat, so dass also die Grenze von $\dfrac{h}{p}$ mit der von $\dfrac{n}{pq}\alpha$, d. h. mit α zusammenfällt.

Im zweiten Falle, wo $\dfrac{n}{p}$ und also auch $q = \left[\dfrac{n}{p}\right]$ endlich bleibt, ist es zweckmässig, den unmittelbar durch die letzte Gleichung gegebenen Grenzwerth von $\dfrac{h}{p}$ in eine andere Form zu bringen, indem man statt der Summe die Differenz von zwei anderen einführt, welche von $s = 1$ bis resp. $s = \infty$ und $s = q$ genommen sind, und dann die erste durch ein Integral ausdrückt. Unsere Gleichung wird so:

$$\lim \frac{h}{p} = \frac{n}{p} \int_0^1 \frac{1-\varphi^\alpha}{1-\varphi}\, d\varphi - \frac{n}{p} \sum_1^q \left(\frac{1}{s} - \frac{1}{s+\alpha} \right) + \left(1 - \frac{n}{p}\frac{1}{q+\alpha} \right) \varepsilon,$$

wo das Integral, welches für jeden rationalen Werth von α durch Logarithmen und Kreisfunctionen darstellbar ist, eine bekannte vielfach untersuchte Transcendente ist. Setzt man speciell $p = n$, so wird $q = 1$, $q' = 0$, $\varepsilon = 1$, und der Grenzausdruck geht über in:

$$\lim \frac{h}{n} = \int_0^1 \frac{1-\varphi^\alpha}{1-\varphi}\, d\varphi.$$

Mit Hülfe der in der Abhandlung *Disquisitiones generales circa seriem infinitam . . .* von GAUSS gegebenen Tafel dieser Transcendenten[1]) kann man leicht den Werth von α bestimmen, dem ein gegebener Werth des Integrals entspricht, und man findet z. B., dass, wenn für die halbe Anzahl der Divisoren 1, 2, . . ., n das Verhältniss des Restes zum Divisor unter α liegen soll, $\alpha = 0{,}384686 \ldots$ sein muss.

---

[1]) Gauss' Werke, Bd. III, S. 161.   K.

DE FORMARUM BINARIARUM
SECUNDI GRADUS COMPOSITIONE.

COMMENTATIO

QUA AD AUDIENDAM ORATIONEM PRO LOCO
IN FACULTATE PHILOSOPHICA

RITE OBTINENDO

DIE VI. MENS. MAII HOR. XII.

PUBLICE HABENDAM

INVITAT

AUCTOR

P. G. LEJEUNE DIRICHLET.
PHIL. DOCT. PROF. PUBL. ORD. DESIGN.

BEROLINI.
TYPIS ACADEMICIS.

———

MDCCCLI.

DE FORMARUM BINARIARUM
SECUNDI GRADUS COMPOSITIONE[1]).

Plures abhinc iam annos cum esset propositum quaestionem de numero classium formarum secundi gradus, quae determinanti dato respondent, ad theoriam numerorum complexorum transferre, elementa doctrinae de formis ab integro mihi fuerunt exponenda, quippe quae nonnisi in casu, ubi de integris realibus agitur, ante erant evoluta. Quam elementorum expositionem paucis pagellis absolvere mihi successit quibusdam adiuto considerationibus in hac doctrina nondum adhibitis, quae integris tam realibus quam complexis aeque sunt accommodatae[*]). Disquisitionem illo loco ad proprietates restrinxi, quae ad formarum aequivalentiam et transmutationem numerorumque per formas repraesentationem spectant, et quae solae ad quaestionem, cui illa commentatio erat dicata, requirebantur. De formarum compositione tunc non egi, quod argumentum ab illustrissimo GAUSS in „Disquisitionum arithmeticarum" sectione quinta maxima quidem generalitate sed per calculos tam prolixos tractatum esse constat, ut perpauci compositionis naturam percipere valuerint, eo magis quod summus geometra, ut ipse monuit, brevitati consulens theorematum difficiliorum demonstrationes synthetice adornavit, suppressa analysi per quam erant eruta. Quare confidere posse mihi videor, huius argumenti expositionem novam et plane elementarem artis analyticae cultoribus non fore ingratam.

I.

Antequam formarum compositionem aggrediamur, pauca, quae vel nota sunt vel ex notis facile deducuntur, sunt praemittenda.

---

[1]) Bei dem Abdrucke auf Seite 155 bis 160 des 47. Bandes des 'Crelle'schen Journals (1854) hat Dirichlet an einigen Stellen den Text etwas verändert. Ich habe hier fast durchweg diese spätere Fassung benutzt.   K.

[*]) Recherches sur les formes quadratiques à coefficients et à indéterminées complexes, in Diarii Crelliani tomo XXIV [2]).

[2]) Bd. I, S. 533 dieser Ausgabe von G. Lejeune Dirichlet's Werken.   K.

14*

Valores datos ζ, ζ', ζ'', ..., qui congruentiae:

$$u^2 \equiv D$$

secundum modulos m, m', m'', ... resp. satisfaciunt, inter se concordantes vocabimus, si radix Z eiusdem congruentiae ad modulum $m m' m''$... relatae inveniri poterit ita comparata, ut habeatur:

$$\zeta \equiv Z \;(\mathrm{mod.}\; m), \quad \zeta' \equiv Z \;(\mathrm{mod.}\; m'), \quad \zeta'' \equiv Z \;(\mathrm{mod.}\; m''), \;\ldots$$

Sufficiet considerare casum, ubi moduli m, m', m'', ... sunt impares et ad ipsum D primi.

Facile perspicitur, congruentiis propositis satisfieri non posse, nisi respectu singulorum numerorum primorum, duos pluresve ipsorum m, m', m'', ... metientium, valores respondentes ζ, ζ', ζ'', ... inter se sint congrui. Quae conditio si locum habet, ex valoribus datis ζ, ζ', ζ'', ... cognoscentur residua π, π', π'', ... ipsius Z respectu singulorum numerorum primorum inaequalium p, p', p'', ..., productum $m m' m''$... metientium. Cum vero residua π, π', π'', ... sint manifesto radices congruentiae nostrae secundum modulos p, p', p'', ... resp., ex notis de congruentiis doctrinae elementis colligitur, exstare radicem et quidem unicam Z congruentiae secundum modulum $m m' m''$... satisfacientem ipsisque π, π', π'', ... secundum modulos p, p', p'', ... congruam, simulque nullo negotio perspicitur fore:

$$Z \equiv \zeta \;(\mathrm{mod.}\; m), \quad Z \equiv \zeta' \;(\mathrm{mod.}\; m'), \quad Z \equiv \zeta'' \;(\mathrm{mod.}\; m''), \;\ldots$$

Cum terminus constans D in congruentia nostra contentus in sequentibus semper eundem valorem servare debeat, brevitatis gratia radicem datam ζ, modulo m respondentem, per notationem (m, ζ) designabimus. Qua notatione introducta, radicem Z ex datis ζ, ζ', ζ'', ... inter se concordantibus modo indicato deducendam, quam ex his compositam dicemus, commode hoc modo designare possumus:

$$(m, \zeta)(m', \zeta')(m'', \zeta'') \cdots = (m m' m''..., Z).$$

Caeterum observamus, radices ζ, ζ', ζ'', ... semper inter se concordare, si m, m', m'', ... inter se sint primi, et hoc etiam valere in casu, quem exclusimus et ubi m, m', m'', ... ad $2D$ non sunt primi. Patet enim, tum Z jam plene definiri respectu moduli $m m' m''$... per congruentias:

$$Z \equiv \zeta \;(\mathrm{mod.}\; m), \quad Z \equiv \zeta' \;(\mathrm{mod.}\; m'), \quad Z \equiv \zeta'' \;(\mathrm{mod.}\; m''), \;\ldots$$

simulque fore:

$$Z^2 \equiv D \;(\mathrm{mod.}\; m m' m''...).$$

II.

In formis secundi gradus hic considerandis:

$$ax^2 + 2bxy + cy^2,$$

quarum determinans $D = b^2 - ac$, coefficientes a, b, c a divisore communi liberos supponemus, quippe ad quem casum reliqui facile reducuntur. Constat formas conditioni enunciatae satisfacientes duos constituere ordines, prout coefficientium externorum a, c alteruter saltem est impar aut uterque par. Casum posteriorem brevitatis causa hic excludemus, cum ratiocinia ad priorem applicanda mutatis mutandis in altero quoque valeant.

Si in forma data indeterminatis x, y valores determinati inter se primi (id quod semper erit subintelligendum) tribuuntur, ita ut habeatur:

$$ax^2 + 2bxy + cy^2 = m,$$

numerum m (qui semper ad $2D$ primus erit supponendus) per formam repraesentari dicemus. Acceptis integris ξ, η talibus ut sit $x\eta - y\xi = 1$, notum est facileque demonstratur, expressionem:

$$\zeta = (ax + by)\xi + (bx + cy)\eta$$

fore radicem congruentiae $u^2 \equiv D$ (mod. m), semperque hoc modo eandem radicem esse probituram, quomodocunque ipsi ξ, η varientur. Radix (m, ζ), ad quam repraesentationem datam pertinere dicemus, alio modo definiri potest, ad propositum nostrum accommodatiore. Si in aequatione, per quam ζ exhibuimus, per y multiplicata, $x\eta - 1$ loco producti $y\xi$ ponis, perspicitur esse:

$$(1) \qquad ax + by \equiv -y\zeta \ (\text{mod. } m),$$

qua congruentia ζ plene definitur, dummodo y ad modulum m sit primus. Sin autem ipsi y cum modulo est divisor communis maximus δ, unitate maior, quem etiam ipsum a metiri patet, congruentia nostra nihil aliud docet quam haec:

$$\frac{ax + by}{\delta} \equiv -\frac{y}{\delta}\zeta \ \left(\text{mod. } \frac{m}{\delta}\right),$$

ita ut respectu divisorum primorum ipsius δ, si qui sunt, ipsum $\dfrac{m}{\delta}$ non metientium, residua ipsius ζ hoc modo cognosci non possint. Cui incommodo facile medeberis, si attenderis, ex aequationibus supra datis sequi:

$$\zeta \equiv bx\eta, \quad x\eta \equiv 1 \ (\text{mod. } \delta)$$

ideoque:

$$(2) \qquad\qquad \zeta \equiv b \pmod{\delta},$$

qua formula cum superiore iuncta, residua ipsius ζ respectu singulorum divisorum ipsius m iam plene erunt nota. Observamus, si ε sit divisor communis ipsorum x et m, simili modo haberi:

$$(3) \qquad\qquad \zeta \equiv -b \pmod{\varepsilon}.$$

His addimus sequentia, quae quamquam abunde sunt nota, hic in conspectum produxisse e re erit.

1^0. Si duae formae sunt aequivalentes (proprie, id quod semper subintelligemus) et prior in posteriorem transit ope substitutionis:

$$x = \alpha x' + \beta y', \qquad y = \gamma x' + \delta y',$$

ubi $\alpha\delta - \beta\gamma = 1$, patet numerum m per alteram repraesentabilem etiam per alteram repraesentari posse facileque demonstratur, binas eiusdem numeri repraesentationes, ope aequationum praecedentium inter se connexas, ad eandem radicem (m, ζ) pertinere. Quare repraesentationes, ad expressionem datam (m, ζ) pertinentes, ad classem integram erunt referendae, quae erit unica.

2^0. Vice versa enim demonstrari potest, ex duabus eiusdem numeri m per duas formas eiusdem determinantis repraesentationibus, quae ad eandem radicem (m, ζ) pertineant, sequi formarum aequivalentiam.

3^0. Denique patet, data radice qualibet (m, ζ), exstare classem per cuius formas m ita repraesentari possit, ut radix his repraesentationibus respondens sit (m, ζ). Manifesto enim m per formam:

$$\left(m,\ \zeta,\ \frac{\zeta^2 - D}{m}\right),$$

cuius coefficientes a divisore communi sunt liberi et in qua m est impar, repraesentatur ponendo:

$$x = 1, \qquad y = 0,$$

quam repraesentationem ad (m, ζ) pertinere elucet.

III.

His praemissis propositum aggrediamur. Datis duabus formis φ et φ' eiusdem determinantis D, sint m et m' bini quilibet integri impares et ad D primi tali modo per φ et φ' resp. repraesentabiles, ut radices (m, ζ), (m', ζ'), ad quas hae repraesentationes pertineant, inter sese sint concordantes. Quibus suppositis, totius rei cardo in eo vertitur, ut demonstretur, repraesentationes ipsius mm', ad expressionem $(m, \zeta)(m', \zeta')$ pertinentes, semper per eandem formam effectum iri sive potius ad eandem classem esse referendas, quocunque modo ipsi m, m' varientur. Quod est theorema in hac doctrina fundamentale.

Supponamus formas datas (a, b, c), (a', b', c') ita praeparatas esse, ut expressiones (a, b), (a', b') inter se concordent, id quod exempli gratia efficitur, formarum alterutram transmutando in aequivalentem, cuius coefficiens primus cum alterius coefficiente primo divisorem communem non habeat. At probe notandum est, analysin in sequentibus evolvendam nihil requirere, nisi ut (a, b) et (a', b') inter sese sint concordantes, sed neque opus esse, ut a et a' inter se, neque magis, ut ad $2D$ sint primi. Designando per (aa', B) expressionem ex compositione ipsarum (a, b) et (a', b') oriundam, ita ut habeatur:

$$B \equiv b \ (\text{mod. } a), \quad B \equiv b' \ (\text{mod. } a'), \quad D = B^2 - aa'C,$$

ubi C est integer, patet formas cum his ipsis aequivalentibus:

$$ax^2 + 2Bxy + a'Cy^2 = \varphi, \quad a'x'^2 + 2Ba'x'y' + aCy'^2 = \varphi'$$

commutari posse, quibus primo per a et a' resp., dein inter sese multiplicatis prodibunt aequationes:

$$(ax+By)^2 - Dy^2 = a\varphi, \quad (a'x'+By')^2 - Dy'^2 = a'\varphi',$$
$$((ax+By)(a'x'+By')+Dyy')^2 - D((ax+By)y'+(a'x'+By')y)^2 = aa'\varphi\varphi'.$$

Si iam observamus, propter $D = B^2 - aa'C$, haberi:

$$(4) \qquad (ax+By)(a'x'+By')+Dyy' = aa'X + BY,$$

ubi positum est:

$$(5) \quad X = xx' - Cyy', \quad Y = (ax+By)y'+(a'x'+By')y = axy'+a'x'y+2Byy',$$

aequatio ultima, per aa' divisa, induet formam:

$$(6) \qquad aa'X^2 + 2BXY + CY^2 = \varphi\varphi' = \psi.$$

Postquam productum formarum φ et φ' per formam ψ eiusdem determinantis D indefinite exhibuimus, tum ipsis x, y tum ipsis x', y' valores determinatos inter se primos tribui supponamus, pro quibus $\varphi = m$, $\varphi' = m'$ evadat, et qui conditionibus supra indicatis satisfaciant. Quo facto, demonstrandum erit, 1^0 repraesentationem ipsius mm' per formam ψ, quam aequationibus (5) et (6) praeberi videmus, fore propriam, sive X et Y a divisore communi fore liberos, et 2^0 radicem, ad quam haec repraesentatio pertinet et quae sit (mm', Z), revera ex radicibus (m, ζ), (m', ζ'), ad quas repraesentationes ipsorum m et m' pertinere supponemus, fore compositam.

1^0. Ut evincatur, ipsos X et Y divisorem communem non habere, proficiscamur a suppositione, numerum primum p ambos metiri et quae hinc sequantur videamus. Cum p alterutrum ipsorum m, m' metiri debeat, ponamus id quod licet, m ipsius p esse multiplum. Iam dico, etiam ipsum m' per p divisibilem esse supponendum. Cum enim X et Y per p sint divisibiles, patet, multiplicando aequationum (5) priorem per $-ay'$ posteriorem per x' et addendo, proditurum esse integrum per p divisibilem:

$$(a'x'^2+2Bx'y'+aCy'^2)y = m'y.$$

Si iam ipsum m' per p divisibilem non esse supponere velis, ipse y et proin etiam a ipsius p erunt multipla. Tum autem propter:

$$xx'-Cyy' = X \equiv 0 \ (\text{mod. } p),$$

et ex eo, quod x ad ipsum y est primus, colligitur $x' \equiv 0$, unde tandem:

$$m' = a'x'^2+2Bx'y'+aCy'^2$$

ipsius p esse multiplum perspicitur. Cum p ambos m et m' metiatur, erit per aequationem (1):

$$ax+By \equiv -y\zeta, \quad a'x'+By' \equiv -y'\zeta' \ (\text{mod. } p),$$

quarum formularum substitutione secunda aequationum (5) transit in congruentiam:

$$(\zeta+\zeta')yy' \equiv 0 \ (\text{mod. } p).$$

Si $\zeta+\zeta' \equiv 0$ esset, sequeretur $\zeta' \equiv -\zeta$ contra hypothesin, radices ζ et ζ' inter se concordare sive $\zeta' \equiv \zeta$ esse. Restat ut videamus, quid ex alterutra suppositionum $y \equiv 0$, $y' \equiv 0$, quae plane inter se sunt similes, sequatur. Si y ideoque propter congruentiam $xx'-Cyy' \equiv 0$ etiam x' per p esset divisibilis, haberemus per aequationes (2) et (3):

$$\zeta \equiv B, \quad \zeta' \equiv -B \ (\text{mod. } p),$$

et perinde ut supra:

$$\zeta+\zeta' \equiv 0 \ (\text{mod. } p).$$

Evictum est igitur, ipsos X et Y inter se esse primos.

2^0. Ut iam probemus, radicem, ad quam repraesentatio ipsius mm' pertinet et quam per (mm', Z) designavimus, revera ex ipsis (m, ζ), (m', ζ') esse compositam, propter symmetriam ostendere sufficiet, esse $Z \equiv \zeta$ respectu cuiuslibet divisoris primi p ipsius m. Cum per aequationem (1) habeatur:

$$a x + B y \equiv -\zeta y \quad (\text{mod. } p),$$

ex aequatione (4) et secunda aequationum (5) facile deducuntur congruentiae:

$$(-\zeta(a'x'+By')+Dy')y \equiv aa'X+BY, \quad (-\zeta y'+a'x'+By')y \equiv Y \quad (\text{mod. } p),$$

unde, posteriore per ζ multiplicata ad priorem addita, et ratione habita formulae $\zeta^2 \equiv D \ (\text{mod. } m)$, sequitur:

$$aa'X+BY \equiv -Y\zeta \quad (\text{mod. } p),$$

qua congruentia comparata cum hac:

$$aa'X+BY \equiv -YZ \quad (\text{mod. } p),$$

vides esse:

$$Z \equiv \zeta \quad (\text{mod. } p),$$

si p ipsum Y non metiatur. Restat ut consideremus casum, ubi Y per p est divisibilis, in quo casu erit per aequationem (2) $Z \equiv B$ (mod. p). Si iam etiam y ipsius p est multiplum, erit simili modo $\zeta \equiv B$ (mod. p) et proinde:

$$Z \equiv \zeta \quad (\text{mod. } p).$$

Si vero y per p non est divisibilis, e congruentia, quam supra nacti eramus, concluditur esse:

$$a'x'+By'-\zeta y' \equiv 0 \quad (\text{mod. } p),$$

unde facile deducitur, ipsum p producti $a'm'$ esse factorem. Est enim:

$$a'm' = (a'x'+By')^2 - Dy'^2 \equiv (a'x'+By')^2 - \zeta^2 y'^2 \equiv 0 \quad (\text{mod } p.).$$

Iam duo casus sunt distinguendi. Supponamus primo, ipsum a' per p non esse divisibilem. Quo casu cum m' per p sit divisibilis, habetur:

$$a'x'+By'+\zeta'y' \equiv 0 \quad (\text{mod. } p),$$

qua formula cum superiore collata sequitur:

$$(\zeta+\zeta')y' \equiv 0 \quad (\text{mod } p),$$

quae congruentia ad conclusionem absurdam deducit. Nam cum $\zeta + \zeta'$ multiplum ipsius p esse non possit, sequeretur $y' \equiv 0$ (mod. p), ideoque propter aequationem:

$$m' = a'x'^2 + 2Bx'y' + aCy'^2,$$

$a' \equiv 0$ (mod. p) contra hypothesin. Quare hic casus locum habere non potest. In casu posteriore, ubi a' per p est divisibilis, e congruentia:

$$a'x' + By' - \zeta y' \equiv 0 \pmod{p},$$

deducitur:

$$(B - \zeta)y' \equiv 0 \pmod{p}.$$

Si iam p ipsum y' non metitur, habetur:

$$\zeta \equiv B \pmod{p},$$

id quod cum congruentia $Z \equiv B$ (mod. p) convenit. Si vero p ipsius y' ideoque etiam ipsius m' est divisor, habetur per aequationem (2):

$$\zeta' \equiv B \pmod{p},$$

unde ut supra esse $\zeta \equiv B$ (mod. p) colliges, si radices ζ et ζ' inter se concordantes esse attenderis.

ÜBER
DIE BEWEGUNG EINES FESTEN KÖRPERS IN EINEM INCOMPRESSIBELN FLÜSSIGEN MEDIUM.

VON

G. LEJEUNE DIRICHLET.

Bericht über die Verhandlungen der Königl. Preuss. Akademie der Wissenschaften. Jahrg. 1852, S. 12—17.

ÜBER DIE BEWEGUNG EINES FESTEN KÖRPERS IN EINEM INCOMPRESSIBELN FLÜSSIGEN MEDIUM [1]).

Wie es scheint, ist bis jetzt für keinen noch so einfachen Fall der Widerstand, den ein in einer ruhenden Flüssigkeit fortbewegter fester Körper von dieser erleidet, aus den seit EULER bekannten allgemeinen Gleichungen der Hydrodynamik abgeleitet worden, oder, was im Grunde auf dasselbe hinauskommt, giebt es kein Beispiel einer rein theoretischen Bestimmung der Modificationen, welche ein im Innern einer Flüssigkeit befindlicher unbeweglicher fester Körper in der fortschreitenden Bewegung derselben hervorbringt. Ein namhafter und in Untersuchungen dieser Art sehr geübter Mathematiker[*]) ist daher zu der Meinung veranlasst worden, dass für das erwähnte Problem selbst in dem Falle, wo die Flüssigkeit von unendlicher Ausdehnung ist und man dem festen Körper die einfachste Gestalt giebt, die bekannten Integrationsmethoden nicht ausreichen. Diese Meinung ist jedoch ohne Grund, und das Problem lässt sich vollständig behandeln, wenn der feste Körper die Gestalt einer Kugel oder auch die eines Ellipsoides hat. Von diesen beiden Fällen soll nur der erstere als der einfachere in dieser Anzeige besprochen werden.

Um das Problem zunächst in der zweiten der oben erwähnten Formen zu behandeln, sei c der Radius der unbeweglichen Kugel und der Mittelpunkt derselben der Anfangspunkt der rechtwinkligen Axen der x, y, z. Auf die anfänglich ruhende homogene Flüssigkeit, deren Dichtigkeit mit ϱ bezeichnet werden soll, wirke eine beschleunigende Kraft σ, die zu derselben Zeit t überall dieselbe Intensität und Richtung habe, sich aber mit der Zeit beliebig ändern kann, so dass die Componenten α, β, γ derselben gegebene Functionen von t sind. Bezeichnet man nun mit p den im Punkte (x, y, z) nach der Zeit t stattfindenden Druck, mit u, v, w die drei Componenten der Geschwindigkeit, setzt ferner zur Abkürzung:

---

[1]) Im Jahrgang 1852 der Akademie-Berichte wird die Mittheilung auf S. 12 mit den Worten eingeleitet: Hr. Lejeune Dirichlet las über einige Fälle, in welchen sich die Bewegung eines festen Körpers in einem incompressibeln flüssigen Medium theoretisch bestimmen lässt.   K.

[*]) Résumé des leçons de Mécanique données à l'Ecole Polytechnique par M. NAVIER, page 480.

$$r = \sqrt{x^2+y^2+z^2},$$

$$\lambda = \int_0^t \alpha\, dt, \quad \mu = \int_0^t \beta\, dt, \quad v = \int_0^t \gamma\, dt,$$

$$\varphi = \left(1+\frac{c^3}{2r^3}\right)(\lambda x+\mu y+v z),$$

so hat man zur Bestimmung von p, u, v, w:

$$u = \frac{\partial\varphi}{\partial x} = \left(1+\frac{c^3}{2r^3}\right)\lambda - \frac{3c^3 x}{2r^5}(\lambda x+\mu y+v z),$$

$$v = \frac{\partial\varphi}{\partial y} = \left(1+\frac{c^3}{2r^3}\right)\mu - \frac{3c^3 y}{2r^5}(\lambda x+\mu y+v z),$$

$$w = \frac{\partial\varphi}{\partial z} = \left(1+\frac{c^3}{2r^3}\right)v - \frac{3c^3 z}{2r^5}(\lambda x+\mu y+v z),$$

$$\frac{1}{\varrho}p = T - \frac{c^3}{2r^3}(\alpha x+\beta y+\gamma z) - \tfrac{1}{2}(u^2+v^2+w^2),$$

wo T eine willkürliche bloss von t abhängige Grösse bedeutet, die, wie schon
EULER bemerkt hat, in jedem Problem der Hydrodynamik so lange unbestimmt
bleibt, als man sich nicht den Druck für jeden Augenblick an einem Punkte
der Oberfläche der Flüssigkeit gegeben denkt. Diese Unbestimmtheit im Ausdrucke von p hat jedoch offenbar keinen Einfluss auf das Resultat, welches
man erhält, wenn man alle gegen eine geschlossene Fläche wirkenden elementaren Druckkräfte in eine einzelne Kraft und ein Kräftepaar vereinigt. Für die
Oberfläche unserer Kugel haben alle diese Elementarkräfte eine einzige Resultante, welche durch den Mittelpunkt geht, und für deren Componenten man
durch eine sehr einfache Rechnung die Werthe:

$$\frac{2\pi}{3}c^3\alpha\varrho, \quad \frac{2\pi}{3}c^3\beta\varrho, \quad \frac{2\pi}{3}c^3\gamma\varrho$$

findet, woraus sich für die Resultante der Ausdruck:

$$\frac{2\pi}{3}c^3\varrho\sigma$$

ergiebt und zugleich erhellt, dass diese der Kraft σ parallel ist. Man sieht also,
dass in unserem Falle der von der bewegten Flüssigkeit gegen die Oberfläche
des festen Körpers ausgeübte Druck nur von der jeden Augenblick wirkenden
beschleunigenden Kraft, nicht aber von der Geschwindigkeit der Flüssigkeit abhängt. Hört die beschleunigende Kraft zu wirken auf, so verschwindet auch
der Druck, λ, μ, v werden constant, und die Bewegung wird sogleich zu einer
permanenten, bei welcher u, v, w nicht mehr von t abhängen. Die so eintretende permanente Bewegung ist immer von derselben Art, insofern man
nämlich nur auf die Verhältnisse der Geschwindigkeiten Rücksicht nimmt und

bei den von den Theilchen der Flüssigkeit beschriebenen Bahnen nur die relative Lage dieser Curven, nicht aber ihre absolute Lage im Raume betrachtet. Diese Curven sind sämmtlich eben, und die Ebenen aller gehen immer durch eine bestimmte Gerade, die man als Axe des Systems der Curven ansehen kann, und um welche diese symmetrisch so herumliegen, dass die in einer Ebene befindlichen Curven durch Umdrehung um die Axe alle übrigen erzeugen. Die Richtung der Axe, welche durch den Mittelpunkt der Kugel geht, wird durch die drei Winkel bestimmt, welche sie mit den Coordinatenaxen bildet, und deren Cosinus den Ausdrücken:

$$\frac{\lambda}{\sqrt{\lambda^2+\mu^2+\nu^2}}, \quad \frac{\mu}{\sqrt{\lambda^2+\mu^2+\nu^2}}, \quad \frac{\nu}{\sqrt{\lambda^2+\mu^2+\nu^2}}$$

gleich sind, wo unter λ, μ, ν die Werthe dieser constant gewordenen Grössen zu verstehen sind. Die Gleichungen der erwähnten Curven erhalten eine sehr einfache Form, wenn man Polarcoordinaten einführt. Legt man durch die Axe eine beliebige Ebene, und bezeichnet mit θ den Winkel zwischen der Axe und dem nach jedem Punkte in der Ebene gerichteten Radiusvector r, so sind sämmtliche Curven in der Gleichung:

$$(r^3-c^3)\sin^2\theta = \varepsilon r$$

enthalten, wo der Parameter ε das Intervall von 0 bis ∞ durchlaufen muss, damit die Gleichung alle in der Ebene befindlichen Curven darstelle. Man sieht ohne Schwierigkeit, dass diese Curven für ein grosses ε immer mehr die Gestalt von geraden mit der Axe parallelen Linien annehmen, während die Form einer solchen Curve für ein abnehmendes ε sich immerfort einem Halbkreise nähert, der sich in seinen beiden Endpunkten im verlängerten Durchmesser fortsetzt.

Um aus den eben angedeuteten Resultaten den einfachsten Fall der Bewegung eines festen Körpers in einer ruhenden Flüssigkeit abzuleiten, denke man sich die Kugel homogen oder setze wenigstens voraus, dass der Schwerpunkt derselben mit dem Mittelpunkt coincidirt. Bezeichnet ϱ' die mittlere Dichtigkeit der Kugel, und lässt man auf alle Theile derselben eine beschleunigende Kraft wirken, deren Componenten:

$$-\frac{\varrho}{2\varrho'}\,\alpha, \quad -\frac{\varrho}{2\varrho'}\,\beta, \quad -\frac{\varrho}{2\varrho'}\,\gamma$$

sind, so wird der von der Flüssigkeit ausgeübte Druck jeden Augenblick aufgehoben, und man kann die Kugel beweglich voraussetzen, ohne dass sie zu ruhen aufhört, und ohne dass die vorhin bestimmte Bewegung der Flüssigkeit modificirt wird. Wird jetzt auf das ganze von der Kugel und der Flüssigkeit gebildete mechanische System, welches den Charakter eines sogenannten freien hat, überall die beschleunigende Kraft als wirkend gedacht, deren Componenten $-\alpha$, $-\beta$, $-\gamma$ sind, so erhält man durch Zusammensetzung die in unserem anfänglich in Ruhe befindlichen System eintretende Bewegung für den Fall, wo auf die Kugel eine beschleunigende Kraft wirkt, deren Componenten die Werthe:

$$-\left(1+\frac{\varrho}{2\varrho'}\right)\alpha, \quad -\left(1+\frac{\varrho}{2\varrho'}\right)\beta, \quad -\left(1+\frac{\varrho}{2\varrho'}\right)\gamma$$

haben, während die Flüssigkeit von keiner Kraft getrieben wird. Bei dieser Bewegung sind die Componenten der Geschwindigkeit zur Zeit t für alle Theile der Kugel $-\lambda$, $-\mu$, $-\nu$, wogegen in der Flüssigkeit zu derselben Zeit an der durch die Coordinaten:

$$x-\int_0^t\lambda\, dt, \quad y-\int_0^t\mu\, dt, \quad z-\int_0^t\nu\, dt$$

bestimmten Stelle die Geschwindigkeitscomponenten die Werthe:

$$u-\lambda, \quad v-\mu, \quad w-\nu$$

haben. Man sieht, dass die Kugel unter Einwirkung der nach Richtung und Intensität beliebig veränderlichen beschleunigenden Kraft $\left(1+\frac{\varrho}{2\varrho'}\right)\sigma$ sich im widerstehenden Mittel gerade so bewegt, wie sie sich im leeren Raume bewegen würde, wenn die Kraft jeden Augenblick mit Beibehaltung der Richtung im Verhältniss von $2\varrho'+\varrho$ zu $2\varrho'$ verkleinert würde. Die Zusatzkraft $\frac{\varrho}{2\varrho'}\sigma$ wird also zur Überwindung des Widerstandes der Flüssigkeit verwandt. Aber dieser Widerstand entspricht nicht der Vorstellung, welche man sich von der Wirkung eines flüssigen Mediums auf einen in ihm bewegten festen Körper zu machen pflegt, und nach welcher ein Widerstand auch dann schon vorhanden und zu überwinden ist, wenn die in einem Zeitmomente stattfindende Bewegung für den nächsten Zeittheil nicht alterirt werden soll, wogegen nach Obigem in unserem Falle die Bewegung des festen Körpers augenblicklich in eine geradlinige und gleichförmige übergeht, sobald die beschleunigende Kraft zu wirken aufhört. Der Widerstand hängt hier gar nicht von der vorhandenen Bewegung, sondern lediglich von der im nächsten Zeittheile hervorzubringenden Änderung der Bewegung ab und ist immer demselben aliquoten Theile der Kraft gleich, welche dieselbe Änderung im leeren Raume hervorbringen würde, und dieser gerade entgegengerichtet, was man für den Fall, wo die Geschwindigkeit vermindert werden soll, kaum hätte erwarten können.

ÜBER DEN ERSTEN
DER VON GAUSS GEGEBENEN BEWEISE
DES RECIPROCITÄTSGESETZES
IN DER THEORIE DER QUADRATISCHEN RESTE.

VON

G. LEJEUNE DIRICHLET.

Crelle, Journal für die reine und angewandte Mathematik, Bd. 47 p. 139—150.

ÜBER DEN ERSTEN DER VON GAUSS GEGEBENEN BEWEISE DES RECIPROCITÄTSGESETZES IN DER THEORIE DER QUADRATISCHEN RESTE.

Unter den zahlreichen Beweisen des Fundamentaltheorems der Lehre von den quadratischen Congruenzen hat mir der früheste, von GAUSS schon im Jahre 1796 gefundene und in den *Disquisitiones arithmeticae (Sectio IV)* bekannt gemachte[1]) immer besonders merkwürdig geschienen, sowohl wegen des so einfachen Gedankens, welcher demselben zu Grunde liegt, als auch deshalb, weil dieser Beweis, so viel ich weiss, der einzige ist, in welchem die Betrachtung das Gebiet der Congruenzen zweiten Grades, welchem der Satz wesentlich angehört, nirgends verlässt, wogegen die übrigen Begründungsarten auf Principien beruhen, die diesem Gebiete mehr oder weniger fremd zu sein scheinen[*]). Wenn aber dieser schöne Beweis die Kürze vermissen lässt, welche einige der späteren in so hohem Grade auszeichnet, so liegt dieser Mangel nicht im Wesen der Methode und hat vielmehr seinen Grund in dem zufälligen Umstande, dass zur Darstellung gewisser Beziehungen, welche bei dieser Behandlungsweise häufig wiederkehren, kein zur Rechnung geeignetes Zeichen benutzt ist, wodurch es nöthig geworden ist, acht verschiedene Fälle zu unterscheiden, von denen jeder wieder in mehrere Unterabtheilungen zerfällt. Durch Einführung des zuerst von LEGENDRE gebrauchten Zeichens in der allgemeineren Bedeutung, welche JACOBI demselben später gegeben hat, und durch einige andere Vereinfachungen, welche jedoch das Wesen des Beweises eben so wenig ändern, zieht sich dieser in

---

[1]) Gauss' Werke, Bd. I, S. 104—111.   K.

[*]) GAUSS selbst beurtheilt seinen ersten Beweis in einer späteren Abhandlung (*Comment. soc. Gott. vol. XVI pag. 70)*[2]) wie folgt: „*Sed omnes hae demonstrationes, etiamsi respectu rigoris nihil desiderandum relinquere videantur, e principiis nimis heterogeneis derivatae sunt, prima forsan excepta, quae tamen per ratiocinia magis laboriosa procedit, operationibusque prolixioribus premitur.*"

[2]) Gauss' Werke, Bd. II, S. 4.   K.

16*

solchem Grade zusammen, dass er kaum noch hinter einem der übrigen hinsichtlich der Kürze zurückzustehen scheint, insofern man nämlich nicht unberücksichtigt lässt, dass ein Theil der in demselben vorkommenden Entwickelungen für die Theorie der quadratischen Reste auch dann unentbehrlich bleibt, wenn man für das Reciprocitätsgesetz eine andere Beweismethode wählt. Ich habe einer auf die angegebene Weise vereinfachten neuen Darstellung dieses Gegenstandes um so mehr einige Seiten widmen zu dürfen geglaubt, als mir die Erfahrung wiederholt gezeigt hat, wie sehr angehenden Mathematikern das Verständniss der früheren durch die grosse Anzahl der darin unterschiedenen Fälle erschwert wird.

§. 1.

In diesem ersten Paragraphen sollen einige für das Folgende unentbehrliche Elementarsätze und Definitionen angeführt werden.

Je nachdem die Congruenz:

$$x^2 \equiv k \ (\text{mod. } m),$$

in welcher k eine positive oder negative ganze Zahl bedeutet, möglich oder nicht möglich ist, heisst k quadratischer Rest oder Nichtrest des Moduls m, dessen Zeichen natürlich gleichgültig ist. Es ist zu unserem Zwecke gestattet, k und m immer ohne gemeinschaftlichen Theiler vorauszusetzen. Für den besonders wichtigen Fall, wo m eine ungerade Primzahl p ist, soll das Zeichen:

$$\left(\frac{k}{p} \right)$$

die positive oder negative Einheit bedeuten, je nachdem k quadratischer Rest oder Nichtrest von p ist.

Der bekannte Satz, dass das Product $k'k''\ldots$ quadratischer Rest oder Nichtrest von p ist, je nachdem diejenigen der Factoren k', k'', $\ldots$, die quadratische Nichtreste von p sind, in gerader oder ungerader Anzahl vorhanden sind, wird mit Hülfe unseres Zeichens durch die Gleichung:

$$\left(\frac{k'k''\ldots}{p} \right) = \left(\frac{k'}{p} \right) \left(\frac{k''}{p} \right) \ldots$$

ausgedrückt.

Für die Möglichkeit der Congruenz:

$$x^2 \equiv k \ (\text{mod. } p^\varpi),$$

worin $\varpi > 1$, ist offenbar die Bedingung:

$$\left(\frac{k}{p} \right) = 1$$

erforderlich, und man beweist auch leicht, dass, sobald diese Bedingung erfüllt ist, die Congruenz für jeden Werth von ϖ lösbar ist.

Anders verhält es sich mit der Congruenz:

$$x^2 \equiv k \pmod{2^\varpi}.$$

Für $\varpi = 1$ hat die ungerade Zahl k keine Bedingung zu erfüllen; ist:

$$\varpi = 2 \quad \text{oder} \quad \varpi \gtreqless 3,$$

so besteht die zur Lösbarkeit der Congruenz nöthige und auch ausreichende Bedingung resp. darin, dass k die Form:

$$4\mu + 1 \quad \text{oder} \quad 8\mu + 1$$

habe.

Ist der Modul in unserer Congruenz das Product von Potenzen verschiedener Primzahlen, so ist es für die Möglichkeit derselben nöthig und ausreichend, dass sie nach den verschiedenen Primzahlpotenzen lösbar sei.

Wir wollen jetzt dem Zeichen $\left(\dfrac{k}{p}\right)$, welches oben für den Fall definirt worden ist, dass p eine ungerade Primzahl bezeichnet, die in der positiven oder negativen Zahl k nicht aufgeht, eine allgemeinere Bedeutung geben, und in der Voraussetzung, dass die ungerade Zahl m, deren Zeichen gleichgültig ist, mit k keinen gemeinschaftlichen Theiler habe und in ihre gleichen oder ungleichen Primfactoren p', p'', p''', $\ldots$ zerlegt sei, so dass also $m = p' p'' p''' \ldots$, unter dem Zeichen $\left(\dfrac{k}{m}\right)$ das Product:

$$\left(\frac{k}{p'}\right)\left(\frac{k}{p''}\right)\left(\frac{k}{p'''}\right) \cdots$$

verstehen. Wie leicht zu sehen, kann in einem solchen Symbol statt k eine nach dem Modul m mit k congruente Zahl gesetzt werden und gelten für solche Symbole die beiden Gleichungen:

$$\left(\frac{k}{m}\right)\left(\frac{l}{m}\right) = \left(\frac{kl}{m}\right), \quad \left(\frac{k}{m}\right)\left(\frac{k}{n}\right) = \left(\frac{k}{mn}\right).$$

Es ist aber nicht zu übersehen, dass $\left(\dfrac{k}{m}\right)$ zur Congruenz:

$$x^2 \equiv k \pmod{m}$$

jetzt nicht mehr dieselbe Beziehung hat wie früher, wo m eine Primzahl war. Ist die Congruenz lösbar, so folgt zwar noch, dass $\left(\dfrac{k}{m}\right) = 1$ sein muss, da alsdann nach Obigem alle Factoren, als deren Product wir $\left(\dfrac{k}{m}\right)$ definirt haben, der positiven Einheit gleich sind, aber man kann offenbar nicht umgekehrt von der Bedingung $\left(\dfrac{k}{m}\right) = 1$ auf die Möglichkeit der Congruenz schliessen.

Schliesslich soll noch bemerkt werden, dass, m immer ungerade vorausgesetzt, die Möglichkeit der Congruenz:

$$lx^2 \equiv k \ (\mathrm{mod.}\ m),$$

wenn darin k und l relative Primzahlen zu m sind, die Gleichung:

$$\left(\frac{kl}{m}\right) = 1$$

zur Folge hat, wie sogleich erhellt, wenn man die Congruenz in die Form:

$$(lx)^2 \equiv kl \ (\mathrm{mod.}\ m)$$

bringt.

§. 2.

Wir kommen nun zu dem eigentlichen Gegenstande dieser Abhandlung, zu den Kriterien, durch welche für eine gegebene positive oder negative Zahl k die einfachen ungeraden Moduln p, deren quadratischer Rest k ist, von ·denjenigen unterschieden werden, zu denen k das entgegengesetzte Verhalten hat.

Da nach dem oben angeführten Satze die verlangte Unterscheidung auf die ähnliche hinsichtlich der Primfactoren von k zurückkommt, so haben wir nur die drei Fälle zu untersuchen, wo k einer der Zahlen -1, 2 oder einer positiven ungeraden Primzahl q gleich ist. Für diese drei Fälle sind die gewünschten Kriterien in den folgenden Gleichungen enthalten, in denen die ungerade Primzahl p als von q verschieden und, wie q, als positiv vorausgesetzt ist:

$$(a) \qquad\qquad \left(\frac{-1}{p}\right) = (-1)^{\frac{1}{2}(p-1)},$$

$$(b) \qquad\qquad \left(\frac{2}{p}\right) = (-1)^{\frac{1}{8}(p^2-1)},$$

$$(c) \qquad\qquad \left(\frac{q}{p}\right)\left(\frac{p}{q}\right) = (-1)^{\frac{1}{2}(p-1)\cdot\frac{1}{2}(q-1)}.$$

Nach der ersten dieser Gleichungen ist:

$$\left(\frac{-1}{p}\right) = +1 \quad \text{oder} \quad \left(\frac{-1}{p}\right) = -1,$$

je nachdem p in der Form $4\mu + 1$ oder $4\mu + 3$ enthalten ist; nach der zweiten hat man:

$$\left(\frac{2}{p}\right) = 1 \qquad \text{für} \quad p = 8\mu+1,\ 8\mu+7,$$

dagegen:

$$\left(\frac{2}{p}\right) = -1 \qquad \text{für} \quad p = 8\mu+3,\ 8\mu+5,$$

und nach der dritten ist immer:

$$\left(\frac{q}{p}\right) = \left(\frac{p}{q}\right),$$

ausgenommen wenn beide Primzahlen p, q die Form $4\mu+3$ haben, in welchem Falle:

$$\left(\frac{q}{p}\right) = -\left(\frac{p}{q}\right)$$

ist.

Die Gleichungen (a) und (b) sind für gewisse besondere Fälle leicht zu beweisen; für die erstere in dem Falle, wo p die Form $4\mu+3$ hat, und also $\left(\frac{-1}{p}\right) = -1$ sein muss. Fände dies nämlich nicht für alle Primzahlen $4\mu+3$ statt, so sei p die kleinste, für welche $\left(\frac{-1}{p}\right) = 1$ ist. Dann kann man setzen:

$$e^2+1 = ph,$$

und wenn man, wie es immer geschehen kann, $e<p$ und zugleich gerade wählt, wird auch $h<p$ und in der Form $4\mu+3$ enthalten sein. Die Zahl h hat also einen Primfactor $r<p$ von derselben Form $4\mu+3$, für welchen aus der Gleichung $e^2+1 = ph$ die Gleichung:

$$\left(\frac{-1}{r}\right) = 1$$

folgt, was unserer Voraussetzung widerspricht.

Um zweitens zu beweisen, dass immer:

$$\left(\frac{2}{p}\right) = -1$$

ist, wenn p in einer der Formen $8\mu+3$, $8\mu+5$ enthalten ist, nehme man an, es gebe Primzahlen von einer dieser Formen, für welche der Satz nicht stattfindet, und bezeichne mit p die kleinste derselben. Man kann dann wieder setzen:

$$e^2-2 = ph,$$

und wenn man e ungerade und zugleich kleiner als p wählt, wird wegen:

$$e^2-2 = 8\mu+7$$

h der Form $8\mu+3$, $8\mu+5$ von p entsprechend die Form $8\mu+5$, $8\mu+3$ haben und überdies kleiner als p sein. Da nun aus Primfactoren, die sämmtlich in einer der Formen $8\mu+1$, $8\mu+7$ enthalten sind, keine Zahl von der Form $8\mu+3$ oder $8\mu+5$ entstehen kann, so giebt es also einen Primfactor r von h, welcher die Form $8\mu+3$ oder $8\mu+5$ hat, und für den nach obiger Gleichung, unserer Voraussetzung zuwider, $\left(\dfrac{2}{r}\right)=1$ wäre.

Den in ganz ähnlicher Weise zu führenden Beweis, dass $\left(\dfrac{-2}{p}\right)=-1$ ist, wenn p eine der Formen $8\mu+5$, $8\mu+7$ hat, werden wir der Kürze wegen übergehen. Bringt man dieses letztere Resultat für den Fall, wo $p=8\mu+7$ ist, in die Form:

$$\left(\frac{2}{p}\right)\left(\frac{-1}{p}\right)=-1,$$

und bemerkt, dass nach Obigem, da die Form $8\mu+7$ ein besonderer Fall der Form $4\mu+3$ ist:

$$\left(\frac{-1}{p}\right)=-1$$

ist, so erhält man für die Primzahlen $p=8\mu+7$:

$$\left(\frac{2}{p}\right)=1,$$

so dass also jetzt der Satz (b) für alle Primzahlen bewiesen ist, die nicht in der Form $8\mu+1$ enthalten sind.

§. 3.

Ehe wir die in dem vorigen Paragraphen aufgestellten Gleichungen allgemein zu beweisen unternehmen können, sind aus diesen als richtig vorausgesetzten Gleichungen einige Folgerungen zu ziehen, denen wir folgende Bemerkung vorausschicken.

Will man für ein Product ungerader Factoren r:

$$R = \Pi r$$

den Rest nach dem Divisor 4 bestimmen und bringt jeden Factor r in die Form $(r-1)+1$, so kann man bei der Multiplication alle Glieder weglassen, in denen erste Theile dieser Binomien in einander multiplicirt vorkommen. Es ist also:

$$R \equiv 1+\Sigma(r-1) \quad \text{(mod. 4)},$$

oder: $\tfrac{1}{2}(R-1)$ und $\Sigma\tfrac{1}{2}(r-1)$ sind *gleichartig*, d. h. entweder beide gerade oder beide ungerade.

Auf dieselbe Weise folgt aus $R^2 = \Pi r^2$, da jedes ungerade Quadrat r^2 die Form $8\mu + 1$ hat:

$$R^2 \equiv 1 + \Sigma(r^2 - 1) \quad (\text{mod. } 64)$$

und daraus wieder die Gleichartigkeit der Zahlen $\frac{1}{8}(R^2 - 1)$ und $\Sigma\frac{1}{8}(r^2 - 1)$.

Mit Hülfe dieser Bemerkung ist es nun leicht, aus den obigen Gleichungen die folgenden allgemeineren von gleicher Form abzuleiten, in welchen P und Q irgend zwei positive ungerade Zahlen bezeichnen, die keinen gemeinschaftlichen Theiler haben:

$$(a') \qquad \left(\frac{-1}{P}\right) = (-1)^{\frac{1}{2}(P-1)},$$

$$(b') \qquad \left(\frac{2}{P}\right) = (-1)^{\frac{1}{8}(P^2-1)},$$

$$(c') \qquad \left(\frac{Q}{P}\right)\left(\frac{P}{Q}\right) = (-1)^{\frac{1}{2}(P-1)\cdot\frac{1}{2}(Q-1)}.$$

Setzt man $P = \Pi p$, wo p jeden der gleichen oder ungleichen in P enthaltenen Primfactoren bezeichnet, wendet auf jedes p den Satz (a) an und multiplicirt alle so entstehenden Gleichungen mit einander, so erhält man das Resultat:

$$\left(\frac{-1}{P}\right) = (-1)^{\Sigma\frac{1}{2}(p-1)},$$

welches in die Gleichung (a') übergeht, wenn man den Exponenten durch die mit ihm gleichartige Zahl $\frac{1}{2}(P-1)$ ersetzt. Auf dieselbe Weise erhellt die Richtigkeit des Satzes (b').

Zum Beweise der Gleichung (c') zerlege man auch Q in seine einfachen Factoren q; die linke Seite kann dann als ein Product von Ausdrücken der Form $\left(\frac{q}{p}\right)\left(\frac{p}{q}\right)$ dargestellt werden, wo jedes p mit jedem q zu combiniren ist. Setzt man für jeden solchen Ausdruck seinen durch die Formel (c) gegebenen Werth, so ergiebt sich:

$$\left(\frac{Q}{P}\right)\left(\frac{P}{Q}\right) = (-1)^{\Sigma\frac{1}{2}(p-1)\cdot\frac{1}{2}(q-1)},$$

wo das Summenzeichen alle Combinationen p, q umfasst. Die Summe ist daher das Product der Factoren:

$$\Sigma\tfrac{1}{2}(p-1) \quad \text{und} \quad \Sigma\tfrac{1}{2}(q-1),$$

für welche man die mit diesen gleichartigen Zahlen:

$$\tfrac{1}{2}(P-1) \quad \text{und} \quad \tfrac{1}{2}(Q-1)$$

substituiren kann, und man erhält so die Gleichung (c').

Durch Multiplication der Gleichungen (a') und (c') erhält man:

$$\left(\frac{-Q}{P}\right)\left(\frac{P}{Q}\right) = (-1)^{\frac{1}{2}(P-1)\cdot\frac{1}{2}(Q+1)} \quad\text{oder}\quad \left(\frac{-Q}{P}\right)\left(\frac{P}{-Q}\right) = (-1)^{\frac{1}{2}(P-1)\cdot\frac{1}{2}(-Q-1)}.$$

Man sieht also, dass die Gleichung (c') noch richtig bleibt, wenn man sie auf die positive Zahl P und die negative $-Q$ anwendet, und dass sie für diesen Fall eine Folge von (a') und der ursprünglichen Gleichung (c') ist. Ebenso ist diese letztere offenbar eine Folge von (a') und der auf die Combination P, $-Q$ angewandten Gleichung (c'), und dieselbe Bemerkung findet natürlich auch auf die Gleichungen (a) und (c) Anwendung, die in unseren gegenwärtigen enthalten sind.

§. 4.

Um nun die Sätze (a) und (c) allgemein zu beweisen, gehen wir von der Voraussetzung áus, dass beide bis zu einer beliebigen positiven ungeraden Primzahl q ausschliesslich gelten, d. h. dass der erste für jede positive ungerade Primzahl, welche kleiner als q ist, der zweite für je zwei solche Primzahlen stattfindet. Lässt sich dann aus dieser Voraussetzung ableiten, dass die Gleichung (a) für q gilt, und die Gleichung (c) für jede Combination p, q, wenn nur die positive ungerade Primzahl p kleiner als q ist, so sind beide Sätze, da sie für die ersten Primzahlen offenbar richtig sind, allgemein dargethan.

Es ist leicht einzusehen, dass der zu gebende Nachweis sich auf die Erledigung von folgenden zwei Punkten reducirt.

Erstens ist zu zeigen, dass, wenn für ein in $\varpi = \pm p$ gehörig gewähltes Zeichen:

$$\left(\frac{\varpi}{q}\right) = 1$$

ist, gemäss der Gleichung (c), auf die Combination q, ϖ angewandt:

$$\left(\frac{q}{\varpi}\right) = \left(\frac{\varpi}{q}\right)(-1)^{\frac{1}{2}(q-1)\cdot\frac{1}{2}(\varpi-1)} = (-1)^{\frac{1}{2}(q-1)\cdot\frac{1}{2}(\varpi-1)}$$

sein muss.

Zweitens ist, wenn q die Form $4\mu+1$ hat und $\left(\dfrac{p}{q}\right) = -1$ ist, daraus die Gleichung $\left(\dfrac{q}{p}\right) = -1$ abzuleiten und zugleich zu zeigen, dass dieser zweite Fall für jedes q der Form $4\mu+1$ stattfindet, d. h. dass es unter den Primzahlen p, welche kleiner als q sind, immer wenigstens eine giebt, welche quadratischer Nichtrest von q ist.

Hat nämlich q die Form $4\mu + 3$, so ist die Gleichung (a) für q schon bewiesen, und es ist daher nach dem am Ende des vorigen Paragraphen Bemerkten gleichgültig, für welche der Combinationen p, q und $-p$, q man die Richtigkeit der Gleichung (c) zeigt. Aus:

$$\left(\frac{-1}{q}\right) = -1$$

folgt aber:

$$\left(\frac{-p}{q}\right) = -\left(\frac{p}{q}\right),$$

d. h. eine dieser Combinationen ist immer unter dem ersten Falle enthalten.

Ist dagegen q von der Form $4\mu + 1$, so folgt aus der Annahme:

$$\left(\frac{p}{q}\right) = 1$$

nach dem ersten Falle (wenn man $\varpi = p$ setzt):

$$\left(\frac{q}{p}\right) = 1,$$

aus der Annahme:

$$\left(\frac{p}{q}\right) = -1$$

nach dem zweiten:

$$\left(\frac{q}{p}\right) = -1,$$

wie es sein muss; dass aber auch:

$$\left(\frac{-1}{q}\right) = 1$$

ist, erhellt wie folgt. Für eine zum zweiten Falle gehörige Primzahl p hat man:

$$\left(\frac{p}{q}\right) = -1, \quad \left(\frac{q}{p}\right) = -1.$$

Wäre nun:

$$\left(\frac{-1}{q}\right) = -1$$

und folglich:

$$\left(\frac{-p}{q}\right) = 1,$$

so würde sich aus dem ersten Falle das Resultat:

$$\left(\frac{q}{p}\right) = 1$$

ergeben, welches dem aus dem zweiten Falle abgeleiteten Resultate widerspricht.

17*

Ehe wir dazu schreiten, die vorhin näher bezeichneten zwei Punkte zu erledigen, muss bemerkt werden, dass die zu Anfang dieses Paragraphen gemachte Voraussetzung, nach der im vorigen gegebenen Ableitung der Gleichungen (a') und (c') aus den Gleichungen (a) und (c), offenbar die Richtigkeit der Gleichung (c') für je zwei ungerade relative Primzahlen involvirt, wofern diese nicht beide negativ sind und die in ihnen enthaltenen Primfactoren sämmtlich kleiner als q sind.

§. 5.

Nach der im ersten Falle geltenden Bedingung:

$$\left(\frac{\varpi}{q}\right) = 1$$

kann man setzen:

$$e^2 - \varpi = qf.$$

Nimmt man in dieser Gleichung, wie es immer geschehen kann, e gerade und zugleich kleiner als q an, so wird f ungerade, positiv*) (da der numerische Werth p von ϖ kleiner als q ist) und ebenfalls kleiner als q sein. Unsere Gleichung erfordert nun eine gesonderte Behandlung, je nachdem f durch ϖ theilbar oder nicht durch ϖ theilbar ist.

I. Ist f nicht durch ϖ theilbar, so hat man nach §. 1:

$$\left(\frac{\varpi}{f}\right) = 1, \quad \left(\frac{qf}{\varpi}\right) = \left(\frac{q}{\varpi}\right)\left(\frac{f}{\varpi}\right) = 1,$$

und hieraus durch Multiplication und Anwendung der Gleichung (c') auf die Combination f, ϖ:

$$\left(\frac{q}{\varpi}\right) = (-1)^{\frac{1}{2}(f-1)\cdot\frac{1}{2}(\varpi-1)}.$$

Andererseits folgt aus obiger Gleichung, in welcher e gerade ist, dass:

$$\tfrac{1}{2}(f-1) \quad \text{und} \quad \tfrac{1}{2}(q-1)+\tfrac{1}{2}(\varpi+1)$$

gleichartige Zahlen sind; substituirt man also im Exponenten die letztere statt der ersteren und lässt $\tfrac{1}{4}(\varpi^2-1)$ als gerade weg, so erhält man, wie es sein muss:

$$\left(\frac{q}{\varpi}\right) = (-1)^{\frac{1}{2}(q-1)\cdot\frac{1}{2}(\varpi-1)}.$$

---

*) Im Folgenden bezeichnen die lateinischen Buchstaben wesentlich positive Zahlen, die griechischen dagegen solche, die positiv oder negativ sein können.

II. Enthält f den Factor ϖ, so setze man:

$$e = \varpi\varepsilon, \quad f = \varpi\varphi,$$

so dass ϖ und φ gleiche Zeichen haben. Aus der so entstehenden Gleichung:

$$\varpi\varepsilon^2 - 1 = q\varphi$$

folgt dann:

$$\left(\frac{\varpi}{\varphi}\right) = 1, \quad \left(\frac{-q\varphi}{\varpi}\right) = \left(\frac{q}{\varpi}\right)\left(\frac{-\varphi}{\varpi}\right) = 1,$$

und hieraus durch Multiplication und Anwendung von (c') auf die Zahlen ϖ, $-\varphi$, von denen nur eine negativ ist:

$$\left(\frac{q}{\varpi}\right) = (-1)^{\frac{1}{2}(\varpi-1)\cdot\frac{1}{2}(\varphi+1)},$$

oder da $\frac{1}{2}(q-1)$ und $\frac{1}{2}(\varphi+1)$ offenbar gleichartig sind:

$$\left(\frac{q}{\varpi}\right) = (-1)^{\frac{1}{2}(q-1)\cdot\frac{1}{2}(\varpi-1)}.$$

§. 6.

Die für den zweiten Fall stattfindende Voraussetzung:

$$\left(\frac{p}{q}\right) = -1, \quad q = 4\mu + 1,$$

erlaubt nicht unmittelbar, wie im ersten, eine Gleichung anzusetzen. Es ist vorher die Existenz einer Hülfsprimzahl p' nachzuweisen, welche kleiner als q ist und die Bedingung $\left(\frac{q}{p'}\right) = -1$ erfüllt. Hat q die Form $8\mu + 5$, so bietet dieser Nachweis keine Schwierigkeit dar; $q - 2$ hat nämlich alsdann die Form $8\mu + 3$ und folglich einen Primfactor p' von einer der Formen $8\mu + 3$, $8\mu + 5$, welcher kleiner als q ist und für welchen $q \equiv 2 \pmod{p'}$, folglich $\left(\frac{q}{p'}\right) = \left(\frac{2}{p'}\right)$ oder, nach §. 2, $\left(\frac{q}{p'}\right) = -1$ ist.

Nicht so leicht ist es, die Existenz von p' zu zeigen, wenn q von der Form $8\mu + 1$ ist. In der Nothwendigkeit, den Nachweis auch für diesen Fall zu liefern, lag vielleicht die grösste Schwierigkeit, welche GAUSS bei der ersten Begründung des Reciprocitätssatzes zu überwinden hatte. Er gelangte dazu durch eine ungemein scharfsinnige Betrachtung, welche im Wesentlichen auf die folgende zurückkommt.

Es sei $2m + 1 < q$, und man nehme an, q sei quadratischer Rest von allen ungeraden Primzahlen, welche nicht grösser als $2m + 1$ sind. Dann ist nach §. 1 und weil $q = 8\mu + 1$ ist, die Congruenz $x^2 \equiv q$ für jeden Modul lösbar, der ausser einer beliebigen Potenz von 2 nur ungerade, $2m+1$ nicht übertreffende Primfactoren enthält. Diese Bedingungen erfüllt aber das Product:

$$1 \cdot 2 \cdot 3 \ldots (2m+1) = M,$$

und man kann also setzen:

$$k^2 \equiv q \quad (\mathrm{mod.}\ M),$$

wo k positiv gewählt sei. Man hat dann:

$$(q-1^2)(q-2^2) \ldots (q-m^2) \equiv (k^2-1^2)(k^2-2^2) \ldots (k^2-m^2) \quad (\mathrm{mod.}\ M).$$

Nun lässt sich die rechte Seite, wenn man sie mit dem Factor k multiplicirt, welcher relative Primzahl zu M ist, als continuirliches Product:

$$(k+m)(k+m-1) \ldots (k-m)$$

schreiben, und dieses Product ist ein Vielfaches von M, wie sich leicht rein arithmetisch zeigen lässt, und wie dies auch daraus folgt, dass dasselbe, durch M dividirt, eine Combinationsanzahl darstellt. Es muss also auch die linke Seite durch M getheilt werden können. Giebt man dem Quotienten dieser Division die Form:

$$\frac{1}{m+1} \cdot \frac{q-1^2}{(m+1)^2-1^2} \cdot \frac{q-2^2}{(m+1)^2-2^2} \ldots \frac{q-m^2}{(m+1)^2-m^2},$$

so stellt sich offenbar ein Widerspruch heraus, wenn man für m diejenige ganze Zahl wählt, welche unmittelbar unter $\sqrt{q}$ liegt, indem dann der Quotient ein Product echter Brüche wird. Es ist dabei stillschweigend angenommen, dass diese Wahl der Zahl m der Bedingung $2m+1 < q$, die unserer Deduction zu Grunde liegt, gemäss ist, was wirklich der Fall ist, da $2m+1 < 2\sqrt{q}+1$ ist und $2\sqrt{q}+1$ augenscheinlich für alle Primzahlen $8\mu+1$, deren kleinste 17 ist, kleiner als q ist. Es ist somit bewiesen, dass es immer eine Primzahl p' giebt, welche kleiner als $2m+1$ und daher kleiner als q ist, und für welche $\left(\dfrac{q}{p'}\right) = -1$ ist.

Man bemerke noch, dass für unsere Hülfsprimzahl p':

$$\left(\frac{p'}{q}\right) = -1$$

ist, da aus der Annahme $\left(\dfrac{p'}{q}\right) = 1$, nach dem vorigen Paragraphen, $\left(\dfrac{q}{p'}\right) = 1$ folgen würde.

Indem wir jetzt dazu übergehen nachzuweisen, dass aus:

$$\left(\frac{p}{q}\right) = -1,$$

wo $q = 4\mu + 1$ ist, immer:

$$\left(\frac{q}{p}\right) = -1$$

folgt, können wir p als von der Hülfsprimzahl p' verschieden betrachten, da für diese die Gleichzeitigkeit der Gleichungen:

$$\left(\frac{p'}{q}\right) = -1, \quad \left(\frac{q}{p'}\right) = -1$$

schon feststeht, mit deren Benutzung wir unsere Voraussetzung durch die Gleichung:

$$\left(\frac{pp'}{q}\right) = 1,$$

und die daraus zu ziehende Folgerung durch die Gleichung:

$$\left(\frac{q}{pp'}\right) = 1$$

darstellen können. Nach der ersten dieser Gleichungen kann also gesetzt werden:

$$e^2 - pp' = q\varphi,$$

wo e gerade und kleiner als q sein soll. Alsdann wird φ ungerade und, wegen $p < q$, $p' < q$, numerisch kleiner als q sein. Es sind nun drei Fälle zu unterscheiden, je nachdem φ durch keine der Primzahlen p, p', durch eine einzige von ihnen, oder endlich durch beide zugleich theilbar ist. Da die obige Gleichung und die daraus abzuleitende:

$$\left(\frac{q}{pp'}\right) = 1$$

in Beziehung auf p und p' symmetrisch sind, so macht es für die Behandlung des zweiten Falles keinen Unterschied, ob man p oder p' als Factor von φ betrachtet.

I. Wenn φ weder durch p noch durch p' theilbar ist, so folgt aus unserer Gleichung $e^2 - pp' = q\varphi$:

$$\left(\frac{pp'}{\varphi}\right) = 1, \quad \left(\frac{q\varphi}{pp'}\right) = \left(\frac{q}{pp'}\right)\left(\frac{\varphi}{pp'}\right) = 1,$$

und hieraus durch Multiplication und Anwendung von (c'):

$$\left(\frac{q}{pp'}\right) = (-1)^{\frac{1}{2}(pp'-1)\cdot\frac{1}{2}(\varphi-1)}.$$

Nach obiger Gleichung, in welcher $q = 4\mu + 1$ ist, sind aber die Zahlen $\frac{1}{2}(pp'-1)$, $\frac{1}{2}(\varphi-1)$ ungleichartig, d. h. die eine ist gerade, so dass also:

$$\left(\frac{q}{pp'}\right) = 1$$

sein muss.

II. Wegen der oben schon bemerkten Symmetrie können wir φ als durch p' theilbar betrachten. Setzt man:

$$\varphi = p'\psi, \quad e = p'g,$$

so geht unsere Gleichung $e^2 - pp' = q\varphi$ über in:

$$p'g^2 - p = q\psi,$$

wo ψ weder durch p noch durch p' theilbar ist. Aus dieser letzteren erhält man:

$$\left(\frac{pp'}{\psi}\right) = 1, \quad \left(\frac{p'q\psi}{p}\right) = 1, \quad \left(\frac{-pq\psi}{p'}\right) = 1,$$

und hieraus durch Multiplication:

$$\left(\frac{q}{pp'}\right) = \left(\frac{pp'}{\psi}\right)\left(\frac{\psi}{pp'}\right)\left(\frac{p'}{p}\right)\left(\frac{-p}{p'}\right),$$

oder, wenn man die Gleichung (c') auf die beiden Combinationen pp', ψ und p', $-p$ anwendet:

$$\left(\frac{q}{pp'}\right) = (-1)^{\frac{1}{2}(pp'-1)\cdot\frac{1}{2}(\psi-1)+\frac{1}{2}(p+1)\cdot\frac{1}{2}(p'-1)}.$$

Setzt man statt $\frac{1}{2}(\psi-1)$ die Zahl $\frac{1}{2}(p+1)$, welche nach obiger Gleichung mit $\frac{1}{2}(\psi-1)$ gleichartig ist, und $\frac{1}{2}(p-1)+\frac{1}{2}(p'-1)$ statt $\frac{1}{2}(pp'-1)$, so erhält der Exponent den Werth:

$$\tfrac{1}{2}(p+1)(p'-1)+\tfrac{1}{4}(p^2-1),$$

welcher offenbar gerade ist. Es ist also:

$$\left(\frac{q}{pp'}\right) = 1.$$

III. Setzt man im dritten Falle:

$$\varphi = pp'\psi, \quad e = pp'g,$$

so geht die Gleichung $e^2 - pp' = q\varphi$ über in:

$$pp'g^2 - 1 = q\psi,$$

woraus:

$$\left(\frac{pp'}{\psi}\right) = 1, \quad \left(\frac{-q\psi}{pp'}\right) = \left(\frac{q}{pp'}\right)\left(\frac{-\psi}{pp'}\right) = 1,$$

und dann:

$$\left(\frac{q}{pp'}\right) = (-1)^{\frac{1}{2}(pp'-1)\cdot\frac{1}{2}(\psi+1)}$$

folgt. Da nun $\frac{1}{2}(\psi+1)$ offenbar gerade ist, so kommt schliesslich:

$$\left(\frac{q}{pp'}\right) = 1.$$

Die Gleichungen (a) und (c) und die daraus abgeleiteten (a') und (c') sind somit allgemein bewiesen.

§. 7.

Es ist nun noch übrig, den oben unerledigt gebliebenen Fall des Satzes (b) für die Primzahlen der Form $8\mu+1$ nachzuholen.

Man bezeichne mit q eine beliebige Primzahl dieser Form und nehme an, der Satz sei für alle Primzahlen derselben Form, welche kleiner als q sind, oder, was nach dem in §. 2 schon Bewiesenen ganz dasselbe ist, für alle Primzahlen, die kleiner als q sind, gültig. Lässt sich aus dieser Voraussetzung die Gleichung $\left(\frac{2}{q}\right) = 1$ deduciren, so wird der Satz ohne Beschränkung gelten. Die Richtigkeit dieser Gleichung soll nun dadurch gezeigt werden, dass aus der Annahme $\left(\frac{2}{q}\right) = -1$ ein Widerspruch abgeleitet wird.

Wählt man eine Hülfsprimzahl p, welche kleiner als q und von solcher Beschaffenheit ist, dass $\left(\frac{p}{q}\right) = -1$ wird, so hat man nach der eben gemachten Annahme:

$$\left(\frac{2p}{q}\right) = 1,$$

und kann folglich setzen:

$$e^2 - 2p = q\varphi,$$

wo, e ungerade und kleiner als q vorausgesetzt, φ ebenfalls ungerade und, abgesehen vom Zeichen, kleiner als q sein wird. Es ist jetzt zu unterscheiden, ob φ durch p nicht theilbar oder theilbar ist.

I. Im ersten Falle ergiebt sich sogleich:

$$\left(\frac{2p}{q\varphi}\right) = \left(\frac{2}{q}\right)\left(\frac{2}{\varphi}\right)\left(\frac{p}{q\varphi}\right) = 1, \quad \left(\frac{q\varphi}{p}\right) = 1,$$

und dann:

$$\left(\frac{2}{q}\right) = \left(\frac{2}{\varphi}\right)\left(\frac{p}{q\varphi}\right)\left(\frac{q\varphi}{p}\right) = \left(\frac{2}{\varphi}\right)(-1)^{\frac{1}{2}(p-1)\cdot\frac{1}{2}(q\varphi-1)}.$$

Nun ist die Gleichung (b'), in welcher das Zeichen von P gleichgültig ist, und welche eine Folge von (b) ist, offenbar auf die Zahl φ anwendbar, deren sämmtliche Primfactoren der Gleichung (b) genügen. Da hiernach:

$$\left(\frac{2}{\varphi}\right) = (-1)^{\frac{1}{8}(\varphi^2-1)}$$

ist, so kann man der letzten Gleichung, wegen der Annahme $\left(\frac{2}{q}\right) = -1$, die Form geben:

$$-1 = (-1)^{\frac{1}{8}[2(p-1)(q\varphi-1)+\varphi^2-1]}.$$

Der eingeklammerte Ausdruck ändert sich offenbar um ein Vielfaches von 16, wenn man darin für $q\varphi-1$ und φ andere Zahlen setzt, welche diesen *modulo* 8 congruent sind. Nun folgt aber aus obiger Gleichung $e^2-2p = q\varphi$, wegen:

$$e^2 \equiv 1, \quad q \equiv 1 \ (\text{mod. } 8),$$

sogleich:

$$q\varphi-1 \equiv -2p, \quad \varphi \equiv 1-2p \ (\text{mod. } 8),$$

so dass also unser Ausdruck *modulo* 16 congruent:

$$-4p(p-1)+(1-2p)^2-1,$$

also congruent Null und folglich die rechte Seite unserer Gleichung im Widerspruch mit der linken der positiven Einheit gleich ist.

II. Ist φ durch p theilbar, so setze man:

$$\varphi = p\psi, \quad e = pg,$$

so dass die obige Gleichung $e^2 - 2p = q\varphi$ in folgende übergeht:

$$pg^2 - 2 = q\psi.$$

In Folge dieser letzteren Gleichung und wegen der Annahme $\left(\frac{2}{q}\right) = -1$ hat man:

$$\left(\frac{2p}{q\psi}\right) = -\left(\frac{2}{\psi}\right)\left(\frac{p}{q\psi}\right) = 1, \quad \left(\frac{-2q\psi}{p}\right) = \left(\frac{2}{p}\right)\left(\frac{-q\psi}{p}\right) = 1,$$

und dann, wie oben:

$$-1 = (-1)^{\frac{1}{8}[2(p-1)(q\psi+1)+p^2+\psi^2-2]}.$$

Setzt man wieder statt der Zahlen $q\psi+1$ und ψ die diesen in Folge obiger Gleichung nach dem Modul 8 congruenten Zahlen $p-1$ und $p-2$, so sieht man, dass der eingeklammerte Ausdruck im Exponenten *modulo* 16 congruent:

$$2(p-1)^2+p^2+(p-2)^2-2 = 4(p-1)^2,$$

also congruent Null ist, woraus sich derselbe Widerspruch wie oben ergiebt.

VEREINFACHUNG DER THEORIE DER BINÄREN QUADRATISCHEN FORMEN VON POSITIVER DETERMINANTE.

VON

G. LEJEUNE DIRICHLET.

Abhandlungen der Königlich Preussischen Akademie der Wissenschaften von 1854, S. 99—115.

18*·

VEREINFACHUNG
DER THEORIE DER BINÄREN QUADRATISCHEN FORMEN VON POSITIVER DETERMINANTE.

[Gelesen in der Akademie der Wissenschaften am 13. Juli 1854. [1])]

Je grösser der Umfang ist, welchen die höhere Arithmetik durch das Epoche machende Werk von GAUSS und andere spätere Arbeiten gewonnen hat, um so wünschenswerther erscheint es, dass der Zugang zu diesem schönen Zweige der Analysis durch Vereinfachung des elementaren Theiles desselben so viel als möglich erleichtert werde. In solcher Absicht habe ich schon in mehreren früheren Abhandlungen meinen Untersuchungen die dazu erforderlichen bekannten Sätze mit neuer Begründung vorausgeschickt: eine ähnliche Vereinfachung bezweckt der gegenwärtige Aufsatz, welcher der Theorie der quadratischen Formen von positiver Determinante gewidmet ist. Bekanntlich erfordert diese Lehre in ihrer bisherigen Gestalt sehr ins Einzelne gehende Betrachtungen, die sich, wie die folgende Darstellung zeigen wird, daraus entfernen lassen.

Ich beginne mit einigen Bemerkungen über Kettenbrüche, die, obgleich ihrem wesentlichen Inhalte nach nicht neu, in der für die hier davon zu machende Anwendung geeigneten Form vorauszuschicken sind.

§. 1.

Ein endlicher oder unendlicher Kettenbruch wie:

$$\alpha + \cfrac{1}{\beta + \cfrac{1}{\gamma + \cdots}}$$

soll im Folgenden durch:

$$(\alpha,\ \beta,\ \gamma,\ \ldots)$$

bezeichnet werden, und wir bemerken sogleich, dass wir nur Kettenbrüche zu

---

[1]) Die darauf bezügliche Mittheilung im Akademie-Bericht von 1854, S. 384 lautet: „Hr. Dirichlet las: Ueber eine Eigenschaft der Kettenbrüche und deren Gebrauch zur Vereinfachung der Theorie der quadratischen Formen von positiver Determinante.“   K.

betrachten haben, deren sämmtliche Glieder ganze Zahlen sind, natürlich mit Ausnahme des letzten für den Fall, wo die Entwickelung nicht zu Ende geführt ist, und wo dieses Glied als ein sogenannter vollständiger Quotient jeden anderen Werth haben kann. Von besonderer Wichtigkeit für arithmetische Untersuchungen sind diejenigen Kettenbrüche, deren Glieder bis auf das erste, für welches auch der Werth Null zulässig ist, positiv sind. Durch einen solchen Kettenbruch lässt sich eine positive Irrationalgrösse ω nur auf eine Weise ausdrücken, und wir wollen die Darstellung von ω in dieser Form, oder, wenn ω negativ ist, die Darstellung ihres absoluten Werthes mit vorgesetztem negativen Zeichen die normale Kettenbruch-Entwickelung von ω nennen.

Wir haben nun zunächst die Aufgabe zu behandeln, aus einem Kettenbruche wie:

$$\omega = (\alpha, \ \beta, \ \ldots, \ \mu, \ \nu, \ p, \ q, \ r, \ \ldots, \ u, \ v, \ \ldots),$$

in welchem die Glieder erst von p ab, und zwar p eingeschlossen, sämmtlich positiv sind, die normale Entwickelung der Irrationalgrösse ω abzuleiten. Es wird sich leicht zeigen lassen, dass dies durch eine Reihe von Umformungen bewerkstelligt werden kann, bei welchen die Glieder, die auf ein hinlänglich entferntes u folgen, unberührt bleiben, und dass die Anzahl der neuen Glieder, welche schliesslich an die Stelle von $\alpha, \ \beta, \ \ldots, \ u$ getreten sind, von der Anzahl der letzteren um eine gerade oder ungerade Zahl verschieden sein wird, je nachdem ω positiv oder negativ ist.

Um sich hiervon zu überzeugen, betrachte man zunächst den Fall, wo ν nicht das erste Glied ist. Unter dieser Voraussetzung kann man μ, ν und einige der unmittelbar folgenden Glieder, während alle übrigen ungeändert bleiben, durch neue Glieder ersetzen, deren Anzahl von der Anzahl jener um eine gerade Zahl verschieden ist, und welche mit Ausnahme des ersten, welches Null oder negativ sein kann, sämmtlich positiv sind, so dass die Unregelmässigkeit in der gegebenen Entwickelung wenigstens um eine Stelle zurücktritt. Bei dieser partiellen Umformung hat man zu unterscheiden, ob ν Null ist oder einen negativen Werth $-n$ hat. Im ersteren Falle sind die drei Glieder μ, 0, p durch das einzige Glied $\mu + p$ zu ersetzen, wogegen der andere Fall in die drei Unterabtheilungen zerfällt:

$$n > 1; \quad n = 1, \ p > 1; \quad n = 1, \ p = 1;$$

denen entsprechend eine der folgenden Gleichungen, welche sich leicht verificiren lassen, in Anwendung zu bringen ist:

$$(\mu, \ -n, \ p, \ q, \ \ldots\ldots) = (\mu-1, \ 1, \ n-2, \ 1, \ p-1, \ q, \ \ldots)^*),$$
$$(\mu, \ -1, \ p, \ q, \ \ldots\ldots) = (\mu-2, \ 1, \ p-2, \ q, \ \ldots),$$
$$(\mu, \ -1, \ 1, \ q, \ r, \ s, \ \ldots) = (\mu-q-2, \ 1, \ r-1, \ s, \ \ldots).$$

Wie man sieht, beträgt die durch eine solche partielle Umformung hervorgebrachte Änderung in der Gliederzahl beziehungsweise 2, 0, -2 Einheiten, und es bedarf kaum der Erwähnung, dass, wenn eine der Differenzen:

$$n-2, \quad p-1, \quad p-2, \quad r-1,$$

die nach unseren Voraussetzungen nicht negativ werden können, sich auf Null reducirt, für die Null und die beiden benachbarten positiven Glieder ein einziges der Summe der letzteren gleiches Glied zu setzen ist.

Durch wiederholte Anwendung desselben Verfahrens lässt es sich bewirken, dass alle Glieder, vom zweiten (einschliesslich) ab, positiv werden. Ist dann zugleich das erste nicht negativ, so ist die Operation geschlossen und das Resultat dem oben Gesagten gemäss, indem alle nach und nach in der Gliederzahl eingetretenen Änderungen durch gerade Zahlen ausgedrückt sind. Hat hingegen das erste Glied einen negativen Werth $-a$, und folglich der Kettenbruch die Form:

$$\omega = (-a, \ b, \ c, \ d, \ \ldots),$$

so hat man für denselben, je nachdem $b > 1$ oder $b = 1$ ist:

$$\omega = -(a-1, \ 1, \ b-1, \ c, \ \ldots) \quad \text{oder} \quad \omega = -(a-1, \ c+1, \ d, \ \ldots)$$

zu setzen, so dass das Resultat wieder mit dem früher Behaupteten übereinstimmt.

<h3 style="text-align:center">§. 2.</h3>

I. Finden zwischen zwei Grössen ω, Ω und den ganzen Zahlen α, β, γ, δ, deren erste nicht Null ist, die Relationen statt:

$$\omega = \frac{\gamma + \delta \Omega}{\alpha + \beta \Omega}, \quad \alpha\delta - \beta\gamma = 1,$$

so lässt sich immer eine Gleichung der Form:

$$\omega = (\lambda, \ m, \ \ldots, \ r, \ \sigma, \ \Omega)$$

---

*) Dass sich die negativen Glieder aus einem Kettenbruche entfernen lassen, hat schon LAGRANGE bemerkt (Mém. de l'Acad. de Berlin, année 1768, p. 152)[1]; aber die von ihm zu diesem Zwecke gegebene Gleichung, welche mit der ersten der obigen zusammenfällt, reicht nicht aus, da sie für den Fall $n = 1$ ein neues negatives Glied einführt. Will man dieses durch abermalige Anwendung derselben Gleichung beseitigen, so wird man zu dem ursprünglichen Kettenbruche zurückgeführt.

[1] Oeuvres de LAGRANGE, t. 2 p. 624.   F.

bilden, in welcher von den ganzen Zahlen λ, m, ..., r, σ nur die erste und letzte Null oder negativ sein können, die Zwischenglieder aber, wenn sie nicht ganz fehlen, positiv und in gerader Anzahl sind.

Da man nach der Form der vorausgesetzten Gleichungen die Zeichen von α, β, γ, δ gleichzeitig ändern kann, so darf α positiv angenommen werden. Ist nun $\alpha = 1$, so hat man sogleich:

$$\omega = \frac{\gamma + (\beta\gamma + 1)\Omega}{1 + \beta\Omega} = (\gamma,\ \beta,\ \Omega).$$

Ist hingegen $\alpha > 1$, so verwandle man $\frac{\gamma}{\alpha}$ auf die gewöhnliche Weise in einen Kettenbruch, indem man alle Divisionsreste positiv wählt. Man erhält so den Kettenbruch:

$$\frac{\gamma}{\alpha} = (\lambda,\ m,\ \ldots,\ r),$$

in welchem nur λ Null oder negativ sein kann, und die Anzahl der Glieder m, ..., r gerade vorausgesetzt werden kann, da sich das Glied r, für welches man zunächst einen Werth, der grösser als Eins ist, erhält, nöthigen Falles in $(r-1, 1)$ auflösen lässt. Da die zu diesem Kettenbruche gehörigen Näherungsbrüche:

$$\frac{\lambda}{1},\quad \frac{\lambda m + 1}{m},\quad \ldots,\quad \frac{\varphi}{f},\quad \frac{\gamma}{\alpha}$$

irreductibel sind und positive Nenner haben, so wird der letzte derselben, wie im Werthe, so auch in der Form mit $\frac{\gamma}{\alpha}$ zusammenfallen. Da ferner nach einem bekannten Satze:

$$\alpha\varphi - \gamma f = 1$$

ist, so ergiebt die Vergleichung mit der zwischen α, β, γ, δ stattfindenden Relation:

$$\beta = \alpha\sigma + f,\quad \delta = \gamma\sigma + \varphi,$$

wo σ eine ganze Zahl ist. Der Bruch $\frac{\delta}{\beta}$ lässt sich also vermittelst des neuen Gliedes σ der Reihe der Näherungsbrüche anschliessen, und man hat:

$$\omega = (\lambda,\ m,\ \ldots,\ r,\ \sigma,\ \Omega).$$

II. Für das Folgende ist noch der besondere Fall näher zu betrachten, wo α, β, γ, δ sämmtlich positiv sind und zugleich die Bedingungen:

$$\gamma \gtreqless \alpha,\quad \delta > \gamma$$

erfüllen. Wie leicht zu sehen, sind alsdann λ und σ positiv. Ist $\alpha = 1$, so liegt dies schon in unserer Voraussetzung; denn für diesen Fall ist:

$$\lambda = \gamma, \quad \sigma = \beta.$$

Ist dagegen $\alpha > 1$, so ist wenigstens sogleich klar, dass λ, welches nach Obigem der unmittelbar unter $\frac{\gamma}{\alpha}$ liegenden ganzen Zahl gleich ist, positiv sein wird. Dass aber auch σ positiv ist, erhellt wie folgt. Da λ positiv ist, so sind auch die Zähler der oben gebildeten Näherungsbrüche positiv und bilden vom ersten incl. ab eine wachsende Reihe, so dass also $\gamma > \varphi$ ist. Da nun:

$$\delta = \gamma\sigma + \varphi,$$

so wäre, wenn $\sigma = 0$ angenommen würde, $\delta = \varphi < \gamma$, und wenn man σ negativ voraussetzte, δ ebenfalls negativ entgegen unserer Annahme.

Bezeichnen wir zu grösserer Gleichförmigkeit die positiven Zahlen λ, σ mit l, s, so ist also in unserem besonderen Falle:

$$\frac{\gamma}{\alpha} = (l, m, \ldots, r), \quad \frac{\delta}{\beta} = (l, m, \ldots, r, s), \quad \omega = (l, m, \ldots, r, s, \Omega),$$

wo die Glieder l, m, $\ldots$, r, s sämmtlich positiv und in gerader Anzahl sind.

§. 3.

Indem wir jetzt zu dem eigentlichen Gegenstande dieser Abhandlung übergehen, bemerken wir, dass alle quadratischen Formen:

$$ax^2 + 2bxy + cy^2 = (a, b, c),$$

die hier zu betrachten sind, dieselbe positive Determinante:

$$D = b^2 - ac$$

haben, was daher nicht weiter zu erwähnen sein wird. Die positive ganze Zahl D ist beliebig bis auf die Beschränkung, dass sie keinem Quadrate gleich sein darf. Da hiernach die äusseren Coefficienten a, c immer von Null verschieden sind, so erhellt, dass, sobald ausser D noch der mittlere und einer der äusseren Coefficienten gegeben sind, auch der andere, und folglich die Form selbst völlig bestimmt sein wird.

Jeder Form (a, b, c) lassen wir eine aus denselben Coefficienten gebildete Gleichung:

$$a + 2b\omega + c\omega^2 = 0$$

entsprechen, deren Wurzeln:

$$\omega = \frac{-b \mp \sqrt{D}}{c}$$

immer auf dieselbe Weise, wie es hier geschieht, nämlich so dargestellt werden sollen, dass der unveränderte dritte Coefficient c den Nenner bildet. Unter dieser Voraussetzung können die beiden Werthe von ω, dem oberen und unteren Zeichen entsprechend, als die erste und zweite der zur Form (a, b, c) gehörigen Wurzeln unterschieden werden. Wie leicht zu sehen, ist eine Form durch ihre Determinante und eine der zu ihr gehörigen Wurzeln völlig bestimmt. Gehört nämlich derselbe Werth zu beiden Formen (a, b, c), (A, B, C) als erste Wurzel oder zu beiden als zweite, so hat man die Gleichung:

$$\frac{-b \mp \sqrt{D}}{c} = \frac{-B \mp \sqrt{D}}{C},$$

in welcher entweder die oberen oder die unteren Zeichen gelten, und aus der wegen der Irrationalität von $\sqrt{D}$ sogleich:

$$B = b, \quad C = c,$$

d. h. die Identität der beiden Formen folgt.

Wenn im Folgenden zwei Formen:

$$(1) \qquad ax^2 + 2bxy + cy^2, \quad AX^2 + 2BXY + CY^2$$

äquivalent genannt werden, so ist darunter immer die eigentliche Äquivalenz zu verstehen, so dass also dieser Ausdruck die Existenz einer Substitution:

$$(2) \qquad x = aX + \beta Y, \quad y = \gamma X + \delta Y, \quad \begin{pmatrix} \alpha, & \beta \\ \gamma, & \delta \end{pmatrix}$$

einschliesst, deren Coefficienten die Bedingung:

$$(3) \qquad \alpha\delta - \beta\gamma = 1$$

erfüllen, und durch welche die erste Form in die zweite übergeht. Aus jeder solchen Substitution folgt dann durch Auflösung der Gleichung (2) nach X und Y eine ähnliche, welche die zweite Form in die erste verwandelt.

In gewissen singulären Fällen giebt es bekanntlich ausser den eben besprochenen Substitutionen andere, durch welche äquivalente Formen in einander übergehen und die statt der Bedingung (3) die entgegengesetzte $\alpha\delta - \beta\gamma = -1$ erfüllen. Wir bemerken hier ausdrücklich, dass Substitutionen dieser letzteren Art im Folgenden überall auszuschliessen sind.

Nach diesen vorläufigen Feststellungen ist es nun leicht, die folgenden Sätze zu beweisen.

I. „Zwischen den gleichnamigen zu den äquivalenten Formen (1) gehörigen Wurzeln ω und Ω, und den Coefficienten der Substitution (2) besteht immer die Gleichung:

$$(4) \qquad \omega = \frac{\gamma + \delta\Omega}{\alpha + \beta\Omega}.\text{“}$$

Bringt man die zu beweisende Gleichung in die Form:

$$\Omega = \frac{\gamma - \alpha\omega}{\beta\omega - \delta},$$

setzt für ω seinen Werth und befreit den Nenner von der Irrationalität, so wird die rechte Seite mit Berücksichtigung der Gleichungen $\alpha\delta - \beta\gamma = 1$, $D = b^2 - ac$:

$$\frac{-M \mp \sqrt{D}}{N},$$

wo:

$$M = a\alpha\beta + b(\alpha\delta + \beta\gamma) + c\gamma\delta,$$
$$N = a\beta^2 + 2b\beta\delta + c\delta^2$$

gesetzt ist. Da nun die Ausdrücke M und N mit denjenigen zusammenfallen, welche man für B und C erhält, wenn man die Substitution (2) auf die erste der Formen (1) anwendet, so ist die Behauptung bewiesen.

II. „Findet die Gleichung (4) für ein Paar gleichnamiger zu den Formen (1) gehöriger Wurzeln ω und Ω statt, und erfüllen zugleich die ganzen Zahlen α, β, γ, δ die Bedingung (3), so sind die Formen äquivalent und die erste geht durch die Substitution (2) in die zweite über.“

In Folge der Voraussetzung hat man ohne neue Rechnung:

$$\frac{-B \mp \sqrt{D}}{C} = \frac{-M \mp \sqrt{D}}{N},$$

wo entweder die oberen oder die unteren Zeichen gelten. Es ist folglich:

$$B = M, \quad C = N,$$

d. h. die Form, in welche (a, b, c) durch die Substitution (2) übergeht, fällt mit der Form (A, B, C) zusammen.

Es versteht sich übrigens von selbst, dass die Gleichung (4), sobald sie für ein Wurzelpaar gültig ist, auch für das andere stattfindet.

III. Es werden später häufig sogenannte benachbarte Formen, d. h. Formen zu betrachten sein, die sich wie:

$$(a,\, b,\, a'),\quad (a',\, b',\, a'')$$

so an einander schliessen, dass der letzte Coefficient der ersten mit dem ersten der zweiten zusammenfällt, und deren mittlere Coefficienten b, b' zugleich die Bedingung erfüllen:

$$b + b' \equiv 0 \pmod{a'}.$$

Solche Formen sind immer äquivalent. Wendet man nämlich auf die erste die Substitution $\begin{pmatrix} 0, & 1 \\ -1, & \delta \end{pmatrix}$ an, welche die Bedingung (3) erfüllt, ohne dass δ bestimmt wird, so erhält man eine neue Form, deren erster Coefficient a' ist, während der zweite gleich $-b - a'\delta$, also dem gegebenen b' gleich wird, wenn man $\delta = -\dfrac{b + b'}{a'}$ setzt. Für unsere Formen wird die Gleichung (4) zwischen den gleichnamigen zu denselben gehörigen Wurzeln ω, ω':

$$\omega = \delta - \frac{1}{\omega'}, \quad \text{oder} \quad \omega' = -\frac{1}{\omega - \delta}.$$

§. 4.

Wenn von den beiden zur Form (a, b, c) gehörigen Wurzeln:

$$\frac{-b - \sqrt{D}}{c}, \quad \frac{-b + \sqrt{D}}{c}$$

die erste ihrem absoluten Werthe nach über, die zweite unter der Einheit liegt, und diese Wurzeln überdies entgegengesetzte Zeichen haben, so heisst die Form eine **reducirte**. In Folge der ersten Bedingung ist $b > 0$, in Folge der zweiten $b < \sqrt{D}$. Das Product $-ac = D - b^2$ ist demnach positiv, d. h. die äusseren Coefficienten a, c haben entgegengesetzte Zeichen, und es leuchtet zugleich ein, dass das Zeichen der ersten Wurzel mit dem von a übereinstimmt und dem Zeichen von c entgegengesetzt ist.

Ist die Form (a, b, c) eine reducirte, so ist es auch die Form (c, b, a), wie dies daraus folgt, dass offenbar jede zu der einen gehörige Wurzel dem reciproken Werthe der zur andern gehörigen ungleichnamigen Wurzel gleich ist.

Für jede Determinante D giebt es nur eine endliche Anzahl von reducirten Formen, die man sämmtlich erhält, wenn man für jedes positive $b < \sqrt{D}$ alle positiven und negativen Factoren c von $D - b^2$ aufsucht, welche ihrem absoluten Werthe nach zwischen $\sqrt{D}+b$ und $\sqrt{D}-b$ liegen, und dann für jede so erhaltene Combination b, c den ersten Coefficienten a durch die Formel:

$$a = -\frac{D-b^2}{c}$$

bestimmt.

Es soll jetzt mit Beibehaltung der in §. 3, III gebrauchten Zeichen und unter der Voraussetzung, dass (a, b, a') eine gegebene reducirte Form sei, untersucht werden, ob unter den dieser nach der rechten Seite benachbarten Formen (a', b', a''), deren mittlere Coefficienten durch die Gleichung:

$$b' = -b - a'\delta$$

bestimmt werden, es eine oder mehrere reducirte giebt. Hierzu bemerke man zunächst, dass, wenn (a', b', a'') eine reducirte Form sein soll, die zu ihr gehörige erste Wurzel ω' in ihrem Zeichen der ersten zu (a, b, a') gehörigen Wurzel ω entgegengesetzt sein muss, da dieselbe Zahl a' in der einen Form als erster, in der andern als dritter Coefficient vorkommt. Hiernach ist also in der Gleichung $\omega' = -\dfrac{1}{\omega-\delta}$, wenn darin ω den ersten Werth von ω bedeutet, die willkürliche ganze Zahl δ so zu wählen, dass ω' ein unechter Bruch werde und ω im Zeichen entgegengesetzt sei. Diese Forderung, ganz gleichbedeutend mit der, dass $\omega-\delta$ ein echter Bruch werde und im Zeichen mit ω übereinstimme, lässt sich offenbar immer und zwar nur auf eine Art erfüllen, indem man für δ diejenige der beiden ω unmittelbar benachbarten ganzen Zahlen zu wählen hat, welche auf derselben Seite von ω liegt, wo sich die Null befindet. Da ω numerisch grösser als die Einheit ist, so kann diese völlig bestimmte ganze Zahl δ nie Null sein, stimmt im Zeichen mit ω überein, und liegt ihrem absoluten Werthe nach unmittelbar unter dem von ω. Es ist hierdurch schon dargethan, dass es unter den Formen (a', b', a'') nicht mehr als eine reducirte geben kann. Dass aber die dem eben definirten Werthe von δ entsprechende Form wirklich eine reducirte ist, erhellt wie folgt. Lässt man in unserer Gleichung:

$$\omega' = -\frac{1}{\omega-\delta}$$

ω die zweite Wurzel bedeuten, so hat ω dasselbe Zeichen wie $-\delta$, da δ im Zeichen mit dem ersten Werthe von ω übereinstimmt. Der Nenner $\omega-\delta$, dessen zweiter Bestandtheil wenigstens der Einheit gleich ist, ist also ein unechter Bruch und folglich ω' ein echter Bruch, dessen Zeichen mit dem von δ und also auch mit dem der ersten Wurzel ω übereinstimmt, d. h. dem Zeichen der ersten Wurzel ω' entgegengesetzt ist, wie es sein muss.

Um den mittleren Coefficienten b' der völlig bestimmten reducirten Form (a', b', a''), welche der gegebenen (a, b, a') nach der rechten Seite benachbart ist, bequem darzustellen, bemerke man, dass nach Obigem, wenn $\omega - \delta = \sigma$ gesetzt wird, wo ω die erste Wurzel bezeichnet, σ ein echter Bruch von demselben Zeichen wie ω sein wird. Setzt man nun $\omega - \sigma$ statt δ in die Gleichung:

$$b' = -b - a'\delta,$$

und führt zugleich für ω seinen Werth ein, so erhält man:

$$b' = \sqrt{D} + a'\sigma.$$

Hiernach und da der echte Bruch σ hinsichtlich seines Zeichens mit ω übereinstimmt und folglich a' entgegengesetzt ist, liegt also b' zwischen $\sqrt{D}$ und $\sqrt{D} \mp a'$, wo das obere oder das untere Zeichen gilt, je nachdem a' positiv oder negativ ist. Durch diese Bedingung, verbunden mit der Congruenz:

$$b' \equiv -b \pmod{a'},$$

wird b' leicht und ohne Zweideutigkeit erhalten.

Auf dieselbe Weise oder noch einfacher, indem man vermittelst der oben gemachten Bemerkung die Frage auf die eben behandelte zurückführt, überzeugt man sich, dass es eine und nur eine reducirte Form $('a, 'b, a)$ giebt, welche der gegebenen nach links benachbart ist.

§. 5.

Bildet man aus einer reducirten Form φ_0 die ihr nach rechts benachbarte φ_1, aus dieser auf dieselbe Weise die Form φ_2, u. s. w., und verfährt ähnlich nach der entgegengesetzten Seite, so dass die reducirte Form φ_{-1} der gegebenen nach der linken Seite benachbart ist, u. s. w., so erhält man die nach beiden Seiten unendliche Reihe äquivalenter Formen:

$$\ldots, \ \varphi_{-2}, \ \varphi_{-1}, \ \varphi_0, \ \varphi_1, \ \varphi_2, \ \ldots,$$

von welcher wegen der Endlichkeit der Anzahl der zu einer gegebenen Determinante gehörigen reducirten Formen zunächst klar ist, dass die in ihr enthaltenen Formen nicht alle von einander verschieden sind, so wie auch, dass zwei dieser Formen, deren erste Coefficienten abwechselnd positiv und negativ sind, nur dann identisch sein können, wenn die Differenz ihrer Indices gerade ist. Andererseits folgt aus der Bildungsweise unserer Reihe, nach welcher jedes Glied das vorhergehende und folgende völlig bestimmt, dass, wenn zwei Formen identisch sind, je zwei andere, welche von diesen nach derselben Seite gleich weit abstehen, d. h. je zwei andere, deren Indices denselben Unterschied wie die Indices jener haben, ebenfalls identisch sein werden. Da sich hiernach jede Form nach beiden Seiten wiederholt, so sei unter den auf φ_0 folgenden Formen φ_{2n} die erste mit dieser identische. Alsdann sind die Formen:

$$\varphi_0, \quad \varphi_1, \quad \varphi_2, \quad \cdots, \quad \varphi_m, \quad \cdots, \quad \varphi_{2n-1}$$

alle von einander verschieden. Dass die erste mit keiner der übrigen identisch sein kann, liegt schon in unserer Voraussetzung, und wären von den letzteren zwei, deren Indices um $2h$ verschieden seien, identisch, so wäre nach der vorhin gemachten Bemerkung auch φ_0 mit φ_{2h} identisch, was offenbar unserer Voraussetzung widerstreitet, da $2h < 2n$ ist. Die eben betrachteten $2n$ Formen bilden eine Periode, die sich nach beiden Seiten ins Unendliche wiederholt, so dass also zwei Formen φ_μ, φ_ν identisch oder nicht identisch sind, je nachdem ihre Indices der Congruenz:

$$\mu \equiv \nu \pmod{2n}$$

genügen oder nicht genügen. Übrigens versteht sich von selbst, dass man die Periode bei irgend einem ihrer Glieder beginnen kann, und dass unsere Reihe auch durch Wiederholung der aus denselben Formen gebildeten Periode:

$$\varphi_m, \quad \varphi_{m+1}, \quad \cdots, \quad \varphi_{2n-1}, \quad \varphi_0, \quad \varphi_1, \quad \cdots, \quad \varphi_{m-1}$$

erzeugt werden kann.

Da nach §. 3 eine Form φ_ν und die zu ihr gehörigen Wurzeln ω_ν sich gegenseitig bestimmen, so ist auch für die Gleichheit von zwei gleichnamigen Wurzeln ω_μ, ω_ν die erforderliche und ausreichende Bedingung in der Congruenz:

$$\mu \equiv \nu \pmod{2n}$$

gegeben.

Bezeichnet ferner δ_ν die in dem absoluten Werthe der ersten Wurzel ω_ν enthaltene grösste ganze Zahl, mit dem Zeichen von ω_ν genommen, so findet nach §. 4 zwischen den gleichnamigen Wurzeln ω_ν, $\omega_{\nu+1}$ die Gleichung statt:

$$\omega_\nu = \delta_\nu - \frac{1}{\omega_{\nu+1}}.$$

Da δ_ν durch die erste Wurzel ω_ν völlig bestimmt wird, so hat die Congruenz:

$$\mu \equiv \nu \pmod{2n}$$

die Gleichung:

$$\delta_\mu = \delta_\nu$$

zur Folge, aber natürlich nicht umgekehrt.

Da es gleichgültig ist, welchem Gliede der Reihe wir den Index Null beilegen, so soll zur Vermeidung unnützer Unterscheidungen angenommen werden, dass die ersten Coefficienten der Formen mit geradem Index positiv sind. Unter dieser Voraussetzung stimmt also das Zeichen jeder ersten Wurzel ω_ν und des entsprechenden Werthes δ_ν mit dem von $(-1)^\nu$ überein, wogegen die zweite Wurzel ω_ν das entgegengesetzte Zeichen hat.

Wir bezeichnen endlich noch den absoluten Werth von δ_ν mit k_ν, so dass also:

$$\delta_\nu = (-1)^\nu k_\nu$$

und wieder $k_\mu = k_\nu$ sein wird, wenn μ und ν nach dem Modul $2n$ congruent sind.

Multiplicirt man obige Gleichung:

$$\omega_\nu = \delta_\nu - \frac{1}{\omega_{\nu+1}} = (-1)^\nu k_\nu - \frac{1}{\omega_{\nu+1}}$$

und alle ähnlichen folgenden, je nachdem ν gerade oder ungerade ist, abwechselnd mit ± 1, ∓ 1, so erhält man:

$$\pm \omega_\nu = k_\nu + \frac{1}{\mp \omega_{\nu+1}}, \qquad \mp \omega_{\nu+1} = k_{\nu+1} + \frac{1}{\pm \omega_{\nu+2}}, \cdots$$

Versteht man nun unter den gleichnamigen Wurzeln ω_ν, $\omega_{\nu+1}$, $\omega_{\nu+2}$, ... erste Wurzeln, so sind $\pm \omega_\nu$, $\mp \omega_{\nu+1}$, ... positive unechte Brüche. Man hat also die normale rein periodische Kettenbruchentwickelung:

$$\pm \omega_\nu = (k_\nu, \; k_{\nu+1}, \; k_{\nu+2}, \; \ldots)$$

oder:

$$\omega_\nu = (-1)^\nu (k_\nu, \; k_{\nu+1}, \; \ldots, \; k_{2n+\nu-1}; \; k_\nu, \; k_{\nu+1}, \; \ldots).$$

Auf dieselbe Weise erhält man aus der Gleichung:

$$\omega_{\nu-1} = \delta_{\nu-1} - \frac{1}{\omega_\nu},$$

der man die Form:

$$\frac{1}{\omega_\nu} = \delta_{\nu-1} - \frac{1}{\dfrac{1}{\omega_{\nu-1}}}$$

geben kann, und den ähnlichen dieser vorhergehenden, für den reciproken Werth der zweiten Wurzel:

$$\frac{1}{\omega_\nu} = (-1)^{\nu-1}(k_{\nu-1}, k_{\nu-2}, \ldots, k_{\nu-2n}; k_{\nu-1}, k_{\nu-2}, \ldots),$$

und man sieht, dass die hier vorkommende Periode, deren Glieder sich auch wie folgt schreiben lassen:

$$k_{2n+\nu-1}, \quad k_{2n+\nu-2}, \quad \ldots, \quad k_{\nu+1}, \quad k_\nu,$$

durch Umkehrung der in der Entwickelung der ersten Wurzel enthaltenen Periode entsteht.

Es ist noch zu bemerken, dass für die Zahlenreihe, deren allgemeines Glied k_μ ist, eine $2n$-gliedrige Periode die kürzeste Periode von gerader Gliederzahl ist, durch deren Wiederholung sie erzeugt werden kann. Gäbe es nämlich eine kürzere mit der Gliederzahl $2m$, so würden nach der oben für die erste Wurzel ω_ν gefundenen Entwickelung ω_0 und ω_{2m}, und folglich auch φ_0 und φ_{2m} zusammenfallen, entgegen unserer Voraussetzung, dass $2n$ der kleinste Index ist, für den φ_{2n} mit φ_0 identisch wird.

Endlich werde noch erwähnt, dass man die Gesammtheit der zu einer gegebenen Determinante gehörigen reducirten Formen immer in Perioden vertheilen kann, wie wir sie in diesem Paragraphen betrachtet haben. Nachdem man aus einer reducirten Form die Periode, der sie angehört, gebildet hat, verfährt man, falls nicht schon alle reducirten Formen in dieser ersten Periode enthalten sind, auf dieselbe Weise mit einer der noch übrigen Formen. Die so gebildete zweite Periode besteht aus Formen, die wie sie von einander, so auch offenbar von denen der ersten verschieden sind. Auf diese Weise fährt man fort neue Perioden zu bilden, bis alle reducirten Formen erschöpft sind.

§. 6.

Wir kommen nun zu der Frage, welche die Entscheidung betrifft, ob zwei gegebene Formen äquivalent sind oder nicht. Da man aus jeder Form leicht eine mit ihr äquivalente reducirte ableiten kann, andererseits aber Formen, welche derselben Periode angehören, immer äquivalent sind, so bleibt nur zu untersuchen, ob Formen aus verschiedenen Perioden äquivalent sein können. Da offenbar bei dieser Untersuchung jede der beiden mit einander zu vergleichenden Formen beliebig in ihrer Periode gewählt werden kann, so wollen wir die ersten Coefficienten beider Formen:

$$\varphi_0 = (a,\ b,\ c), \quad \Phi_0 = (A,\ B,\ C)$$

positiv voraussetzen, jeder in ihrer Periode den Index Null beilegen, für die Periode der ersten alle in §. 5 gebrauchten Zeichen beibehalten und uns für die der zweiten der entsprechenden grossen Buchstaben bedienen, so dass also die zu unseren Formen gehörigen ersten Wurzeln durch die normalen Kettenbrüche:

$$\omega_0 = (k_0,\ k_1,\ k_2,\ \ldots), \quad \Omega_0 = (K_0,\ K_1,\ K_2,\ \ldots)$$

dargestellt werden. Werden nun die Formen äquivalent vorausgesetzt, und geht die erste in die zweite durch die Substitution $\begin{pmatrix} \alpha,\ \beta \\ \gamma,\ \delta \end{pmatrix}$ über, so ist nach §. 3, I:

$$\alpha\delta - \beta\gamma = 1, \quad \omega_0 = \frac{\gamma + \delta\,\Omega_0}{\alpha + \beta\,\Omega_0}.$$

Wie leicht zu sehen, kann α nicht Null sein. Alsdann wäre nämlich $\gamma = \pm 1$, und folglich $A = c$, was der hinsichtlich der Zeichen der Coefficienten gemachten Voraussetzung widerspricht. Wir haben also nach §. 2, I eine Gleichung der Form:

$$\omega_0 = (\lambda,\ m,\ \ldots,\ r,\ \sigma,\ \Omega_0) = (\lambda,\ m,\ \ldots,\ r,\ \sigma,\ K_0,\ K_1,\ \ldots,\ K_\nu,\ \ldots),$$

wo die Glieder $\lambda,\ m,\ \ldots,\ r,\ \sigma$ in gerader Anzahl $2g$ sind. Wird nun der Kettenbruch nach §. 1 in einen normalen umgeformt, so wird, da ω_0 positiv ist, die Anzahl der Glieder, bis zu einem hinlänglich entfernten, unberührt bleibenden Gliede K_ν gezählt, sich um eine gerade Zahl $2h$ ändern, wo h positiv oder negativ sein soll, je nachdem die Anzahl wächst oder abnimmt, und $h = 0$ auch den Fall in sich begreift, wo der ursprüngliche Kettenbruch schon ein normaler ist. Nach der Umformung muss der Kettenbruch mit dem oben für ω_0 angenommenen zusammenfallen. Es ist daher, wenn der Index ν eine gewisse Grenze überschreitet:

$$K_\nu = k_{2g+2h+\nu}.$$

Schreibt man $2Ni + \nu$ statt ν, wo $2Ni$ ein hinlänglich grosses Multiplum von $2N$ bedeutet, so kann das neue ν jeden positiven Werth mit Einschluss der Null annehmen, und man erhält, wenn man $2Ni$ im Index von K weglässt und $2g + 2h + 2Ni$ im Index von k auf seinen nach dem Modul $2n$ genommenen Rest $2m$ reducirt:

$$K_\nu = k_{2m+\nu}.$$

Es ist mithin $\Omega_0 = \omega_{2m}$ und folglich $\Phi_0 = \varphi_{2m}$, d. h. die zweite Form ist in der zur ersten gehörigen Periode enthalten und entspricht in dieser dem Index $2m$. Formen aus verschiedenen Perioden können demnach nicht äquivalent sein.

§. 7.

Nachdem wir den schwierigsten Satz der Theorie der quadratischen Formen von positiver Determinante auf eine einfache Weise bewiesen haben, bleibt uns noch mit wenigen Worten anzudeuten, wie die übrige Lehre in denjenigen Punkten, die nicht sowohl auf diesem Satze als vielmehr auf der Begründung desselben beruhen, unserem Beweise gemäss zu modificiren ist.

Da die Operationen, durch welche man die Äquivalenz zweier Formen erkennt, immer eine erste Substitution ergeben, durch welche die eine Form in die andere übergeht, so bleibt hinsichtlich der Äquivalenz nur noch die Aufgabe, aus einer gegebenen Transformation einer Form in eine andere alle übrigen abzuleiten. Diese Aufgabe wird leicht auf die einfachere zurückgeführt, alle Transformationen einer Form in sich selbst darzustellen, und man kann dabei voraussetzen, dass die Coefficienten der Form ohne gemeinschaftlichen Theiler sind, da jede Substitution, durch welche eine Form in sich selbst übergeht, bei der durch Entfernung des gemeinschaftlichen Theilers entstandenen neuen Form denselben Erfolg hervorbringt und umgekehrt. Ist nun (a, b, c) eine Form, deren Coefficienten a, b, c keinen gemeinschaftlichen Theiler haben, so wird der grösste gemeinschaftliche Theiler von a, $2b$, c, den wir, positiv genommen, σ nennen wollen, 1 oder 2 sein, von welchen beiden Fällen der letztere übrigens nur stattfinden kann, wenn die Determinante $D = b^2 - ac$ die Form $4h+1$ hat. Dies vorausgesetzt, beweist man[*]), dass alle Substitutionen $\begin{pmatrix} \alpha, \beta \\ \gamma, \delta \end{pmatrix}$, welche die Form in sich selbst verwandeln, durch die Gleichungen:

$$\alpha = \frac{t - bu}{\sigma}, \quad \beta = -\frac{cu}{\sigma}, \quad \gamma = \frac{au}{\sigma}, \quad \delta = \frac{t + bu}{\sigma}$$

erhalten werden, wenn man in diese alle ganzen Zahlen t, u einsetzt, welche

---

[*]) Disq. arith. pag. 181 oder Crelle's Journal Band 24 S. 328[1]). Der am letzteren Orte gegebene Beweis gilt für complexe Zahlen, bleibt aber wörtlich für reelle anwendbar, wenn man unter dem dort gebrauchten Zeichen ω dasselbe versteht, was hier mit σ bezeichnet ist.

[1]) Bd. I, S. 573 dieser Ausgabe von G. Lejeune Dirichlet's Werken.   K.

20*

der Gleichung:

$$t^2 - Du^2 = \sigma^2$$

genügen, und zeigt zugleich, dass die vollständige Auflösung dieser unbestimmten Gleichung leicht aus der in den kleinsten positiven Zahlen ausgedrückten Auflösung abzuleiten ist.

Man kann nun den Zusammenhang zwischen beiden Problemen zur Auflösung der unbestimmten Gleichung benutzen, da sich das Transformationsproblem für den Fall einer reducirten Form direct lösen lässt. Wir können hierbei a in der reducirten Form positiv voraussetzen und uns auf die Betrachtung derjenigen Substitutionen beschränken, deren Coefficienten α, β, γ, δ sämmtlich positiv sind. Ist:

$$\omega = (k_0, k_1, k_2, \ldots, k_{2n-1}; k_0, k_1, \ldots)$$

der normale periodische Kettenbruch, welcher die erste der zur Form (a, b, c) gehörigen Wurzeln darstellt, und bezeichnen $\dfrac{\gamma}{\alpha}$, $\dfrac{\delta}{\beta}$ zwei auf einander folgende Näherungswerthe desselben, deren zweiter dem Endgliede k_{2n-1} irgend einer Periode entspricht, so hat man:

$$\alpha\delta - \beta\gamma = 1, \quad \omega = \frac{\gamma + \delta\omega}{\alpha + \beta\omega},$$

aus welchen Gleichungen nach §. 3, II, wenn man die dort vorkommenden Formen identisch voraussetzt, folgt, dass unsere Form durch die aus vier positiven Coefficienten gebildete Substitution α, β, γ, δ in sich selbst übergeht. Umgekehrt ist leicht zu zeigen, dass man alle Substitutionen der bezeichneten Art auf diese Weise erhält. Sind nämlich α, β, γ, δ die Coefficienten einer solchen, so schliesst man aus §. 3, I, dass obige zwei Gleichungen stattfinden. Giebt man nun der zweiten, welche für beide Wurzeln ω gilt, die Form:

$$\beta\omega^2 + (\alpha - \delta)\omega - \gamma = 0,$$

und bemerkt, dass von diesen Wurzeln die erste zwischen 1 und ∞, die zweite zwischen -1 und 0 liegt, so folgt, dass die linke Seite für $\omega = 1$ negativ, für $\omega = -1$ positiv sein muss. Man erhält so die beiden Ungleichheiten:

$$\gamma - \alpha > \beta - \delta, \quad \delta - \gamma > \alpha - \beta,$$

aus welchen leicht diese neuen:

$$\delta > \gamma, \quad \gamma \gtreqless \alpha$$

abgeleitet werden.[1]) Die Richtigkeit der ersten ergiebt sich, indem man von der entgegengesetzten Annahme $\delta \leqq \gamma$ ausgeht, aus welcher, wegen $\alpha\delta > \beta\gamma$, $\alpha > \beta$ oder $\alpha - \beta > 0$, und dann, nach der zweiten der obigen Ungleichheiten, $\delta > \gamma$ folgt. Setzt man zweitens $\alpha > \gamma$, so kann nicht zugleich $\delta > \beta$ sein, da dann $\alpha\delta$ um wenigstens 3 Einheiten grösser als $\beta\gamma$ sein würde. Aus $\beta - \delta \gtreqless 0$ folgt aber nach der ersten der obigen Ungleichheiten: $\gamma > \alpha$. Da so die Annahme $\alpha > \gamma$ auf einen Widerspruch führt, so ist nothwendig $\gamma \geqq \alpha$.

Es finden hiernach alle in §. 2, II gemachten Voraussetzungen statt, und man hat:

$$\frac{\gamma}{\alpha} = (l, m, \ldots, r), \quad \frac{\delta}{\beta} = (l, m, \ldots, r, s), \quad \omega = (l, m, \ldots, r, s, \omega).$$

Setzt man für die erste Wurzel ω obige Entwickelung ein, so erhält man zwei gleiche und folglich identische normale Kettenbrüche, so dass die Reihe $l, m, \ldots, r, s$ nothwendig aus einer oder mehreren Perioden k_0, $k_1, \ldots, k_{2n-1}$ besteht und $\frac{\gamma}{\alpha}, \frac{\delta}{\beta}$, wie vorhin behauptet wurde, zwei auf einander folgende dem Ende einer Periode entsprechende Näherungswerthe sind. Da nun $\alpha, \beta, \gamma, \delta$ offenbar wachsen, wenn man von einer Periode zur folgenden übergeht, so werden die kleinsten positiven Substitutionscoefficienten dem Ende der ersten Periode entsprechen, und man überzeugt sich auch leicht, dass sie in den oben angeführten Gleichungen aus den kleinsten positiven Werthen von t und u erhalten werden. Nach der ersten und vierten jener Gleichungen ist nämlich:

$$\alpha\delta = \frac{t^2 - b^2 u^2}{\sigma^2} = \frac{t^2 - D u^2}{\sigma^2} - \frac{a c u^2}{\sigma^2} = 1 - \frac{a c u^2}{\sigma^2}.$$

Da nun $-ac$ positiv ist, so haben α und δ immer dasselbe Zeichen, welches wegen:

$$\alpha + \delta = \frac{2t}{\sigma}$$

das Zeichen von t ist. Ebenso sieht man aus den Ausdrücken für β und γ,

---

[1]) Die beiden ersteren Ungleichheiten können, da γ positiv und $\alpha\delta - \beta\gamma = 1$ ist, in folgende transformirt werden:
$$(\gamma - a)(\gamma + \delta) > -1, \quad (\delta - \gamma)(a + \gamma) > 1,$$
aus welchen, da $\gamma + \delta$ und $a + \gamma$ positiv sind, direct zu ersehen ist, dass die beiden Ungleichheiten:
$$\gamma - a \geqq 0, \quad \delta - \gamma > 0$$
bestehen müssen.

dass auch diese, wenn sie nicht beide Null sind, was $u=0$ voraussetzt, im Zeichen mit u übereinstimmen. Die oben untersuchten positiven Substitutionen α, β, γ, δ werden also aus positiven t, u erhalten, und da β, γ mit u wachsen, so entspricht die in den kleinsten Zahlen ausgedrückte Substitution den kleinsten positiven Werthen von t, u, die folglich, sobald jene aus dem Kettenbruche bestimmt ist, durch die Gleichungen:

$$t = \frac{\sigma}{2}(\delta+\alpha), \quad u = \frac{\sigma}{2b}(\delta-\alpha)$$

gefunden werden.

SIMPLIFICATION DE LA THÉORIE
DES FORMES BINAIRES DU SECOND DEGRÉ
A DÉTERMINANT POSITIF.

PAR

M. G. LEJEUNE DIRICHLET.

Liouville, Journal de Mathématiques pures et appliquées, Série II, Tome II, p. 353—376.

SIMPLIFICATION DE LA THÉORIE
DES FORMES BINAIRES DU SECOND DEGRÉ
A DÉTERMINANT POSITIF.

Lu à l'Académie des Sciences de Berlin le 13 juillet 1854.
[Traduit de l'Allemand par M. Jules Hoüel.*)]

Plus le domaine de l'arithmétique transcendante s'est agrandi, depuis l'époque mémorable de la publication de l'ouvrage de Gauss et par les travaux qui l'ont suivie, plus il est à désirer que l'accès de cette belle branche de l'analyse soit rendu plus facile par des simplifications apportées à ses éléments. C'est pour arriver à ce but que déjà, dans plusieurs de mes Mémoires, j'ai fait précéder mes propres recherches de nouvelles démonstrations des propositions connues sur lesquelles je m'appuyais. Le présent travail, consacré à la théorie des formes quadratiques à déterminants positifs, a aussi pour but une simplification analogue. On sait que cette théorie, sous sa forme actuelle, exige des considérations très détaillées, et que l'on peut écarter, comme on le verra par l'exposition suivante. Je vais commencer par quelques remarques sur les fractions continues; bien que ces remarques ne contiennent aucun fait nouveau, il n'en est pas moins utile de les placer ici sous la forme qui convient à l'application que nous devons en faire.

§ 1.

Nous désignerons, dans ce qui va suivre, une fraction continue

$$\alpha + \cfrac{1}{\beta + \cfrac{1}{\gamma + \cdots}}$$

---

*) Nous sommes heureux de pouvoir joindre à la traduction de M. Hoüel une addition (relative au § VII) que l'auteur même du Mémoire, M. Dirichlet, a bien voulu nous remettre au mois d'août dernier, et l'extrait d'une Lettre qu'il nous a adressée plus tard au sujet du § IV.

(J. Liouville.)

d'un nombre de termes fini ou infini, par la notation

$$(\alpha, \beta, \gamma, \ldots);$$

et d'abord observons que nous n'aurons à considérer que des fractions continues dont tous les termes seront des nombres entiers, à l'exception bien entendu, du dernier, dans le cas où, le développement n'étant pas poussé jusqu'au bout, ce dernier terme, considéré comme un quotient complet, peut avoir une valeur quelconque. Les fractions continues dont la considération est la plus importante dans les recherches sur les nombres, sont celles dont tous les termes, excepté le premier (qui peut aussi être nul), ont des valeurs positives. Une quantité irrationnelle positve ω peut s'exprimer d'une seule manière par une fraction continue de cette espèce; et l'expression de ω sous cette forme, ou, si ω est négatif, l'expression de sa valeur absolue précédée du signe —, est ce que nous appellerons le développement normal de ω en fraction continue.

Le problème que nous devons traiter d'abord est celui-ci: D'une fraction continue de la forme

$$\omega = (\alpha, \beta, \ldots, \mu, v, p, q, r, \ldots, u, v, \ldots),$$

où les termes ne commencent à être tous positifs qu' à partir de p inclusivement, déduire le développement normal de la quantité irrationnelle ω. Il est aisé de montrer que l'on peut atteindre ce but par une série de transformations n'affectant en rien les termes qui suivent un terme suffisamment éloigné u, et que la différence entre le nombre des nouveaux termes qui se trouvent finalement introduits à la place de $\alpha, \beta, \ldots, u$ et le nombre des termes primitifs sera paire ou impaire, suivant que ω est positif ou négatif.

Pour nous en convaincre, considérons d'abord le cas où v n'est pas le premier terme. Dans cette hypothèse, on peut remplacer μ, v et quelques-uns des termes qui les suivent immédiatement, tous les autres restant sans altération, par de nouveaux termes dont le nombre a une différence paire avec le nombre des anciens termes, et qui, à l'exception du premier (lequel peut être nul ou négatif), sont tous positifs, de sorte que l'irrégularité du développement donné recule au moins d'un rang. Dans cette transformation partielle, il faut distinguer divers cas, selon que v a une valeur nulle ou une valeur négative $-n$. Dans le premier cas, les trois termes, $\mu, 0, p$ doivent être remplacés par le terme unique $\mu+p$. Le second cas se subdivise en trois autres, suivant que l'on a

$$n > 1; \quad n = 1, \ p > 1; \quad n = 1, \ p = 1.$$

Dans ces trois cas, on se servira respectivement des trois équations suivantes, qu'il est facile de vérifier,

$$(\mu, \ -n, \ p, \ q, \ \ldots\ldots) = (\mu-1, \ 1, \ n-2, \ 1, \ p-1, \ q, \ \ldots)^*),$$
$$(\mu, \ -1, \ p, \ q, \ \ldots\ldots) = (\mu-2, \ 1, \ p-2, \ q, \ \ldots),$$
$$(\mu, \ -1, \ 1, \ q, \ r, \ s, \ \ldots) = (\mu-q-2, \ 1, \ r-1, \ s, \ \ldots).$$

On voit qu'une telle transformation partielle fait varier, suivant le cas, le nombre des termes de 2, 0, —2 unités; et il est à peine besoin d'avertir que lorsqu'une des différences $n-2$, $p-1$, $p-2$, $r-1$, qui, d'après nos suppositions, ne sauraient être négatives, se réduit à zéro, il faut remplacer le terme nul et les deux termes positifs qui le précèdent et le suivent immédiatement, par un seul terme égal à la somme de ces deux termes.

Par un emploi répété de ce procédé, on parvient à rendre positifs tous les termes, à partir du second inclusivement. Si alors le premier terme n'est pas négatif, l'opération est terminée, et le résultat est conforme à ce qui a été dit plus haut, puisque tous les changements introduits successivement dans le nombre des termes sont exprimés par des nombres pairs. Si au contraire le premier terme a une valeur négative $-a$, la fraction continue étant de la forme

$$\omega = (-a, \ b, \ c, \ d, \ \ldots),$$

on remplacera celle-ci, suivant qu'on aura

$$b > 1 \quad \text{où} \quad b = 1,$$

par la première ou la seconde des deux expressions

$$\omega = -(a-1, \ 1, \ b-1, \ c, \ \ldots),$$
$$\omega = -(a-1, \ c+1, \ d, \ \ldots),$$

de sorte que le résultat sera encore ramené à l'énoncé donné ci-dessus.

§. II.

1^0. Si, entre deux quantités ω, Ω et les nombres entiers α, β, γ, δ, dont le premier n'est pas nul, on a les relations

$$\omega = \frac{\gamma+\delta\Omega}{\alpha+\beta\Omega}, \quad \alpha\delta-\beta\gamma = 1,$$

---

*) LAGRANGE avait déjà remarqué (Mémoires de l'Académie de Berlin, année 1768, page 152) que l'on peut débarrasser une fraction continue de ses termes négatifs; mais l'équation qu'il donne pour remplir cet objet, laquelle n'est autre chose que la première de nos trois équations, n'est pas suffisante, parce que, dans le cas de $n = 1$, elle introduit un nouveau terme négatif, et si l'on veut le faire disparaître en appliquant de nouveau la même opération, on retombe sur la fraction continue proposée.

21*

on peut toujours former une équation telle que

$$\omega = (\lambda,\, m,\, \ldots,\, r,\, \sigma,\, \Omega),$$

le premier et le dernier des nombres entiers λ, m, ..., r, σ pouvant seuls être nuls ou négatifs, tandis que les intermédiaires, quand ils ne manquent pas tout à fait, sont positifs et en nombre pair.

Comme on peut, d'après la forme que nous avons supposée aux deux équations, changer simultanément tous les signes de α, β, γ, δ, il est permis de supposer α positif. Si l'on a maintenant $\alpha = 1$, il en résulte immédiatement

$$\omega = \frac{\gamma + (\beta\gamma + 1)\Omega}{1 + \beta\Omega} = (\gamma,\, \beta,\, \Omega).$$

Si $\alpha > 1$, changeons, par la méthode ordinaire, $\dfrac{\gamma}{\alpha}$ en fraction continue, en faisant les divisions de manière à avoir toujours des restes positifs. On obtiendra ainsi la fraction continue

$$\frac{\gamma}{\alpha} = (\lambda,\, m,\, \ldots,\, r),$$

où le terme λ est le seul qui puisse être nul ou négatif, et où le nombre des termes m, ..., r peut être supposé pair; car le terme r, pour lequel on a d'abord obtenu une valeur plus grande que l'unité, peut, s'il est nécessaire, se décomposer en $(r-1,\, 1)$. Les réduites successives de cette fraction continue,

$$\frac{\lambda}{1},\quad \frac{\lambda m + 1}{m},\quad \ldots,\quad \frac{\varphi}{f},\quad \frac{\gamma}{\alpha},$$

étant irréductibles et ayant des dénominateurs positifs, la dernière de ces réduites aura non seulement la même valeur, mais aussi les mêmes termes que $\dfrac{\gamma}{\alpha}$. Comme on a de plus, par une propriété connue,

$$\alpha\varphi - \gamma f = 1,$$

il vient, en comparant cette relation avec celle qui a lieu entre α, β, γ, δ,

$$\beta = \alpha\sigma + f,\quad \delta = \gamma\sigma + \varphi,$$

σ étant un nombre entier. La fraction $\dfrac{\delta}{\beta}$ peut donc, au moyen du nouveau terme σ, être introduite dans la série des réduites, et l'on a

$$\omega = (\lambda,\, m,\, \ldots,\, r,\, \sigma,\, \Omega).$$

2°. Il faut encore, pour ce qui va suivre, examiner de plus près le cas particulier où α, β, γ, δ sont tous positifs, et satisfont en même temps aux conditions

$$\gamma \geq \alpha, \quad \delta > \gamma.$$

Il est facile de voir que λ et σ sont alors positifs. Si $\alpha = 1$, cela résulte immédiatement de notre hypothèse, puisque, dans ce cas, $\lambda = \gamma$, $\sigma = \beta$. Si, au contraire, $\alpha > 1$, il est au moins tout d'abord évident que λ, qui est égal, d'après ce qui précède, au nombre entier immédiatement inférieur à $\frac{\gamma}{\alpha}$, doit être positif. On peut s'assurer comme il suit qu'il en est de même pour σ. Puisque λ est positif, les numérateurs des réduites que nous avons formées plus haut seront aussi positifs, et iront en croissant à partir du premier inclusivement, de sorte que l'on a aussi $\gamma > \varphi$. Or, de ce que $\delta = \gamma\sigma + \varphi$, il en résulterait, si l'on supposait $\sigma = 0$,

$$\delta = \varphi < \gamma,$$

et si l'on supposait σ négatif, δ serait aussi négatif, contrairement à notre hypothèse.

Désignons, pour plus d'uniformité, par l, s les nombres positifs λ, σ; on aura, dans le cas particulier que nous considérons,

$$\frac{\gamma}{\alpha} = (l, m, \ldots, r), \quad \frac{\delta}{\beta} = (l, m, \ldots, r, s), \quad \omega = (l, m, \ldots, r, s, \Omega),$$

les termes l, m, n, $\ldots$, r, s étant tous positifs et en nombre pair.

§. III.

Passons maintenant à l'objet principal de ce Mémoire, et remarquons d'abord que toutes les formes quadratiques

$$a x^2 + 2b x y + c y^2 = (a, b, c),$$

dont nous nous occuperons, auront le même déterminant positif

$$D = b^2 - ac;$$

nous en avertissons ici une fois pour toutes. Le nombre entier et positif D est arbitraire, avec cette seule restriction qu'il ne peut être égal à un carré. Les coefficients extrêmes a, c, étant, en vertu de notre hypothèse, différents de zéro il est évident que, dès qu'on connaît, outre D, le coefficient moyen et l'un des deux extrêmes, l'autre extrême sera complètement déterminé, et partant la forme elle-même le sera aussi.

A chaque forme $(a, b, c,)$, nous ferons correspondre une équation

$$a + 2b\omega + c\omega^2 = 0,$$

formée avec les mêmes coefficients, et dont nous représenterons toujours les racines sous la forme

$$\omega = \frac{-b \mp \sqrt{D}}{c},$$

de telle sorte que le troisième coefficient c non altéré forme le dénominateur. Cela posé, les deux valeurs de ω, qui correspondent au signe supérieur et au signe inférieur, seront désignées, pour les distinguer, par les noms respectifs de première et de seconde racine appartenant à la forme (a, b, c). On voit aisément qu'une forme est complètement déterminée lorsqu'on connaît son déterminant et l'une des racines qui lui appartiennent. Car si une même quantité appartient à la fois, soit comme première racine, soit comme seconde racine, à deux formes (a, b, c), (A, B, C), on aura l'égalité

$$\frac{-b \mp \sqrt{D}}{c} = \frac{-B \mp \sqrt{D}}{C},$$

dans laquelle il faut prendre ensemble, soit les signes supérieurs, soit les signes inférieurs. Il en résultera immédiatement, à cause de l'irrationalité de $\sqrt{D}$, $B = b$, $C = c$; donc les deux formes sont identiques.

Lorsque nous dirons que deux formes

$$(1) \qquad a x^2 + 2 b x y + c y^2, \quad A X^2 + 2 B X Y + C Y^2,$$

sont équivalentes, nous entendrons toujours qu'il s'agit de l'équivalence propre, de sorte que cette supposition implique l'existence d'une substitution

$$(2) \qquad x = \alpha X + \beta Y, \quad y = \gamma X + \delta Y,$$

que je désignerai par $\begin{pmatrix} \alpha, & \beta \\ \gamma, & \delta \end{pmatrix}$ et dont les coefficients satisfont à la condition

$$(3) \qquad \alpha \delta - \beta \gamma = 1,$$

et par laquelle la première forme se change en la seconde. Au moyen d'une telle substitution, en résolvant les équations (2) par rapport à X et à Y, on en déduit une autre substitution semblable par laquelle la seconde forme se change en la première.

On sait que, dans certains cas particuliers, outre les substitutions dont nous venons de parler, il y en a d'autres qui servent aussi à passer d'une forme à une autre forme équivalente, et qui, au lieu de satisfaire à l'équation (3), satisfont à celle-ci

$$\alpha \delta - \beta \gamma = -1.$$

Nous avertissons ici expressément que nous excluons tout à fait cette dernière espèce de substitutions.

Après les préliminaires que nous avons posés, il est facile de démontrer les propositions suivantes:

1°. Entre les racines correspondantes, ou de même nom, ω, Ω, appartenant aux formes équivalentes (1), et les coefficients de la substitution (2), on a toujours la relation

$$(4) \qquad \omega = \frac{\gamma + \delta\Omega}{\alpha + \beta\Omega}.$$

Mettons l'équation que nous voulons démontrer sous la forme

$$\Omega = \frac{\gamma - \alpha\omega}{\beta\omega - \delta},$$

remplaçons ω par sa valeur, et faisons disparaître l'irrationalité du dénominateur; le second membre, en vertu des équations

$$\alpha\delta - \beta\gamma = 1, \quad D = b^2 - ac,$$

deviendra

$$\frac{-M \mp \sqrt{D}}{N}$$

en posant

$$M = a\alpha\beta + b(\alpha\delta + \beta\gamma) + c\gamma\delta, \quad N = a\beta^2 + 2b\beta\delta + c\delta^2.$$

Or les expressions de M et de N coïncidant avec celles que l'on obtient pour B et C lorsqu'on applique la substitution (2) à la première des formes (1), notre assertion est demontrée.

2°. Si l'équation (4) a lieu pour un couple de racines correspondantes ω, Ω appartenant aux formes (1), et que les nombres entiers α, β, γ, δ satisfassent en même temps à la condition (3), les deux formes sont équivalentes, et la première se change dans la seconde par la substitution (2).

D'après l'hypothèse, on trouve sans nouveau calcul

$$\frac{-B \mp \sqrt{D}}{C} = \frac{-M \mp \sqrt{D}}{N},$$

où l'on doit prendre ensemble, soit les signes supérieurs, soit les signes inférieurs. On a par conséquent

$$B = M, \quad C = N,$$

c'est-à-dire que la forme dans laquelle (a, b, c) se change par la substitution (2) coïncide avec la forme (A, B, C).

Il va sans dire d'ailleurs que si l'équation (4) a lieu pour un des couples de racines, elle a aussi lieu pour l'autre.

3°. Nous aurons souvent à considérer, dans ce qui suit, des formes contiguës, c'est-à-dire des formes liées entre elles comme les formes

$$(a,\ b,\ a'),\quad (a',\ b',\ a''),$$

de telle sorte que le dernier coefficient de l'une soit égal au premier coefficient de l'autre, tandis que leurs coefficients moyens b, b' satisfont à la condition

$$b + b' \equiv 0 \pmod{a'}.$$

De pareilles formes sont toujours équivalentes. Car si l'on applique à la première la substitution $\begin{pmatrix} 0, & 1 \\ -1, & \delta \end{pmatrix}$, qui remplit la condition (3), δ restant indéterminé, on obtient une nouvelle forme dont le premier coefficient est $= a'$, tandis que le second, $= -b - a'\delta$, devient égal au coefficient donné b', si l'on pose

$$\delta = -\frac{b + b'}{a'}.$$

Pour ces deux formes, l'équation (4), entre les deux racines correspondantes ω, ω' qui leur appartiennent respectivement, devient

$$\omega = \delta - \frac{1}{\omega'},\ \text{ou}\ \omega' = -\frac{1}{\omega - \delta}.$$

§. IV.

Si les deux racines

$$\frac{-b - \sqrt{D}}{c},\quad \frac{-b + \sqrt{D}}{c},$$

qui appartiennent à la forme $(a,\ b,\ c)$ ont leurs valeurs absolues, la première supérieure, la seconde inférieure à l'unité, et que de plus ces racines soient de signe contraire, la forme est dite alors une forme réduite. En vertu de la première condition, on a $b > 0$, et en vertu de la seconde $b < \sqrt{D}$. Le produit $-ac = D - b^2$ est donc positif, et les coefficients extrêmes a, c sont de signe contraire. Il est évident en même temps que la première racine est de même signe que a et de signe contraire à c.

Si la forme $(a,\ b,\ c)$ est une forme réduite, il en est de même aussi de la forme $(c,\ b,\ a)$; cela résulte de ce que chaque racine de l'une des formes a pour valeur l'inverse de la racine non correspondante appartenant à l'autre forme.

Pour un déterminant donné D, il n'existe qu'un nombre fini de formes réduites, qui s'obtiennent toutes en cherchant pour chaque valeur de $b < \sqrt{D}$ tous les diviseurs c, positifs ou négatifs, de $D - b^2$, dont les valeurs absolues soient comprises entre $\sqrt{D} + b$ et $\sqrt{D} - b$; puis en déterminant, pour chaque combinaison b, c ainsi obtenue, le premier coefficient a par la formule

$$a = -\frac{D - b^2}{c}.$$

En conservant la notation du §. III, 3^0, supposons que $(a,\ b,\ a')$ soit une forme réduite donnée, et cherchons si, parmi les formes $(a',\ b',\ a'')$ contiguës à celle-là par la dernière partie, et dont les coefficients moyens sont déterminés par l'équation

$$b' = -b - a'\delta,$$

il se trouve une ou plusieurs formes réduites. Pour cela, remarquons d'abord que, si $(a',\ b',\ a'')$ est une forme réduite, la première racine ω' appartenant à cette forme, devra être de signe contraire à la première racine ω appartenant à $(a,\ b,\ a')$, puisque le même nombre a' entre dans l'une de ces formes comme premier coefficient, et dans l'autre comme troisième coefficient. Par conséquent, dans l'équation

$$\omega' = -\frac{1}{\omega - \delta},$$

où ω est pris avec sa première valeur, il faut choisir le nombre entier arbitraire δ de telle sorte que ω' soit numériquement plus grand que l'unité, et de signe contraire à ω. Cette condition, qui revient simplement à exiger que $\omega - \delta$ soit numériquement moindre que l'unité et de même signe que ω, peut évidemment être satisfaite dans tous les cas, et ne peut l'être que d'une seule manière, en prenant δ égal au plus grand nombre entier contenu dans la valeur numérique de ω, et lui donnant le signe de ω. ω étant numériquement plus grand que l'unité, ce nombre entier δ, qui est maintenant complètement déterminé, ne pourra jamais être nul. Il est donc ainsi démontré que, parmi les formes $(a',\ b',\ a'')$, il n'y a pas plus d'une forme réduite. Nous allons maintenant faire voir que la forme correspondante à la valeur de δ que nous venons de déterminer est réellement réduite. Supposons que, dans notre équation

$$\omega' = -\frac{1}{\omega - \delta},$$

ω désigne la seconde racine; ω sera de même signe que $-\delta$, puisque δ est de même signe que la première valeur de ω. Le dénominateur $\omega-\delta$, dont le second terme est au moins égal à l'unité, est donc numériquement plus grand, et par conséquent ω' est numériquement moindre que l'unité, et son signe est le même que celui de δ, et par suite aussi que celui de la première racine ω; il est donc contraire à celui de la première racine ω', comme cela devait être.

Pour obtenir commodément le coefficient moyen b' de la forme réduite (a', b', a''), laquelle est maintenant complètement déterminée*), remarquons que, d'après ce qui précède, si l'on pose

$$\omega-\delta = \sigma$$

(ω désignant la première racine), σ sera numériquement moindre que l'unité et de même signe que ω. Remplaçons δ par $\omega-\sigma$ dans l'équation

$$b' = -b-a'\delta,$$

et substituons en même temps à ω sa valeur; on a ainsi

$$b' = \sqrt{D}+a'\sigma.$$

De cette équation et de ce que la fraction σ est de même signe que ω et par suite de signe contraire à a', il résulte que b' est compris entre $\sqrt{D}$ et $\sqrt{D}\mp a'$, en prenant le signe supérieur ou le signe inférieur, selon que a' est positif ou négatif. Au moyen de cette condition, jointe à la congruence

$$b' \equiv -b \;(\text{mod. } a'),$$

on déterminera facilement et sans ambiguïté la valeur de b'.

Par un raisonnement semblable, et que l'on peut encore simplifier en ramenant, d'après une remarque faite plus haut, la question à celle que l'on vient de traiter, on démontre qu'il existe une forme réduite, et une seule $('a, \, 'b, \, a)$, contiguë par la première partie à la forme donnée.

§. V.

Étant donnée une forme réduite φ_0, calculons la forme φ_1 contiguë à φ_0 par la dernière partie; calculons de même la forme φ_2 contiguë à φ_1, et ainsi de suite. Effectuons un calcul semblable de l'autre côté, et désignons par φ_{-1} la forme contiguë à la proposée par la première partie, et ainsi de suite. On obtient ainsi la série suivante de formes équivalentes,

$$\ldots, \; \varphi_{-2}, \; \varphi_{-1}, \; \varphi_0, \; \varphi_1, \; \varphi_2, \; \ldots,$$

---

*) Voir plus bas (page 375)[1] l'extrait d'une Lettre de M. Dirichlet. (J. Liouville).
[1] Seite 180 dieses Bandes.   F.

indéfinie dans les deux sens. Le nombre de formes réduites qui appartiennent à un déterminant donné étant fini, il en résulte évidemment que les formes contenues dans cette série ne sont pas toutes différentes entre elles; et en même temps que ces formes, ayant leurs premiers coefficients alternativement positifs et négatifs, deux d'entre elles ne peuvent être identiques que si la différence de leurs indices est paire. D'autre part, d'après la manière dont notre série a été formée, chaque terme détermine complètement le précédent et le suivant, d'où il suit que, si deux formes sont identiques, il en est de même de deux autres formes quelconques respectivement équidistantes des premières dans le même sens, c'est-à-dire telles, que la différence de leurs indices soit la même que celle des indices des premières. Chaque forme se reproduisant donc des deux côtés, soit φ_{2n} la première des formes venant à la suite de φ_0 qui soit identique avec φ_0. Alors les formes

$$\varphi_0, \quad \varphi_1, \quad \varphi_2, \quad \ldots, \quad \varphi_m, \quad \ldots, \quad \varphi_{2n-1}$$

seront toutes différentes entre elles. En effet, nous supposons déjà que la première n'est identique avec aucune des suivantes, et s'il s'en trouvait parmi celles-ici deux qui fussent identiques, et dont les indices différassent de $2h$, il faudrait, d'après la remarque que nous avons faite, que φ_0 fût aussi identique avec φ_{2h}, ce qui est évidemment contraire à notre supposition, puisque $2h < 2n$. Les $2n$ formes considérées composent ainsi une période qui se répète à l'infini dans les deux sens, de sorte que deux formes φ_μ, φ_ν sont ou ne sont pas identiques, selon que leurs indices satisfont ou ne satisfont pas à la congruence

$$\mu \equiv \nu \quad (\text{mod. } 2n).$$

Il est clair du reste qu'on peut faire commencer la période à l'un quelconque de ses termes, et que notre série peut aussi s'obtenir par la répétition de la période suivante, composée des mêmes formes,

$$\varphi_m, \quad \varphi_{m+1}, \quad \ldots, \quad \varphi_{2n-1}, \quad \varphi_0, \quad \varphi_1, \quad \ldots, \quad \varphi_{m-1}.$$

Puisque, d'après le §. III, une forme φ_ν et les racines ω_ν appartenant à cette forme se déterminent réciproquement, la condition nécessaire et suffisante pour l'égalité de deux racines correspondantes ω_μ, ω_ν est donnée aussi par la congruence

$$\mu \equiv \nu \quad (\text{mod. } 2n).$$

Désignons de plus par δ_ν le plus grand nombre entier contenu dans la valeur absolue de la première racine ω_ν, et pris avec le signe de ω_ν, on aura

22*

(§. IV) entre les racines correspondantes ω_ν, $\omega_{\nu+1}$ l'équation

$$\omega_\nu = \delta_\nu - \frac{1}{\omega_{\nu+1}}.$$

Puisque δ_ν est complètement déterminé par la première racine ω_ν, la congruence $\mu \equiv \nu \pmod{2n}$ entraînera l'égalité $\delta_\mu = \delta_\nu$. Mais la réciproque ne s'ensuit pas.

Comme on peut attribuer indifféremment l'indice zéro à un terme quelconque de la série, nous conviendrons, pour éviter des distinctions inutiles, que les premiers coefficients des formes d'indices pairs seront positifs. D'après cette convention, le signe de chaque première racine ω_ν et celui de la valeur correspondante de δ_ν seront celui de $(-1)^\nu$, tandis que la seconde racine ω_ν aura le signe contraire.

Nous désignerons enfin par k_ν la valeur absolue de δ_ν, de sorte que

$$\delta_\nu = (-1)^\nu k_\nu,$$

et l'on aura encore

$$k_\mu = k_\nu,$$

lorsque μ et ν seront congrus suivant le module $2n$.

Multiplions l'équation précédente

$$\omega_\nu = \delta_\nu - \frac{1}{\omega_{\nu+1}} = (-1)^\nu k_\nu - \frac{1}{\omega_{\nu+1}},$$

et toutes les équations analogues qui viennent à la suite, par ± 1, ∓ 1 alternativement, suivant que ν sera pair ou impair; il viendra

$$\pm \omega_\nu = k_\nu + \frac{1}{\mp \omega_{\nu+1}}, \quad \mp \omega_{\nu+1} = k_{\nu+1} + \frac{1}{\pm \omega_{\nu+2}}, \ldots$$

Si l'on suppose que les racines correspondantes ω_ν, $\omega_{\nu+1}$, $\omega_{\nu+2}$, ... soient les premières racines, alors $\pm \omega_\nu$, $\mp \omega_{\nu+1}$, $\pm \omega_{\nu+2}$, ... seront des quantités positives plus grandes que l'unité. On obtient ainsi le développement normal en fraction continue périodique par

$$\pm \omega_\nu = (k_\nu, k_{\nu+1}, k_{\nu+2}, \ldots),$$

ou

$$\omega_\nu = (-1)^\nu (k_\nu, k_{\nu+1}, \ldots, k_{2n+\nu-1}; k_\nu, k_{\nu+1}, \ldots).$$

Pareillement, de l'équation

$$\omega_{\nu-1} = \delta_{\nu-1} - \frac{1}{\omega_\nu},$$

que l'on peut écrire sous la forme

$$\frac{1}{\omega_\nu} = \delta_{\nu-1} - \frac{1}{\left(\dfrac{1}{\omega_{\nu-1}}\right)},$$

et des équations anologues qui la précèdent, on peut tirer la valeur inverse de
la seconde racine

$$\frac{1}{\omega_\nu} = (-1)^{\nu-1}(k_{\nu-1},\ k_{\nu-2},\ \ldots,\ k_{\nu-2n};\ k_{\nu-1},\ k_{\nu-2},\ \ldots),$$

et l'on voit que la période qui se présente ici, et dont les termes peuvent
s'écrire ainsi:

$$k_{2n+\nu-1},\quad k_{2n+\nu-2},\quad \ldots,\quad k_{\nu+1},\quad k_\nu,$$

s'obtient en renversant l'ordre des termes de la période qui correspond au développement de la première racine.

Il est encore à remarquer que, pour la série de nombres dont k_μ est le
terme général, une période de $2n$ termes est la plus courte période d'un nombre
pair de termes dont la répétition puisse produire cette série. Car, s'il en existait
une plus courte de $2m$ termes, il résulterait alors du développement que nous
avons trouvé pour la première racine ω_ν, que ω_0 coïnciderait avec ω_{2m}, et par
suite aussi φ_0 avec φ_{2m}, tandis qu'au contraire nous avons supposé que $2n$ était
le plus petit indice qui donnât φ_{2n} identique avec φ_0.

Observons enfin que la totalité des formes réduites appartenant à un
déterminant donné peut toujours se partager en périodes comme celles que
nous avons considérées dans ce paragraphe. Après avoir calculé, en partant
d'une certaine forme réduite, la période dont cette forme fait partie, si cette
période ne contient pas toutes les formes réduites, on procède de la même
manière en partant d'une des formes restantes. La seconde période ainsi trouvée
se compose de formes toutes différentes entre elles, et évidemment différentes
aussi de celles de la première période. On continuera de cette manière à cal-
culer de nouvelles périodes, jusqu'à ce qu'on ait épuisé toutes les formes réduites.

§. VI.

Abordons maintenant le problème qui consiste à décider si deux formes
données, sont ou ne sont pas équivalentes. Comme on peut aisément, de chaque
forme, déduire une forme réduite qui lui soit équivalente, et que d'ailleurs les

formes qui appartiennent à la même période sont toujours équivalentes, il ne reste plus qu'à rechercher si des formes appartenant à des périodes différentes peuvent être équivalentes. Dans cette recherche, il est évident que les deux formes que l'on doit comparer peuvent être choisies arbitrairement parmi celles de leurs périodes respectives. Nous supposerons en conséquence que les premiers coefficients des deux formes

$$\varphi_0 = (a,\ b,\ c),\quad \Phi_0 = (A,\ B,\ C)$$

sont positifs; nous attribuerons à chacune d'elles, dans sa période, l'indice zéro; nous conserverons, pour la période de la première, toutes les notations du §. V, et nous emploierons pour la période de la seconde les lettres capitales correspondantes; de sorte que les premières racines appartenant à nos deux formes seront représentées par les fractions continues normales:

$$\omega_0 = (k_0,\ k_1,\ k_2,\ \ldots),\quad \Omega_0 = (K_0,\ K_1,\ K_2,\ \ldots).$$

Si l'on suppose maintenant que les deux formes soient équivalentes, et que la première se change en la seconde par la substitution $\begin{pmatrix} \alpha, & \beta \\ \gamma, & \delta \end{pmatrix}$, on aura par le §. III, 1°,

$$\alpha\delta - \beta\gamma = 1,\quad \omega_0 = \frac{\gamma + \delta\Omega_0}{\alpha + \beta\Omega_0}.$$

Il est aisé de voir que α ne peut pas être nul. Car on aurait alors

$$\gamma = \pm 1,$$

et par suite

$$A = c,$$

ce qui est contraire à l'hypothèse que l'on a faite sur les signes des coefficients. Nous avons donc, d'après le §. II, 1°, une équation de la forme

$$\omega_0 = (\lambda,\ m,\ \ldots,\ r,\ \sigma,\ \Omega_0) = (\lambda,\ m,\ \ldots,\ r,\ \sigma,\ K_0,\ K_1,\ \ldots,\ K_\nu,\ \ldots),$$

les termes $\lambda,\ m,\ \ldots\ r,\ \sigma$ étant en nombre pair $2g$. Si l'on ramène maintenant, d'après le §. I, la fraction continue à la forme normale, alors, puisque ω_0 est positif, le nombre des termes qui précèdent un terme K_ν, à partir duquel la fraction ne subit plus aucun changement, variera d'un nombre pair $2h$, h étant positif ou négatif suivant que le nombre des termes croît ou décroît, et pouvant aussi être nul, comme il arrive, entre autres, si la fraction primitive a déjà la forme normale. Après la transformation, la fraction continue doit être identique avec celle qui représente ω_0. On a donc, pour toute valeur de l'indice ν

supérieure à une certaine limite,

$$K_\nu = k_{2g+2h+\nu}.$$

Écrivons $2Ni+\nu$ au lieu de ν, $2Ni$ désignant un multiple suffisamment grand de $2N$. Le nouveau ν pourra recevoir une valeur positive quelconque, zéro compris, et l'on aura, en négligeant $2Ni$ dans l'indice de K, et réduisant, dans l'indice de k, $2g+2h+2Ni$ à son résidu *minimum* $2m$ suivant le module $2n$,

$$K_\nu = k_{2m+\nu}.$$

On obtient par conséquent

$$\Omega_0 = \omega_{2m},$$

et partant

$$\Phi_0 = \varphi_{2m},$$

c'est-à-dire que la seconde forme est contenue dans la période appartenant à la première, et répond, dans cette période, à l'indice $2\,m$. Donc des formes appartenant à des périodes différentes ne peuvent être équivalentes.

§. VII.

Après avoir donné une démonstration simple de la proposition la plus difficile de la théorie des formes du second degré de déterminant positif, il nous reste à indiquer en quelques mots les modifications que doit subir le reste de la théorie, conformément à notre mode de démonstration, dans les points qui s'appuient, soit sur la proposition elle-même, soit sur les principes qui servent à l'établir.

Comme les opérations par lesquelles on reconnaît l'équivalence de deux formes, fournissent toujours une première substitution au moyen de laquelle l'une des formes se change en l'autre, il ne reste plus que ce problème à résoudre pour compléter ce qui concerne l'équivalence et la transformation des formes: Connaissant une transformation d'une forme en une autre, en déduire toutes les autres transformations qui remplissent le même objet. Ce problème se ramène facilement à cet autre plus simple: Trouver l'expression de toutes les transformations d'une forme en elle-même; et l'on peut supposer en outre que les coefficients de la forme n'ont pas de diviseur commun; car toute substitution par laquelle une forme se transforme en elle-même, opère de la même manière sur la forme que l'on obtient par la suppression du diviseur commun, et *vice versâ*. Soit maintenant $(a,\ b,\ c)$ une forme dont les coefficients a, b, c n'ont pas de diviseur commun; le plus grand diviseur commun de a, $2\,b$, c

aura une valeur numérique égale à 1 ou à 2, et que nous désignerons par σ, le cas de $\sigma = 2$ ne pouvant se présenter que lorsque le déterminant $D = b^2 - ac$ sera de la forme $4h+1$. Cela posé, on démontre[*]) que toutes les substitutions par lesquelles une forme se transforme en elle-même, s'obtiennent au moyen des équations

$$(1) \qquad \alpha = \frac{t-bu}{\sigma}, \quad \beta = -\frac{cu}{\sigma}, \quad \gamma = \frac{au}{\sigma}, \quad \delta = \frac{t+bu}{\sigma},$$

où l'on mettra pour $t,\ u$ tous les nombres entiers qui satisfont simultanément à la relation

$$t^2 - Du^2 = \sigma^2;$$

et l'on fait voir en même temps que la solution complète de cette équation indéterminée peut se déduire facilement de la solution exprimée par les plus petits nombres entiers et positifs.

On peut maintenant profiter de la dépendance mutuelle des deux problèmes pour la résolution de l'équation indéterminée, le problème de la transformation pouvant être résolu directement dans le cas d'une forme réduite. Nous pourrons ici supposer a positif dans la forme réduite, et nous borner à considérer les substitutions dont tous les coefficients α, β, γ, δ sont positifs. Soit

$$\omega = (k_0,\ k_1,\ k_2,\ \ldots,\ k_{2n-1};\ k_0,\ k_1,\ \ldots)$$

le développement normal en fraction continue périodique de la première racine appartenant à la forme (a, b, c), et désignons par $\dfrac{\gamma}{\alpha}$, $\dfrac{\delta}{\beta}$ deux réduites consécutives, dont la seconde corresponde au dernier terme k_{2n-1} d'une période; on a alors

$$\alpha\delta - \beta\gamma = 1, \quad \omega = \frac{\gamma + \delta\omega}{\alpha + \beta\omega},$$

et de ces équations il résulte, d'après le §. III, 2^0, en y supposant que les deux formes considérées soient identiques, que notre forme se transforme en elle-même par la substitution composée des quatre coefficients positifs α, β, γ, δ. Réciproquement, il est aisé de faire voir que toutes les substitutions de l'espèce dont nous parlons peuvent s'obtenir de cette manière. Soient, en effet, α, β, γ, δ

---

[*]) Disq. arith. page 181, ou Journal de Crelle, tome XXIV, page 328[1]). La seconde de ces deux démonstrations est donnée pour des nombres complexes; mais elle s'applique, sans y changer un mot, à des nombres réels, en supposant que la lettre ω y représente ce que nous désignons ici par σ. — Voir au surplus *l'Addition*, page 373.[2])

[1]) Bd. I. S. 573 dieser Ausgabe von G. Lejeune Dirichlet's Werken.

[2]) S. 178 dieses Bandes.   F.

les coefficients·d'une telle substitution; on conclut du §. III, 1°, que les deux égalités précédentes ont lieu. Mettant maintenant la seconde de ces équations, qui est satisfaite par les deux racines, sous la forme

$$\beta\omega^2+(\alpha-\delta)\omega-\gamma = 0,$$

et remarquant que la première de ces racines est comprise entre 1 et ∞, et la seconde entre -1 et 0, il s'ensuit que le premier membre doit être négatif pour $\omega = 1$, et positif pour $\omega = -1$. On obtient ainsi les deux inégalités

$$(2) \qquad \gamma-\alpha > \beta-\delta, \quad \delta-\gamma > \alpha-\beta,$$

et l'on en déduit aisément ces deux autres[1])

$$\delta > \gamma, \quad \gamma \geqq \alpha,$$

dont la première se vérifie de la manière suivante: Si l'on partait de la supposition contraire $\delta \leqq \gamma$, puisque $\alpha\delta > \beta\gamma$, il en résulterait $\alpha > \beta$, ou $\alpha-\beta > 0$, et par suite, en vertu de là seconde des inégalités (2), $\delta > \gamma$. Si l'on supposait, en second lieu, $\alpha > \gamma$, on ne pourrait pas avoir en même temps $\delta > \beta$, parce qu'alors $\alpha\delta$ surpasserait $\beta\gamma$ au moins de trois unités. Mais de $\beta-\delta \leqq 0$, il s'ensuivrait, par la première des inégalités (2), $\gamma > \alpha$. Donc, puisque la supposition $\alpha > \gamma$ conduit à une contradiction, on a nécessairement $\gamma \geqq \alpha$.

Toutes les suppositions faites au §. II, 2°, se trouvent donc ici réalisées, et l'on a

$$\frac{\gamma}{\alpha} = (l, m, \ldots, r), \quad \frac{\delta}{\beta} = (l, m, \ldots, r, s), \quad \omega = (l, m, \ldots, r, s, \omega).$$

Si l'on substitue à ω le développement normal supposé ci-dessus, pour la première racine, on obtient deux développements normaux en fraction continue, égaux entre eux et par suite identiques. Donc la suite $l, m, \ldots, r, s$ se compose nécessairement d'une ou de plusieurs périodes, telles que $k_0, k_1, \ldots, k_{2n-1}$, et $\frac{\gamma}{\alpha}$, $\frac{\delta}{\beta}$ sont, comme nous l'avons annoncé, deux réduites consécutives correspondantes à la fin d'une période. Or, comme $\alpha, \beta, \gamma, \delta$ croissent évidemment, si l'on passe d'une période à la suivante, il en résulte que les plus petites valeurs positives que l'on puisse donner aux coefficients d'une substitution sont celles qui correspondent à la fin de la première période, et il est facile de s'assurer que ces valeurs s'obtiennent en donnant à t et à u, dans les équations (1), les valeurs positives *minima*. En effet, la première et la quatrième

---

de ces équations donnent

$$\alpha\delta = \frac{t^2-b^2u^2}{\sigma^2} = \frac{t^2-Du^2}{\sigma^2} - \frac{acu^2}{\sigma^2} = 1 - \frac{acu^2}{\sigma^2}.$$

Or $-ac$ étant positif, α et δ ont toujours le même signe, lequel, à cause de

$$\alpha+\delta = \frac{2t}{\sigma},$$

est aussi signe de t. On voit de la même manière, d'après les expressions de β et de γ, que ces dernières quantités, lorsqu'elles ne sont pas nulles toutes les deux (ce qui supposerait $u = 0$), sont aussi de même signe que u. Les substitutions positives cherchées α, β, γ, δ s'obtiennent donc au moyen de valeurs positives de t et de u, et puisque β et γ croissent avec u, la substitution exprimée par les moindres nombres possibles correspond aux valeurs positives *minima* de t et de u. Celles-ci, par conséquent, une fois que les autres auront été déterminées à l'aide de la fraction continue, seront données par les équations

$$t = \frac{\sigma}{2}(\delta+\alpha), \quad u = \frac{\sigma}{2b}(\delta-\alpha).$$

Addition à ce mémoire; par l'auteur.

Pour que le lecteur soit dispensé de recourir aux écrits cités dans la Note relative au §.VII, nous allons démontrer en peu de mots les formules rappelées au point auquel se rapporte cette Note.

Les conditions nécessaires et suffisantes pour que la substitution

$$\begin{pmatrix} \alpha, & \beta \\ \gamma, & \delta \end{pmatrix}$$

change la forme $(a,\ b,\ c)$ en elle-même, sont évidemment exprimées par ces équations

$$\alpha\delta-\beta\gamma = 1, \quad a(\alpha^2-1)+2b\alpha\gamma+c\gamma^2 = 0, \quad a\alpha\beta+2b\beta\gamma+c\gamma\delta = 0,$$

dont la troisième a été simplifiée en ce qu'on y a remplacé $\alpha\delta$ par $\beta\gamma + 1$. En ajoutant les deux dernières après les avoir multipliées par δ et $-\gamma$, et ensuite après les avoir multipliées par $-\beta$ et α et ayant égard à la première, on obtient ce nouveau système d'équations

$$\alpha\delta-\beta\gamma = 1, \quad a(\alpha-\delta)+2b\gamma = 0, \quad a\beta+c\gamma = 0,$$

tout à fait équivalent au système primitif qui s'en déduit en faisant la somme

des deux dernières équations qu'on vient d'écrire après les avoir multipliées
d'abord par α, γ, et ensuite par β, δ. Comme a n'est pas nul, si nous posons
$\gamma = a\psi$, la quantité rationnelle ψ sera complètement déterminée par γ, et nos
deux dernières égalités pourront être remplacées pas celles-ci:

$$(1) \qquad \delta - \alpha = 2b\psi, \quad \beta = -c\psi, \quad \gamma = a\psi.$$

Or $\delta - \alpha$, β, γ étant des entiers, et le plus grand diviseur commun de a, $2b$, c
ayant été désigné par σ, ψ sera nécessairement de la forme $\dfrac{u}{\sigma}$, où u est un
entier, et nous aurons

$$\delta - \alpha = \frac{2bu}{\sigma}, \quad \beta = -\frac{cu}{\sigma}, \quad \gamma = \frac{au}{\sigma}.$$

Si maintenant, dans l'équation

$$(\delta + \alpha)^2 = (\delta - \alpha)^2 + 4\alpha\delta = (\delta - \alpha)^2 + 4\beta\gamma + 4,$$

noùs substituons les expressions précédentes et si nous multiplions ensuite par
σ^2, il viendra

$$[\sigma(\delta + \alpha)]^2 = 4[(b^2 - ac)u^2 + \sigma^2] = 4(Du^2 + \sigma^2),$$

d'où nous concluons que $\sigma(\delta + \alpha)$ est pair. En posant donc

$$\sigma(\delta + \alpha) = 2t,$$

t étant un entier, la dernière équation prendra la forme

$$(2) \qquad t^2 - Du^2 = \sigma^2,$$

et nos entiers, α, β, γ, δ se trouveront exprimés par les formules suivantes:

$$\alpha = \frac{t - bu}{\sigma}, \quad \beta = -\frac{cu}{\sigma}, \quad \gamma = \frac{au}{\sigma}, \quad \delta = \frac{t + bu}{\sigma}.$$

Après avoir prouvé que les coefficients de toute substitution qui change
la forme (a, b, c) en elle-même, sont exprimables au moyen des formules précédentes par deux entiers t et u liés entre eux par l'équation (2), il nous reste
à faire voir que, réciproquement, toute solution entière (t, u) de cette dernière
donne des valeurs entières pour α, β, γ, δ, et que ces valeurs satisfont aux équations (1) qui expriment les conditions suffisantes pour que la substitution formée
au moyen des coefficients α, β, γ, δ change la forme (a, b, c) en elle-même. Le
premier point, qui est évident, lorsque $\sigma = 1$, se prouve pour $\sigma = 2$ en observant que D et b étant impairs dans ce cas, t et u seront évidemment tous
deux pairs ou tous deux impairs, et il n'est pas moins facile de vérifier la se-
conde assertion: il suffit de faire la substitution de α, β, γ, δ dans les équations (1),
et d'avoir égard à l'équation (2).

(Toul, 14 août 1857).

23*

Extrait d'une Lettre de M. Dirichlet à M. Liouville.

„... En jetant les yeux sur le Mémoire que M. Hoüel a traduit récemment (j'ai vu la traduction entre vos mains à Toul), je me suis aperçu qu'on pourrait le rendre plus complet, sans l'allonger, en profitant d'une remarque que j'ai eu occasion de faire dans mon Cours. Si donc ce Mémoire n'est pas encore imprimé, veuillez y faire le changement indiqué ci-après*).

„Les deux derniers alinéas du §. IV sont à remplacer par ce qui suit:

„Pour déterminer le coefficient b', on remarquera que la valeur réciproque de la première des racines appartenant à la forme (a', b', a'') devant être une quantité σ numériquement inférieure à l'unité et de même signe que a', on aura

$$\sigma = \frac{-b' + \sqrt{D}}{a'}, \quad b' = \sqrt{D} - a'\sigma,$$

c'est-à-dire que b' se trouve compris entre $\sqrt{D}$ et $\sqrt{D} - (a')$, (a') désignant la valeur absolue de a'. Cette condition jointe à la congruence $b' \equiv -b \pmod{a'}$ sert à déterminer b' sans ambiguïté et d'une manière facile.

„On prouve d'une manière toute semblable qu'il existe toujours une réduite unique contiguë à la proposée vers la gauche, et cela résulte aussi du cas précédent au moyen de la remarque faite plus haut.

„Nous terminerons ce paragraphe en faisant voir qu'on peut toujours obtenir une forme réduite équivalente à une forme quelconque donnée (a, b, a'). Pour cela on formera la suite de formes

$$(a, b, a'), \ (a', b', a''), \ (a'', b'', a'''), \ \ldots,$$

dont chacune se déduit de celle qui la précède par le procédé indiqué ci-dessus, la seconde par exemple de la première, en déterminant b' par la double condition, de satisfaire à la congruence $b' \equiv -b \pmod{a'}$ et d'être compris entre $\sqrt{D}$ et $\sqrt{D} - (a')$. Il est facile de s'assurer que les formes ainsi obtenues finiront par être toutes des réduites, et que cela aura lieu au plus tard lorsqu'on sera arrivé à une forme dont le premier coefficient ne surpasse pas numériquement le troisième, circonstance qui ne pourra manquer de se présenter, les

---

*) Cette Lettre ne m'est parvenue qu'au moment où j'allais donner le bon à tirer. Pour éviter un remaniement difficile, je laisse subsister la rédaction ancienne, qui, d'ailleurs, était déjà très satisfaisante; mais j'ajoute la rédaction nouvelle dont nos lecteurs feront leur profit suivant le voeu de l'illustre auteur.

(J. Liouville).

entiers positifs

$$(a), (a'), (a''), \ldots$$

ne pouvant aller indéfiniment en décroissant.

„Il s'agit donc de prouver qu'une forme telle que

$$(A, B, C),$$

où $(A) \leqq (C)$ et (B) compris entre $\sqrt{D}$ et $\sqrt{D} - (A)$ est une forme réduite.

„En vertu de la dernière condition, on a

$$B = \sqrt{D} - A\sigma, \quad \sigma = \frac{-B + \sqrt{D}}{A}, \quad \frac{1}{\sigma} = \frac{-B - \sqrt{D}}{C},$$

la quantité σ étant numériquement inférieure à l'unité et de même signe que A. Il resulte des deux dernières équations et de la condition $(A) \gtreqless (C)$, que les racines

$$\frac{-B - \sqrt{D}}{C}, \quad \frac{-B + \sqrt{D}}{C},$$

qui appartiennent à notre forme, sont, quant à leurs valeurs absolues, la première supérieure, la seconde inférieure à l'unité. La première racine étant ainsi numériquement supérieure à la seconde, B sera nécessairement positif, et l'on conclura ensuite de l'avant-dernière des équations ci-dessus, dans laquelle σ et A ont le même signe, que $B < \sqrt{D}$; d'où il suit enfin, d'après leurs expressions, que ces racines ont des signes opposés. $C. Q. F. D.$"

ÜBER EINE EIGENSCHAFT DER QUADRATISCHEN FORMEN VON POSITIVER DETERMINANTE.

VON

M. G. LEJEUNE DIRICHLET.

Bericht über die Verhandlungen der Königl. Preuss. Akademie der Wissenschaften. Jahrg. 1855, S. 493-495.

ÜBER EINE EIGENSCHAFT DER QUADRATISCHEN FORMEN VON POSITIVER DETERMINANTE.

[Mitgetheilt in der Sitzung der physikalisch-mathematischen Classe der Akademie der Wissenschaften am 16. Juli 1855.]

Da der neue Satz, welcher den Gegenstand dieser Vorlesung bildet, innig mit der Theorie der Gleichung:

$$(1) \qquad t^2 - Du^2 = 1$$

zusammenhängt, so sind zunächst einige Bemerkungen über diese Gleichung zu machen, worin die gegebene positive ganze Zahl D keinem Quadrate gleich sein soll, und von welcher hier nur die in positiven ganzen Zahlen t, u ausgedrückten Auflösungen zu berücksichtigen sind.

Sind T, U die kleinsten der Gleichung (1) genügenden Werthe, so werden bekanntlich sämmtliche Auflösungen von der eben erwähnten Beschaffenheit durch die Formel:

$$(T + U\sqrt{D})^n = t_n + u_n\sqrt{D}$$

erhalten, wenn man der ganzen Zahl n alle positiven Werthe beilegt. Unter diesen Auflösungen giebt es unendlich viele, in denen u_n durch eine beliebige (positive) Zahl S theilbar ist, und die Exponenten n, für die dieser Umstand stattfindet, sind die auf einander folgenden Vielfachen des kleinsten N derselben. Setzt man nämlich:

$$D' = DS^2,$$

und bildet die neue Gleichung:

$$t'^2 - D'u'^2 = 1,$$

so erhellt, dass jede Auflösung dieser letzteren, wenn:

$$t = t', \quad u = Su'$$

gesetzt wird, eine Auflösung von (1) ergiebt, in welcher u durch S aufgeht, und umgekehrt, woraus das Behauptete und überdies folgt, daſs N durch die Gleichung:

$$(T+U\sqrt{D})^N = T'+U'\sqrt{D'}$$

bestimmt wird, worin T', U' die kleinsten Werthe von t', u' bedeuten.

Man kann, ohne T', U' zu kennen, den Exponenten N angeben, sobald für jeden der verschiedenen in S enthaltenen Primfactoren p der kleinste Werth ν, für den u_ν durch p aufgeht, und zugleich der Exponent δ der höchsten Potenz von p bekannt ist, durch welche u_ν theilbar ist. Man überzeugt sich nämlich ohne Schwierigkeit, dass, wenn e eine beliebige durch p^ε (wo ε auch Null sein kann) und keine höhere Potenz von p theilbare Zahl bedeutet, unter der vorhin gemachten Voraussetzung $p^{\delta+\varepsilon}$ die höchste in $u_{\nu e}$ aufgehende Potenz von p sein wird, so dass also die erforderliche und ausreichende Bedingung dafür, dass $u_{\nu e}$ durch p^α aufgehe, darin besteht, dass e durch $p^{\alpha-\delta}$ theilbar sein muss, wo natürlich die Differenz $\alpha-\delta$, wenn sie negativ wird, auf Null zu reduciren ist.

Unterscheidet man nun die verschiedenen in S enthaltenen Primfactoren p so wie die ihnen entsprechenden Werthe ν, δ durch Indices, und setzt:

$$S = p_1^{\alpha_1}p_2^{\alpha_2}\ldots,$$

so ist nach dem Gesagten N das kleinste gemeinschaftliche Vielfache der Zahlen:

$$\nu_1 p_1^{\alpha_1-\delta_1}, \quad \nu_2 p_2^{\alpha_2-\delta_2}, \quad \ldots,$$

und man sieht sogleich, dass, wenn man ohne neue Primzahlen in S aufzunehmen, sämmtliche Exponenten α_1, α_2, $\ldots$ über jede Grenze hinaus wachsen lässt, der Quotient $\dfrac{S}{N}$ bald einen festen von α_1, α_2, $\ldots$ nicht mehr abhängigen Werth erreichen wird.

Aus der eben bewiesenen Eigenschaft ergiebt sich eine interessante Folgerung für die Theorie der quadratischen Formen von positiver Determinante. Fügt man zu den schon gemachten Voraussetzungen noch die hinzu, dass D keinen quadratischen Factor enthält, bezeichnet mit h die Anzahl der Classen, in welche die zur Determinante D gehörigen Formen zerfallen, und nimmt h' in ähnlicher Bedeutung für die Determinante $D' = DS^2$, so hat man, wie in einer früheren Abhandlung (Recherches sur diverses applications de l'analyse infinitésimale à la théorie des nombres) bewiesen worden ist[1]), die Gleichung:

$$h' = h\frac{\log(T+U\sqrt{D})}{\log(T'+U'\sqrt{D})}\,SR,$$

wo hinsichtlich des Factors R zu bemerken ist, dass derselbe von den Primzahlen p_1, p_2, ..., nicht aber von den Exponenten α_1, α_2, ..., abhängt. Da man dieser Gleichung auch die Form geben kann:

$$h' = h\frac{S}{N}R,$$

so folgt, dass aus jeder Determinante D unendlich viele andere Determinanten DS^2 abgeleitet werden können, welchen allen dieselbe Classenanzahl entspricht. Durch schickliche Wahl von D und der Primzahlen p_1, p_2, ... lässt sich bewirken, dass diese unveränderliche Anzahl der Classen mit der der genera übereinstimmt, und so die Richtigkeit der von GAUSS ausgesprochenen Vermuthung beweisen, dass die Reihe der positiven Determinanten, welche in jedem genus nur eine Classe besitzen, nicht abbricht, während die mit derselben Eigenschaft begabten negativen Determinanten nur in endlicher Anzahl zu sein scheinen [Disquisitiones arithmeticae, art. 304[2])].

---

[1]) Bd. I, S. 472 dieser Ausgabe von G. Lejeune Dirichlet's Werken.   K.
[2]) Gauss' Werke, Bd. I, S. 368.   K.

24 *

SUR UNE PROPRIÉTÉ DES FORMES QUADRATIQUES A DÉTERMINANT POSITIF.

PAR

G. LEJEUNE DIRICHLET.

Liouville, Journal de Mathématiques pures et appliquées, Série II, Tome I, 1856, p. 76—79.

SUR UNE PROPRIÉTÉ DES FORMES QUADRATIQUES
A DÉTERMINANT POSITIF.

[Extrait des Comptes rendus de l'Académie de Berlin (juillet 1855), et librement traduit par l'auteur.]

Comme la propriété des formes quadratiques que je me propose de faire connaître dans cette Note est liée intimement à la théorie de l'équation:

$$(1) \qquad t^2 - Du^2 = 1,$$

je commencerai par quelques remarques sur cette équation dans laquelle l'entier positif donné D est supposé non carré, et dont nous n'aurons à considérer que les solutions exprimées en entiers positifs t et u.

On sait que si l'on désigne par T, U les plus petits entiers positifs, satisfaisant à l'équation proposée, toutes les solutions positives de l'équation seront données par la formule:

$$(T + U\sqrt{D})^n = t_n + u_n\sqrt{D},$$

où il faut attribuer à n successivement les valeurs entières depuis $n = 1$ jusqu'à $n = \infty$. Parmi les valeurs que l'on obtient ainsi pour u_n, il y en a une infinité qui sont divisibles par un entier quelconque S (positif), et l'on prouve facilement que si N désigne le plus petit indice n, pour lequel cette condition a lieu, les autres valeurs convenables de n forment la suite des multiples successifs de N. Pour nous en assurer, soit $D' = DS^2$, et considérons l'équation:

$$(2) \qquad t'^2 - D'u'^2 = 1,$$

qui a la même forme que l'équation (1). On voit qu'en posant:

$$t = t', \quad u = Su',$$

toute solution de l'équation (2) donnera une solution de l'équation (1), pour laquelle u est divisible par S, et *vice versâ;* l'assertion avancée plus haut se trouve donc justifiée, et l'on reconnaît de plus que l'entier N est donné par l'équation:

$$(T+U\sqrt{\overline{D}})^N = T'+U'\sqrt{\overline{D'}},$$

T' et U' désignant les plus petites valeurs positives de t' et u'.

L'exposant N peut être assigné sans que l'on détermine préalablement T' et U'; il suffit de connaître pour chacun des diviseurs premiers p de S le plus petit indice ν tel que u_ν soit divisible par p, et de savoir en même temps quelle est la puissance la plus élevée p^δ de p qui divise u_ν. Dans la double supposition qu'on vient de faire, on peut indiquer immédiatement l'exposant de la plus haute puissance de p contenue dans $u_{\nu e}$, e étant un entier arbitrairement choisi. L'exposant dont il s'agit est $\delta+\varepsilon$, ε, qui peut d'ailleurs se réduire à zéro, désignant la puissance la plus élevée de p qui divise e.

Pour reconnaître la vérité de ce qui vient d'être avancé, soient θ et η deux entiers qui satisfassent à l'équation (1), et soit de plus p^k (k différant de zéro) la plus haute puissance de p contenue dans η. En déduisant de cette solution une solution nouvelle au moyen de la formule:

$$(\theta+\eta\sqrt{\overline{D}})^m = t+u\sqrt{\overline{D}},$$

nous aurons:

$$u = \eta\left(m\theta^{m-1}+\frac{m(m-1)(m-2)}{1.2.3}\theta^{m-3}\eta^2 D+\cdots\right),$$

et il est manifeste, θ n'étant pas divisible par p, que la puissance la plus élevée de p contenue dans u sera p^k, si m n'est pas divisible par p, et que cette puissance sera p^{k+1}, si l'on suppose $m = p$. Or l'élévation à une puissance quelconque pouvant se réduire à la combinaison des deux cas particuliers précédents, le résultat énoncé plus haut se trouve établi.

D'après la propriété qui vient d'être démontrée, on voit que la condition nécessaire et suffisante pour que $u_{\nu e}$ soit divisible par une puissance quelconque p^α, où $\alpha > 0$, consiste en ce que e doit avoir le facteur $p^{\alpha-\delta}$, l'exposant $\alpha-\delta$, s'il dévient négatif, devant être remplacé par zéro.

Servons-nous maintenant d'indices pour désigner les nombres premiers inégaux p contenus dans S, et les valeurs correspondantes de ν et δ, et posons:

$$S = p_1^{\alpha_1}p_2^{\alpha_2}\ldots;$$

l'exposant cherché N sera, d'après ce qui précède, le plus petit multiple commun des nombres:

$$\nu_1 p_1^{\alpha_1-\delta_1}, \quad \nu_2 p_2^{\alpha_2-\delta_2}, \quad \ldots,$$

et l'on voit sans peine que si, sans introduire de nouveaux facteurs premiers dans S, on fait croître indéfiniment tous les exposants α_1, α_2, ..., le quotient $\dfrac{S}{N}$ finira bientôt par ne plus varier, en conservant une valeur indépendante de α_1, α_2, ...

Le théorème que nous venons d'établir sur l'équation (1) donne lieu à une conséquence remarquable qui se rapporte à la théorie des formes quadratique à déterminant positif. Aux suppositions précédemment énoncées, ajoutons celle que D n'ait pas de diviseur carré, désignons alors par h le nombre des classes dans lesquelles se distribuent les formes quadratiques ayant D pour déterminant commun, et donnons à la lettre h' une signification analogue relativement au déterminant $D' = DS^2$, nous aurons l'équation suivante:

$$h' = h\,\frac{\log(T+U\sqrt{D})}{\log(T'+U'\sqrt{D'})}\,SR,$$

établie dans mon Mémoire: *Recherches sur diverses applications de l'Analyse infinitésimale à la Théorie des Nombres*, 2ᵉ partie[1]). Quant à la quantité R qui y entre et dont nous n'avons pas eu à parler plus haut, il suffira pour notre objet de rappeler que cette quantité dépend à la vérité des nombres premiers p_1, p_2, ..., mais nullement des exposants α_1, α_2, ... Notre équation pouvant se mettre sous la forme:

$$h' = h\,\frac{S}{N}\,R,$$

nous concluons du résultat précédemment obtenu que de tout déterminant positif D, on peut déduire une infinité d'autres déterminants de la forme DS^2, ayant tous le même nombre de classes. En choisissant convenablement l'entier D et les nombres premiers p_1, p_2, ..., on peut faire en sorte, et cela d'une infinité de manières, que le nombre invariable des classes coïncide pour toute cette série infinie de déterminants avec celui des genres, ce qui confirme la conjecture énoncée par l'illustre auteur des *Disquisitiones arithmeticae*

---

[1]) Bd. I, S. 472 dieser Ausgabe von G. Lejeune Dirichlet's Werken. K.

(*voir* art. 304)[1]), d'après laquelle les déterminants positifs possédant une seule classe dans chacun des genres qui leur correspondent forment une suite infinie. C'est là un phénomène analytique d'autant plus remarquable, que les déterminants négatifs jouissant de la même propriété ne paraissent être qu'en nombre fini et même très restreint. Si l'on peut s'en rapporter à une induction portée très loin (jusqu'à 10 000 si je ne me trompe) d'abord par EULER qui s'est occupé de ces mêmes nombres sous le nom de *numeri idonei*, c'est-à-dire de nombres propres à faire trouver des nombres premiers très grands, à une époque où la théorie des formes quadratiques, fondée par LAGRANGE, n'existait pas encore, et plus tard par GAUSS, les déterminants négatifs dont il s'agit ne seraient qu'au nombre de 65, et le plus grand de ces déterminants, abstraction fait du signe, aurait pour valeur 1848.

---

[1]) Gauss' Werke, Bd. I, S. 368. K.

SUR UN THÉORÈME RELATIF AUX SÉRIES.

PAR

M. G. LEJEUNE DIRICHLET.

Liouville, Journal de Mathématiques pures et appliquées, Série II, Tome I, 1856, p. 80—81.

25 *

SUR UN THÉORÈME RELATIF AUX SÉRIES.

Le théorème que je vais établir d'une manière nouvelle est le même qui m'a servi comme lemme dans plusieurs Mémoires précédents. La démonstration que j'en ai donnée dans le premier de ces Mémoires*) suppose une certaine condition qui, bien qu'elle se trouve remplie dans la plupart des applications qu'on peut faire du lemme, n'est pas indispensable, comme j'en ai déjà fait la remarque ailleurs, et comme ón pourra au reste le voir dans ce qui va suivre.

Je commence par un cas particulier très simple et qui consiste en ce que, a et b désignant des constantes positives et ϱ une variable également positive, on a:

$$\lim_{\varrho} \sum_{n=0}^{n=\infty} \frac{1}{(b+na)^{1+\varrho}} = \frac{1}{a},$$

la limite se rapportant au décroissement indéfini de ϱ. Pour démontrer ce cas particulier, considérons l'intégrale:

$$\int_{b}^{\infty} \frac{dx}{x^{1+\varrho}} = \frac{1}{\varrho\, b^{\varrho}}$$

comme l'aire d'une courbe ayant x pour abscisse; cette courbe se rapprochant

---

*) Journal de Crelle, tome **XIX**.[1]

[1]) Bd. I., S. 414—417 dieser Ausgabe von G. Lejeune Dirichlet's Werken.　K.

de plus en plus de l'axe des x, si l'on mène des parallèles à cet axe par les extrémités des ordonnées qui répondent à $x = b$, $b + a$, etc., on aura des rectangles extérieurs et intérieurs à notre aire, et l'on conclura sur-le-champ que la somme dont il s'agit d'avoir la limite, se trouve comprise entre les deux quantités:

$$\frac{1}{a b^\varrho} \quad \text{et} \quad \frac{1}{a b^\varrho} + \frac{\varrho}{b^{1+\varrho}},$$

dont la limite commune est $\dfrac{1}{a}$.

Pour passer maintenant au théorème général, soient:

$$k_1, \quad k_2, \quad k_3, \quad \ldots, \quad k_n, \quad \ldots,$$

des constantes positives rangées par ordre de grandeur croissante, de sorte que $k_n \leq k_{n+1}$, et supposons que ces constantes soient telles, qu'en désignant par t une variable continue et positive, et par T le nombre des termes de notre suite qui ne surpassent pas t, le rapport:

$$\frac{T}{t}$$

converge vers la limite finie α lorsque t croît indéfiniment. Cela supposé, je dis que cette même quantité α sera aussi la limite de la somme:

$$(1) \qquad\qquad \varrho \sum_{n=1}^{n=\infty} \frac{1}{k_n^{1+\varrho}}$$

pour une valeur infiniment petite de ϱ.

D'après la condition supposée, on peut, δ désignant un nombre aussi petit que l'on voudra, en choisir un autre τ assez grand pour que, t surpassant τ, on ait constamment:

$$\alpha - \delta < \frac{T}{t} < \alpha + \delta.$$

Cela fait, soit N la valeur de T qui répond à $t = \tau$, et ne considérons d'abord que les termes de notre série ayant un indice $n > N$. Un pareil terme k_n peut présenter deux cas, selon que l'on aura:

$$k_n < k_{n+1} \quad \text{ou} \quad k_n = k_{n+1}.$$

Dans le premier cas, la valeur de T qui répond à $t = k_n$ sera n, et l'on aura:

$$\alpha - \delta < \frac{n}{k_n} < \alpha + \delta.$$

Dans le second cas, soit, parmi les termes qui suivent k_n, $k_{m'}$ le dernier qui soit encore égal à k_n; soit de plus, parmi les termes précédents, k_m le premier dont la valeur soit inférieure à celle de k_n. Si maintenant nous faisons croître t à partir de $t = k_m$, T restera invariablement égal à m, tant que t n'atteindra pas la valeur $k_{m'}$, et notre rapport $\dfrac{T}{t}$ approchant ainsi indéfiniment de $\dfrac{m}{k_{m'}}$, en même temps qu'il reste toujours supérieur à $\alpha - \delta$, nous aurons:

$$\frac{m}{k_{m'}} > \alpha - \delta.$$

Mais comme par le premier cas nous avons aussi:

$$\frac{m'}{k_{m'}} < \alpha + \delta,$$

et en outre:

$$m < n < m', \quad k_n = k_{m'},$$

nous concluons, comme précédemment:

$$\alpha - \delta < \frac{n}{k_n} < \alpha + \delta.$$

Cette double inégalité étant mise sous la forme:

$$(\alpha - \delta)^{1+\varrho} \frac{\varrho}{n^{1+\varrho}} < \frac{\varrho}{k_n^{1+\varrho}} < (\alpha + \delta)^{1+\varrho} \frac{\varrho}{n^{1+\varrho}},$$

si nous sommons depuis $n = N+1$ jusqu'à $n = \infty$, il viendra:

$$(\alpha - \delta)^{1+\varrho} . \varrho \sum \frac{1}{n^{1+\varrho}} < \varrho \sum \frac{1}{k_n^{1+\varrho}} < (\alpha + \delta)^{1+\varrho} . \varrho \sum \frac{1}{n^{1+\varrho}} .$$

Or l'expression $\varrho \sum \dfrac{1}{n^{1+\varrho}}$ rentrant dans le cas particulier examiné plus haut, en supposant:

$$b = N+1, \quad a = 1,$$

et ayant par suite l'unité pour limite, on voit que la partie de notre somme (1), qui s'étend depuis $n = N+1$ jusqu'à $n = \infty$, finira par rester comprise entre $\alpha - \varepsilon$ et $\alpha + \varepsilon$, le nombre ε étant tant soit peu supérieur à δ et par conséquent, comme ce dernier, d'une petitesse arbitraire, et comme en même temps la première partie qui n'a qu'un nombre fini N de termes, converge évidemment vers zéro, il s'ensuit que la limite de l'expression (1) est en effet α; C. Q. F. D.

SUR L'ÉQUATION
$$t^2 + u^2 + v^2 + w^2 = 4m.$$

PAR

M. G. LEJEUNE DIRICHLET.

Liouville, Journal de Mathématiques pures et appliquées, Série II, Tome I, 1856, p. 210—214.

SUR L'ÉQUATION

$$t^2 + u^2 + v^2 + w^2 = 4m.$$

[Extrait d'une Lettre de M. LEJEUNE DIRICHLET à M. LIOUVILLE.]

Permettez-moi, cher ami, de revenir un instant sur la conversation que nous avons eue dernièrement sur le beau théorème de JACOBI relatif au nombre des décompositions d'un entier en quatre carrés, théorème que l'illustre géomètre a tiré d'abord de ses séries elliptiques et dont il a donné depuis une démonstration arithmétique*). Ayant mieux rappelé mes souvenirs, je vais vous présenter avec plus de développement, et surtout avec un peu plus d'ordre, ce que l'autre jour je n'ai pu que vous indiquer. Comme je vous le disais, j'ai toujours éprouvé quelque difficulté, ce qui, je crois, est arrivé aussi à d'autres personnes, lorsque j'ai voulu reproduire cette belle démonstration sans avoir le texte de l'auteur sous les yeux et sans recourir aux opérations sur les séries, dont la démonstration de JACOBI, ainsi qu'il en avertit lui-même, n'est que la traduction. Cette circonstance m'a fait chercher il y a déjà longtemps à fonder sur d'autres principes une nouvelle démonstration du théorème dont il s'agit, mais je n'en parlerai pas ici, cette démonstration devant trouver naturellement sa

---

*) Journal de Crelle, tome XII, page 167.[1]

[1] Jacobi's gesammelte Werke, Bd. VI, S. 245.   F.

place dans un travail dont la rédaction m'occupe depuis quelque temps. Pour le moment, je n'ai d'autre objet que de simplifier celle de JACOBI, et de la rendre surtout plus facile à retenir, en mettant dans tout son jour le fait arithmétique ou plutôt algébrique qui en forme le principal fondement.

Pour éviter des répétitions inutiles, je remarquerai que tous les entiers que nous désignerons par des lettres latines sont positifs et impairs, à l'exception de ceux désignés par x et x', qui ne sont pas assujettis à cette limitation.

Quant au lemme qui sert de point de départ à JACOBI et qui définit le nombre des solutions de l'équation:

$$t^2+u^2 = 2p,$$

p étant supposé donné, je ne reproduirai pas ici la démonstration très simple que JACOBI en a donnée, d'autant plus que ce lemme rentre dans une proposition générale dont j'ai eu à parler ailleurs*). On sait qu'il faut opérer toutes les décompositions:

$$p = ad$$

de p en deux facteurs, et que le nombre en question est égal à l'excès du nombre des cas où le premier facteur a est de la forme $4\nu+1$, sur celui des cas où a est de la forme $4\nu+3$; en convenant donc de faire correspondre à chaque décomposition une unité δ, positive ou négative selon ces deux cas, le nombre dont il s'agit sera exprimé par la somme:

$$\Sigma\delta.$$

Cela posé, cherchons à déterminer le nombre des solutions de l'équation:

$$(1) \qquad\qquad t^2+u^2+v^2+w^2 = 4m,$$

dans laquelle m indique un entier impair donné. Pour obtenir toutes ces solutions, il faudra poser de toutes les manières possibles:

$$4m = 2p+2q \quad \text{ou} \quad 2m = p+q,$$

---

*) Journal de Crelle, tome XXI, page 3.[1]

[1] Bd. I, S. 468 dieser Ausgabe von G. Lejeune Dirichlet's Werken.   K.

et résoudre ensuite pour chaque couple p, q, de la manière la plus générale, les deux équations:

$$t^2+u^2 = 2p, \quad v^2+w^2 = 2q.$$

Si, considérant d'abord un couple déterminé p, q, nous faisons correspondre à chaque décomposition:

$$q = bc,$$

une unité $\varepsilon = \pm 1$, qui dépende de b de la même manière que δ de a, le nombre des solutions de l'équation (1) qui répondent à ce couple p, q, sera:

$$\Sigma\delta.\Sigma\varepsilon,$$

ou encore:

$$\Sigma\eta,$$

les termes de cette somme répondant aux combinaisons différentes que l'on peut former avec les décompositions:

$$p = ad, \quad q = bc,$$

et η étant égal à l'unité positive ou négative, selon que les restes de a et b, lorsqu'on les divise par 4, sont ou ne sont pas égaux, ou, ce qui revient au même, selon que $a-b$ est ou n'est pas divisible par 4. Ceci bien entendu, il est manifeste que le nombre de toutes les solutions de notre équation (1) sera encore exprimé par la somme:

$$\Sigma\eta,$$

dont les termes dépendront toujours de la même manière de a et b, mais répondront maintenant à toutes les combinaisons que a et b présentent dans la solution complète de l'équation:

$$(2) \qquad\qquad 2m = ad+bc.$$

Avant d'aller plus loin, il est bon de faire une remarque très simple et qui nous sera utile plus tard: c'est que, parmi les deux entiers pairs:

$$a-b \quad \text{et} \quad c+d,$$

il y en a toujours un, et qu'il n'y en a qu'un qui soit divisible par 4. En effet, s'il en était autrement, on aurait

$$\text{ou} \quad a \equiv b, \quad c \equiv -d, \quad \text{ou} \quad a \equiv -b, \quad c \equiv d \quad (\text{mod. } 4),$$

et il en résulterait $ad + bc \equiv 0$ (mod. 4). On peut donc définir η autrement en disant que η est égal à -1 ou à $+1$, selon que $c + d$ est ou n'est pas divisible par 4.

Distribuons maintenant les solutions de l'équation (2) en deux classes, en comprenant dans la première celles qui sont telles que $a = b$, et dans la seconde toutes les autres. Comme ces dernières sont associées deux à deux et résultent l'une de l'autre, en échangeant à la fois a avec b, et d avec c, ce qui ne changera pas la valeur de η, on voit que le nombre H des solutions de l'équation (1) peut être mis sous la forme:

$$H = \Sigma\eta' + 2\Sigma\eta'',$$

les termes η' de la prémière somme, qui sont d'ailleurs tous égaux à l'unité positive, répondant aux solutions de l'équation (2) pour lesquelles on a $a = b$, et ceux η'' de la seconde aux solutions de la même équation qui satisfont à la condition $a > b$.

Cela posé, nóus allons considérer d'abord les solutions (2) pour lesquelles on a $a > b$. Posant pour cela:

$$a' = c(x+1) + d(x+2), \quad c' = a(x+1) - b(x+2),$$
$$b' = cx + d(x+1), \qquad d' = -ax + b(x+1),$$

nous aurons identiquement:

$$a'd' + b'c' = ad + bc.$$

Il résulte de là que toute solution de l'équation (2) en fournit une infinité d'autres au moyen de l'entier indéterminé x, mais il reste à voir à quelle limitation cet entier doit être assujetti pour que a', b', c', d' soient impairs et positifs, et qu'on ait de plus $a' > b'$ comme dans la solution primitive. Or chacun des couples:

$$x, \quad x+1 \quad \text{et} \quad x+1, \quad x+2,$$

étant composé de deux entiers, l'un pair, l'autre impair, la première condition se trouve toujours remplie. Quant à la seconde, comme on a:

$$c' = (a-b)(x+1)-b, \quad d' = b-(a-b)x,$$

on voit qu'elle détermine complètement l'entier x, $(a-b)x$ devant être le multiple du nombre pair et positif $a-b$, immédiatement inférieur à l'impair b, et l'on voit encore, x n'étant pas négatif, que a' et b' seront positifs, et qu'on a de plus $a' > b'$. Après nous être assurés que les expressions données plus haut fournissent toujours une solution unique assujettie aux mêmes conditions que la solution primitive, voyons à quelle solution nous serons conduits, si nous prenons la solution a', b', c', d' à son tour pour point de départ. Comme pour cela il faut dans les expressions:

$$c'(x'+1)+d'(x'+2), \quad a'(x'+1)-b'(x'+2),$$
$$c'x'+d'(x'+1), \quad -a'x'+b'(x'+1),$$

donner à l'indéterminée x' la valeur entièrement déterminée en vertu de ce qui précède, qui rend ces expressions positives et que, d'un autre côté, les équations posées plus haut donnent par leur résolution celles-ci:

$$a = c'(x+1)+d'(x+2), \quad c = a'(x+1)-b'(x+2),$$
$$b = c'x+d'(x+1), \quad d = -a'x+b'(x+1),$$

dont les premiers membres sont positifs, on voit que x' coïncide avec x, et que nous nous trouvons ramenés à la solution primitive a, b, c, d.

Si maintenant nous observons qu'à nos deux solutions ainsi liées entre elles, et qui se déduisent mutuellement l'une de l'autre par un procédé uniforme, correspondent toujours des valeurs opposées de η'', comme cela résulte de l'équation:

$$a-b = c'+d'$$

et de la remarque faite plus haut, nous concluons que $\Sigma\eta''$ se réduit à zéro, et nous aurons simplement:

$$H = \Sigma\eta'.$$

Pour évaluer cette somme dont tous les termes η' sont égaux à l'unité positive, tout se réduit à trouver le nombre des solutions de l'équation:

$$a(d+c) = 2m.$$

Or a étant un diviseur déterminé de m, $\dfrac{m}{a}=e$ sera aussi un tel diviseur, et l'on aura à résoudre l'équation:

$$d+c = 2e,$$

dont le nombre des solutions est e; d'où il suit, a et par conséquent aussi e devant être successivement égalés à tous les diviseurs de m, que le nombre $\boldsymbol{H}$ qu'il s'agissait de déterminer coïncide avec la somme des diviseurs de m.

DÉMONSTRATION NOUVELLE
D'UNE PROPOSITION RELATIVE A LA THÉORIE
DES FORMES QUADRATIQUES.

PAR

M. G. LEJEUNE DIRICHLET.

Liouville, Journal de Mathématiques pures et appliquées, Série II, Tome I, 1857, p. 273—276.

DÉMONSTRATION NOUVELLE D'UNE PROPOSITION RELATIVE A LA THÉORIE DES FORMES QUADRATIQUES.

La proposition dont je veux donner une démonstration nouvelle et très simple appartenant à une théorie exposée avec détail dans les *Disquisitiones arithmeticae* de GAUSS, je puis m'en référer à cet ouvrage quant à la terminologie dont j'aurai à faire usage, et passer immédiatement à l'objet qu'il s'agit de remplir.

„Étant donnée une substitution impropre $\begin{pmatrix} \alpha, & \beta \\ \gamma, & \delta \end{pmatrix}$ par laquelle la forme quadratique $(a,\ b,\ c) = f$ (dont le déterminant est supposé différent de zéro) se change en elle-même, on peut toujours obtenir une nouvelle forme appartenant à la même classe, et pour laquelle le double du coefficient moyen soit un multiple du premier coefficient."

La supposition de l'énoncé fournit sur-le-champ, outre l'équation:

$$\alpha\delta - \beta\gamma = -1$$

les trois que voici:

$$a(\alpha^2 - 1) + 2b\alpha\gamma + c\gamma^2 = 0,$$
$$a\alpha\beta + 2b\alpha\delta + c\gamma\delta = 0,$$
$$a\beta^2 + 2b\beta\delta + c(\delta^2 - 1) = 0,$$

dont la seconde a été simplifiée par la substitution de $\alpha\delta + 1$ à la place de $\beta\gamma$. En faisant la somme des deux premières après les avoir multipliées respectivement par $-\delta$ et γ, et ensuite la somme des deux dernières multipliées par β

27*

et $-\alpha$, on obtient ces nouvelles équations:

$$a[\alpha(\beta\gamma-\alpha\delta)+\delta] = a(\alpha+\delta) = 0,$$
$$c[\delta(\beta\gamma-\alpha\delta)+\alpha] = c(\alpha+\delta) = 0.$$

Il résulte de là que si a et c ne s'évanouissent pas à la fois, on a:

$$\alpha+\delta = 0.$$

Mais cette dernière équation a également lieu dans le cas excepté; en effet, comme dans ce cas b est différent de zéro, on a en même temps

$$\alpha\gamma = 0, \quad \alpha\delta = 0, \quad \beta\delta = 0,$$

équations qui ne sont compatibles avec l'équation:

$$\alpha\delta-\beta\gamma = -1,$$

qu'autant qu'on suppose simultanément:

$$\alpha = 0, \quad \delta = 0.$$

Il est donc prouvé que notre substitution impropre est toujours de la forme:

$$\begin{pmatrix} \alpha, & \beta \\ \gamma, & -\alpha \end{pmatrix}$$

où:

$$\alpha^2+\beta\gamma = 1.$$

Arrêtons-nous un instant au cas particulier où le troisième coefficient γ de cette substitution s'évanouit. Nos équations donnent alors

$$\alpha = -\delta = \pm 1, \quad 2b = \pm a\beta.$$

On voit que, dans ce cas, la forme donnée f jouit déjà de la propriété exigée. On conclut de là que si γ n'est pas zéro, tout se réduit à obtenir une forme équivalente à la forme f, et qui soit transformable en elle-même par une substitution impropre dont le troisième coefficient s'évanouisse.

Soit, à cet effet:

$$\begin{pmatrix} \lambda, & \mu \\ \nu, & \varrho \end{pmatrix}$$

la substitution propre la plus générale, ou, autrement dit, soient λ, μ, ν, ϱ quatre entiers assujettis à la seule condition:

$$\lambda\varrho - \mu\nu = 1.$$

Appelons φ la forme en laquelle se change f lorsqu'on lui applique cette substitution. La substitution inverse:

$$\begin{pmatrix} \varrho, & -\mu \\ -\nu, & \lambda \end{pmatrix}$$

qui est également propre, changera φ en f.

Cela posé, composons les trois substitutions:

$$\begin{pmatrix} \varrho, & -\mu \\ -\nu, & \lambda \end{pmatrix} \begin{pmatrix} \alpha, & \beta \\ \gamma, & -\alpha \end{pmatrix} \begin{pmatrix} \lambda, & \mu \\ \nu, & \varrho \end{pmatrix}$$

dans l'ordre où nous venons de les écrire; ces substitutions changeant, la première φ en f, la seconde f en f, la troisième f en φ, la substitution composée, qui est d'ailleurs évidemment impropre, changera la forme φ en elle-même. La question est donc réduite à rendre égal à zéro le troisième coefficient de notre substitution composée.

Pour obtenir ce coefficient, commençons par composer les deux premières substitutions, et bornons-nous à écrire le troisième et le quatrième coefficient de la substitution qui résulte de cette première composition. Ces coefficients étant:

$$\gamma\lambda - \alpha\nu, \quad -\alpha\lambda - \beta\nu,$$

il en résulte, pour le coefficient qu'il s'agit d'obtenir, l'expression:

$$(\gamma\lambda - \alpha\nu)\lambda - (\alpha\lambda + \beta\nu)\nu = \gamma\lambda^2 - 2\alpha\lambda\nu - \beta\nu^2.$$

Comme γ par hypothèse n'est pas zéro, nous pouvons, avant d'égaler notre expression à zéro, la multiplier par γ; nous aurons ainsi:

$$\gamma(\gamma\lambda^2 - 2\alpha\lambda\nu - \beta\nu^2) = (\gamma\lambda - \alpha\nu)^2 - (\alpha^2 + \beta\gamma)\nu^2 = (\gamma\lambda - \alpha\nu)^2 - \nu^2 = 0,$$

par conséquent:

$$[\gamma\lambda - (\alpha+1)\nu][\gamma\lambda - (\alpha-1)\nu] = 0,$$

et l'on voit que si, après avoir réduit le rapport $\dfrac{\alpha \pm 1}{\gamma}$ (où le signe ambigu est à volonté) à sa plus simple expression $\dfrac{\lambda}{\nu}$, on déduit des entiers λ, ν deux entiers μ, ϱ qui satisfassent à l'équation:

$$\lambda\varrho - \mu\nu = 1,$$

la substitution $\begin{pmatrix} \lambda, & \mu \\ \nu, & \varrho \end{pmatrix}$ appliquée à la forme f changera cette forme en une autre équivalente φ jouissant de la propriété exigée.

Toul, le 15 août 1857.

UNTERSUCHUNGEN
ÜBER EIN PROBLEM DER HYDRODYNAMIK.

VON

G. LEJEUNE DIRICHLET.

Nachrichten von der G. A. Universität und der Königl. Gesellschaft der Wissenschaften zu Göttingen,
Jahrg. 1857, No. 14, August 10, S. 205—207.

UNTERSUCHUNGEN
ÜBER EIN PROBLEM DER HYDRODYNAMIK.

[Auszug aus einer der Königlichen Societät am 31. Juli 1857 überreichten Abhandlung.[1])]

Obgleich die Grundgleichungen der Hydrodynamik in der Form, in welcher man sie in den Lehrbüchern findet, seit EULER und in einer andern Form, welche man LAGRANGE verdankt, seit dem Erscheinen der ersten Ausgabe der *Mécanique analytique* bekannt sind, so hat man doch in allen bis jetzt untersuchten Fällen, in welchen die Flüssigkeit im Laufe der Bewegung ihre Gestalt ändert, aus den Grundgleichungen nicht die vollständige Lösung des Problems abgeleitet, sondern sich auf eine genäherte Bestimmung der Bewegung beschränkt. Durch den eben erwähnten Umstand zu dem Versuche angeregt, ein Problem der bezeichneten Art in aller Strenge zu behandeln, war der Verfasser der Abhandlung bei der Schwierigkeit des Gegenstandes, dessen Erledigung die Integration eines Systems von nicht linearen partiellen Differentialgleichungen erfordert, darauf gefasst, dass ein solcher Versuch nur unter den einfachsten Voraussetzungen über die Bedingungen, welche die Bewegung der Flüssigkeit bestimmen, Erfolg haben würde, und deshalb nicht wenig überrascht, als sich nach einigen vergeblichen Bemühungen ein Fall darbot, der in so fern nicht zu den einfacheren zu zählen ist, als darin die gegenseitige Anziehung der Elemente der Flüssigkeit berücksichtigt wird, und in welchem ungeachtet dieses Umstandes die Bewegung nicht nur ihrem allgemeinen Charakter nach erkannt, sondern auch unter gewissen Beschränkungen in ihren Einzelheiten bestimmt werden kann.

Die Bedingungen dieses Falles der Bewegung, welcher in der Abhandlung behandelt wird, und das darauf bezügliche allgemeine Resultat sind in folgendem Satze ausgesprochen:

---

[1]) Der Auszug wird in No. 14 der Nachrichten der Göttinger Königlichen Gesellschaft der Wissenschaften auf Seite 105 mit den Worten eingeleitet: Am 31. Juli 1857 überreichte Hr. Prof. G. Lejeune Dirichlet der Kön. Societät eine Abhandlung, die den Titel führt: „Untersuchungen über ein Problem der Hydrodynamik" von welcher das Nachfolgende ein Auszug ist. K.

„Hat eine homogene incompressible Flüssigkeit, die an ihrer Oberfläche einen constanten oder nur mit der Zeit veränderlichen Druck erleidet, anfänglich die Gestalt eines Ellipsoides; ist ferner die anfängliche Bewegung in zwei einfachere zerlegbar, eine Drehung der Flüssigkeit wie eines festen Körpers um eine durch den Schwerpunkt gehende Axe und eine zweite die relative Lage der Elemente ändernde Bewegung, bei welcher die Geschwindigkeiten derselben, senkrecht gegen drei bestimmte sich im Mittelpunkt rechtwinklig schneidende Ebenen zerlegt, den Abständen von den Ebenen proportional sind, so wird die Flüssigkeit in der in Folge eines solchen Anfangszustandes entstehenden Bewegung auch zu jeder späteren Zeit die Gestalt eines Ellipsoides haben, welches mit dem ursprünglichen concentrisch ist, dessen Axen sich aber im Allgemeinen mit der Zeit an Richtung und Grösse ändern. Von der augenblicklichen zu einer beliebigen Zeit stattfindenden Bewegung gilt dasselbe, was hinsichtlich der ursprünglichen vorausgesetzt worden ist, d. h. sie ist in zwei einfachere zerlegbar, wie sie vorhin definirt worden sind, so jedoch, dass sowohl die Drehungsaxe als die drei auf einander senkrechten Ebenen, auf welche sich diese Theilbewegungen beziehen, ebenfalls im Allgemeinen jeden Augenblick eine andere Lage annehmen."

Zur vollständigen Kenntniss der Bewegung, deren allgemeine Beschaffenheit soeben angegeben worden ist, wird die Bestimmung von 9 Functionen der Zeit erfordert, welche durch eben so viel Gleichungen, eine endliche und 8 Differentialgleichungen zweiter Ordnung definirt werden. Von diesen letzteren lassen sich allgemein 7 Integrale erster Ordnung aufstellen, die jedoch zur vollständigen Lösung des Problems d. h. zur Zurückführung desselben auf Quadraturen nicht ausreichen, wenn nicht die anfängliche Gestalt und der im ersten Augenblick stattfindende Bewegungszustand, welcher 8 willkürliche Elemente einschliesst, weiteren Beschränkungen unterworfen werden.

Unter den auf Quadraturen zurückführbaren Fällen ist der einfachste, welcher allein hier erwähnt werden kann, der, wo die Masse ursprünglich die Form eines Umdrehungsellipsoides hat und keine anfänglichen Geschwindigkeiten vorhanden sind. Die Bewegung besteht dann aus isochronen Schwingungen, in welchen die Flüssigkeit durch die Kugelgestalt hindurchgehend abwechselnd die Form eines verlängerten und die eines abgeplatteten Ellipsoides annimmt.

NACHRICHT
ÜBER JACOBI'S WISSENSCHAFTLICHEN NACHLASS.

VON

G. LEJEUNE DIRICHLET.

Crelle, Journal für die reine und angewandte Mathematik, Bd. 42 S. 91 und 92.

NACHRICHT
ÜBER JACOBI'S WISSENSCHAFTLICHEN NACHLASS.

Bald nach JACOBI's beklagenswerthem Tode hat mir Frau Professor JACOBI mit einem mich ehrenden Vertrauen den gesammten wissenschaftlichen Nachlass meines unvergesslichen Freundes übergeben. Um zunächst eine allgemeine Uebersicht über denselben zu gewinnen, war es erforderlich, die zahlreichen Handschriften des grossen Mathematikers nach den Gegenständen zu ordnen. Dieses Geschäft, dem ich mich, gemeinschaftlich mit JACOBI's hiesigen Freunden, den Herren BORCHARDT und JOACHIMSTHAL, unterzogen habe, war nicht ohne Schwierigkeit, da die Manuscripte, wahrscheinlich in Folge wiederholten Wohnungswechsels, sich in grosser Unordnung befanden und die einzelnen zusammengehörigen Bogen oder Blätter, gewöhnlich ohne Pagination, nicht selten mühsam aus verschiedenen Convoluten hervorgesucht werden mussten. Sobald diese vorläufige Arbeit beendigt sein wird, in deren Ausführung wir durch die momentan hier anwesenden Herren KUMMER und ROSENHAIN unterstützt worden sind, sollen die Handschriften unter des Verewigten Freunde, die sich dazu bereit erklärt haben, zum Behufe einer ins Einzelne gehenden Durchsicht vertheilt werden. Es hat sich bei der vorläufigen Anordnung gefunden, dass nur Weniges völlig zum Drucke bereit ist. Meistens liegen wiederholte Bearbeitungen derselben oder nahe verwandter Gegenstände vor, die offenbar, wenngleich jede Zeitangabe in den Manuscripten fehlt, sehr verschiedenen Zeiten angehören. Es werden diese Bearbeitungen mit der grössten Sorgfalt durchzusehen und zu vergleichen sein, um auszumitteln, welche der früheren durch die späteren überflüssig geworden sind, oder was aus jenen herauszunehmen und in die späteren an geeigneter Stelle einzureihen sein wird, damit der Wissenschaft nichts Wesentliches von des grossen, unermüdlichen Forschers Schöpfungen verloren gehe. Die zur Veröffentlichung geeigneten Abhandlungen werden im gegenwärtigen Journal gedruckt werden, in welchem, mit Ausnahme der beiden besonderen Werke: *„Fundamenta nova* *theoriae functionum ellipticarum*" und „*Canon arithmeticus*", fast alle Arbeiten Jacobi's zuerst erschienen sind, und sollen später gesammelt werden; wie er dies schon selbst durch die Herausgabe des ersten Bandes seiner Werke (Berlin bei G. Reimer, 1846) zu thun begonnen hatte.

Neben der Herausgabe der von Jacobi selbst verfassten Abhandlungen beabsichtigen seine Freunde, die wichtigsten der von ihm in Königsberg und hier gehaltenen Universitätsvorlesungen der Oeffentlichkeit zu übergeben. Allen, die an den Fortschritten der mathematischen Wissenschaften Interesse nehmen, ist es bekannt, welchen Einfluss Jacobi auch in seinem Berufe als Universitätslehrer, dem er sich stets mit besonderer Liebe und dem seltensten Erfolge gewidmet hat, auf den grossen Aufschwung geübt hat, den die mathematischen Studien während des letzten Vierteljahrhunderts in unserem deutschen Vaterlande genommen haben. Wenn jetzt die Kenntniss der höheren Analysis unter uns in einem Grade verbreitet ist, wie zu keiner früheren Zeit, wenn zahlreiche jüngere Mathematiker die Wissenschaft in den verschiedensten Richtungen erweitern und bereichern: so hat er an einer so erfreulichen Erscheinung den grössten Antheil. Fast alle sind seine Schüler gewesen, selten ist ein aufkeimendes Talent seiner Aufmerksamkeit entgangen, keinem, sobald er es erkannt, hat sein fördernder Rath, seine aufmunternde Theilnahme gefehlt.

Damit einer so erfolgreichen Lehrthätigkeit, welcher der Tod ein so frühes Ziel gesetzt, wenigstens die Nachwirkung erhalten werde, die das gedruckte Wort in Ermangelung des lebendigen, gesprochenen hervorzubringen vermag, werden die Freunde des Verewigten seine wichtigsten Vorlesungen in genauer Reproduction durch den Druck veröffentlichen. Sie sind der Ueberzeugung, dass den Jüngern der Wissenschaft kein wirksameres Bildungsmittel in die Hand gegeben werden kann, als es ihnen die Vorträge eines schöpferischen Geistes darbieten, der es sich zur besonderen Aufgabe gemacht hatte, seine Zuhörer bei allen schwierigen Untersuchungen in den Gedankengang der Erfindung einzuweihen. Da Jacobi seine Vorlesungen immer ganz frei und ohne Benutzung einer schriftlichen Ausarbeitung gehalten hat, so enthält sein Nachlass, bis auf wenige kurze Notizen, zwar nichts von seiner Hand, was auf seine Vorlesungen Bezug hat: dagegen finden sich in demselben sehr genaue Nachschriften seiner bedeutendsten Vorlesungen, welche von mehreren seiner ausgezeichnetsten Zuhörer herrühren, und die er seit Jahren sorgfältig gesammelt hatte, theils um sich später dadurch die Vorbereitung auf seine Vorträge zu erleichtern, theils um sie bei

der Ausarbeitung von Lehrbüchern zu benutzen, deren Herausgabe er beabsichtigte. Mit Hülfe dieser Nachschriften und anderer von gleicher Genauigkeit,
die ihnen zu diesem Zwecke zur Disposition gestellt worden sind, werden Jacobi's
Freunde im Stande sein, seine wichtigsten Vorlesungen mit grosser Treue zu
reproduciren. Es können von diesen Vorlesungen, die in einzelnen Bänden erscheinen werden, hier vorläufig die folgenden: 1°. die über die Theorie der
elliptischen Functionen, 2°. über die Kreistheilung und ihre Anwendungen auf
die Zahlentheorie, 3°. über die analytische Mechanik, und endlich 4°. über die
allgemeine Theorie der Curven und Flächen genannt werden. Bei einigen anderen
von geringerem Umfange bleibt die Entscheidung, ob sie zu drucken sind, noch
vorbehalten.

Berlin, im August 1851.

GEDÄCHTNISSREDE

AUF

CARL GUSTAV JACOB JACOBI.

VON

G. LEJEUNE DIRICHLET.

Abhandlungen der Königlich Preussischen Akademie der Wissenschaften von 1852, S. 1—27.

GEDÄCHTNISSREDE AUF CARL GUSTAV JACOB JACOBI.

[Gehalten in der Akademie der Wissenschaften am 1. Juli 1852[1]).]

Indem ich es unternehme, die wissenschaftlichen Leistungen des grössten Mathematikers zu schildern, welcher seit LAGRANGE unserer Körperschaft als anwesendes Mitglied angehört hat, treten mir lebhaft die Schwierigkeiten der Aufgabe vor Augen, die ganze Bedeutung der Schöpfungen eines Mannes darzustellen, welcher mit starker Hand in fast alle Gebiete einer durch zweitausendjährige Arbeit zu unermesslichem Umfange angewachsenen Wissenschaft eingegriffen, überall, wohin er seinen schöpferischen Geist gerichtet, wichtige oft tief verborgene Wahrheiten zu Tage gefördert und neue Grundgedanken in die Wissenschaft einführend, die mathematische Speculation in mehr als einer Richtung auf eine höhere Stufe erhoben hat. Nur die Ueberzeugung, dass solchen der Wissenschaft und ihren Pflegern geleisteten Diensten gegenüber eine Pflicht der Dankbarkeit zu erfüllen ist, kann die Bedenken, welche das Bewusstsein meiner Unzulänglichkeit in mir hervorruft, zum Schweigen bringen: denn wem könnte die Erfüllung dieser Pflicht mehr obliegen als mir, der ich, wie alle meine Fachgenossen durch JACOBI's wissenschaftliche Productionen so wesentlich gefördert, überdies eine nicht geringere Belehrung meinem vieljährigen, so nahen Verkehr mit dem grossen Forscher verdanke. —

CARL GUSTAV JACOB JACOBI wurde den 10. Dec. 1804 zu Potsdam geboren, wo sein Vater ein begüterter Kaufmann war. Die erste Unterweisung in den alten Sprachen und den Elementen der Mathematik erhielt er von seinem mütterlichen Oheim, Hrn. LEHMANN, der den regsamen Knaben weniger zu unterrichten als zu lenken hatte, und unter dessen einsichtiger Leitung dieser so rasche Fortschritte machte, dass er noch nicht zwölf Jahre alt in die zweite Klasse des Potsdamer Gymnasiums und schon nach einem

---

[1]) Die darauf bezügliche Notiz im Akademie-Bericht von 1852 lautet auf S. 433: „Hierauf hielt Hr. Dirichlet eine Gedächtnissrede auf das verstorbene Mitglied der Akademie, den Mathematiker Jacobi."   K.

halben Jahre in die erste aufgenommen wurde. In dieser blieb er volle vier Jahre, da er nicht füglich vor zurückgelegtem sechzehnten Jahre die Universität besuchen konnte. Der mathematische Unterricht, der ganz als Gedächtnisssache behandelt wurde, konnte dem jungen Primaner nicht zusagen. Sein Verhältniss zum Lehrer war daher längere Zeit sehr unangenehm, gestaltete sich jedoch zuletzt besser, da der Lehrer einsichtig genug war, den ungewöhnlichen Schüler gewähren zu lassen und es zu gestatten, dass dieser sich mit EULER's „*Introductio*" beschäftigte, während die übrigen Schüler mühsam erlernte Elementarsätze hersagten. Wie weit JACOBI's geistige Entwickelung damals schon vorgeschritten war, zeigt der Versuch, den er um diese Zeit zur Auflösung der Gleichungen des 5ten Grades anstellte, und dessen er in einer seiner Abhandlungen später erwähnt hat.

An dieser Aufgabe hat mehr als einer von denen, welche später einen grossen Namen erlangt haben, zuerst seine Kräfte geübt, und man begreift in der That leicht, welchen Reiz gerade dieses Problem auf ein erwachendes Talent ausüben musste, so lange die Unmöglichkeit desselben noch nicht erwiesen war. Zu der Berühmtheit, welche so viele fruchtlose Bemühungen dieser Untersuchung gegeben hatten, gesellte sich der besondere Umstand, dass das Problem, als einem Gebiete angehörig, welches unmittelbar an die Elemente grenzt, ohne ein grosses Maass von Vorkenntnissen zugänglich schien.

Auf der hiesigen Universität theilte JACOBI seine Zeit zwischen philosophischen, philologischen und mathematischen Studien. Als Theilnehmer an den Uebungen des philologischen Seminars erregte er die Aufmerksamkeit unseres Collegen BÖCKH, des Vorstehers dieses Instituts, welcher den jungen Mann wegen seines scharfen und eigenthümlichen Geistes sehr lieb gewann und durch besonderes Wohlwollen auszeichnete.

Mathematische Vorlesungen scheint er wenig besucht zu haben, da diese damals auf der hiesigen Universität einen zu elementaren Charakter hatten, als dass sie JACOBI, der schon mit einigen der Hauptwerke von EULER und LAGRANGE vertraut war, wesentlich hätten fördern können. Desto eifriger sah er sich in der mathematischen Litteratur um und suchte namentlich eine allgemeine Uebersicht der grossen wissenschaftlichen Schätze zu gewinnen, welche die akademischen Sammlungen enthalten. JACOBI, dessen Natur das blosse Einsammeln von Kenntnissen nicht zusagte, und der das Bedürfniss fühlte, der Dinge, womit er sich beschäftigte, ganz Herr zu werden, erkannte nach etwa zweijährigen Universitätsstudien die Nothwendigkeit einen Entschluss zu fassen, und entweder der Philologie oder der Mathematik zu entsagen. Da die Entscheidung, welche er traf, nicht nur für ihn, sondern auch für die Wissenschaft, welcher er sich von nun an ausschliesslich widmete, so wichtige Folgen gehabt hat, so wird man die Gründe, welche seine Wahl bestimmten, gern von ihm selbst erfahren. Er schreibt darüber an seinen schon genannten Oheim: „Indem ich so doch einige Zeit mich ernstlich mit der Philologie beschäftigte, gelang es mir einen Blick wenigstens zu thun in die innere Herrlichkeit des alten hellenischen Lebens, so dass ich wenigstens nicht ohne Kampf dessen weitere Erforschung aufgeben konnte. Denn aufgeben muss ich sie für jetzt ganz. Der ungeheure Koloss, den die Arbeiten eines EULER, LAGRANGE, LAPLACE hervorgerufen haben, erfordert die ungeheuerste Kraft und Anstrengung des Nachdenkens, wenn man in seine innere Natur eindringen will, und nicht bloss äusserlich daran herumkramen. Ueber diesen Meister zu werden, dass man nicht jeden Augenblick fürchten muss von ihm erdrückt zu werden, treibt ein Drang, der nicht rasten und ruhen lässt, bis man oben steht und das ganze Werk übersehen kann. Dann ist es auch erst möglich mit Ruhe an der Vervollkommnung seiner einzelnen Theile recht zu arbeiten und das ganze, grosse Werk nach Kräften weiter zu führen, wenn man seinen Geist erfasst hat."

Zu seiner Doctordissertation wählte JACOBI einen schon vielfach behandelten Gegenstand, die Zerlegung der algebraischen Brüche. Er beweist darin zuerst merkwürdige Formeln, welche LAGRANGE ohne Beweis in den Abhandlungen unserer Akademie gegeben hatte, geht dann zu einer neuen Art der Zerlegung über, welche nicht, wie die bis dahin ausschliesslich betrachtete, völlig bestimmt ist, und beschliesst die Abhandlung mit Untersuchungen über die Umformung der Reihen, wobei schon ein neues Princip bemerklich wird, von welchem er in späteren Arbeiten mehrfach Gebrauch gemacht hat.

Gleich nach seiner Promotion habilitirte sich JACOBI bei der Universität und hielt eine Vorlesung über die Theorie der krummen Flächen und Curven im Raume. Nach dem Zeugniss eines seiner damaligen Zuhörer muss sein Lehrtalent bei diesem ersten Auftreten schon sehr entwickelt gewesen sein und er es verstanden haben, sein Thema mit grosser Klarheit und auf eine seine Zuhörer sehr anregende Weise zu behandeln. Der 21jährige

Docent zeigte auch darin eine sehr frühe Reife des Urtheils, dass er unbeirrt durch den Misscredit, in welchen die Methode des Unendlichkleinen um jene Zeit durch eine grosse Autorität gekommen war, gerade dieser in seiner Darstellung folgte und seine Zuhörer mit dem besten Erfolge zu überzeugen sich bemühte, dass die verdächtigte Methode nur in ihrer abgekürzten Form von der strengen Methode der Alten unterschieden ist, aber gerade durch diese Form bei allen zusammengesetzteren Fragen unentbehrlich wird.

Die Aufmerksamkeit, welche JACOBI zu erregen anfing, veranlasste die höchste Unterrichtsbehörde ihn aufzufordern, seine Lehrthätigkeit vorläufig als Privatdocent in Königsberg fortzusetzen, wo durch die eben vacant gewordene Professur der Mathematik sich zu seiner Beförderung mehr Aussichten als in Berlin darboten.

Bei seiner Uebersiedelung nach Königsberg war es für JACOBI ein wichtiges Ereigniss den grossen Astronomen BESSEL persönlich kennen zu lernen, und zum ersten Male in einem dem seinigen so nahe verwandten Fache ein Genie in der Nähe zu sehen. Die tägliche Anschauung des Feuereifers dieses ausserordentlichen Mannes übte selbst auf ihn, der es doch von seiner frühesten Jugend an gewohnt war, die grössten Anstrengungen von sich zu fordern, den mächtigsten Einfluss, dessen er später oft dankbar erwähnt hat.

Es war für JACOBI's schriftstellerische Laufbahn ein glücklicher Umstand, dass der Anfang derselben mit der Gründung der mathematischen Zeitschrift zusammenfiel, durch deren Herausgabe sich unser College CRELLE ein so grosses und bleibendes Verdienst nicht nur um die Verbreitung sondern auch um die Belebung des Studiums der Wissenschaft erworben hat. JACOBI, der zu den frühesten Mitarbeitern der Zeitschrift gehörte, ist ihr bis zu seinem Tode treu geblieben, und wenn man die beiden besonderen Werke *„Fundamenta nova theoriae functionum ellipticarum"* und *„Canon arithmeticus"* ausnimmt, so sind fast alle seine anderen Arbeiten zuerst im Crelleschen Journal erschienen.

JACOBI's erste Abhandlungen zeigen ihn schon als durchaus vollendeten Mathematiker, mag er nun, wie in den Aufsätzen „über GAUSS' neue Methode zur genäherten Bestimmung der Integrale" und „über die PFAFF'sche Methode für die Integration der partiellen Differentialgleichungen", bekannte Theorieen aus einem neuen Gesichtspunkte betrachten und wesentlich vereinfachen, oder noch nicht gelöste Probleme behandeln und zu neuen Resultaten gelangen. Unter den Arbeiten der letzteren Art sind hier zwei besonders zu erwähnen: eine Abhandlung von wenigen Seiten, in der er eine bis dahin unbekannt gebliebene Grundeigenschaft der merkwürdigen Function kennen lehrt, welche von LEGENDRE zuerst in die Wissenschaft eingeführt, in allen späteren allgemeinen Untersuchungen über die Anziehung eine so grosse Rolle gespielt hat, und eine andere „über die cubischen Reste". Diese letztere enthält zwar nur Sätze ohne Beweise, aber diese Sätze sind der Art, dass sie nicht das Ergebniss der Induction sein können und keinen Zweifel darüber lassen, dass JACOBI schon damals in dem wissenschaftlichen Gebiete, welches GAUSS ein Vierteljahrhundert früher der mathematischen Speculation eröffnet hatte, und welches ebenso sehr der höheren Algebra als der Theorie der Zahlen angehört, im Besitze neuer, fruchtbarer Principien sein musste, was auch durch eine spätere Publication bestätigt wird, in der er ausdrücklich erwähnt, dass er diese Principien schon damals GAUSS brieflich mitgetheilt habe.

Von der weiteren Verfolgung dieses Gegenstandes wurde JACOBI zu jener Zeit durch eine andere Arbeit, seine Untersuchungen über die elliptischen Functionen abgezogen, welche ihm bald eine so grosse Berühmtheit verleihen und eine Stelle unter den ersten Mathematikern der Zeit anweisen sollten.

Der junge Mathematiker, der sich schon in so vielen Richtungen mit Erfolg versucht hatte, schien längere Zeit in der Theorie der elliptischen Functionen vom Glücke nicht begünstigt zu werden. Einer seiner Freunde, der ihn eines Tages auffallend verstimmt fand, erhielt auf die Frage nach dem Grunde dieser Verstimmung von ihm die Antwort: „Sie sehen mich eben im Begriff dieses Buch (LEGENDRE's *Exercices etc.*) auf die Bibliothek zurückzuschicken, mit welchem ich entschiedenes Unglück habe. Wenn ich sonst ein bedeutendes Werk studirt habe, hat es mich immer zu eigenen Gedanken angeregt und ist dabei immer etwas für mich abgefallen. Diesmal bin ich ganz leer ausgegangen und nicht zum geringsten Einfalle inspirirt worden."

Wenn die eigenen Gedanken in diesem Falle etwas lange auf sich warten liessen, so stellten sie sich dafür später um so reichlicher ein, so reichlich, dass sie in Verbindung mit den gleichzeitigen Gedanken ABEL's eine unerwartete Erweiterung und die völlige Umgestaltung eines der wichtigsten Zweige der Analysis zur Folge hatten.

Indem der Fortschritt hier zu derselben Zeit von zwei verschiedenen

Seiten ausging, wird es erforderlich, neben JACOBI's Untersuchungen die gleichzeitigen Arbeiten ABEL's zu erwähnen. Im Ursprunge von einander unabhängig,
greifen die Entdeckungen beider später so in einander ein, dass die Darstellung der einen ohne Berücksichtigung der anderen kaum verständlich sein
würde.

Die Theorie der elliptischen Functionen, mit welcher ABEL's und JA-
COBI's Namen auf immer verbunden sind, reicht in ihren Anfängen nicht
über die erste Hälfte des vorigen Jahrhunderts zurück. Ein italienischer
Mathematiker von ungewöhnlichem Scharfsinn, der Graf FAGNANO aus dem
Kirchenstaate, machte die merkwürdige Entdeckung, dass das Integral, welches den Bogen der Curve ausdrückt, welche damals die Mathematiker unter
dem Namen Lemniscate vielfach beschäftigte, ähnliche Eigenschaften besitzt
wie das einfachere Integral, welches einen Kreisbogen darstellt, und dass z. B.
zwischen den Grenzen zweier Integrale dieser Art, deren eines dem doppelten
Werthe des anderen gleich ist, ein einfacher algebraischer Zusammenhang stattfindet, so dass ein Lemniscatenbogen, wenn gleich eine Transcendente höherer
Art, doch wie ein Kreisbogen durch geometrische Construction verdoppelt oder
gehälftet werden kann[1]). EULER fand einige Jahre später die eigentliche Quelle
dieser und anderer ähnlicher Eigenschaften in einem Satze, der zu den schönsten
Bereicherungen gehört, welche die Wissenschaft diesem grossen Forscher verdankt.
Nach diesem EULER'schen Satze hängt ein gewisses Integral, welches allgemeiner
ist als das von FAGNANO betrachtete und in unserer jetzigen Terminologie elliptisches Integral der ersten Gattung heisst, so von seiner Grenze ab, dass zwei
solche Integrale mit beliebigen Grenzen immer in ein drittes vereinigt werden
können, dessen Grenze eine einfache algebraische Verbindung der Grenzen jener
ist, gerade so wie der Sinus eines zweitheiligen Bogens algebraisch aus den
Sinus seiner Bestandtheile gebildet werden kann. Aber das elliptische Integral
ist allgemeiner als dasjenige, welches einen Kreisbogen ausdrückt. Auf die
einfachste Form gebracht hängt es nicht wie dieses bloss von seiner Grenze,
sondern auch von einer anderen in der Function enthaltenen Grösse, dem sogenannten Modul ab. Das EULER'sche Theorem ergab nur Beziehungen
zwischen Integralen mit demselben Modul. Das erste Beispiel eines Zusammenhanges zwischen Integralen, die sich durch ihre Moduln unterscheiden, bot

---

[1]) Der Satz von FAGNANO befindet sich im Giornale de'Letterati d'Italia, tomo 29 Anno 1718.
F.

eine spätere von LANDEN und in etwas anderer Form von LAGRANGE gemachte Entdeckung dar, nach welcher ein elliptisches Integral durch eine
einfache algebraische Substitution in ein anderes Integral derselben Art verwandelt werden kann.

Es ist LEGENDRE's unvergänglicher Ruhm in den eben erwähnten Entdeckungen die Keime eines wichtigen Zweiges der Analysis erkannt, und
durch die Arbeit eines halben Lebens auf diesen Grundlagen eine selbständige
Theorie errichtet zu haben, welche alle Integrale umfasst, in denen keine
andere Irrationalität enthalten ist als eine Quadratwurzel, unter welcher die
Veränderliche den vierten Grad nicht übersteigt. Schon EULER hatte bemerkt,
mit welchen Modificationen sein Satz auf solche Integrale ausgedehnt werden
kann; LEGENDRE, indem er von dem glücklichen Gedanken ausging, alle diese
Integrale auf feste canonische Formen zurückzuführen, gelangte zu der für die
Ausbildung der Theorie so wichtig gewordenen Erkenntniss, dass sie in drei
wesentlich verschiedene Gattungen zerfallen. Indem er dann jede Gattung
einer sorgfältigen Untersuchung unterwarf, entdeckte er viele ihrer wichtigsten
Eigenschaften, von welchen namentlich die, welche der dritten Gattung zu-
kommen, sehr verborgen und ungemein schwer zugänglich waren. Nur durch
die ausdauerndste Beharrlichkeit, die den grossen Mathematiker immer von
neuem auf den Gegenstand zurückkommen liess, gelang es ihm hier Schwierigkeiten zu besiegen, welche mit den Hülfsmitteln, die ihm zu Gebote standen,
kaum überwindlieh scheinen mussten.

Die Theorie, wie ABEL und JACOBI sie vorfanden, bot mehrere höchst
räthselhafte Erscheinungen dar, zu deren Aufklärung die damals bekannten
Principien nicht ausreichten. So hatte man, um nur eine dieser Erscheinungen zu erwähnen, gefunden, dass der Grad der mit Hülfe des EULER-
schen Satzes gebildeten Gleichung, von deren Lösung die Theilung des elliptischen Integrals abhängt, nicht wie in der analogen Frage der Kreistheilung
der Anzahl der Theile, sondern dem Quadrate dieser Anzahl gleich ist. Die
Bedeutung der reellen Wurzeln, deren Anzahl mit jener übereinstimmt, war
leicht ersichtlich, wogegen die zahlreicheren imaginären ganz unerklärlich
erscheinen mussten. Aber dass hier ein Geheimniss verborgen liege, darüber
hatte man vor ABEL und JACOBI kein Bewusstsein, und ihnen war es vorbehalten, sich zuerst über diese und ähnliche Erscheinungen zu wundern, was in
der Mathematik wie in anderen Gebieten oft schon eine halbe Entdeckung ist.

Obgleich die Umgestaltung der Theorie der elliptischen Functionen, welche man ABEL und JACOBI verdankt, aus dem Zusammenwirken mehrerer sich gegenseitig unterstützender Gedanken hervorgegangen ist, so scheint doch zweien dieser Gedanken die grösste Wichtigkeit zugeschrieben werden zu müssen, weil sie alle Theile der neuen Theorie innig durchdringen. Während die früheren Bearbeiter dieses Gegenstandes das elliptische Integral der ersten Gattung als eine Function seiner Grenze ansahen, erkannten ABEL und JACOBI unabhängig von einander, wenn auch der erstere einige Monate früher, die Nothwendigkeit, die Betrachtungsweise umzukehren und die Grenze nebst zwei einfachen von ihr abhängigen Grössen, die so unzertrennlich mit ihr verbunden sind wie der Sinus zum Cosinus gehört, als Functionen des Integrals zu behandeln, gerade wie man schon früher zur Erkenntniss der wichtigsten Eigenschaften der vom Kreise abhängigen Transcendenten gelangt war, indem man den Sinus und Cosinus als Functionen des Bogens und nicht diesen als eine Function von jenen betrachtete.

Ein zweiter, ABEL und JACOBI gemeinsamer Gedanke, der Gedanke das Imaginäre in diese Theorie einzuführen, war von noch grösserer Bedeutung, und JACOBI hat es später oft wiederholt, dass die Einführung des Imaginären allein alle Räthsel der früheren Theorie gelöst habe. Wäre es nicht eine so alte Erfahrung, dass das nahe Liegende sich fast immer zuletzt darbietet, so würde man es auffallend finden müssen, dass dieser Gedanke EULER entgangen ist, zu dessen frühesten und schönsten Leistungen es gehört, die Theorie der Kreisfunctionen, indem er diese als imaginäre Exponentialgrössen behandelte, in solchem Grade vereinfacht und erweitert zu haben, dass fast das ganze Gebiet der Analysis eine wesentliche Umgestaltung dadurch erfuhr.

Indem ABEL und JACOBI in die vorhin erwähnten, durch Umkehrung aus dem elliptischen Integral der ersten Gattung gebildeten Functionen, welche nach unserer jetzigen Terminologie ausschliesslich elliptische Functionen genannt werden, das Imaginäre einführten, erkannten sie, dass diese Functionen gleichzeitig an der Natur der Kreisfunctionen und an der der Exponentialgrössen Theil haben, und dass, während jene nur für reelle, diese nur für imaginäre Werthe des Argumentes periodisch sind, die elliptischen Functionen beide Arten der Periodicität in sich vereinigen.

Durch den Besitz dieser Grundgedanken auf einen neuen Boden gestellt, richteten ABEL und JACOBI ihre Untersuchungen auf zwei verschiedene Regionen der Theorie. ABEL's Thätigkeit wandte sich den Problemen zu, welche die Vervielfältigung und Theilung der elliptischen Integrale betreffen, und indem er mit Hülfe des Princips der doppelten Periode in die Natur der Wurzeln der Gleichung, von welcher die Theilung abhängt, tief eindrang, gelangte er zu der ganz unerwarteten Entdeckung, dass die allgemeine Theilung des elliptischen Integrals mit beliebiger Grenze immer algebraisch, d. h. durch blosse Wurzelausziehungen bewerkstelligt werden kann, sobald die besondere Theilung der sogenannten vollständigen Integrale als schon ausgeführt vorausgesetzt wird. Die eben genannte besondere Theilung scheint nur für specielle Moduln möglich, unter welchen derjenige der einfachste ist, dem die Lemniscate entspricht. Indem er die Lösung des Problems für diesen Fall durchführte, zeigte er, dass die Theilung der ganzen Lemniscate der Kreistheilung völlig analog ist und in denselben Fällen durch geometrische Construction geleistet werden kann, in welchen nach der schönen fünfundzwanzig Jahre früher von GAUSS gegebenen Theorie der Kreis eine solche Theilung zulässt.

An diese letztere Arbeit ABEL's knüpft sich eine erwähnenswerthe historische Merkwürdigkeit. In der Einleitung zum letzten Abschnitte der „Disquisitiones arithmeticae", welcher der Kreistheilung gewidmet ist, hatte GAUSS im Vorbeigehen bemerkt, dass dasselbe Princip, worauf seine Kreistheilung beruht, auch auf die Theilung der Lemniscate anwendbar sei, und in der That liegt das GAUSSische Princip, nach welchem die Wurzeln der zu lösenden Gleichung so in einen Cyclus zu bringen sind, dass jede von der vorhergehenden auf dieselbe Weise abhängt, der Abhandlung ABEL's über die Theilung der Lemniscate wesentlich zu Grunde; wenn aber für die Kreistheilung längst bekannte Eigenschaften der trigonometrischen Functionen genügten, um die Wurzeln dem GAUSSischen Principe gemäss zu ordnen, so war für den Fall der Lemniscate zu einer ähnlichen Anordnung, ja um nur die Möglichkeit einer solchen zu erkennen, eine Einsicht in die Natur der Wurzeln erforderlich, welche nur das Princip der doppelten Periodicität gewähren konnte. Die vorhin erwähnte Aeusserung ist also durch ABEL's Abhandlung zu einem unwidersprechlichen Zeugnisse geworden, dass GAUSS seiner Zeit weit vorauseilend, schon zu Anfange des Jahrhunderts das Princip der doppelten Periode erkannt hatte. Dieses Zeugniss ist jedoch erst durch die spätere Arbeit ABEL's verständlich geworden, und thut daher seinem und JACOBI's Anrecht an diese Erfindung keinen Abbruch.

Ausser den schon erwähnten auf die Theilung bezüglichen Resultaten hatten ABEL's Untersuchungen noch eine andere nicht weniger wichtige Entdeckung zur Folge. Indem er in den Formeln, durch welche er die elliptischen Functionen eines vielfachen Argumentes durch die Functionen des einfachen dargestellt hatte, den Multiplicator unendlich werden liess, erhielt er merkwürdige Ausdrücke für die elliptischen Functionen in Form von unendlichen Reihen, so wie von Quotienten unendlicher Producte, eine Entdeckung, welche für die Analysis vielleicht von noch grösserer Bedeutung ist als die von ABEL nachgewiesene algebraische Lösbarkeit der Gleichungen für die Theilung.

Zu derselben Zeit als ABEL diese schönen Untersuchungen ausführte, war JACOBI in einem anderen Theile desselben Gebietes nicht weniger erfolgreich beschäftigt. Die oben erwähnte Substitution, durch welche ein elliptisches Integral in ein Integral derselben Form übergeht, war bis dahin die einzige ihrer Art. Zwar hatte LEGENDRE nicht lange vor der Zeit, wo JACOBI sich diesem Gegenstande zuwandte, eine zweite Transformation der elliptischen Integrale aufgefunden, aber diese zweite Transformation, mit welcher er den Gegenstand für abgeschlossen hielt, war damals in Deutschland noch nicht bekannt, und es gehörte daher ein seltener Scharfsinn dazu aus einem sichtbaren Ringe auf das Vorhandensein einer unendlichen Kette zu schliessen, und eine eben so grosse Kühnheit, sich die Erkenntniss der Natur dieser Kette als Aufgabe zu stellen.

Eine glückliche Induction, bei welcher der feine und ganz neue Gedanke eine wesentliche Rolle spielte, die Transformation und die Multiplication aus einem gemeinschaftlichen Gesichtspunkte und letztere als einen speciellen Fall der ersteren zu betrachten, leitete JACOBI auf die Vermuthung, dass rationale Functionen jedes Grades geeignet seien, ein elliptisches Integral in ein Integral derselben Form zu verwandeln. Diese Vermuthung bestätigte sich sogleich, indem sich ergab, dass die Anzahl der willkürlichen Coefficienten, über welche man für jeden Grad zu verfügen hatte, ausreichte um allen Bedingungen zu genügen, welche zu erfüllen waren, wenn das transformirte Integral der Form nach mit dem ursprünglichen übereinstimmen sollte. Aber wenn eine so einfache Betrachtungsweise über die Möglichkeit der Sache kaum einen Zweifel lassen konnte, so war noch ein grosser Schritt zu thun, um die innere analytische Natur der zur Transformation geeigneten gebrochenen Ausdrücke zu erkennen. Von welcher Art die hierbei zu besiegenden Schwierigkeiten waren, und durch welche geistreiche Betrachtungen Jacobi diese überwand, kann hier nicht ausgeführt werden, eben so wenig als es mir gestattet ist alle wichtigen Folgerungen aufzuzählen, die sich aus dem vollständig gelösten Probleme ergaben. Ich erwähne nur des merkwürdigen Ergebnisses dieser Untersuchung, dass die Multiplication immer aus zwei Transformationen zusammengesetzt werden kann.

Indem Abel und Jacobi so die Theorie gleichzeitig in zwei verschiedenen Richtungen vervollkommneten, schien es, als habe das Schicksal die Ehre des zu vollbringenden Fortschrittes gleichmässig unter die jungen Wettkämpfer vertheilen wollen, denn die Art wie bald darauf einer die Erfindung des anderen weiter führte, liess keinen Zweifel, dass jeder von ihnen, wäre ihm der andere nicht in einem Theile der Arbeit zuvorgekommen, den ganzen Fortschritt allein vollbracht haben würde.

Jacobi war in seinen Untersuchungen von der Annahme ausgegangen, dass bei der Transformation die ursprüngliche Variable rational durch die neue ausgedrückt sei. Abel behandelte das Problem in der weiteren Voraussetzung, dass zwischen beiden irgend eine algebraische Gleichung stattfinde, und gelangte zu dem Resultate, dass das so verallgemeinerte Problem immer auf den Fall zurückgeführt werden kann, den Jacobi so vollständig behandelt hatte.

Nicht minder erfolgreich griff Jacobi in die von Abel gegebene Theorie der allgemeinen Theilung ein. Die Art, wie Abel das Problem gelöst hatte, zeigte zwar, dass die Wurzeln immer algebraisch ausdrückbar sind, erforderte aber zur wirklichen Darstellung derselben die Bildung von gewissen symmetrischen Wurzelverbindungen, die nur in jedem besonderen Falle bewerkstelligt werden konnte. Aus einem neuen Principe, welches bald näher zu erwähnen sein wird, leitete Jacobi die schliesslichen, für jeden Grad geltenden und unmittelbar aus den Daten des Problems gebildeten Ausdrücke der Wurzeln ab, welche Ausdrücke überdies vor den Abel'schen eine grössere Einfachheit ihrer Form voraus haben. Als Jacobi das Resultat dieser Arbeit in einer kurzen Notiz bekannt machte, hoffte er, Abel durch die Vervollkommnung der Lösung des Theilungsproblems in Verwunderung zu setzen, aber diese

Hoffnung blieb unerfüllt. — ABEL war eben gestorben, kaum 27 Jahre alt, weniger als zwei Jahre nach der Bekanntmachung seiner ersten Arbeiten über die elliptischen Functionen. Ein so frühes Ziel hatte der Tod der glänzenden Laufbahn dieses tiefsinnigen und umfassenden Geistes gesetzt.

JACOBI's weitere Untersuchungen über die elliptischen Transcendenten, wie auch die zuletzt erwähnte, sind aus einem Gedanken hervorgegangen, dem man wegen der Folgen, die er gehabt, vielleicht die erste Stelle unter seinen Conceptionen einräumen muss. Es war dies der Gedanke, die unendlichen Producte, durch deren Quotienten ABEL die elliptischen Functionen ausgedrückt hatte, als selbständige Transcendenten in die Analysis einzuführen. Als es ihm gelungen war diese Producte, die übrigens alle von derselben Natur und als besondere Fälle einer Transcendente anzusehen sind, in Reihenform darzustellen, erkannte er eine Function, welche sich französischen Mathematikern schon in Untersuchungen der mathematischen Physik dargeboten hatte, wo sie aber wenig beachtet und nur eine ihrer Eigenschaften bemerkt worden war. JACOBI unterwarf sie einer tief eindringenden Untersuchung, erforschte ihre analytische Natur und führte sie dann in die Theorie der Integrale der zweiten und dritten Gattung ein, was nicht nur die Erkenntniss des inneren Zusammenhanges schon bekannter, isolirt stehender Eigenschaften dieser Integrale, sondern auch die wichtige Entdeckung zur Folge hatte, dass die Integrale der dritten Gattung, welche von drei Elementen abhängen, vermittelst der neuen Transcendente, welche deren nur zwei enthält, ausgedrückt werden können.

Bei der späteren Darstellung der ganzen Theorie, wie JACOBI sie in seinen Vorlesungen zu geben pflegte, bildet die Betrachtung der erwähnten Function den Ausgangspunkt. Die ganze Lehre gewinnt dadurch nicht nur einen überraschenden Grad von Einfachheit und Durchsichtigkeit, sondern dieser umgekehrte Gang ist auch dadurch bemerkenswerth, dass er für andere später zu erwähnende Untersuchungen das Vorbild geworden ist.

Bedenkt man, dass die neue Function jetzt das ganze Gebiet der elliptischen Transcendenten beherrscht, dass JACOBI aus ihren Eigenschaften wichtige Theoreme der höheren Arithmetik abgeleitet hat, und dass sie eine wesentliche Rolle in vielen Anwendungen spielt, von welchen hier nur die vermittelst dieser Transcendente gegebene Darstellung der Rotationsbewegung erwähnt werden mag, welche eine von JACOBI's letzten und schönsten Arbeiten ist, so wird man dieser Function die nächste Stelle nach den längst in die

Wissenschaft aufgenommenen Elementartranscendenten einräumen müssen. Auffallender Weise hat eine so wichtige Function noch keinen anderen Namen, als den der Transcendente Θ, nach der zufälligen Bezeichnung, mit der sie zuerst bei JACOBI erscheint, und die Mathematiker würden nur eine Pflicht der Dankbarkeit erfüllen, wenn sie sich vereinigten ihr JACOBI's Namen beizulegen, um das Andenken des Mannes zu ehren, zu dessen schönsten Entdeckungen es gehört, die innere Natur und hohe Bedeutung dieser Transcendente zuerst erkannt zu haben.

ABEL's oben erwähnte Arbeiten sind nicht die einzige Leistung ersten Ranges dieses hervorragenden Mathematikers, sie sind nicht einmal die bedeutendste seiner Leistungen. Seine grösste Entdeckung hat er in einem Satze niedergelegt, welcher seinen Namen führt, und ganz das Gepräge seines ausserordentlichen Geistes trägt, dessen charakteristische Eigenschaft es war, die Fragen der Wissenschaft in der umfassendsten Allgemeinheit zu behandeln.

Das schon oben bezeichnete EULER'sche Theorem — ich rede hier von demselben als Princip, nicht von den daraus gezogenen Folgerungen, die sich täglich weiter erstreckten — bildete damals auf dem Gebiete, dem es angehört, die Grenze der Wissenschaft, über welche hinauszugehen EULER selbst, LAGRANGE und andere Vorgänger ABEL's sich vergebens bemüht hatten. Welche Bewunderung musste daher eine Entdeckung hervorrufen, welche die Integrale aller algebraischen Functionen umfassend, die Grundeigenschaft derselben enthüllte.

LEGENDRE nennt das ABEL'sche Theorem ein *monumentum aere perennius*, und JACOBI bezeichnete denselben Satz, „wie er in einfacher Gestalt und ohne Apparat von Calcul den tiefsten und umfassendsten mathematischen Gedanken ausspreche, als die grösste mathematische Entdeckung unserer Zeit, obgleich erst eine künftige, vielleicht späte, grosse Arbeit ihre ganze Bedeutung aufweisen könne".

Diese Arbeit hat bereits begonnen und JACOBI selbst hat daran den wesentlichsten Antheil gehabt.

Der nahe liegende Versuch, die umgekehrten Functionen der ABEL'schen Integrale auf dieselbe Weise, wie es bei den elliptischen mit so grossem Erfolge geschehen war, in die Analysis einzuführen, erwies sich bald als unausführbar, und verwickelte in unauflöslichen Widerspruch, denn JACOBI erkannte sogleich, dass diese umgekehrten Functionen vier- oder mehrfach periodisch sein müssten, während doch eine analytische Function, wenn sie wie die elliptischen und Kreisfunctionen einwerthig, und wo sie nicht unendlich wird, stetig sein soll, nur zwei Perioden zulässt. Es bedurfte also hier eines neuen verborgenen Gedankens, wenn das ABEL'sche Theorem nicht unfruchtbar bleiben, wenn es die Basis einer grossen analytischen Theorie werden sollte.

Nachdem JACOBI mehrere Jahre hindurch den Gegenstand nach allen Seiten erwogen hatte, fand er endlich die Lösung des Räthsels darin, dass hier gleichzeitig vier oder mehr Integrale zu betrachten, und aus ihnen durch Umkehrung zwei oder mehr Functionen von eben so vielen Argumenten zu bilden sind. Diese Divination machte er in einer Abhandlung von zehn Seiten bekannt, der zwei Jahre später eine umfangreichere folgte, in welcher die analytische Natur dieser umgekehrten Functionen im hellsten Lichte erschien.

Gehört auch die später gefundene Darstellung dieser Functionen nicht JACOBI sondern zwei jüngeren Mathematikern von ungewöhnlichem Talente, so muss ich doch auch dieses wichtigen Fortschrittes hier in so fern erwähnen, als JACOBI's Einfluss unverkennbar darin hervortritt. GOEPEL und ROSENHAIN haben beide, JACOBI's oben erwähnte zweite Behandlungsweise der Theorie der elliptischen Functionen zum Vorbilde nehmend, ihren schönen Arbeiten die Betrachtung von unendlichen Reihen zu Grunde gelegt, deren Bildungsgesetz allgemeiner aber von derselben Art wie das der Reihe ist, durch welche die JACOBI'sche Function ausgedrückt wird.

Obgleich ich mich bei der eben gegebenen Darstellung von JACOBI's Entdeckungen im Gebiete der elliptischen und ABEL'schen Transcendenten auf das Wesentlichste beschränkt habe, so ist dieselbe dennoch zu einem Umfange angewachsen, der mich zwingt, die noch zu erwähnenden Leistungen JACOBI's hier in eine kurze Uebersicht zusammenzufassen, aus welcher ich viele Arbeiten, welche nur einzelne Fragen betreffen und das Detail der Wissenschaft vervollkommnet haben, ausschliessen muss.

Schon oben ist von JACOBI's Untersuchungen über die Kreistheilung und die Anwendungen derselben auf die höhere Arithmetik als zu seinen frühesten Arbeiten gehörend die Rede gewesen. Bei diesen Untersuchungen, denen er die Form zum Grunde legte, welche die zuerst von GAUSS gegebene

Auflösung der zweigliedrigen Gleichungen später durch LAGRANGE erhalten hatte, traf er in einigen Resultaten mit dem grossen Mathematiker CAUCHY zusammen, der zu derselben Zeit mit ähnlichen Forschungen beschäftigt war und dieses Umstandes erwähnte, als er während JACOBI's ersten Aufenthaltes in Paris seine Arbeiten im Auszuge veröffentlichte.

Aus einem schönen aus der Kreistheilung abgeleiteten Satze, auf den auch CAUCHY gekommen war, und nach welchem alle Primzahlen, die bei der Division durch eine gegebene Primzahl oder das Vierfache derselben die Einheit zum Reste lassen, auf eine bestimmte Potenz erhoben, deren Exponent bloss von der letzteren Primzahl abhängt, durch die sogenannte quadratische Hauptform dargestellt werden, welche die negativ genommene gegebene Primzahl zur Determinante hat, schöpfte JACOBI die Vermuthung, dass jener Exponent mit der Anzahl der von einander verschiedenen quadratischen Formen übereinstimmen müsse, welche der erwähnten Determinante entsprechen. Da sich diese Vermuthung in allen numerischen Beispielen bestätigte, so trug er kein Bedenken, diese Bemerkung in einer kurzen Notiz zu veröffentlichen. Ich glaube den bisher unbekannt gebliebenen Ursprung dieses Resultats nach JACOBI's mündlicher Mittheilung als ein merkwürdiges Beispiel scharfsinniger Induction hier erwähnen zu müssen, obgleich der strenge Beweis desselben nicht auf die Kreistheilung gegründet werden zu können, sondern wesentlich verschiedene, der Integralrechnung und der Reihenlehre entnommene Principien zu erfordern scheint, die erst später in die Wissenschaft eingeführt worden sind.

Die im Jahre 1832 erschienene zweite Abhandlung von GAUSS über die biquadratischen Reste, die durch den tiefsinnigen Gedanken, complexe ganze Zahlen in der höheren Arithmetik gerade so wie reelle zu behandeln, und durch das darin aufgestellte Reciprocitätsgesetz Epoche macht, welches in der Theorie der biquadratischen Reste zwischen zwei complexen Primzahlen stattfindet, gab JACOBI Veranlassung, seine früheren Untersuchungen wieder aufzunehmen, und es gelang ihm, den erwähnten schönen Satz von GAUSS und einen ähnlichen, welcher sich auf die cubischen Reste bezieht, mit grosser Einfachheit aus der Kreistheilung abzuleiten.

Obgleich JACOBI die eben angeführten Untersuchungen und andere damit zusammenhängende, die ich nicht einmal andeutungsweise bezeichnen kann, in den Jahren 1836-39 vollständig niedergeschrieben hat, so ist er doch nie dazu gekommen, sie durch den Druck zu veröffentlichen. Seine Zögerung entsprang aus dem Wunsche, einigen seiner Resultate eine grössere Ausdehnung zu geben, wozu er, von so vielen anderen Arbeiten in Anspruch genommen, die nöthige Musse nicht gefunden hat. Ein Theil seiner Forschungen und namentlich die schon erwähnten Beweise der Reciprocitätssätze sind jedoch einigen deutschen Mathematikern durch Nachschriften der Vorlesungen bekannt geworden, welche er im Winter 1836-37 in Königsberg über die Kreistheilung und deren Anwendung auf die Theorie der Zahlen gehalten hat.

Eine andere höchst ergiebige Quelle für die höhere Arithmetik hat Jacobi in der Theorie der elliptischen Functionen entdeckt, aus welcher er schöne Sätze über die Anzahl der Zerlegungen einer Zahl in 2, 4, 6 und 8 Quadrate, so wie andere über solche Zahlen abgeleitet hat, welche gleichzeitig in mehreren quadratischen Formen enthalten sind. Diese wichtigen Bereicherungen der Wissenschaft sind eine Frucht der oben erwähnten Einführung der Jacobi'schen Function in die Theorie der elliptischen Transcendenten.

Jacobi hat sich wiederholt mit der Reduction und Werthbestimmung doppelter und vielfacher Integrale beschäftigt. Ich erwähne hier besonders der einfachen Methode, durch welche er die Bestimmung der Oberfläche eines ungleichaxigen Ellipsoides auf elliptische Integrale der ersten und zweiten Gattung zurückführt, welche Zurückführung Legendre, zu dessen schönsten Leistungen sie gehört, nur mit Hülfe sehr verborgener Eigenschaften der Integrale der dritten Gattung gelungen war. In einer anderen hierher gehörigen Abhandlung hat Jacobi das Euler'sche Additionstheorem auf doppelte Integrale ausgedehnt, und bald darauf bemerkt, wie auch der Abel'sche Satz einer ähnlichen Erweiterung fähig sei.

Von Jacobi's Arbeiten über das eben genannte Kapitel der Integralrechnung ist nur ein Theil veröffentlicht worden. Eine grosse Abhandlung, welche die Attraction der Ellipsoide zum Gegenstande hat, obgleich seit langer Zeit beinahe vollendet, ist bisher ungedruckt geblieben, und nur durch einige gelegentliche Notizen bekannt geworden. Als er sich mit dem erwähnten Problem beschäftigte, kam er auch auf den schönen von Poisson um dieselbe Zeit gefundenen Satz, nach welchem die Anziehung, welche eine unendlich dünne, von zwei concentrischen, ähnlichen und ähnlich liegenden ellipsoidischen Flächen begrenzte Schale auf einen Punkt im äusseren Raume ausübt, ohne

Integralzeichen dargestellt werden kann. JACOBI hat dieses Umstandes nie öffentlich Erwähnung gethan, obgleich er sich dabei auf das Zeugniss mehrerer Mathematiker hätte berufen können, denen er den Satz mitgetheilt hatte, ehe die erste Anzeige der POISSON'schen Abhandlung erschienen war.

Mit den eben besprochenen Untersuchungen hängt eine andere Arbeit JACOBI's zusammen, die wegen ihres überraschenden Resultates hier nicht unerwähnt bleiben darf. MACLAURIN hat bekanntlich zuerst gezeigt, dass eine homogene flüssige Masse mit Beibehaltung ihrer äusseren Gestalt sich gleichförmig um eine feste Axe drehen kann, wenn diese Gestalt die eines Rotationsellipsoides ist, und dieses schöne Resultat ist später von d'ALEMBERT und LAPLACE durch den Nachweis vervollständigt worden, dass jedem Werthe der Winkelgeschwindigkeit, wenn dieser unter einer gewissen Grenze liegt, zwei und nur zwei solche Ellipsoide entsprechen. LAGRANGE scheint zuerst an die Möglichkeit gedacht zu haben, dass auch ein ungleichaxiges Ellipsoid den Bedingungen der Permanenz genügen könne; wenigstens geht dieser grosse Mathematiker in seiner analytischen Mechanik bei Behandlung dieser Frage von Formeln aus, welche für ein beliebiges Ellipsoid gelten. Indem er aber so zu zwei zu erfüllenden Gleichungen gelangt, in welchen die beiden Aequatorialaxen auf eine symmetrische Weise enthalten sind, zieht er aus dieser Symmetrie den Schluss, dass jene Axen gleich sein müssen, während doch nur daraus folgt, dass sie gleich sein können, wo dann beide Gleichungen in eine und mit der von MACLAURIN zuerst aufgestellten und von d'ALEMBERT und LAPLACE discutirten zusammenfallen.

Der Verfasser eines bekannten Lehrbuchs, der in der Darstellung dieses Gegenstandes LAGRANGE gefolgt ist, und den eben erwähnten übereilten Schluss mit dem Worte „nothwendig" begleitet, erregte zuerst JACOBI's Verdacht, welcher bei genauerer Betrachtung jener zwei Gleichungen zu seiner und gewiss aller Mathematiker grossen Ueberraschung bald fand, dass auch ein ungleichaxiges Ellipsoid den Bedingungen des Gleichgewichts genügen kann.

Der Veranlassung, welche JACOBI in seinen Untersuchungen über die Attraction der Ellipsoide fand, sich mit den Flächen zweiten Grades zu beschäftigen, verdankt man die Kenntniss mehrerer interessanter Eigenschaften, und einer höchst eleganten Erzeugungsweise dieser Flächen. Die mir gestellten Grenzen zwingen mich, mich auf diese Andeutung zu beschränken, und JACOBI's übrige der Geometrie gewidmeten Arbeiten nur dem Gegen-

31*

stande nach zu bezeichnen. Ich nenne daher nur die Abhandlung über ein Problem der Elementargeometrie, welches vor ihm nur in speciellen Fällen behandelt worden war, und dessen vollständige Lösung er aus der Theorie der elliptischen Transcendenten ableitet, seine Untersuchungen über die Anzahl der Doppeltangenten algebraischer Curven und einige kleinere Aufsätze, in welchen er Sätze über die Krümmung der Flächen und kürzeste Linien mit grosser Einfachheit auf rein synthetischem Wege beweist.

Zu JACOBI's wichtigsten Untersuchungen gehören diejenigen über die analytische Mechanik. HAMILTON hatte die interessante Entdeckung gemacht, dass die Integration der Differentialgleichungen der Mechanik sich immer auf die Lösung von zwei simultanen partiellen Differentialgleichungen zurückführen lässt, aber diese Entdeckung war, wie merkwürdig sie auch erscheinen musste, völlig unfruchtbar geblieben, bis JACOBI sie von einer unnöthigen Complication befreite, indem er zeigte, dass die zu findende Lösung nur einer der beiden partiellen Differentialgleichungen zu genügen braucht. Indem er vermittelst der so vereinfachten Theorie, um nur eine der zahlreichen Anwendungen anzuführen, das noch ungelöste Problem behandelte, die geodätische Linie auf dem ungleichaxigen Ellipsoid zu bestimmen, gelang es ihm, mit Hülfe eines analytischen Instruments, welches sich schon früher in seinen Händen als sehr wirksam gezeigt hatte und jetzt unter dem Namen der elliptischen Coordinaten allgemein bekannt ist, die partielle Differentialgleichung zu integriren, und so die Gleichung der geodätischen Linie in Form einer Relation zwischen zwei ABEL'schen Integralen darzustellen. Diese JACOBI'sche Entdeckung ist die Grundlage eines der schönsten Kapitel der höheren Geometrie geworden, welches deutsche, französische und englische Mathematiker wetteifernd ausgebildet haben.

Durch den oben erwähnten Zusammenhang zwischen einem Systeme von gewöhnlichen Differentialgleichungen und einer partiellen Differentialgleichung wurde er, die Sache in umgekehrter Ordnung betrachtend, zur Theorie der partiellen Differentialgleichungen zurückgeführt, mit welcher er sich schon in einer seiner frühesten Abhandlungen über die PFAFF'sche Methode beschäftigt hatte, und gelangte jetzt zu dem Resultate, dass von der ganzen Reihe von Systemen, deren successive Integration PFAFF fordert, die Behandlung des ersten alle übrigen überflüssig macht, dass also schon der erste Schritt der früheren Methode vollständig zum Ziele führt.

Einen ähnlichen Charakter hat die Vervollkommnung, welche die Variationsrechnung Jacobi verdankt. Während zur Existenz eines Maximums oder Minimums das Verschwinden der ersten Variation nothwendig ist, so ist diese Bedingung allein nicht ausreichend und erst die Beschaffenheit der zweiten Variation entscheidet, ob ein Maximum oder ein Minimum oder keines von beiden stattfindet. Zufolge der Theorie, wie sie Jacobi vorfand, waren nach den Integrationen, die durch das Verschwinden der ersten Variation gefordert werden, neue Integrationen zu leisten, um die zweite Variation zu discutiren; Jacobi zeigte, dass die ersteren die letzteren involviren, so dass also auch hier die vollständige Lösung der Aufgabe bereits mit der Vollendung des ersten Schrittes gegeben ist.

Wenn es die immer mehr hervortretende Tendenz der neueren Analysis ist, Gedanken an die Stelle der Rechnung zu setzen, so giebt es doch gewisse Gebiete, in denen die Rechnung ihr Recht behält. Jacobi, der jene Tendenz so wesentlich gefördert hat, leistete vermöge seiner Meisterschaft in der Technik auch in diesen Gebieten Bewundernswürdiges. Dahin gehören seine Abhandlungen über die Transformation homogener Functionen des zweiten Grades, über Elimination, über die simultanen Werthe, welche einer Anzahl von algebraischen Gleichungen genügen, über die Umkehrung der Reihen, und über die Theorie der Determinanten. In dem letztgenannten Kapitel verdankt man ihm eine ausgebildete Theorie der von ihm mit dem Namen der Functional-Determinanten bezeichneten Ausdrücke. Indem er die Analogie dieser Ausdrücke mit den Differentialquotienten weit verfolgte, gelangte er zu einem allgemeinen Principe, welches er das Princip des letzten Multiplicators nannte, und welches bei fast allen in den Anwendungen vorkommenden Integrationsproblemen die letzte Integration zu bewerkstelligen das Mittel giebt, indem es den dazu erforderlichen integrirenden Factor *a priori* angiebt.

Der Einfluss, welchen Jacobi auf die Fortschritte der Wissenschaft geübt hat, würde nur unvollständig hervortreten, wenn ich nicht seiner Thätigkeit als öffentlicher Lehrer Erwähnung thäte. Es war nicht seine Sache, Fertiges und Ueberliefertes von neuem zu überliefern, seine Vorlesungen bewegten sich sämmtlich ausserhalb des Gebietes der Lehrbücher, und umfassten nur diejenigen Theile der Wissenschaft, in denen er selbst schaffend aufgetreten war, und das hiess bei ihm, sie boten die reichste Fülle der Abwechselung. Seine Vorträge zeichneten sich nicht durch diejenige Deutlichkeit aus, welche auch der geistigen Armuth oft zu Theil wird, sondern durch eine Klarheit höherer Art. Er suchte vor allem die leitenden Gedanken, welche jeder Theorie zu Grunde liegen, darzustellen, und indem er alles, was den Schein der Künstlichkeit an sich trug, entfernte, entwickelte sich die Lösung der Probleme so naturgemäss vor seinen Zuhörern, dass diese Aehnliches schaffen zu können die Hoffnung fassen konnten. Wie er die schwierigsten Gegenstände zu behandeln wusste, konnte er seine Zuhörer mit Recht durch die Versicherung ermuthigen, dass sie in seinen Vorlesungen sich nur ganz einfache Gedanken anzueignen haben würden.

Der Erfolg einer so ungewöhnlichen Lehrart, wie ich sie eben geschildert habe und wie sie nur einem schöpferischen Geiste zu Gebote steht, war wahrhaft ausserordentlich. Wenn jetzt in Deutschland die Kenntniss der Methoden der Analysis in einem Grade verbreitet ist wie zu keiner früheren Zeit, wenn zahlreiche jüngere Mathematiker die Wissenschaft nach allen Richtungen erweitern und bereichern: so hat JACOBI an einer so erfreulichen Erscheinung den wesentlichsten Antheil. Fast alle sind seine Schüler gewesen, selten ist ein aufkeimendes Talent seiner Aufmerksamkeit entgangen, keinem, sobald er es erkannt, hat sein fördernder Rath, seine aufmunternde Theilnahme gefehlt.

Ich habe mich eben bemüht, JACOBI als Erfinder und in seiner Wirksamkeit als Lehrer darzustellen. Soll ich jetzt den Versuch wagen, ihn zu schildern, wie er ausserhalb der wissenschaftlichen Sphäre denen erschien, die den mathematischen Wissenschaften fern stehen, so muss ich es als den Grundzug seines Wesens bezeichnen, dass er ganz in der Welt der Gedanken lebte, und dass in ihm das, wozu es bei den meisten, selbst bedeutenden Menschen eines besonderen Anlaufs bedarf, das Denken zum habituellen Zustande und wie zur zweiten Natur geworden war. Wenn etwas im Leben oder in der Wissenschaft einmal seine Aufmerksamkeit erregt hatte, so ruhte er nicht, bis er es zu eigenen Gedanken verarbeitet hatte, und mit dieser ununterbrochenen geistigen Thätigkeit war in ihm ein so seltenes Gedächtniss vereinigt, dass er alles, womit er sich einmal beschäftigt hatte, sich sogleich vergegenwärtigen und darüber verfügen konnte.

Der unerschöpfliche Vorrath an Wissen und eigenen Gedanken, welcher JACOBI jeden Augenblick zu Gebote stand, eine seltene geistige Beweglichkeit, durch die er sich jedem Alter, jeder Fassungskraft anzupassen wusste,

und eine eigenthümlich humoristische, die Dinge scharf bezeichnende Ausdrucks-
weise verliehen dem grossen Mathematiker auch im geselligen Verkehr eine ungewöhnliche Bedeutung, die noch durch die Bereitwilligkeit wissenschaftliche
Fragen aus dem Stegreif zu behandeln erhöht wurde. Diese Bereitwilligkeit
entsprang aus dem innersten Wesen seiner Natur, die in der Ueberwindung
von Schwierigkeiten ihre eigentliche Befriedigung fand, und es lag daher für
ihn ein ganz besonderer Reiz darin, wissenschaftliche Ergebnisse durch einfache
Betrachtungen selbst solchen verständlich zu machen, denen die dazu scheinbar
unentbehrlichen Vorkenntnisse fehlten. Nur musste er, um einen solchen Versuch anzustellen, die Ueberzeugung haben, dass die, mit welchen er sich unterhielt, ein wirkliches Interesse an der Sache nahmen. Wo er hingegen gedankenlose Neugier zu bemerken glaubte, oder entschiedene Meinungen mit Selbst-
gefälligkeit von solchen aussprechen hörte, die sich nie die harte Arbeit des
Selbstdenkens zugemuthet hatten, verliess ihn die Geduld, und er machte dann
gewöhnlich der Unterhaltung durch eine ironische, nicht selten scharf abweisende
Bemerkung ein Ende. Man hat ihm oft vorgeworfen, dass er sich bei solchen
Anlässen seiner geistigen Kraft zu sehr bewusst gezeigt habe. Aber die, welche
ihn so beurtheilten, würden vielleicht ihre Meinung geändert haben, hätten sie
den Preis gekannt, um welchen er das Recht auf ein solches Bewusstsein erlangt hatte. Ein Brief aus dem Jahr 1824, aus einer Zeit also, zu welcher
JACOBI noch völlig unbekannt war und daher durchaus kein Interesse haben
konnte, seine geistigen Kämpfe mit übertriebenen Farben zu schildern, enthält
folgende Stelle, die ich als merkwürdigen Beitrag zur Charakteristik des ausserordentlichen Mannes hier wörtlich mittheile. JACOBI war damals eben 20 Jahre
alt geworden und seit etwa einem Jahre ausschliesslich mit mathematischen
Studien beschäftigt.

„Es ist eine saure Arbeit, die ich gethan habe, und eine saure Arbeit,
in der ich begriffen bin. Nicht Fleiss und Gedächtniss sind es, die hier zum
Ziele führen, sie sind hier die untergeordnetsten Diener des sich bewegenden
reinen Gedankens. Aber hartnäckiges, hirnzersprengendes Nachdenken er-
heischt mehr Kraft als der ausdauerndste Fleiss. Wenn ich daher durch stete
Uebung dieses Nachdenkens einige Kraft darin gewonnen habe, so glaube man
nicht, es sei mir leicht geworden, durch irgend eine glückliche Naturgabe
etwa. Saure, saure Arbeit hab' ich zu bestehen, und die Angst des Nachdenkens hat oft mächtig an meiner Gesundheit gerüttelt. Das Bewusstsein

freilich der erlangten Kraft giebt den schönsten Lohn der Arbeit, so wie wiederum die Ermuthigung fortzufahren und nicht zu erschlaffen. Gedankenlose Menschen, denen jene Arbeit und jenes Bewusstsein also auch ein ganz fremdes ist, suchen diesen Trost, der doch allein machen kann, dass man auf der schwierigen Bahn den Muth nicht sinken lässt, dadurch zu verkümmern, dass sie das Bewusstsein ein eignes, freies zu sein — denn nur in der Bewegung des Gedankens ist der Mensch frei und bei sich — unter dem Namen Eigendünkel oder Anmassung gehässig machen. Jeder, der die Idee einer Wissenschaft in sich trägt, kann nicht anders als die Dinge danach abschätzen, wie sich der menschliche Geist in ihnen offenbart: nach diesem grossen Massstab muss ihm daher manches als geringfügig vorkommen, was den anderen ziemlich preiswürdig erscheinen kann. So hat man auch mir oft Anmassung vorgeworfen, oder wie man mich am schönsten gelobt hat, indem man einen Tadel auszusprechen meinte, ich sei stolz gegen alles Niedre und nur demüthig gegen das Höhere. Aber jener unendliche Massstab, den man an die Welt in sich und ausser sich legt, hindert vor aller Ueberschätzung seiner selbst, indem man immer das unendliche Ziel im Auge hat und seine beschränkte Kraft. In jenem Stolze und jener Demuth will ich immer zu beharren streben, ja immer stolzer und immer demüthiger werden".

Dass es bei JACOBI keine blosse Phrase war, wenn er von sich sagt, dass er die Dinge danach abschätze, wie sich der menschliche Geist in ihnen offenbare, und dass er wirklich alles, was die Welt der Gedanken nicht berührte, wenn nicht mit Gleichgültigkeit, doch mit Gleichmuth behandelte, hat er in den schwierigsten Lagen seines Lebens gezeigt. Am bewunderungswürdigsten offenbarte sich dieser wahrhaft philosophische Gleichmuth, als ihn das Unglück traf, sein ganzes von seinem Vater ererbtes Vermögen zu verlieren, ein Verlust, der ihm um so empfindlicher hätte sein können, als er seit zehn Jahren verheirathet, für eine zahlreiche Familie zu sorgen hatte. Wer ihn damals sah, als er herbeigeeilt war, um seiner von ähnlichem Verluste betroffenen Mutter mit Rath und That beizustehen, konnte in seiner Stimmung nicht die geringste Veränderung wahrnehmen. Er sprach mit demselben Interesse wie immer von wissenschaftlichen Dingen und klagte nur darüber, dass die unerwartete Reise ihn aus einer Untersuchung gerissen habe, die ihn gerade lebhaft beschäftigte.

Wie JACOBI's Gedankencultus sich in der Anerkennung von ABEL's grosser Entdeckung kund gab, habe ich schon früher erwähnt. Einen ähnlichen Sinn zeigte er für alles geistig Bedeutende, und auf ihn findet der Ausspruch eines alten Schriftstellers keine Anwendung, dass die Menschen eigentlich nur das bewundern, was sie selbst vollbringen zu können glauben. Seine Anerkennung umfasste das ganze geistige Gebiet, und in seiner Wissenschaft war Jacobi's Freude über eine fremde Erfindung um so lebhafter, je mehr sich diese durch ihr Gepräge von seinen eigenen Schöpfungen unterschied. Es war eine ihm natürliche Bewegung, in solchem Falle den Ausdruck seines Beifalls durch das Geständniss zu verstärken, dass er diesen Gedanken nie gehabt haben würde.

Es bleibt mir nun noch übrig, das was ich oben von Jacobi's äusseren Lebensverhältnissen erwähnt habe, mit wenigen Worten zu vervollständigen.

Als er seine Untersuchungen über die elliptischen Functionen bekannt zu machen anfing, war er noch Privatdocent; die Bewunderung, welche seine Entdeckungen bei allen denen erregten, denen in solchen Dingen ein Urtheil zustand, hatte die Folge, dass er sogleich zum ausserordentlichen und bald darauf zum ordentlichen Professor befördert wurde.

Indem ich von der Aufnahme rede, welche Abel's und Jacobi's Entdeckungen — denn beider Namen sind hier unzertrennlich — bei allen Fachgenossen fanden, kann ich nicht umhin des Mannes namentlich zu erwähnen, der durch seine vieljährigen Forschungen ganz besonders berufen war, den unerwarteten Fortschritt nach seiner ganzen Bedeutung zu würdigen. Legendre, der seine Zeitgenossen so oft der Theilnahmlosigkeit angeklagt und noch kurz vor jener Zeit das Bedauern ausgesprochen hatte, dass seine Lieblingswissenschaft, von allen anderen verlassen, durch ihn allein erst nach 40jähriger Arbeit, wie er glaubte, zum Abschluss gekommen sei, begrüsste Abel's und Jacobi's Entdeckungen, welche die Theorie weit über die Grenzen hinausführten, die ihm selbst durch die Natur des Gegenstandes gesetzt schienen, mit so warmer, ja enthusiastischer Anerkennung, dass es schwer zu sagen ist, wen eine solche Anerkennung mehr ehrte, die jungen Mathematiker, welchen sie am Eingange ihrer Laufbahn zu Theil ward, oder den edlen Altmeister, der fast am Ziele angelangt sich solcher Gefühlswärme fähig zeigte.

Eine nicht minder ehrenvolle Auszeichnung war es, als bald darauf die Pariser Akademie, obgleich sie keine Preisbewerbung über die Theorie der elliptischen Functionen eröffnet hatte, Abel's und Jacobi's Arbeiten als der wichtigsten Entdeckung der Zeit einen ihrer grossen mathematischen Preise zuerkannte und zwischen Jacobi und Abel's Erben theilte.

Ich muss mich darauf beschränken, hier die Beweise der Anerkennung, zu erwähnen, welche Jacobi's Eintritt in die wissenschaftliche Laufbahn bezeichneten, die mir gesteckten Grenzen gestatten mir nicht, alle die Auszeichnungen anzuführen, die ihm auch später in so reichem Maasse zu Theil wurden, und deren Erwähnung in einer ausführlichen Biographie nicht fehlen dürfte.

Bald nachdem Jacobi im Jahre 1829 seine *„Fundamenta nova theoriae functionum ellipticarum"*, die nur einen Theil seiner Untersuchungen über diesen Gegenstand enthalten, veröffentlicht hatte, machte er die erste grössere Reise ins Ausland, schlug den Weg über Göttingen ein, um Gauss persönlich kennen zu lernen, und wandte sich dann nach Paris, wo er mehrere Monate sich aufhielt und wo damals ausser Legendre, mit dem er seit längerer Zeit in naher brieflicher Verbindung stand, und für den er immer eine grosse Pietät bewahrt hat, noch Fourier, Poisson und andere hervorragende Mathematiker, die Jacobi überlebt haben, vereinigt waren.

Eine zweite Reise ins Ausland unternahm Jacobi, der seit 1831 mit einer Frau von hervorragender Geistesbildung verheirathet war, erst wieder im Jahre 1842 in Gesellschaft seiner Frau. Die Veranlassung zu dieser Reise war für ihn zu ehrenvoll, als dass ich sie unerwähnt lassen könnte. Dem erleuchteten Staatsmanne, welcher damals an der Spitze der Verwaltung in der Provinz Preussen stand, schien es im Interesse der Wissenschaft wünschenswerth, dass Bessel und Jacobi einmal der schon oft an sie ergangenen Aufforderung zur Theilnahme an der jährlich in England stattfindenden Gelehrtenversammlung Folge leisteten, und er stellte daher bei dem Könige den Antrag auf Bewilligung der Kosten zu einer solchen Reise, welchem Antrage Seine Majestät mit Königlicher Munificenz zu willfahren geruhte.

Bald nach seiner Rückkehr von dieser Reise zeigten sich bei Jacobi die Symptome einer leider unheilbaren Krankheit. Er schwebte längere Zeit in der grössten Gefahr, und als diese endlich für den Augenblick beseitigt war, erklärten seine Aerzte zu seiner Kräftigung einen längeren Aufenthalt in einem südlichen Klima für nothwendig. Diese ärztliche Erklärung setzte Jacobi in nicht geringe Verlegenheit, aber diese Verlegenheit war nicht von langer Dauer, denn die Lage der Sache war nicht sobald durch unsern Collegen

ALEXANDER VON HUMBOLDT, dessen gewichtige Vermittelung nirgends fehlt, wo es die Ehre der Wissenschaft und das Wohl ihrer Vertreter gilt, zur Kenntniss Seiner Majestät des Königs gelangt, als durch einen neuen Akt Königlicher Grossmuth eine ansehnliche Summe zu einer Reise nach Italien angewiesen wurde.

Das milde Klima von Rom, wo JACOBI den Winter zubrachte, wirkte so wohlthätig auf ihn, dass die, welche ihn dort sahen, weit entfernt, in ihm einen Reconvalescenten zu erkennen, über seine wahrhaft ausserordentliche Thätigkeit erstaunen mussten. Er schrieb nicht nur während der fünf Monate seines dortigen Aufenthaltes ausser mehreren kleineren Aufsätzen, welche in einer wissenschaftlichen Zeitschrift in Rom selbst erschienen, eine wichtige sehr umfangreiche für das CRELLE'sche Journal bestimmte Abhandlung, sondern unternahm auch die Vergleichung der im Vatikan aufbewahrten Handschriften des DIOPHANTUS, mit welchem er sich seit längerer Zeit angelegentlich beschäftigt hatte.

In sein Vaterland zurückgekehrt, wurde er von Königsberg nach Berlin versetzt, wo das wenigstens relativ mildere Klima seine Gesundheit weniger zu bedrohen schien. Ohne hier der Universität anzugehören, hatte er nur die Verpflichtung Vorlesungen zu halten, so weit es mit der Schonung, deren sein Gesundheitszustand so sehr bedurfte, verträglich sein würde. Seine schriftstellerische Thätigkeit während seines hiesigen Aufenthaltes stand gegen die der besten Königsberger Zeit kaum zurück, wie es die hier in etwa sechs Jahren geschriebenen Abhandlungen bezeugen, welche zwei starke Quartbände füllen.

Zu Anfang des Jahres 1851 hatte er einen Anfall der Grippe zu bestehen; da er sich jedoch schnell erholte und wieder mit grossem Eifer zu arbeiten anfing, so durften seine Freunde sich der Hoffnung überlassen, dass er ihnen und der Wissenschaft noch lange erhalten bleiben würde, als er plötzlich am 11ten Februar von neuem erkrankte. Sein Zustand erregte sogleich die grössten Besorgnisse, und als man nach einigen Tagen erkannte, dass er von den Blattern ergriffen sei, die auf dem durch das alte Uebel unterwühlten Boden den bösartigsten Charakter zeigten, schwand jede Hoffnung. Den 18ten Februar Abends 11 Uhr acht Tage nach seiner Erkrankung erlag er ohne Kampf.

JACOBI's wissenschaftliche Laufbahn umfasst gerade ein Vierteljahrhundert, also einen weit kürzeren Zeitraum als die der meisten früheren Mathe-

32*

matiker ersten Ranges, und kaum die Hälfte der Zeit, über welche sich EULER's Wirksamkeit erstreckt hat, mit dem er wie durch Vielseitigkeit und Fruchtbarkeit, so auch darin die grösste Aehnlichkeit hat, dass ihm alle Hülfsmittel der Wissenschaft immer gegenwärtig waren und jeden Augenblick zu Gebote standen.

Der Tod, welcher ihn so früh und so plötzlich im Besitze seiner vollen Kraft von der Arbeit hinweggenommen, hat der Wissenschaft die grossen Bereicherungen nicht gegönnt, die sie von JACOBI's nie ermüdender Thätigkeit noch erwarten durfte. Indem ich dies ausspreche, thue ich es nicht nur in der Voraussetzung, dass in einem solchen Geiste die schöpferische Kraft nur mit der physischen zugleich erlöschen konnte, ich habe auch eine Reihe von fast vollendeten Arbeiten vor Augen, an die er selbst in kurzer Zeit — vielleicht während des Druckes, wie er es in der letzten Zeit so gern that — die letzte Hand hätte legen können, und die jetzt durch seine Freunde als Bruchstücke, in unvollkommener Form ans Licht treten müssen. Noch während seiner Krankheit, kaum vier Tage vor seinem Tode, beklagte er das Missgeschick, welches über vielen seiner grösseren Arbeiten gewaltet habe, die Krankheit oder häusliches Unglück unterbrochen habe. „Wenn ich dann", setzte er wehmüthig hinzu, „später an die Arbeit zurückkehrte, habe ich lieber etwas Neues anfangen als Untersuchungen wieder aufnehmen wollen, die so traurige Erinnerungen in mir erweckten. Aber ich sehe ein, dass ich nicht länger zögern darf, jene älteren Arbeiten, denen ich einen so grossen Theil meiner besten Kraft gewidmet habe, der Oeffentlichkeit zu übergeben, wenn sie noch erfolgreich in den Gang der Wissenschaft eingreifen sollen. Glücklicher Weise bedarf es dazu nur sehr kurzer Zeit, die mir ja hoffentlich nicht fehlen wird."

Auszüge aus den Monatsberichten
der Akademie der Wissenschaften zu Berlin.

Ueber die Darstellung beliebiger Functionen
durch bestimmte Integrale in specieller Anwendung
auf die Function P_n, welche bei der Attraction der Sphäroide
vorkommt.
(Monatsbericht 1837 S. 79.)[1]

Ueber einige Aufgaben,
welche die Bestimmung einer unbekannten Function
unter dem Integralzeichen erfordern.
(Monatsbericht 1843 S. 152.)[2]

---

[1] Nur der Titel; vergl. Band I dieser Ausgabe von G. Lejeune Dirichlet's Werken S. 285 u. flgde.　　F.
[2] Nur der Titel.　　F.

Bemerkungen zu Kummer's Beweis des Fermat'schen Satzes, die Unmöglichkeit von $x^\lambda - y^\lambda = z^\lambda$ für eine unendliche Anzahl von Primzahlen λ betreffend.

(Monatsbericht 1847 S. 139—141.)

Was die zweite der beiden Voraussetzungen betrifft, welche dem scharfsinnigen Beweise des Herrn KUMMER zu Grunde liegen, so lässt sich deren Richtigkeit für jeden besonderen Werth von λ mit Hülfe der allgemeinen Theorie der complexen Einheiten prüfen, über welche im Märzbericht von 1846 einige Andeutungen gegeben worden sind, und welche in einem der nächsten Hefte des CRELLE'schen Journales bekannt gemacht werden wird[1]). Nach der erwähnten Theorie lässt sich nämlich für jedes λ der allgemeine Ausdruck aller aus λ^{ten} Wurzeln der Einheit zusammengesetzten complexen Einheiten aufstellen, und die Bildung dieses Ausdruckes bietet keine andere Schwierigkeit dar als die einer mit wachsendem λ rasch an Complication zunehmenden numerischen Rechnung. Ist dieser Ausdruck, der $\dfrac{\lambda-3}{2}$ zu unbestimmten Potenzen erhobene Fundamentaleinheiten enthält, bekannt, so lässt sich ohne grosse Mühe bald entscheiden, ob die in der Voraussetzung (B.) ausgesprochene Bedingung erfüllt ist, d. h. ob der Ausdruck nur dann nach dem Modul λ einer reellen Zahl congruent werden kann, wenn alle Exponenten durch λ aufgehen.

Die Voraussetzung (A.) bezieht sich auf eine Theorie, welche mit der der quadratischen Formen die grösste Analogie hat. Wie nämlich nicht jede Zahl m, für welche die Congruenz
$$\xi^2 \equiv D \quad (\text{mod. } m)$$
möglich ist, immer in der Form $x^2 - Dy^2$ enthalten ist, sondern im allgemeinen eine beschränkte Anzahl wesentlich verschiedener quadratischer Formen existirt, durch welche sämmtliche Zahlen m dargestellt werden können, so finden ähnliche Beziehungen zwischen höheren Congruenzen und ihnen entsprechenden höheren Formen Statt. Betrachtet man z. B. die Congruenz
$$\frac{\xi^\lambda - 1}{\xi - 1} \equiv 0 \quad (\text{mod. } m),$$
hinsichtlich welcher schon EULER die Moduln m, für welche sie möglich ist,

---

[1]) Die Abhandlung ist erschienen in Bd. 40 des Journals S. 130—138. F.

vollständig bestimmt hat, so sind auch diese Zahlen m nicht immer von
der Form

$$\varphi(\alpha)\varphi(\alpha^2)\dots\varphi(\alpha^{\lambda-1}),$$

wo

$$\varphi(\alpha) = x_0 + \alpha x_1 + \alpha^2 x_2 + \dots + \alpha^{\lambda-2}x_{\lambda-2}$$

und x_0, x_1, $\dots$, $x_{\lambda-2}$ unbestimmte ganze Zahlen bezeichnen, aber es existiren
immer Formen in endlicher Anzahl, welche wie die vorige in lineare Factoren
zerlegt werden können, und mit dieser vereinigt alle Zahlen m ausdrücken, für
welche die EULER'sche Congruenz auflösbar ist. Nachdem die Darstellbarkeit
aller Einheiten durch $\dfrac{\lambda-3}{2}$ Fundamentaleinheiten erkannt worden war, was
hier das Analogon von der allgemeinen Lösung der FERMAT'schen Gleichung

$$x^2 - Dy^2 = 1$$

ist, lag der Versuch nahe, die Analogie zwischen den quadratischen und diesen
höheren Formen weiter zu verfolgen und namentlich die Anzahl der letzteren
durch ähnliche Mittel zu bestimmen, durch welche dieselbe Frage in der Theorie
der quadratischen Formen früher erledigt worden war. Diese Untersuchung,
auf welche sich Herr KUMMER im Eingange seiner Mittheilung bezieht, ist denn
auch vor etwa drei Jahren mit Hülfe eines neuen Princips, dessen es bei der
Ermittelung der Formenzahl für den zweiten Grad nicht bedurft hatte, glücklich
zu Ende und zu einem Resultate geführt worden, welches durch seine Form
merkwürdig scheint und so einfach ist, als man es bei einer Frage, die Formen
aller Grade umfasst, nur immer erwarten konnte. Der von mir für die Anzahl
der Formen $(\lambda-1)$-ten Grades gefundene Ausdruck, welcher, wie die Analogie
mit den quadratischen Formen vorhersehen liess, die oben erwähnten $\dfrac{\lambda-3}{2}$
Fundamentaleinheiten enthält, giebt, sobald diese bekannt sind, das Mittel, durch
eine ziemlich einfache numerische Rechnung die Voraussetzung (A.) zu prüfen.
Ob es aber möglich sein werde, aus der Art, wie die Fundamentaleinheiten
in den Ausdruck für die Formenzahl eingehen, etwas Allgemeines über den
Zusammenhang der beiden Voraussetzungen abzuleiten und die von Herrn
KUMMER am Ende seines Briefes ausgesprochene Vermuthung zu prüfen, dass
die erste Voraussetzung die zweite immer involvire, darüber wage ich für jetzt
nicht zu entscheiden. Eine solche Entscheidung wird nur das Ergebniss einer
sorgfältigen aus dem eben besprochenen Gesichtspunkte vorzunehmenden Discussion des Ausdruckes für die Formenzahl sein können.

Bericht über Ehrenzeller's Auflösung numerischer Gleichungen durch Reihen.

(Monatsbericht 18. Februar 1850 S. 36.)

Herr DIRICHLET erstattete Bericht über das der Klasse zugewiesene Schreiben des Herrn EHRENZELLER (St. Gallen d. 21. 12) eine Auflösung numerischer Gleichungen durch Reihen enthaltend. Das Verfahren ist übereinstimmend mit der Erweiterung der NEWTONschen Approximationsmethode auf das Glied der zweiten Ordnung bei der Entwickelung nach dem TAYLORschen Lehrsatze und kann sonach nicht auf Neuheit Anspruch machen.

Ueber eine neue Ableitung von zwei arithmetischen Sätzen aus einer gemeinschaftlichen Quelle.

(Monatsbericht 1853 S. 300.)[1]

[1] Nur der Titel.   F.

II. ABTHEILUNG,

ENTHALTEND

NACHGELASSENE ARBEITEN.

ÜBER DEN BIQUADRATISCHEN CHARAKTER DER ZAHL „ZWEI".

VON

G. LEJEUNE DIRICHLET.

(Aus einem Briefe DIRICHLET's an Herrn STERN zu Göttingen, Crelle's Journal
für die reine und angewandte Mathematik, Bd. 57 S. 187—188.)

33*

ÜBER DEN BIQUADRATISCHEN CHARAKTER DER ZAHL „ZWEI".

Es sei p eine Primzahl der Form $4n+1$ und

$$p = a^2 + b^2,$$

wo a ungerade. Aus dieser Gleichung und der daraus folgenden

$$2p = (a+b)^2 + (a-b)^2$$

ergiebt sich sogleich mit Anwendung des verallgemeinerten Symbols von Legendre

$$\left(\frac{p}{a}\right) = 1, \quad \left(\frac{2p}{a+b}\right) = 1$$

oder

$$\left(\frac{p}{a+b}\right) = \left(\frac{2}{a+b}\right),$$

und dann nach bekannten Sätzen:

$$\left(\frac{a}{p}\right) = 1, \quad \left(\frac{a+b}{p}\right) = (-1)^{\frac{1}{8}[(a+b)^2-1]}$$

oder, was dasselbe ist:

$$a^{\frac{1}{2}(p-1)} \equiv 1, \quad (a+b)^{\frac{1}{2}(p-1)} \equiv (-1)^{\frac{1}{8}[(a+b)^2-1]} \quad (\mathrm{mod.}\,p).$$

Andererseits erhält man aus:

$$(a+b)^2 = a^2 + b^2 + 2ab \equiv 2ab \quad (\mathrm{mod.}\,p)$$

durch Erhebung zur Potenz $\frac{1}{4}(p-1)$:

$$(a+b)^{\frac{1}{2}(p-1)} \equiv 2^{\frac{1}{4}(p-1)} a^{\frac{1}{4}(p-1)} . b^{\frac{1}{4}(p-1)} \quad (\mathrm{mod.}\,p)$$

oder, wenn man

$$b \equiv af$$

setzt und die beiden letzten Congruenzen berücksichtigt:

$$(-1)^{\frac{1}{8}[(a+b)^2-1]} = (-1)^{\frac{1}{8}(p-1+2ab)} \equiv 2^{\frac{1}{4}(p-1)} . f^{\frac{1}{4}(p-1)} \quad (\mathrm{mod.}\,p).$$

Nun ist, weil

$$a^2 + b^2 = p, \quad b^2 \equiv a^2 f^2,$$

also

$$f^2 \equiv -1 \quad (\mathrm{mod.}\,p),$$

$$(f^2)^{\frac{1}{8}(p-1+2ab)} = f^{\frac{1}{4}(p-1)}.f^{\frac{1}{2}ab} \equiv 2^{\frac{1}{4}(p-1)}.f^{\frac{1}{4}(p-1)} \quad (\mathrm{mod.}\,p)$$

oder, wenn man mit $f^{\frac{1}{4}(p-1)}$ dividirt,

$$2^{\frac{1}{4}(p-1)} \equiv f^{\frac{1}{2}ab} \quad (\mathrm{mod.}\,p),$$

welches Resultat in das von Gauss im § 24 seiner *„theoria residuorum biquadraticorum“* gegebene übergeht, wenn man mit $a^{\frac{1}{2}ab}$ multiplicirt und für af wieder b einführt.

Göttingen, den 21. Januar 1857.

UNTERSUCHUNGEN ÜBER EIN PROBLEM DER HYDRODYNAMIK.

VON

G. LEJEUNE DIRICHLET.

AUS DESSEN NACHLASS HERGESTELLT VON R. DEDEKIND.

Aus dem achten Bande der Abhandlungen der Königlichen Gesellschaft der Wissenschaften zu Göttingen.

UNTERSUCHUNGEN ÜBER EIN PROBLEM DER HYDRODYNAMIK.

Vorwort.

Ueber die Vollendung und Herausgabe dieser Abhandlung, welche nach dem letzten Willen des Verfassers mir übertragen worden ist, sind einige Bemerkungen vorauszuschicken. Das hier behandelte hydrodynamische Problem, dessen Lösung aus dem Winter 1856—57 stammt, wurde in kurzen Zügen zuerst am Schlusse der Vorlesungen über partielle Differentialgleichungen im Juli 1857 vorgetragen, und gleichzeitig wurde das Hauptresultat der ganzen Untersuchung in den Nachrichten von der Königl. Gesellschaft der Wissenschaften[1] durch eine kurze Anzeige veröffentlicht. Die vollständige Darstellung verzögerte sich aber, theils durch den Wunsch des Verfassers, den Gegenstand in seinen Einzelheiten noch mehr zu durchforschen, theils durch die Beschäftigung mit anderen Arbeiten, bis die plötzliche Krankheit und der zu frühe Tod die Vollendung unmöglich machten. Unter den hinterlassenen Papieren, die sich auf diesen Gegenstand beziehen, und die am 21. Juli 1859 in meine Hände gelangten, fand sich zunächst ein so sorgfältig ausgeführtes Manuscript, dass es ohne die geringste Aenderung dem Druck übergeben werden konnte; nur ist es sehr zu beklagen, dass auch in diesem Bruchstück die Einleitung, welche der Erörterung einiger allgemeiner Eigenschaften der hydrodynamischen Grundgleichungen gewidmet war, unvollendet geblieben ist. Ausser diesem Manuscript, welches in der folgenden Anordnung bis gegen den Schluss des § 3 reicht, fand sich eine grosse Menge einzelner Papiere, mit flüchtig hingeworfenen Formeln ohne Text, deren Bedeutung aber leicht zu erkennen war. Zum grössten Theil waren es Wiederholungen des schon Dargestellten, und nur selten ergab sich aus ihnen ein Anhaltspunkt für die weitere Ausführung. Indessen fiel es mit

---

[1] S. 217 des II. Bandes dieser Ausgabe von G. Lejeune Dirichlet's Werken.　F.

Hülfe dieser Papiere nicht schwer, die sieben Integralgleichungen erster Ordnung aufzufinden, welche in der vorläufigen Anzeige der Abhandlung erwähnt sind; sie finden sich in § 5 der folgenden Darstellung. Ausserdem wiesen zahlreiche Stellen auf den in § 8 behandelten Fall hin, wenn auch nirgends sich eine Discussion vorfand; ich habe ihn (in § 6) mit dem anderen in § 7 untersuchten zu verbinden gesucht, der seiner Einfachheit halber auch in der schon erwähnten vorläufigen Anzeige mitgetheilt ist. Ferner gaben, wie aus den sämmtlich von mir hinzugefügten Anmerkungen zu sehen ist, manche Stellen des erwähnten Manuscriptes Veranlassung zur Ausführung mehr mühsamer als schwieriger Rechnungen, die, weil sie für künftige Arbeiten wohl nützlich sein können, ihren Resultaten nach in die Abhandlung aufgenommen sind und so den § 4 bilden. Nachdem ich sie einmal abgeleitet hatte, dienten sie mir bei einigen weiteren Untersuchungen, deren Ergebnisse, so weit sie bis jetzt gelungen sind, ich in dem Schlussparagraphen mittheilen zu dürfen glaubte. Ich verhehle mir nicht, dass trotz aller auf die Arbeit gewendeten Sorgfalt und Liebe, Manches vollständiger und besser hätte ausgeführt werden können; allein ich wollte die Herausgabe nicht noch länger verzögern, um so weniger, da ich vertrauen darf, dass man dieses letzte Werk des grossen Denkers, dem es nicht vergönnt war selbst die Meisterhand an die Darstellung zu legen, auch in der unvollkommenen Form würdigen wird.

    Zürich, 10. November 1859.

R. Dedekind.

Bei der Begründung der allgemeinen Gleichungen, durch welche die Bewegung flüssiger Körper bestimmt wird, kann man von zwei verschiedenen Gesichtspunkten ausgehen. Nach der einen Auffassung des Gegenstandes stellt man sich die Aufgabe, für eine beliebige Stelle (x, y, z) und eine beliebige Zeit t den Zustand der bewegten Masse, d. h. die Dichtigkeit, den Druck und die drei Componenten der Geschwindigkeit auszumitteln und diese fünf Grössen als Functionen der vier Veränderlichen x, y, z, t zu bestimmen. Dem eben erwähnten Gesichtspunkt entsprechen die Grundgleichungen der Hydrodynamik, welche man in allen Lehrbüchern findet, und welche EULER zuerst aufgestellt hat [*]. Diese EULER'schen Gleichungen liegen auch einer grossen Abhandlung zu Grunde, welche LAGRANGE mehr als zwanzig Jahre später in derselben akademischen Sammlung [**] veröffentlicht hat, und aus welcher er später mit einigen Zusätzen den Abschnitt seiner *Mécanique analytique* gebildet hat, welcher der Hydrodynamik gewidmet ist. Der wichtigste dieser Zusätze beginnt den erwähnten Abschnitt und betrifft eine von der EULER'schen wesentlich verschiedene Behandlung des Gegenstandes; LAGRANGE geht nämlich darauf aus, die Bewegung jedes Elementes der Flüssigkeit zu verfolgen, d. h. die Coordinaten x, y, z, den Druck und die Dichtigkeit dieses Elementes durch seine anfänglichen Coordinaten a, b, c und die seit dem Anfang der Bewegung verflossene Zeit t zu bestimmen [1]. Merkwürdiger Weise macht jedoch LAGRANGE von den diesem Gesichtspunkt entsprechenden Gleichungen gar keinen Ge-

---

[*] Principes généraux du mouvement des fluides (Histoire de l'Acad. de Berlin, Année 1755).

[**] Mémoire sur la Théorie du mouvement des fluides (Nouveaux Mémoires de l'Acad. de Berlin, Année 1781).

[1] Diese Darstellung der historischen Entwickelung der Grundlagen der Hydrodynamik bedarf einer Berichtigung. Es hat EULER ausser der im Texte erwähnten Behandlung des Gegenstandes, auch die andere Behandlung, die Coordinaten eines Elementes der Flüssigkeit, so wie den Druck und die Dichtigkeit desselben durch seine anfänglichen Coordinaten und die seit dem Anfange der Bewegung verflossene Zeit zu bestimmen, in den *Novi Commentarii Academiae Petropolitanae t. 14 pro anno 1759 pars prior p. 358 sqq.* entwickelt. Diese letztere Arbeit EULER's ist ebenso wenig wie die aus der *Histoire de l'Académie de Berlin* 1755 von LAGRANGE in seinem hier erwähnten *Mémoire sur la théorie du mouvement des fluides* citirt worden. Auch in den ersten Ausgaben der *Mécanique analytique* von LAGRANGE vermissen wir diese Citate. Erst in der dritten von Herrn BERTRAND besorgten Ausgabe t. II Paris 1855 p. 249 findet sich die Abh. von EULER aus der *Histoire de l'Acad. de Berlin* 1755 (vgl. daselbst eine Note des Herrn BERTRAND) citirt, aber auch dort ist die Abhandlung aus den *Commentarii Academiae Petropolitanae* nicht erwähnt. Die richtigen historischen Angaben über die Grundlagen der Hydrodynamik finden sich schon in einer Anmerkung zu HATTENDORFF's Ausgabe der Vorlesungen RIEMANN's über partielle Differentialgleichungen (1869) S. 314.   F.

34*

brauch; nachdem er nämlich bemerkt hat, dass sie etwas complicirt seien, formt er seine Gleichungen in die Euler'schen um, und fügt dann hinzu, dass die letzteren wegen ihrer grösseren Einfachheit zur Lösung besonderer Aufgaben vorzugsweise geeignet seien. Ich muss jedoch gestehen, dass mir der Vorzug, welchen Lagrange den Euler'schen Gleichungen vor den seinigen einräumt, durchaus nicht begründet scheint, indem jene eine Eigenthümlichkeit darbieten, von welcher die letzteren frei sind, und durch welche die einfachere Form mehr als aufgewogen wird.

Die Eigenthümlichkeit, von welcher ich rede, und die Lagrange völlig übersehen zu haben scheint, besteht darin, dass die Coordinaten x, y, z nicht unabhängige Variable im eigentlichen Sinne des Wortes sind, da die Ausdehnung, in welcher sie gelten, die des Raumes ist, welchen die bewegte Masse jeden Augenblick einnimmt, und folglich durch die ganze vorangegangene Bewegung bestimmt wird. Es ist aus diesem Umstande leicht ersichtlich, in welche Schwierigkeiten die Anwendung der Euler'schen Gleichungen auf besondere Probleme verwickeln muss, da wir jetzt wissen, was freilich zur Zeit des Erscheinens der *Mécanique analytique* noch nicht erkannt war, ein wie wesentliches Element für die Bestimmung von Functionen mehrerer Veränderlichen, welche durch partielle Differentialgleichungen und andere der besonderen Frage angehörige Bedingungen definirt werden, der Umfang bildet, welcher diesen Veränderlichen zukommt. Der Vorzug der Euler'schen Form scheint auf den Fall beschränkt, wo die flüssige Masse im Laufe der Bewegung dieselbe äussere Gestalt behält, auf welchen Fall übrigens auch der leicht zurückgeführt wird, wo sich ein fester Körper in einer unendlichen Flüssigkeit bewegt.

Dass die erwähnte Eigenthümlichkeit der von Euler gegebenen Gleichungen Lagrange entgangen ist, hat einige Unrichtigkeiten zur Folge gehabt, von welchen ich die wesentlichste hier erwähnen zu müssen glaube, da sie in alle Lehrbücher übergegangen ist, und wissenschaftliche Irrthümer um so schwerer verschwinden, je grösser die Autorität ist, unter deren Schutz sie stehen. Schon Euler hatte in der oben citirten Abhandlung bemerkt, dass seine Grundgleichungen sich sehr vereinfachen und auf eine zurückkommen, wenn für die ganze Dauer der Bewegung sowohl die drei Componenten der Geschwindigkeit als die der beschleunigenden Kraft die nach den drei Coordinaten genommenen partiellen Differentialquotienten derselben Function dieser Coordinaten sind, und diese Bemerkung ist von Lagrange durch den wichtigen Zusatz vervollständigt worden, dass die eben ausgesprochene Voraussetzung immer für die Componenten der Geschwindigkeit von selbst stattfindet, wenn sie nur für den Anfang der Bewegung gilt und überdies die Componenten der Kraft zu jeder Zeit dieselbe Bedingung erfüllen *).

§ 1.

Die Grundgleichungen der Hydrodynamik in der Form, welche LAGRANGE denselben gegeben hat, sind die folgenden, wenn wir uns auf den Fall der Homogeneität beschränken und die Dichtigkeit der Einheit gleich setzen:

$$(1)\quad \begin{cases} \left(\dfrac{d^2x}{dt^2}-X\right)\dfrac{dx}{da}+\left(\dfrac{d^2y}{dt^2}-Y\right)\dfrac{dy}{da}+\left(\dfrac{d^2z}{dt^2}-Z\right)\dfrac{dz}{da}+\dfrac{dp}{da}=0, \\[2ex] \left(\dfrac{d^2x}{dt^2}-X\right)\dfrac{dx}{db}+\left(\dfrac{d^2y}{dt^2}-Y\right)\dfrac{dy}{db}+\left(\dfrac{d^2z}{dt^2}-Z\right)\dfrac{dz}{db}+\dfrac{dp}{db}=0, \\[2ex] \left(\dfrac{d^2x}{dt^2}-X\right)\dfrac{dx}{dc}+\left(\dfrac{d^2y}{dt^2}-Y\right)\dfrac{dy}{dc}+\left(\dfrac{d^2z}{dt^2}-Z\right)\dfrac{dz}{dc}+\dfrac{dp}{dc}=0, \\[2ex] \qquad\qquad \Sigma\pm\dfrac{dx}{da}\dfrac{dy}{db}\dfrac{dz}{dc}=1. \end{cases}$$

In diesen Gleichungen sind a, b, c die anfänglichen Coordinaten eines beliebigen Elementes, so dass also der unveränderliche Umfang dieses Systemes von drei Variablen durch die ursprüngliche Gestalt der Flüssigkeit bestimmt wird, x, y, z bezeichnen für die Zeit t die Coordinaten desselben Elementes,

---

*) Hier bricht leider das Manuscript vollständig ab, und es war nirgends eine Andeutung über die weitere Ausführung zu finden; doch ist wohl kaum zu zweifeln, dass die beabsichtigte Berichtigung in Folgendem bestehen sollte. Wenn man diejenige Function, deren partielle Derivirte die Componenten der wirkenden Kraft liefern, durch partielle Differentiationen aus den drei ersten der von LAGRANGE gegebenen Grundgleichungen eliminirt, so erhält man drei Resultate, welche eine unmittelbare Integration in Bezug auf die Zeit gestatten; bezeichnet man mit $\mathfrak{A}$, $\mathfrak{B}$, $\mathfrak{C}$ die drei Integrationsconstanten, welche also nur noch von a, b, c abhängen können, so ergeben sich mit Hülfe der vierten LAGRANGE'schen Gleichung, welche die Incompressibilität der Flüssigkeit ausdrückt, leicht die drei folgenden Gleichungen

$$\frac{dv}{dz}-\frac{dw}{dy}=\mathfrak{A}\frac{dx}{da}+\mathfrak{B}\frac{dx}{db}+\mathfrak{C}\frac{dx}{dc},\quad \frac{dw}{dx}-\frac{du}{dz}=\mathfrak{A}\frac{dy}{da}+\mathfrak{B}\frac{dy}{db}+\mathfrak{C}\frac{dy}{dc},\quad \frac{du}{dy}-\frac{dv}{dx}=\mathfrak{A}\frac{dz}{da}+\mathfrak{B}\frac{dz}{db}+\mathfrak{C}\frac{dz}{dc},$$

in welchen u, v, w die nach den Axen der x, y, z genommenen Componenten der Geschwindigkeit bedeuten. Aus diesen Gleichungen folgt, dass, wenn für ein bestimmtes Element (a, b, c) der flüssigen Masse die Werthe der drei zur Linken stehenden Differenzen anfänglich verschwinden, dasselbe während der ganzen Dauer der Bewegung für das nämliche Massenelement (a, b, c) gelten wird. Ist daher ursprünglich in einem von flüssiger Masse erfüllten Raume — denn nur in einem solchen kommt den Zeichen u, v, w eine wirkliche Bedeutung zu — der Ausdruck $udx+vdy+wdz$ ein vollständiges Differential, so wird dasselbe auch zu jeder späteren Zeit für denjenigen Raum gelten, welcher augenblicklich die nämlichen Elemente der flüssigen Masse enthält. Es haftet daher diese Eigenthümlichkeit der Bewegung nicht sowohl, wie LAGRANGE zu beweisen glaubte, an dem absoluten Raume, als vielmehr an der Masse. — Die weitere Untersuchung der Bedeutung der drei Integralgleichungen gehört nicht hierher.

p den Druck, welchen dasselbe erleidet, und X, Y, Z endlich sind die Componenten der auf das Element wirkenden beschleunigenden Kraft. Was die letzte Gleichung betrifft, welche die Incompressibilität der Flüssigkeit ausdrückt, so hat das Summenzeichen in derselben nach der üblichen Bezeichnung die Bedeutung einer Determinante. Wir werden einen Fall behandeln, in welchem die beschleunigende Kraft von der Anziehung der gesammten Masse herrührt und die Elementaranziehung dem Quadrat der Entfernung umgekehrt proportional ist. Bezeichnet daher V zur Zeit t das Potential der Flüssigkeit für den inneren Punkt (x, y, z), so dass also V eine Function von x, y, z und t ist, und bezeichnet ferner ε die Constante, welche die Anziehung zwischen zwei Masseneinheiten in der Einheit der Entfernung ausdrückt, so ist

$$X = \varepsilon \frac{dV}{dx}, \quad Y = \varepsilon \frac{dV}{dy}, \quad Z = \varepsilon \frac{dV}{dz}.$$

Durch Substitution dieser Ausdrücke nehmen die drei ersten Gleichungen folgende Gestalt an

$$(2) \quad \begin{cases} \dfrac{d^2x}{dt^2}\dfrac{dx}{da} + \dfrac{d^2y}{dt^2}\dfrac{dy}{da} + \dfrac{d^2z}{dt^2}\dfrac{dz}{da} - \varepsilon\dfrac{dV}{da} + \dfrac{dp}{da} = 0, \\[2ex] \dfrac{d^2x}{dt^2}\dfrac{dx}{db} + \dfrac{d^2y}{dt^2}\dfrac{dy}{db} + \dfrac{d^2z}{dt^2}\dfrac{dz}{db} - \varepsilon\dfrac{dV}{db} + \dfrac{dp}{db} = 0, \\[2ex] \dfrac{d^2x}{dt^2}\dfrac{dx}{dc} + \dfrac{d^2y}{dt^2}\dfrac{dy}{dc} + \dfrac{d^2z}{dt^2}\dfrac{dz}{dc} - \varepsilon\dfrac{dV}{dc} + \dfrac{dp}{dc} = 0. \end{cases}$$

Unsere Untersuchung ist auf die Voraussetzung beschränkt, dass die zu bestimmenden Functionen x, y, z der vier unabhängigen Variablen a, b, c, t die drei ersten derselben nur linear enthalten, und wir bemerken sogleich, dass wir überall in der Folge unter einem linearen Ausdruck einen solchen verstehen werden, der kein von den Variablen unabhängiges Glied enthält. Wir haben also:

$$(3) \quad \begin{cases} x = la + mb + nc, \\ y = l'a + m'b + n'c, \\ z = l''a + m''b + n''c, \end{cases}$$

wo die Coefficienten l, m etc. nur von der Zeit t abhängig sind und in Folge der Incompressibilität folgende Gleichung befriedigen müssen

$$\theta = \Sigma \pm lm'n'' = 1.$$

Für $t=0$ fallen x, y, z mit a, b, c zusammen, so dass also $l = m' = n'' = 1$, während die sechs übrigen dieser Grössen verschwinden. Differentiirt man obige Gleichungen nach t, so erhält man für die Componenten u, v, w der Geschwindigkeit

$$(3^{\mathrm{a}}) \quad \begin{cases} u = \dfrac{dx}{dt} = \dfrac{dl}{dt}\,a + \dfrac{dm}{dt}\,b + \dfrac{dn}{dt}\,c, \\[2ex] v = \dfrac{dy}{dt} = \dfrac{dl'}{dt}\,a + \dfrac{dm'}{dt}\,b + \dfrac{dn'}{dt}\,c, \\[2ex] w = \dfrac{dz}{dt} = \dfrac{dl''}{dt}\,a + \dfrac{dm''}{dt}\,b + \dfrac{dn''}{dt}\,c. \end{cases}$$

Die anfänglichen Werthe der Grössen

$$(4) \quad \begin{cases} \dfrac{dl}{dt}\,, \quad \dfrac{dm}{dt}\,, \quad \dfrac{dn}{dt} \\[2ex] \dfrac{dl'}{dt}\,, \quad \dfrac{dm'}{dt}\,, \quad \dfrac{dn'}{dt} \\[2ex] \dfrac{dl''}{dt}\,, \quad \dfrac{dm''}{dt}\,, \quad \dfrac{dn''}{dt} \end{cases}$$

sind nicht ganz willkürlich, sondern es findet zwischen denselben die Bedingungsgleichung

$$\left(\frac{dl}{dt}\right)_0 + \left(\frac{dm'}{dt}\right)_0 + \left(\frac{dn''}{dt}\right)_0 = 0$$

statt, welche man erhält, wenn man $\dfrac{d\theta}{dt}$ bildet und dann $t = 0$ setzt.

Wir wollen nun zeigen, dass unsere Ausdrücke, in denen neun unbekannte Functionen der Zeit t vorkommen, die Bewegung einer flüssigen Masse darstellen, deren Elemente sich nach dem Gesetze der Natur anziehen, wenn die Masse ursprünglich die Gestalt eines Ellipsoides hat, die anfängliche Bewegung den Gleichungen (3^{a}), welche acht willkürliche Constanten enthalten, gemäss ist und endlich an der Oberfläche ein constanter oder nur von der Zeit abhängiger Druck stattfindet. Lässt man den Anfangspunkt der Coordinaten mit dem Mittelpunkt, die Axen der x, y, z oder a, b, c mit den Hauptaxen des Ellipsoides zusammenfallen, so hat die Gleichung der anfänglichen Oberfläche die Form

$$(5) \quad \frac{a^2}{A^2} + \frac{b^2}{B^2} + \frac{c^2}{C^2} = 1.$$

Ehe wir weiter gehen, ist zu bemerken, dass unsere Ausdrücke (3) und (4) die bei der Begründung der Gleichungen (1) vorausgesetzte Continuitäts-bedingung erfüllen, welche wesentlich darin besteht, dass die Punkte, welche anfänglich eine geschlossene Fläche bilden, auch zu jeder späteren Zeit eine solche bilden, und dass jeder ursprünglich innerhalb oder ausserhalb dieser Fläche liegende Punkt eine ähnliche Lage in Bezug auf die neue Fläche ein-nimmt. Es ist dies eine Folge daraus, dass zu jedem System bestimmter und endlicher Werthe a, b, c ein eben solches System von Werthen x, y, z und wegen $\theta = 1$ auch umgekehrt gehört.

Löst man die Gleichungen (3) nach a, b, c auf, so erhält man

$$(6) \qquad \begin{cases} a = \lambda x + \lambda' y + \lambda'' z, \\ b = \mu x + \mu' y + \mu'' z, \\ c = \nu x + \nu' y + \nu'' z, \end{cases}$$

wo λ, λ' etc. wegen $\theta = 1$ Ausdrücke ohne Nenner und die sogenannten aus den neun Grössen l, m etc. gebildeten partiellen Determinanten sind, so dass also z. B. $\lambda = m'n'' - m''n'$. Setzt man die Werthe a, b, c in obige Gleichung ein, so erhält man zur Bestimmung der Oberfläche zur Zeit t

$$(7) \qquad \frac{1}{A^2}(\lambda x + \lambda' y + \lambda'' z)^2 + \frac{1}{B^2}(\mu x + \mu' y + \mu'' z)^2 + \frac{1}{C^2}(\nu x + \nu' y + \nu'' z)^2 = 1,$$

so dass also bei einer durch die Gleichungen (3) bestimmten Bewegung die anfänglich ellipsoidisch vorausgesetzte Oberfläche auch zu jeder späteren Zeit die Gestalt eines mit dem ursprünglichen concentrischen Ellipsoides hat. Man kann noch hinzufügen, dass Punkte, welche anfänglich ein mit der Oberfläche con-centrisches, ähnliches und ähnlich liegendes Ellipsoid bilden, zu jeder anderen Zeit in ähnlicher Beziehung zu der jedesmaligen Oberfläche stehen werden. Es soll nun gezeigt werden, dass die Ausdrücke (3) den Gleichungen (2) genügen, wenn die darin enthaltenen Functionen der Zeit, l, m etc. gehörig gewählt werden. Hierzu ist zunächst erforderlich, dass das Potential V der von dem Ellipsoid (7) begrenzten Masse für einen inneren Punkt (x, y, z) bestimmt und dann durch a, b, c ausgedrückt werde. Nach einem bekannten Satze ist das Potential eines auf seine Hauptaxen bezogenen Ellipsoides für einen inneren Punkt ein viergliedriger Ausdruck, der ausser einem constanten Theile drei den Quadraten der Coordinaten proportionale Glieder enthält. Um das Potential für unser Ellipsoid (7), welches nicht auf seine Hauptaxen bezogen ist, zu er-halten, müsste man also durch Auflösung einer cubischen Gleichung zu diesen übergehen und dann das für das neue Coordinatensystem geltende Potential durch x, y, z ausdrücken. Bei der eben angedeuteten etwas umständlichen Rechnung stellt sich heraus, dass das Resultat nur symmetrische Verbindungen der Wurzeln der cubischen Gleichung enthält und also ohne Lösung dieser Gleichung aufgestellt werden kann. Man gelangt zu demselben Ergebniss auf weit kürzerem Wege, wenn man sich zur Auffindung des Potentials der Methode des discontinuirlichen Factors bedient, welche unmittelbar auf ein Ellipsoid angewandt werden kann, welches auf beliebige Axen bezogen ist *). Da jedoch der sehr complicirte Ausdruck, welchen man durch die eine oder die andere der angegebenen Verfahrungsarten erhält, zu unserem Zwecke entbehrlich ist, so wollen wir uns bei der Ableitung desselben nicht aufhalten**). Es genügt für uns zu bemerken, dass das durch x, y, z ausgedrückte Potential offenbar ausser einem constanten, den Werth desselben im Mittelpunkt darstellenden Bestandtheil eine vollständige homogene Function des zweiten Grades von x, y, z enthält. Dieselbe Form wird das Potential in Bezug auf a, b, c darbieten, wenn man für x, y, z die Ausdrücke (3) einsetzt. Es ist also

$$V = H - La^2 - Mb^2 - Nc^2 - 2L'bc - 2M'ca - 2N'ab,$$

wo L, M, ..., N' sehr zusammengesetzte, elliptische Integrale enthaltende Functionen von l, m, ..., n'' bezeichnen. Da hiernach $\frac{dV}{da}$, $\frac{dV}{db}$, $\frac{dV}{dc}$ die Variablen a, b, c nur linear enthalten, und dasselbe von den drei ersten Gliedern in jeder der Gleichungen (2) gilt, so werden diese Gleichungen unabhängig von a, b, c nur bestehen können, wenn der Druck ausser einem von a, b, c unabhängigen Bestandtheil nur Glieder zweiter Ordnung enthält. Da wir nun andererseits voraussetzen, dass dieser Druck an der ganzen Oberfläche zu derselben Zeit den-

---

*) Ueber eine neue Methode zur Bestimmung vielfacher Integrale (Abhandlungen der Akademie der Wissenschaften zu Berlin; 1839)[1]. — Unter den hinterlassenen Papieren fand sich die folgende vereinzelte Bemerkung: „Als einmal zwischen Jacobi und mir die Rede von der Attraction der Ellipsoide war, mit welchem Problem der grosse Mathematiker sich früher sehr angelegentlich beschäftigt hatte, erwähnte er eines Umstandes, der ihn sehr überrascht hatte, des Umstandes nämlich, dass die Bestimmung der auf einen äusseren Punkt ausgeübten Anziehung auch dann nur die Lösung einer einzigen cubischen Gleichung erfordere, wenn das Ellipsoid nicht auf seine Hauptaxen bezogen sei, und legte mir die Frage vor, wie sich die Methode des discontinuirlichen Factors in dieser Beziehung verhalte. Ich konnte sogleich antworten, dass sich bei Anwendung der eben erwähnten Methode dieselbe Erscheinung zeige, und Jacobi's Bemerkung zugleich durch die Angabe vervollständigen, dass sich für einen inneren Punkt gar keine cubische Gleichung einstelle." — Vergl. die erste Anmerkung zu § 4.

**) Es erschien zweckmässig, die hier und im Folgenden angedeutete, durchaus nicht schwierige Rechnung wirklich auszuführen; die Resultate findet man weiter unten im § 4.

[1] S. 393—410 des I. Bandes dieser Ausgabe von G. Lejeune Dirichlet's Werken.   F.

selben bloss von dieser abhängigen Werth P hat, so muss p offenbar die Form

$$p = P + \sigma\left(1 - \frac{a^2}{A^2} - \frac{b^2}{B^2} - \frac{c^2}{C^2}\right)$$

haben, wo σ eine nur mit t veränderliche Grösse bezeichnet. Setzt man alle im Vorhergehenden erhaltenen Ausdrücke in die Gleichungen (2) ein, so zerfällt jede derselben in drei neue Gleichungen, indem die mit a, b, c multiplicirten Glieder besonders verschwinden müssen. Man hat also zur Bestimmung der 10 Functionen der Zeit, l, m, ..., n'', σ die folgenden Gleichungen, welche in gleicher Anzahl sind

$$(a)\qquad\begin{cases} l\,\dfrac{d^2 l}{dt^2} + l'\,\dfrac{d^2 l'}{dt^2} + l''\,\dfrac{d^2 l''}{dt^2} = -2L\varepsilon + \dfrac{2\sigma}{A^2}, \\[2ex] m\,\dfrac{d^2 m}{dt^2} + m'\,\dfrac{d^2 m'}{dt^2} + m''\,\dfrac{d^2 m''}{dt^2} = -2M\varepsilon + \dfrac{2\sigma}{B^2}, \\[2ex] n\,\dfrac{d^2 n}{dt^2} + n'\,\dfrac{d^2 n'}{dt^2} + n''\,\dfrac{d^2 n''}{dt^2} = -2N\varepsilon + \dfrac{2\sigma}{C^2}, \\[2ex] m\,\dfrac{d^2 n}{dt^2} + m'\,\dfrac{d^2 n'}{dt^2} + m''\,\dfrac{d^2 n''}{dt^2} = -2L'\varepsilon, \\[2ex] n\,\dfrac{d^2 m}{dt^2} + n'\,\dfrac{d^2 m'}{dt^2} + n''\,\dfrac{d^2 m''}{dt^2} = -2L'\varepsilon, \\[2ex] n\,\dfrac{d^2 l}{dt^2} + n'\,\dfrac{d^2 l'}{dt^2} + n''\,\dfrac{d^2 l''}{dt^2} = -2M'\varepsilon, \\[2ex] l\,\dfrac{d^2 n}{dt^2} + l'\,\dfrac{d^2 n'}{dt^2} + l''\,\dfrac{d^2 n''}{dt^2} = -2M'\varepsilon, \\[2ex] l\,\dfrac{d^2 m}{dt^2} + l'\,\dfrac{d^2 m'}{dt^2} + l''\,\dfrac{d^2 m''}{dt^2} = -2N'\varepsilon, \\[2ex] m\,\dfrac{d^2 l}{dt^2} + m'\,\dfrac{d^2 l'}{dt^2} + m''\,\dfrac{d^2 l''}{dt^2} = -2N'\varepsilon, \\[2ex] \Sigma \pm l\,m'\,n'' = 1. \end{cases}$$

Es ist leicht, die Unbekannte σ zu eliminiren, indem man aus den drei ersten dieser Gleichungen eine Doppelgleichung bildet; der grösseren Symmetrie halber wollen wir jedoch die Gleichungen in unveränderter Form beibehalten.

§ 2.

Obgleich das eben aufgestellte System allen Bedingungen der Aufgabe genügt und ebensoviel Gleichungen als Unbekannte enthält, so reicht, streng genommen, dieser doppelte Umstand nicht aus, um die Möglichkeit der oben angedeuteten Bewegung zu zeigen. Es ist vielmehr noch nachzuweisen, dass unsere Gleichungen ausreichen, um aus den anfänglichen Werthen der Grössen $l, m, \ldots, n''$ und ihrer Derivirten $\frac{dl}{dt}, \ldots, \frac{dn''}{dt}$, für welche anfänglichen Werthe die obigen Bedingungen gelten, die Werthe der Grössen $l, m, \ldots, n''$ für eine beliebige Zeit t ableiten zu können. Es kommt dieser Nachweis offenbar darauf hinaus, zu zeigen, dass, wenn für eine beliebige Zeit die Werthe von $l, m, \ldots, n''$ und ihren ersten Derivirten als endlich und völlig bekannt vorausgesetzt werden, aus unseren Gleichungen die Werthe der zweiten Derivirten $\frac{d^2l}{dt^2}, \frac{d^2m}{dt^2}, \ldots, \frac{d^2n''}{dt^2}$ für dieselbe Zeit abgeleitet werden können. Es wird genügen, die hier erforderliche Rechnung, welche durchaus keine Schwierigkeit darbietet, mit wenigen Worten anzudeuten. Löst man die drei der Gleichungen (a), welche $\frac{d^2l}{dt^2}, \frac{d^2l'}{dt^2}, \frac{d^2l''}{dt^2}$ enthalten, nach diesen Grössen auf und verfährt ebenso in Bezug auf die sechs übrigen, so erhält man für jede der neun zweiten Derivirten einen Ausdruck der Form $e\sigma + f$, wo e und f wegen $\theta = 1$ ohne Nenner sind und völlig bestimmte endliche Werthe haben, so dass alles darauf hinauskommt sich zu überzeugen, dass σ einen bestimmten endlichen Werth hat. Dieser Werth aber ergiebt sich aus einer Gleichung der Form $e'\sigma + f' = 0$, welche man erhält, wenn man die eben erwähnten Ausdrücke in die Gleichung $\frac{d^2\theta}{dt^2} = 0$ setzt, und in welcher von e' und f' dasselbe gilt, was vorhin in Bezug auf e und f bemerkt wurde, und e' als eine Summe von Quadraten, die nicht gleichzeitig verschwinden können, von Null verschieden sein wird[*]).

Es ist übrigens hinsichtlich der Bewegung, welche durch unsere Gleichungen definirt wird, eine wesentliche Bemerkung zu machen, welche den jeden Augenblick an der Oberfläche ausgeübten Druck betrifft. Dieser Druck muss in gewissen Fällen eine bestimmte Grenze übersteigen, wenn die Bewegung physisch möglich sein soll, es sei denn, dass man unter einer incompressiblen Flüssigkeit eine solche verstehen wollte, die, wie sie jeder Zusammendrückung, so auch jeder sie zur Trennung sollicitirenden Kraft widersteht. Nimmt man diese letztere Fähigkeit, wie gewöhnlich, nicht in die Definition auf, so ist es für die Darstellbarkeit der Bewegung durch die hydro-

---

[*]) Das ausgeführte Resultat dieser Rechnung findet man in § 4.

dynamischen Gleichungen erforderlich, dass der Druck in der bewegten Masse nie negativ werde. Da nun in unserem Falle

$$p = P + \sigma\left(1 - \frac{a^2}{A^2} - \frac{b^2}{B^2} - \frac{c^2}{C^2}\right),$$

und der eingeklammerte Ausdruck innerhalb der Masse alle Werthe zwischen 0 und 1 annimmt, so besteht für den Fall, wo die Grösse σ, die im Allgemeinen nur durch die Integration unserer Differentialgleichungen bestimmt werden kann, zu irgend einer Zeit einen negativen Werth erhält, die Bedingung, dass P nicht unter dem absoluten Werthe von σ liege. Nur wenn σ nie negativ wird, bleibt P unbeschränkt und kann die durch unsere Gleichungen definirte Bewegung im leeren Raume und ohne äusseren Druck stattfinden.

Nur der anfängliche d. h. $t = 0$ entsprechende Werth von σ lässt sich ohne Integration bestimmen. Setzt man $t = 0$ in der Gleichung $\frac{d^2\theta}{dt^2} = 0$, so erhält man

$$\frac{d^2l}{dt^2} + \frac{d^2m'}{dt^2} + \frac{d^2n''}{dt^2} = \left\{ \begin{aligned} &- 2\frac{dm'}{dt}\frac{dn''}{dt} - 2\frac{dn''}{dt}\frac{dl}{dt} - 2\frac{dl}{dt}\frac{dm'}{dt} \\ &+ 2\frac{dm''}{dt}\frac{dn'}{dt} + 2\frac{dn}{dt}\frac{dl''}{dt} + 2\frac{dl'}{dt}\frac{dm}{dt} \end{aligned} \right\}.$$

Den drei ersten Gliedern der zweiten Seite kann man die Form geben

$$\left(\frac{dl}{dt}\right)^2 + \left(\frac{dm'}{dt}\right)^2 + \left(\frac{dn''}{dt}\right)^2 - \left(\frac{dl}{dt} + \frac{dm'}{dt} + \frac{dn''}{dt}\right)^2,$$

wo das letzte Quadrat nach der schon früher bemerkten Bedingungsgleichung verschwindet. Andererseits ergiebt sich, immer unter der Voraussetzung $t = 0$, durch Addition der drei ersten der Gleichungen (a),

$$\frac{d^2l}{dt^2} + \frac{d^2m'}{dt^2} + \frac{d^2n''}{dt^2} = -2(L+M+N)\varepsilon + 2\left(\frac{1}{A^2} + \frac{1}{B^2} + \frac{1}{C^2}\right)\sigma,$$

und da zu Anfang x, y, z mit a, b, c zusammenfallen, so hat V die Form

$$V = H - Lx^2 - My^2 - Nz^2,$$

so dass also nach einem bekannten Satze

$$4\pi = -\frac{d^2V}{dx^2} - \frac{d^2V}{dy^2} - \frac{d^2V}{dz^2} = 2(L+M+N).$$

Hiernach wird unsere obige Gleichung

$$\left(\frac{1}{A^2}+\frac{1}{B^2}+\frac{1}{C^2}\right)\sigma = 2\pi\varepsilon+\tfrac{1}{2}\left[\left(\frac{dl}{dt}\right)^2+\left(\frac{dm'}{dt}\right)^2+\left(\frac{dn''}{dt}\right)^2\right]+\frac{dm''}{dt}\frac{dn'}{dt}+\frac{dn}{dt}\frac{dl''}{dt}+\frac{dl'}{dt}\frac{dm}{dt}.$$

Sind nun z. B. diejenigen der anfänglichen Werthe (4), welche sich ausserhalb der Diagonale befinden und zu dieser eine symmetrische Lage einnehmen, einander gleich, so ist der anfängliche Werth von σ positiv, und wir werden weiter unten sehen, dass in diesem besonderen Falle dasselbe für die ganze Dauer der Bewegung stattfindet*).

§ 3.

Um von der im § 1 betrachteten Bewegung eine einfache Anschauung zu gewinnen, ist es zweckmässig, die durch lineare Ausdrücke dargestellte momentane Bewegung in zwei einfachere zu zerlegen. Wir bemerken jedoch, dass diese Zerlegung nur den eben angegebenen Zweck hat und für die vollständige Behandlung des Problems keinen wesentlichen Nutzen gewährt, da die beiden Theilbewegungen sich im Allgemeinen nicht für die ganze Dauer der Bewegung getrennt bestimmen lassen, und bemerken ferner, dass einige der in diesem Paragraphen gebrauchten Zeichen eine von der denselben in der übrigen Abhandlung beigelegten abweichende Bedeutung haben. Substituirt man in den obigen Ausdrücken von u, v, w für a, b, c die Werthe (6), so erhalten die Componenten die Form

(1)
$$\begin{cases} u = gx +hy +kz, \\ v = g'x +h'y +k'z, \\ w = g''x+h''y+k''z, \end{cases}$$

wo g, h etc. einfache Verbindungen von den selbst durch l, m etc. ausgedrückten Grössen λ, μ etc. und den Grössen (4) sind, und man überzeugt sich leicht, dass in Folge der oben bemerkten Bedingungsgleichung immer die Relation

$$g+h'+k'' = 0$$

stattfindet**).

Nun lässt sich die augenblickliche Bewegung eines Systems, bei welcher

---

wie hier die Componenten u, v, w der Geschwindigkeit eines beliebigen den Coordinaten x, y, z entsprechenden Punktes lineare Functionen dieser Coordinaten sind, immer, auch abgesehen von der in unserem Falle stattfindenden Relation zwischen den drei Coefficienten g, h', k'', in zwei einfachere Bewegungen zerlegen. Die eine dieser Theilbewegungen ist von solcher Beschaffenheit, dass, wenn das System auf drei gehörig gewählte neue Axen der ξ, η, ζ bezogen wird, die diesen parallelen Componenten p, q, r der Geschwindigkeit die einfache Gestalt

$$(2) \qquad p = a\xi, \quad q = b\eta, \quad r = c\zeta$$

annehmen, wogegen die andere Theilbewegung in einer blossen Rotation besteht, bei welcher das System sich wie ein fester Körper um eine durch den Anfangspunkt gehende Axe dreht. Um sich von der Möglichkeit einer solchen Zerlegung zu überzeugen, ist zunächst zu untersuchen, wie sich die Componenten u_1, v_1, w_1 der durch die Gleichungen (2) ausgedrückten Bewegung darstellen, wenn man diese Bewegung auf drei ganz beliebige Axen der x, y, z bezieht. Setzt man zu diesem Zwecke unter Anwendung der üblichen Bezeichnung für die von den Axen gebildeten Winkel

$$\cos x\xi = \alpha, \quad \cos x\eta = \beta, \quad \cos x\zeta = \gamma,$$
$$\cos y\xi = \alpha', \quad \cos y\eta = \beta', \quad \cos y\zeta = \gamma',$$
$$\cos z\xi = \alpha'', \quad \cos z\eta = \beta'', \quad \cos z\zeta = \gamma'',$$

so hat man nach den bekannten Sätzen

$$u_1 = \alpha\,p + \beta\,q + \gamma\,r, \qquad \xi = \alpha x + \alpha' y + \alpha'' z,$$
$$v_1 = \alpha'\,p + \beta'\,q + \gamma'\,r, \qquad \eta = \beta x + \beta' y + \beta'' z,$$
$$w_1 = \alpha''p + \beta''q + \gamma''r, \qquad \zeta = \gamma x + \gamma' y + \gamma'' z.$$

Werden die obigen Werthe von p, q, r in den drei ersten Gleichungen und dann für ξ, η, ζ ihre durch die drei letzten gegebenen Werthe substituirt, so erhält man

$$(3) \qquad \begin{cases} u_1 = lx + n'y + m'z, \\ v_1 = n'x + my + l'z, \\ w_1 = m'x + l'y + nz, \end{cases}$$

wo zur Abkürzung gesetzt ist

$$l = a\alpha^2 + b\beta^2 + c\gamma^2, \qquad l' = a\alpha'\alpha'' + b\beta'\beta'' + c\gamma'\gamma'',$$
$$m = a\alpha'^2 + b\beta'^2 + c\gamma'^2, \qquad m' = a\alpha''\alpha + b\beta''\beta + c\gamma''\gamma,$$
$$n = a\alpha''^2 + b\beta''^2 + c\gamma''^2, \qquad n' = a\alpha\alpha' + b\beta\beta' + c\gamma\gamma'.$$

Man sieht also, dass, wenn die durch (2) bestimmte Bewegung auf ein beliebiges Axensystem bezogen wird, in den Ausdrücken für die Componenten nur sechs verschiedene Coefficienten vorkommen und je zwei derselben, welche in Bezug auf die Diagonale symmetrische Stellen einnehmen, gleich sind. Es ist nun auch umgekehrt leicht, sich zu überzeugen, dass jede durch lineare Ausdrücke von der eben erwähnten Beschaffenheit definirte Bewegung so auf drei neue Axen der ξ, η, ζ bezogen werden kann, dass die Componenten die obige einfache Form (2) annehmen. Diese Behauptung rechtfertigt sich sogleich durch den bekannten Satz, nach welchem der Ausdruck

$$lx^2+my^2+nz^2+2l'yz+2m'zx+2n'xy$$

durch Einführung anderer Axen auf die Form

$$a\xi^2+b\eta^2+c\zeta^2$$

gebracht werden kann, da offenbar die zur Erfüllung dieser Forderung zu lösenden Gleichungen mit denjenigen zusammenfallen, auf welche unsere Frage zurückkommt. Wir können daher dies bekannte Resultat auf unsere Untersuchung anwenden. Nach diesem Resultate sind a, b, c völlig bestimmt und die drei immer reellen Wurzeln *einer* cubischen Gleichung; von diesen Wurzeln ist eine nach Belieben für a, eine zweite für b, und die dritte endlich für c zu nehmen, da eine Vertauschung derselben keinen anderen Erfolg hat, als eine entsprechende Aenderung in der Benennung der Axen nach sich zu ziehen. Sind die Werthe a, b, c ungleich, so ist auch das System der Axen der ξ, η, ζ seiner Lage nach völlig bestimmt. Etwas anders verhält es sich, wenn zwei der Wurzeln oder alle drei einander gleich sind. Im ersteren Falle, wenn z. B. a und b gleich, aber von c verschieden sind, ist nur die Axe der ζ ihrer Lage nach bestimmt, wogegen für die beiden anderen irgend zwei auf einander und auf jener senkrechte Gerade genommen werden können. In diesem Falle wird die schon so leicht zu übersehende durch die Gleichungen (2) definirte Bewegung noch anschaulicher, wenn man die beiden ersten Componenten zu einer Geschwindigkeit vereinigt, die der Richtung nach mit dem auf die dritte Axe herabgelassenen Perpendikel h zusammenfällt und den Werth ah hat. Sind endlich die drei Wurzeln a, b, c alle einander gleich, so bleibt das System der drei rechtwinkligen Axen seiner Lage nach ganz willkürlich, die Geschwindigkeit fällt überall ihrer Richtung nach mit der Entfernung ϱ vom Nullpunkte zusammen und hat den Werth $a\varrho$.

Was nun zweitens eine Bewegung betrifft, in welcher das System ohne Aenderung in der relativen Lage seiner Theile um eine durch den Anfangspunkt gehende Axe rotirt, so sind für eine solche Bewegung die Componenten u_2, v_2, w_2 der Geschwindigkeit von der Form

$$(4) \qquad u_2 = q'z - r'y, \quad v_2 = r'x - p'z, \quad w_2 = p'y - q'x,$$

und umgekehrt ist jede durch diese Ausdrücke bestimmte Bewegung eine Rotation der bezeichneten Art.

Hiernach wird also die Richtigkeit der oben ausgesprochenen Behauptung über die Zerlegbarkeit einer durch die Gleichungen (1) dargestellten Bewegung dargethan sein, wenn die neun in den Gleichungen (3) und (4) enthaltenen Coefficienten so gewählt werden können, dass

$$u = u_1 + u_2, \quad v = v_1 + v_2, \quad w = w_1 + w_2$$

wird; dass dies aber stets und zwar nur auf eine einzige Weise möglich ist, erhellt unmittelbar aus der Form dieser Forderungen, und es bleibt nur noch zu bemerken, dass in Folge der Relation

$$g + h' + k'' = 0$$

der Charakter der ersten der beiden Theilbewegungen in unserem Falle die Beschränkung erleidet, welche durch die Gleichung

$$a + b + c = 0$$

ausgedrückt wird und ihren Grund in der Incompressibilität der Flüssigkeit findet.

§ 4.

Bevor wir weitergehen, wird es zweckmässig sein, die Resultate einiger oben nur angedeuteten Rechnungen hier anzugeben. Dazu gehört vor allem der Ausdruck des Potentials V eines nicht auf seine Hauptaxen bezogenen, durch die Ungleichheit

$$Sx^2 + S'y^2 + S''z^2 + 2Tyz + 2T'zx + 2T''xy < 1$$

begrenzten Ellipsoids für irgend einen inneren Punkt (x, y, z). Bezeichnet man die auf der linken Seite dieser Ungleichheit befindliche ternäre quadratische Form mit F, die ihr adjungirte

$$(S'S'' - T^2)x^2 + (S''S - T'^2)y^2 + (SS' - T''^2)z^2 + 2(T'T'' - TS)yz$$
$$+ 2(T''T - T'S')zx + 2(TT' - T''S'')xy$$

mit F', ferner die positive Quadratwurzel aus der Determinante

$$Gs^3 + G_1 s^2 + G_2 s + 1$$

der neun Grössen

$$Ss+1, \qquad T''s, \qquad T's,$$
$$T''s, \qquad S's+1, \qquad Ts,$$
$$T's, \qquad Ts, \qquad S''s+1$$

mit $\varDelta$, so findet man nach jeder der beiden in § 1 angegebenen Methoden[*])

$$V = \pi \int_0^\infty \frac{ds}{\varDelta} \left\{ 1 - \frac{F - F's + (x^2 + y^2 + z^2)(G_1 s + G s^2)}{\varDelta^2} \right\}.$$

In unserem Falle hängen die Coefficienten der beiden Formen F und F' auf folgende Weise von den Functionen $l, m, \ldots, n''$ und den entsprechenden $\lambda, \mu, \ldots, \nu''$ ab:

$$S = \frac{\lambda^2}{A^2} + \frac{\mu^2}{B^2} + \frac{\nu^2}{C^2}; \qquad T = \frac{\lambda'\lambda''}{A^2} + \frac{\mu'\mu''}{B^2} + \frac{\nu'\nu''}{C^2};$$

$$S' = \frac{\lambda'^2}{A^2} + \frac{\mu'^2}{B^2} + \frac{\nu'^2}{C^2}; \qquad T' = \frac{\lambda''\lambda}{A^2} + \frac{\mu''\mu}{B^2} + \frac{\nu''\nu}{C^2};$$

$$S'' = \frac{\lambda''^2}{A^2} + \frac{\mu''^2}{B^2} + \frac{\nu''^2}{C^2}; \qquad T''' = \frac{\lambda\lambda'}{A^2} + \frac{\mu\mu'}{B^2} + \frac{\nu\nu'}{C^2}$$

und

$$S'S'' - T^2 = \frac{A^2 l^2 + B^2 m^2 + C^2 n^2}{A^2 B^2 C^2}; \qquad T'T'' - TS = \frac{A^2 l'l'' + B^2 m'm'' + C^2 n'n''}{A^2 B^2 C^2};$$

$$S''S - T'^2 = \frac{A^2 l'^2 + B^2 m'^2 + C^2 n'^2}{A^2 B^2 C^2}; \qquad T''T - T'S' = \frac{A^2 l''l + B^2 m''m + C^2 n''n}{A^2 B^2 C^2};$$

$$SS' - T''^2 = \frac{A^2 l''^2 + B^2 m''^2 + C^2 n''^2}{A^2 B^2 C^2}; \qquad TT' - T''S'' = \frac{A^2 ll' + B^2 mm' + C^2 nn'}{A^2 B^2 C^2}$$

und endlich ist

$$G = \frac{1}{A^2 B^2 C^2}$$

der Werth der Determinante der neun Grössen

$$S, \quad T'', \quad T',$$
$$T'', \quad S', \quad T,$$
$$T', \quad T, \quad S''.$$

Um nun die Werthe der in den neun Differentialgleichungen (a) vorkommenden Grössen $L, M, \ldots, N'$ zu bestimmen, hat man in dem eben für V aufgestellten Ausdruck die Coordinaten x, y, z durch ihre Ausdrücke als Functionen

---

von a, b, c zu ersetzen; das Resultat dieser Rechnung ist dadurch bemerkenswerth, dass das Potential V die Functionen der Zeit l, m, ..., n'' nur in den sechs Verbindungen[*]

$$P = l^2 + l'^2 + l''^2; \qquad P' = mn + m'n' + m''n'';$$
$$Q = m^2 + m'^2 + m''^2; \qquad Q' = nl + n'l' + n''l'';$$
$$R = n^2 + n'^2 + n''^2; \qquad R' = lm + l'm' + l''m''$$

enthält, zwischen welchen ausserdem noch die Determinantengleichung

$$PQR - PP'^2 - QQ'^2 - RR'^2 + 2P'Q'R' = 1$$

besteht. Die gesuchten Werthe sind nämlich die folgenden:

$$L = \frac{\pi}{A^2} \int_0^\infty \frac{ds}{\varDelta^3} + \left(\frac{RP - Q'^2}{B^2} + \frac{PQ - R'^2}{C^2} \right) \frac{\pi}{A^2} \int_0^\infty \frac{s\,ds}{\varDelta^3} + \frac{P\pi}{A^2B^2C^2} \int_0^\infty \frac{s^2ds}{\varDelta^3},$$

$$M = \frac{\pi}{B^2} \int_0^\infty \frac{ds}{\varDelta^3} + \left(\frac{PQ - R'^2}{C^2} + \frac{QR - P'^2}{A^2} \right) \frac{\pi}{B^2} \int_0^\infty \frac{s\,ds}{\varDelta^3} + \frac{Q\pi}{A^2B^2C^2} \int_0^\infty \frac{s^2ds}{\varDelta^3},$$

$$N = \frac{\pi}{C^2} \int_0^\infty \frac{ds}{\varDelta^3} + \left(\frac{QR - P'^2}{A^2} + \frac{RP - Q'^2}{B^2} \right) \frac{\pi}{C^2} \int_0^\infty \frac{s\,ds}{\varDelta^3} + \frac{R\pi}{A^2B^2C^2} \int_0^\infty \frac{s^2ds}{\varDelta^3},$$

$$L' = -\frac{(Q'R' - P'P)\pi}{B^2C^2} \int_0^\infty \frac{s\,ds}{\varDelta^3} + \frac{P'\pi}{A^2B^2C^2} \int_0^\infty \frac{s^2ds}{\varDelta^3},$$

$$M' = -\frac{(R'P' - Q'Q)\pi}{C^2A^2} \int_0^\infty \frac{s\,ds}{\varDelta^3} + \frac{Q'\pi}{A^2B^2C^2} \int_0^\infty \frac{s^2ds}{\varDelta^3},$$

$$N' = -\frac{(P'Q' - R'R)\pi}{A^2B^2} \int_0^\infty \frac{s\,ds}{\varDelta^3} + \frac{R'\pi}{A^2B^2C^2} \int_0^\infty \frac{s^2ds}{\varDelta^3},$$

und hierin ist $\varDelta$ die positive Quadratwurzel aus der Determinante

$$\frac{s^3}{A^2B^2C^2} + \left(\frac{P}{B^2C^2} + \frac{Q}{C^2A^2} + \frac{R}{A^2B^2} \right) s^2 + \left(\frac{QR - P'^2}{A^2} + \frac{RP - Q'^2}{B^2} + \frac{PQ - R'^2}{C^2} \right) s + 1$$

der neun Grössen

$$P + \frac{s}{A^2}, \qquad R', \qquad Q',$$
$$R', \qquad Q + \frac{s}{B^2}, \qquad P',$$
$$Q', \qquad P', \qquad R + \frac{s}{C^2}.$$

---

[*] Der Umstand, dass hier und im Folgenden der Buchstabe P, welcher schon in § 1 als Zeichen für den auf der Oberfläche stattfindenden Druck gebraucht wurde, eine ganz andere Bedeutung hat, wird kaum zu einer Verwechselung führen können.

Mit Hülfe dieser Formeln lässt sich nun auch die in § 2 angedeutete Rechnung ausführen, welche den Zweck hat, die Function σ durch die Grössen l, m, $\ldots$, n'' und deren Derivirte erster Ordnung auszudrücken. Das Resultat dieser etwas mühsamen, aber durchaus nicht schwierigen Operation ist in der Gleichung

$$\left(\frac{QR-P'^2}{A^2} + \frac{RP-Q'^2}{B^2} + \frac{PQ-R'^2}{C^2}\right)\sigma = 2\varepsilon\pi - \tfrac{1}{2}\Sigma\frac{dl}{dt}\frac{d\lambda}{dt}$$

enthalten, wo das Summenzeichen sich auf alle neun Paare (l, λ), (m, μ), $\ldots$, (n'', ν'') bezieht. Der Coefficient, mit welchem hier σ behaftet ist, lässt sich in die Form

$$\frac{\lambda^2+\lambda'^2+\lambda''^2}{A^2} + \frac{\mu^2+\mu'^2+\mu''^2}{B^2} + \frac{\nu^2+\nu'^2+\nu''^2}{C^2} = S+S'+S''$$

bringen, woraus unmittelbar hervorgeht, dass er niemals verschwinden kann, da die Annahme, dass alle neun Grössen λ, μ, $\ldots$, ν'' sich auf Null reduciren, mit der Gleichung

$$\Sigma \pm \lambda\mu'\nu'' = 1$$

im Widerspruch steht.

Um unser System von Formeln zu vervollständigen, bilden wir auch noch die folgenden Ausdrücke für die Coefficienten g, h, $\ldots$, k'' in den Geschwindigkeitscomponenten u, v, w:

$$g = \frac{du}{dx} = \lambda\frac{dl}{dt} + \mu\frac{dm}{dt} + \nu\frac{dn}{dt}, \qquad g' = \frac{dv}{dx} = \lambda\frac{dl'}{dt} + \mu\frac{dm'}{dt} + \nu\frac{dn'}{dt},$$

$$h = \frac{du}{dy} = \lambda'\frac{dl}{dt} + \mu'\frac{dm}{dt} + \nu'\frac{dn}{dt}, \qquad h' = \frac{dv}{dy} = \lambda'\frac{dl'}{dt} + \mu'\frac{dm'}{dt} + \nu'\frac{dn'}{dt},$$

$$k = \frac{du}{dz} = \lambda''\frac{dl}{dt} + \mu''\frac{dm}{dt} + \nu''\frac{dn}{dt}, \qquad k' = \frac{dv}{dz} = \lambda''\frac{dl'}{dt} + \mu''\frac{dm'}{dt} + \nu''\frac{dn'}{dt},$$

$$g'' = \frac{dw}{dx} = \lambda\frac{dl''}{dt} + \mu\frac{dm''}{dt} + \nu\frac{dn''}{dt},$$

$$h'' = \frac{dw}{dy} = \lambda'\frac{dl''}{dt} + \mu'\frac{dm''}{dt} + \nu'\frac{dn''}{dt},$$

$$k'' = \frac{dw}{dz} = \lambda''\frac{dl''}{dt} + \mu''\frac{dm''}{dt} + \nu''\frac{dn''}{dt}.$$

Die Bedingung der Incompressibilität giebt dann zunächst die Gleichung

$$\frac{d\theta}{dt} = \frac{du}{dx} + \frac{dv}{dy} + \frac{dw}{dz} = 0,$$

und für das letzte Glied in der zur Bestimmung von σ dienenden Gleichung findet man den Ausdruck

$$-\tfrac{1}{2}\Sigma\,\frac{dl}{dt}\,\frac{d\lambda}{dt} = \frac{dv}{dz}\,\frac{dw}{dy} - \frac{dv}{dy}\,\frac{dw}{dz} + \frac{dw}{dx}\,\frac{du}{dz} - \frac{dw}{dz}\,\frac{du}{dx} + \frac{du}{dy}\,\frac{dv}{dx} - \frac{du}{dx}\,\frac{dv}{dy}$$

$$= \tfrac{1}{2}\left[\left(\frac{du}{dx}\right)^2 + \left(\frac{dv}{dy}\right)^2 + \left(\frac{dw}{dz}\right)^2\right] + \frac{dv}{dz}\,\frac{dw}{dy} + \frac{dw}{dx}\,\frac{du}{dz} + \frac{du}{dy}\,\frac{dv}{dx},$$

der uns dazu dienen wird, die am Ende des § 2 ausgesprochene Behauptung zu rechtfertigen.

Ausserdem mag noch bemerkt werden, dass die Rotationen p', q', r' um die drei Coordinatenaxen, in welche sich die augenblickliche Rotation zerlegen lässt, die Werthe

$$p' = \tfrac{1}{2}\left(\frac{dw}{dy} - \frac{dv}{dz}\right), \quad q' = \tfrac{1}{2}\left(\frac{du}{dz} - \frac{dw}{dx}\right), \quad r' = \tfrac{1}{2}\left(\frac{dv}{dx} - \frac{du}{dy}\right)$$

haben.

§ 5.

Wir gehen nun über zu der Aufstellung von sieben Integralen erster Ordnung, welche stets gelten, ohne besondere Voraussetzungen über den anfänglichen Bewegungszustand zu machen. Drei derselben ergeben sich unmittelbar aus den Differentialgleichungen (a), wenn man je zwei derselben, welche rechts dasselbe Glied $-2L'\varepsilon$, $-2M'\varepsilon$, $-2N'\varepsilon$ enthalten, von einander abzieht; auf diese Weise erhält man

$$(\mathrm{I})\;\begin{cases} m\dfrac{dn}{dt} - n\dfrac{dm}{dt} + m'\dfrac{dn'}{dt} - n'\dfrac{dm'}{dt} + m''\dfrac{dn''}{dt} - n''\dfrac{dm''}{dt} = \mathfrak{A} = \left(\dfrac{dn'}{dt}\right)_0 - \left(\dfrac{dm''}{dt}\right)_0, \\[2ex] n\dfrac{dl}{dt} - l\dfrac{dn}{dt} + n'\dfrac{dl'}{dt} - l'\dfrac{dn'}{dt} + n''\dfrac{dl''}{dt} - l''\dfrac{dn''}{dt} = \mathfrak{B} = \left(\dfrac{dl''}{dt}\right)_0 - \left(\dfrac{dn}{dt}\right)_0, \\[2ex] l\dfrac{dm}{dt} - m\dfrac{dl}{dt} + l'\dfrac{dm'}{dt} - m'\dfrac{dl'}{dt} + l''\dfrac{dm''}{dt} - m''\dfrac{dl''}{dt} = \mathfrak{C} = \left(\dfrac{dm}{dt}\right)_0 - \left(\dfrac{dl'}{dt}\right)_0. \end{cases}$$

Will man die Componenten u, v, w der Geschwindigkeit an der Stelle (x, y, z) und ihre nach den Coordinaten x, y, z genommenen partiellen Derivirten einführen, so lassen sich diese Integrale mit Hülfe der im vorhergehenden Paragraphen gegebenen Ausdrücke leicht in die folgende Form bringen[*]):

---

[*]) Vergl. die Anmerkung zu der Einleitung.

$$\frac{dv}{dz} - \frac{dw}{dy} = \mathfrak{A}l + \mathfrak{B}m + \mathfrak{C}n,$$

$$\frac{dw}{dx} - \frac{du}{dz} = \mathfrak{A}l' + \mathfrak{B}m' + \mathfrak{C}n',$$

$$\frac{du}{dy} - \frac{dv}{dx} = \mathfrak{A}l'' + \mathfrak{B}m'' + \mathfrak{C}n'',$$

aus welcher unmittelbar hervorgeht, dass die Axe der augenblicklichen Rotation stets von denselben Elementen der flüssigen Masse gebildet wird und dass, wenn die drei links stehenden Grössen zu irgend einer Zeit gleichzeitig verschwinden, d. h. wenn keine Rotation stattfindet, dasselbe für die ganze Dauer der Bewegung gilt; die Bedingungen, welchen der Anfangszustand der Bewegung in diesem Falle unterliegt, sind in den Gleichungen

$$\left(\frac{dn'}{dt}\right)_0 = \left(\frac{dm''}{dt}\right)_0, \quad \left(\frac{dl''}{dt}\right)_0 = \left(\frac{dn}{dt}\right)_0, \quad \left(\frac{dm}{dt}\right)_0 = \left(\frac{dl'}{dt}\right)_0$$

ausgesprochen, und man erkennt unmittelbar aus dem im vorigen Paragraphen mitgetheilten Ausdrucke für die Function σ, dass dieselbe während der ganzen Bewegung nur positive Werthe annimmt; hiermit ist also die Richtigkeit der am Ende des § 2 aufgestellten Behauptung nachgewiesen [*]).

Da ferner in unserem Problem die wirkenden Kräfte nur von der wechselseitigen Anziehung der Elemente der flüssigen Masse herrühren, so liefert uns das Princip der Flächen drei Integrale

$$\int\left(y\frac{dz}{dt} - z\frac{dy}{dt}\right)d\tau = \text{const.}, \quad \int\left(z\frac{dx}{dt} - x\frac{dz}{dt}\right)d\tau = \text{const.}, \quad \int\left(x\frac{dy}{dt} - y\frac{dx}{dt}\right)d\tau = \text{const.},$$

in welchen die Integrationen über alle Elemente $d\tau$ der flüssigen Masse auszudehnen sind. Drückt man die Coordinaten x, y, z durch die ursprünglichen Coordinaten a, b, c aus, indem man das anfängliche Ellipsoid in unendlich kleine Elemente $d\tau = da\,db\,dc$ zerlegt, und berücksichtigt, dass

$$\int a^2 d\tau = \frac{\mathfrak{M}}{5}\cdot A^2, \quad \int b^2 d\tau = \frac{\mathfrak{M}}{5}\cdot B^2, \quad \int c^2 d\tau = \frac{\mathfrak{M}}{5}\cdot C^2,$$

$$\int bc\,d\tau = 0, \quad \int ca\,d\tau = 0, \quad \int ab\,d\tau = 0$$

ist, wo $\mathfrak{M}$ zur Abkürzung für die Gesammtmasse $\dfrac{4\pi ABC}{3}$ gesetzt ist, so nehmen

---

[*]) Es mag beiläufig bemerkt werden, dass die drei Integralgleichungen (I) hinreichen, um aus den neun Differentialgleichungen (a) sechs andere abzuleiten, welche die neun Functionen l, m, ... n'' nur noch in den sechs Verbindungen P, Q, ..., R', und ausserdem noch die Grösse σ enthalten.

diese Integrale die folgende Form an:

$$(\mathrm{II})\quad\begin{cases} A^2\!\left(l'\,\dfrac{dl''}{dt}-l''\dfrac{dl'}{dt}\right)+B^2\!\left(m'\,\dfrac{dm''}{dt}-m''\dfrac{dm'}{dt}\right)+C^2\!\left(n'\,\dfrac{dn''}{dt}-n''\dfrac{dn'}{dt}\right)=\mathfrak{K}\ =B^2\!\left(\dfrac{dm''}{dt}\right)_0-C^2\!\left(\dfrac{dn'}{dt}\right)_0, \\[2ex] A^2\!\left(l''\dfrac{dl}{dt}-l\,\dfrac{dl''}{dt}\right)+B^2\!\left(m''\dfrac{dm}{dt}-m\,\dfrac{dm''}{dt}\right)+C^2\!\left(n''\dfrac{dn}{dt}-n\,\dfrac{dn''}{dt}\right)=\mathfrak{K}'=C^2\!\left(\dfrac{dn}{dt}\right)_0-A^2\!\left(\dfrac{dl'}{dt}\right)_0, \\[2ex] A^2\!\left(l\,\dfrac{dl'}{dt}-l'\dfrac{dl}{dt}\right)+B^2\!\left(m\,\dfrac{dm'}{dt}-m'\dfrac{dm}{dt}\right)+C^2\!\left(n\,\dfrac{dn'}{dt}-n'\dfrac{dn}{dt}\right)=\mathfrak{K}''=A^2\!\left(\dfrac{dl'}{dt}\right)_0-B^2\!\left(\dfrac{dm}{dt}\right)_0. \end{cases}$$

Setzt man die in dem vorhergehenden Paragraphen mitgetheilten Ausdrücke für die Grössen L, M, ..., N' als bekannt voraus, so ergeben sich die vorstehenden Integralgleichungen auch aus unseren Differentialgleichungen (a) durch eine etwas mühsame Rechnung, bei welcher vorzüglich zu berücksichtigen ist, dass zwischen den Grössen L, M, ..., N' und P, Q, ..., R' folgende Relationen stattfinden

$$A^2(R'M'-Q'N')+B^2(QL'\ -P'M)+C^2(P'N-RL') = 0,$$
$$A^2(Q'L\ -PM')\ +B^2(P'N'-R'L')+C^2(RM'-Q'N) = 0,$$
$$A^2(PN'\ -R'L)\ +B^2(R'M-QN')+C^2(Q'L'-P'M') = 0,$$

von denen nur eine verificirt zu werden braucht, weil aus ihr die beiden anderen durch einfache Permutation abgeleitet werden können.

Das siebente Integral wird uns endlich durch das Princip der lebendigen Kraft geliefert, welches nach der Natur der in unserem Problem wirkenden Kräfte durch die Gleichung

$$\int\!\left[\left(\frac{dx}{dt}\right)^2+\left(\frac{dy}{dt}\right)^2+\left(\frac{dz}{dt}\right)^2\right]d\tau\ =\ \text{Const.}+\varepsilon\int V d\tau$$

ausgedrückt wird, in welcher die Integrationen über alle Elemente $d\tau$ der bewegten Masse auszudehnen sind; die wirkliche Ausführung derselben, wie sie sogleich angedeutet werden soll, giebt dann das Resultat

$$(\mathrm{III})\quad\begin{cases} A^2\!\left[\left(\dfrac{dl}{dt}\right)^2+\left(\dfrac{dl'}{dt}\right)^2+\left(\dfrac{dl''}{dt}\right)^2\right] \\[2ex] +B^2\!\left[\left(\dfrac{dm}{dt}\right)^2+\left(\dfrac{dm'}{dt}\right)^2+\left(\dfrac{dm''}{dt}\right)^2\right] \\[2ex] +C^2\!\left[\left(\dfrac{dn}{dt}\right)^2+\left(\dfrac{dn'}{dt}\right)^2+\left(\dfrac{dn''}{dt}\right)^2\right] \end{cases}\!\! =\ \text{Const.}+4\varepsilon\pi\int_0^\infty\frac{ds}{\varDelta}.$$

Auf der linken Seite kann man nämlich das frühere Verfahren anwenden, indem man den ursprünglich von der Masse erfüllten Raum in unendlich kleine Elemente $d\tau = da\,db\,dc$ zerlegt und die Integrationen in Bezug auf die Variablen a, b, c ausführt; man erhält dann unmittelbar nach Unterdrückung des constanten Factors $\dfrac{\mathfrak{M}}{5}$ den auf der linken Seite der Gleichung (III) befindlichen Ausdruck. Auf der rechten Seite würde man durch dasselbe Verfahren zunächst

$$\int V d\tau = \mathfrak{M}\left(H - \frac{A^2 L + B^2 M + C^2 N}{5}\right)$$

finden; aus den in § 4 gegebenen Ausdrücken für L, M, N ergiebt sich ferner ohne Schwierigkeit

$$A^2 L + B^2 M + C^2 N = H = \pi \int_0^\infty \frac{ds}{\varDelta},$$

also

$$\int V d\tau = \frac{\mathfrak{M}}{5} \cdot 4\pi \int_0^\infty \frac{ds}{\varDelta},$$

woraus dann unmittelbar die Richtigkeit der Integralgleichung (III) erhellt. Allein man kann auch ohne Hülfe der Ausdrücke für L, M, N den Werth des auf sich selbst bezogenen Potentials der flüssigen Masse leicht auf folgende Weise finden. Ist nämlich

$$\frac{x'^2}{\alpha^2} + \frac{y'^2}{\beta^2} + \frac{z'^2}{\gamma^2} = 1$$

die Gleichung des auf seine Hauptaxen bezogenen Ellipsoides, welches augenblicklich die flüssige Masse begrenzt, so ist der Werth des Potentials im inneren Punkte (x', y', z')

$$V = \pi \int_0^\infty \frac{ds}{\varDelta}\left(1 - \frac{x'^2}{\alpha^2 + s} - \frac{y'^2}{\beta^2 + s} - \frac{z'^2}{\gamma^2 + s}\right),$$

wo $\varDelta$ die positive Quadratwurzel aus dem Ausdruck

$$\left(1 + \frac{s}{\alpha^2}\right)\left(1 + \frac{s}{\beta^2}\right)\left(1 + \frac{s}{\gamma^2}\right)$$

bedeutet. Zerlegt man nun die ganze Masse in unendlich kleine Elemente $d\tau = dx'\, dy'\, dz'$, und bedenkt, dass

$$\int d\tau = \frac{4\pi\alpha\beta\gamma}{3} = \frac{4\pi ABC}{3} = \mathfrak{M}; \quad \int x'^2 d\tau = \frac{\mathfrak{M}}{5}\alpha^2, \quad \int y'^2 d\tau = \frac{\mathfrak{M}}{5}\beta^2, \quad \int z'^2 d\tau = \frac{\mathfrak{M}}{5}\gamma^2$$

ist, so findet man zunächst

$$\int V d\tau = \mathfrak{M}\pi \int_0^\infty \frac{ds}{\varDelta}\left(1 - \frac{1}{5}\frac{\alpha^2}{\alpha^2 + s} - \frac{1}{5}\frac{\beta^2}{\beta^2 + s} - \frac{1}{5}\frac{\gamma^2}{\gamma^2 + s}\right);$$

nun ist aber

$$\frac{\alpha^2}{\alpha^2+s}+\frac{\beta^2}{\beta^2+s}+\frac{\gamma^2}{\gamma^2+s}=3-s\left(\frac{1}{\alpha^2+s}+\frac{1}{\beta^2+s}+\frac{1}{\gamma^2+s}\right)$$
$$=3-s\frac{d\log(\Delta^2)}{ds}=3-2\frac{s}{\Delta}\frac{d\Delta}{ds},$$

und hierdurch geht die vorige Gleichung in die folgende über

$$\int V d\tau = \frac{\mathfrak{M}}{5}2\pi\int_0^\infty \frac{ds}{\Delta}\left(1+\frac{s}{\Delta}\frac{d\Delta}{ds}\right),$$

und da ferner durch theilweise Integration leicht bewiesen wird, dass

$$\int_0^\infty \frac{sds}{\Delta^2}\cdot\frac{d\Delta}{ds}=-\int_0^\infty s\,\frac{d\left(\dfrac{1}{\Delta}\right)}{ds}\cdot ds=\int_0^\infty \frac{ds}{\Delta}$$

ist, so erhält man endlich wieder

$$\int V d\tau = \frac{\mathfrak{M}}{5}\cdot 4\pi\int_0^\infty \frac{ds}{\Delta},$$

und hierin ist nach bekannten Sätzen

$$\Delta^2=\begin{vmatrix}1+\dfrac{s}{\alpha^2} & 0 & 0 \\ 0 & 1+\dfrac{s}{\beta^2} & 0 \\ 0 & 0 & 1+\dfrac{s}{\gamma^2}\end{vmatrix}=\begin{vmatrix}Ss+1 & T''s & T's \\ T''s & S's+1 & Ts \\ T's & Ts & S''s+1\end{vmatrix}=\begin{vmatrix}P+\dfrac{s}{A^2} & R' & Q' \\ R' & Q+\dfrac{s}{B^2} & P' \\ Q' & P' & R+\dfrac{s}{C^2}\end{vmatrix},$$

wenn man sich einer üblichen Bezeichnungsweise der Determinanten bedient.

Natürlich lässt sich die Gleichung (III) auch ohne das Princip der lebendigen Kraft anzuwenden, aus den Differentialgleichungen (a) ableiten; man bedarf aber dann der im § 4 gegebenen Ausdrücke für die Grössen $L, M, \ldots, N'$, und ausserdem ist die Rechnung sehr beschwerlich.

§ 6.

Bei der grossen Complication der Differentialgleichungen (a) wird man eine vollständige Lösung des Problems wohl nur unter besonders einfachen Voraussetzungen über den anfänglichen Zustand der flüssigen Masse erreichen können; wir werden uns daher im Folgenden nur noch mit solchen speciellen Fällen beschäftigen. Eine solche einfache Voraussetzung ist diejenige, dass im

Anfang der Bewegung sowohl hinsichtlich der Gestalt als auch des Bewegungs-
zustandes vollständige Symmetrie in Bezug auf eine bestimmte Axe stattfindet;
es leuchtet nämlich ein, dass dann dasselbe für die ganze Dauer der Bewegung
gelten wird. Dazu ist zunächst erforderlich, dass die Masse ursprünglich durch
ein Rotationsellipsoid begrenzt wird, dass also die Axe der Symmetrie eine der
drei Hauptaxen des ursprünglichen Ellipsoids ist; wir wollen annehmen, es sei
dies die Axe C, so dass $B = A$ ist. Denkt man sich ferner an jedem Punkte
a, b, c die Anfangsgeschwindigkeit, deren Componenten

$$u = \left(\frac{dl}{dt}\right)_0 a + \left(\frac{dm}{dt}\right)_0 b + \left(\frac{dn}{dt}\right)_0 c,$$

$$v = \left(\frac{dl'}{dt}\right)_0 a + \left(\frac{dm'}{dt}\right)_0 b + \left(\frac{dn'}{dt}\right)_0 c,$$

$$w = \left(\frac{dl''}{dt}\right)_0 a + \left(\frac{dm''}{dt}\right)_0 b + \left(\frac{dn''}{dt}\right)_0 c$$

sind, nach Grösse und Richtung construirt, so darf durch eine beliebige Drehung φ
des Coordinatensystems um die Axe der c nichts geändert werden, d. h.,
wenn a, b resp. in $a\cos\varphi - b\sin\varphi$, $a\sin\varphi + b\cos\varphi$ übergehen, ohne dass c sich
ändert, so muss u in $u\cos\varphi - v\sin\varphi$, v in $u\sin\varphi + v\cos\varphi$ übergehen, und w
ungeändert bleiben, wenn der Bewegungszustand wirklich symmetrisch in Bezug
auf die Axe der c sein soll. Dies giebt folgende Bedingungen

$$\left(\frac{dn}{dt}\right)_0 = 0, \quad \left(\frac{dn'}{dt}\right)_0 = 0, \quad \left(\frac{dl''}{dt}\right)_0 = 0, \quad \left(\frac{dm''}{dt}\right)_0 = 0,$$

$$\left(\frac{dm'}{dt}\right)_0 = \left(\frac{dl}{dt}\right)_0, \quad \left(\frac{dl'}{dt}\right)_0 = -\left(\frac{dm}{dt}\right)_0,$$

zu welchen in Folge der Incompressibilität noch

$$\left(\frac{dl}{dt}\right)_0 + \left(\frac{dm'}{dt}\right)_0 + \left(\frac{dn''}{dt}\right)_0 = 0$$

kommt. Der Anfangszustand der Bewegung wird daher durch Gleichungen von
der Form

$$u = ga + hb, \quad v = -ha + gb, \quad w = -2gc$$

ausgedrückt. Die beiden Theilbewegungen, in welche jede solche Bewegung
zerlegbar ist, werden daher folgende Componenten haben

$$u_1 = ga, \quad v_1 = gb, \quad w_1 = -2gc,$$
$$u_2 = hb, \quad v_2 = -ha, \quad w_2 = 0,$$

woraus sich ergiebt, wie sich erwarten liess, dass die Theilchen der flüssigen Masse ausser einer Rotation um die Axe der Symmetrie eine derselben parallele Bewegung $-2gc$ und eine auf ihr senkrechte $g\sqrt{a^2+b^2}$ besitzen, deren Richtung durch die Axe selbst hindurch geht.

Sind diese Bedingungen für den Anfangszustand erfüllt, so wird dieselbe Symmetrie auch für die ganze Dauer der Bewegung gelten; alle Theilchen, welche ursprünglich eine symmetrische Lage in Bezug auf die Axe der c einnehmen, d. h. für welche a^2+b^2 und c constant sind, werden zu jeder späteren Zeit in derselben Beziehung stehen, so dass wieder x^2+y^2 und z für diese Theilchen dieselben Werthe besitzen. Diese Eigenschaften der linearen Functionen x, y, z der ursprünglichen Coordinaten a, b, c haben zur Folge, dass stets

$$n = 0, \quad n' = 0, \quad l'' = 0, \quad m'' = 0,$$
$$m' = l, \quad l' = -m$$

sein muss, so dass diese linearen Ausdrücke folgende Form annehmen

$$x = la+mb, \quad y = -ma+lb, \quad z = n''c,$$

und offenbar sind die Bedingungen, welche hieraus für die anfänglichen Werthe der Derivirten $\frac{dl}{dt}$, $\frac{dm}{dt}$, ..., $\frac{dn''}{dt}$ folgen, identisch mit den soeben aufgestellten. Die Bedingung der Incompressibilität besteht in der Gleichung

$$(l^2+m^2)n'' = 1,$$

und folglich erhält man durch Umkehrung der vorstehenden Gleichungen

$$a = ln''x-mn''y, \quad b = mn''x+ln''y, \quad c = \frac{1}{n''}z.$$

Die Gleichung des augenblicklichen Ellipsoids ist daher

$$\frac{n''}{A^2}(x^2+y^2)+\frac{z^2}{C^2n''^2} = 1,$$

und die Componenten der Geschwindigkeit haben die Form

$$u = \frac{dl}{dt}a+\frac{dm}{dt}b = -\frac{1}{2n''}\frac{dn''}{dt}x+n''\left(l\frac{dm}{dt}-m\frac{dl}{dt}\right)y,$$
$$v = -\frac{dm}{dt}a+\frac{dl}{dt}b = -n''\left(l\frac{dm}{dt}-m\frac{dl}{dt}\right)x-\frac{1}{2n''}\frac{dn''}{dt}y,$$
$$w = \frac{dn''}{dt}c = \frac{1}{n''}\frac{dn''}{dt}z,$$

wodurch wieder ausgedrückt wird, dass Gestalt und Bewegungszustand zu jeder

Zeit symmetrisch in Bezug auf die Axe der c oder z ist; besonders bemerken wollen wir noch, dass

$$n''\left(l\frac{dm}{dt}-m\frac{dl}{dt}\right)=\tfrac{1}{2}\left(\frac{du}{dy}-\frac{dv}{dx}\right)=\omega$$

das Maass für die augenblickliche Rotation um die Axe der z ist.

Wir haben jetzt zu untersuchen, in welcher Weise unsere Hypothese über die Natur der Bewegung mit den Fundamentalgleichungen (a) in Uebereinstimmung zu bringen ist. Da in unserer Annahme das Potential V für einen inneren Punkt durch die Gleichung

$$V=\pi\int_0^\infty\frac{ds}{\varDelta}\left(1-\frac{n''(x^2+y^2)}{A^2+n''s}-\frac{z^2}{C^2n''^2+s}\right)=\pi\int_0^\infty\frac{ds}{\varDelta}\left(1-\frac{a^2+b^2}{A^2+n''s}-\frac{n''^2c^2}{C^2n''^2+s}\right)$$

ausgedrückt wird, in welcher

$$\varDelta=\left(1+\frac{n''s}{A^2}\right)\sqrt{1+\frac{s}{C^2n''^2}}$$

ist, so erhält man für die Grössen $L,\ M,\ \ldots,\ N'$ folgende Werthe

$$L=M=\pi\int_0^\infty\frac{ds}{\varDelta}\cdot\frac{1}{A^2+n''s},\quad N=\pi\int_0^\infty\frac{ds}{\varDelta}\cdot\frac{n''^2}{C^2n''^2+s},$$

$$L'=0,\quad M'=0,\quad N'=0.$$

Hieraus folgt, dass vier von den neun Differentialgleichungen (a) durch unsere Hypothese identisch erfüllt sind, während die fünf übrigen sich auf die drei folgenden von einander wesentlich verschiedenen reduciren

$$l\frac{d^2l}{dt^2}+m\frac{d^2m}{dt^2}=\frac{2\sigma}{A^2}-2\varepsilon L,\quad n''\frac{d^2n''}{dt^2}=\frac{2\sigma}{C^2}-2\varepsilon N,\quad l\frac{d^2m}{dt^2}-m\frac{d^2l}{dt^2}=0,$$

welche in Verbindung mit der schon vorher aufgestellten Bedingung der Incompressibilität zur Bestimmung der vier Functionen $l,\ m,\ n'',\ \sigma$ vollständig hinreichen, wie aus den in § 2 gegebenen Andeutungen erhellt.

Nachdem so die Zulässigkeit unserer Hypothese nachgewiesen ist, schreiten wir zur vollständigen Lösung des entsprechenden Problems, indem wir dasselbe auf Quadraturen zurückführen. Die letzte der drei vorstehenden Differentialgleichungen hat das Integral (vergl. § 5. I.)

$$l\frac{dm}{dt}-m\frac{dl}{dt}=\left(\frac{dm}{dt}\right)_0=\omega_0,$$

und hieraus ergiebt sich die Folgerung, dass die Rotationsgeschwindigkeit

37 *

$\omega = \omega_0 n''$ stets proportional der Länge der Rotationsaxe Cn'' des Ellipsoids ist. Durch zweimalige Differentiation der Gleichung

$$l^2 + m^2 = \frac{1}{n''}$$

erhält man ferner

$$l\frac{dl}{dt} + m\frac{dm}{dt} = -\frac{1}{2n''^2}\frac{dn''}{dt},$$

$$l\frac{d^2l}{dt^2} + m\frac{d^2m}{dt^2} + \left(\frac{dl}{dt}\right)^2 + \left(\frac{dm}{dt}\right)^2 = -\frac{1}{2n''^2}\frac{d^2n''}{dt^2} + \frac{1}{n''^3}\left(\frac{dn''}{dt}\right)^2;$$

quadrirt man die erste dieser beiden Gleichungen und addirt dazu das Quadrat der vorstehenden Integralgleichung, so erhält man

$$\frac{1}{n''}\left\{\left(\frac{dl}{dt}\right)^2 + \left(\frac{dm}{dt}\right)^2\right\} = \omega_0^2 + \frac{1}{4n''^4}\left(\frac{dn''}{dt}\right)^2,$$

und hierdurch geht die zweite Gleichung in die folgende über

$$l\frac{d^2l}{dt^2} + m\frac{d^2m}{dt^2} = -\omega_0^2 n'' + \frac{3}{4n''^3}\left(\frac{dn''}{dt}\right)^2 - \frac{1}{2n''^2}\frac{d^2n''}{dt^2}.$$

Auf diese Weise gelingt es, die beiden Functionen l und m vollständig zu eliminiren, und wir erhalten zur Bestimmung der Functionen n'', σ die beiden folgenden Differentialgleichungen

$$-\frac{1}{2n''^2}\frac{d^2n''}{dt^2} + \frac{3}{4n''^3}\left(\frac{dn''}{dt}\right)^2 - \omega_0^2 n'' = \frac{2\sigma}{A^2} - 2\varepsilon L, \quad n''\frac{d^2n''}{dt^2} = \frac{2\sigma}{C^2} - 2\varepsilon N,$$

in welchen die Grössen L, N nur noch von der Variable n'' abhängen. Eliminirt man aus diesen beiden Gleichungen $\dfrac{d^2n''}{dt^2}$, indem man die erste mit n'', die zweite mit $\dfrac{1}{2n''^2}$ multiplicirt und dann addirt, so erhält man nach Substitution der Ausdrücke für L und N die Gleichung

$$\sigma\left\{\frac{2n''}{A^2} + \frac{1}{C^2 n''^2}\right\} = 2\varepsilon\pi - \omega_0^2 n''^2 + \tfrac{3}{4}\frac{1}{n''^2}\left(\frac{dn''}{dt}\right)^2,$$

welche mit der im § 4 gegebenen übereinstimmt. Eliminirt man dagegen σ aus den beiden vorhergehenden Gleichungen, indem man die zweite mit $\dfrac{C^2}{n''}$, die erste mit $\dfrac{A^2}{n''}$ multiplicirt, und dann subtrahirt, so erhält man die Differentialgleichung zweiter Ordnung

$$\left(\frac{A^2}{2n''^3} + C^2\right)\frac{d^2n''}{dt^2} - \tfrac{3}{4}\frac{A^2}{n''^4}\left(\frac{dn''}{dt}\right)^2 + A^2\omega_0^2 = 2\varepsilon\pi\int_0^\infty \frac{s\,ds}{\varDelta}\cdot\frac{A^2 - C^2 n''^3}{n''(A^2 + n''s)(C^2 n''^2 + s)};$$

multiplicirt man dieselbe mit $2\dfrac{dn''}{dt}$, so lässt sich eine Integration ausführen, deren Resultat

$$\left(\frac{A^2}{2n''^3}+C^2\right)\left(\frac{dn''}{dt}\right)^2+2A^2\omega_0^2 n'' \;=\; \text{Const.}+4\varepsilon\pi\int_0^\infty \frac{ds}{\varDelta}$$

offenbar nichts anderes ist, als das durch das Princip der lebendigen Kraft gegebene Integral.

Um nun diese Gleichungen, durch welche das Problem in der That auf Quadraturen zurückgeführt ist[1]), bequem discutiren zu können, ist es zweckmässig, das Verhältniss

$$\alpha \;=\; \frac{Cn''}{\sqrt[3]{A^2C}} \;=\; n''\sqrt[3]{\frac{C^2}{A^2}} \;=\; n''\alpha_0$$

der Rotationsaxe Cn'' des Ellipsoids zu dem Radius $D=\sqrt[3]{A^2C}$ der Kugel, deren Volumen dem des Ellipsoids gleich ist, als neue Variable einzuführen. Ferner wollen wir

$$\varrho \;=\; \frac{\omega}{\sqrt{2\varepsilon\pi}} \;=\; \frac{\omega_0}{\sqrt{2\varepsilon\pi}}\,n'' \;=\; \frac{\varrho_0}{\alpha_0}\,\alpha$$

setzen. Ersetzt man endlich die Integrationsvariable s durch D^2s, und führt zur Abkürzung folgende Bezeichnung ein

$$f(\alpha) = \int_0^\infty \frac{ds}{(1+\alpha s)\sqrt{1+\dfrac{s}{\alpha^2}}}, \quad \frac{df(\alpha)}{d\alpha}=f'(\alpha)=\left(\frac{1}{\alpha^3}-1\right)\int_0^\infty \frac{s\,ds}{(1+\alpha s)^2\sqrt{\left(1+\dfrac{s}{\alpha^2}\right)^3}},$$

so nehmen die drei zuletzt erhaltenen Gleichungen folgende Formen an:

$$(b)\qquad \begin{cases} \dfrac{\sigma}{D^2}\left(2\alpha+\dfrac{1}{\alpha^2}\right)=2\varepsilon\pi(1-\varrho^2)+\tfrac{3}{4}\left(\dfrac{1}{\alpha}\dfrac{d\alpha}{dt}\right)^2, \\[2ex] 2\left(2+\dfrac{1}{\alpha^3}\right)\dfrac{d^2\alpha}{dt^2}-\dfrac{3}{\alpha^4}\left(\dfrac{d\alpha}{dt}\right)^2+8\varepsilon\pi\left\{\dfrac{\varrho_0^2}{\alpha_0^2}-f'(\alpha)\right\}=0, \\[2ex] \left(2+\dfrac{1}{\alpha^3}\right)\left(\dfrac{d\alpha}{dt}\right)^2+8\varepsilon\pi\left\{\dfrac{\varrho_0^2}{\alpha_0^2}\,\alpha-f(\alpha)\right\}=8\varepsilon\pi K, \end{cases}$$

wo K eine Constante bezeichnet, deren Werth von ϱ_0, α_0, $\left(\dfrac{d\alpha}{dt}\right)_0$ abhängt. Für

---

[1]) Nachdem nämlich die Function n'' bestimmt ist, ergeben sich aus den obigen Gleichungen

$$(l^2+m^2)\,n''=1, \quad l\frac{dm}{dt}-m\frac{dl}{dt}=\omega_0$$

auch die Functionen l, m in der Form

$$l=\frac{\cos\varphi}{\sqrt{n''}}, \quad m=\frac{\sin\varphi}{\sqrt{n''}}, \quad \varphi=\omega_0\int n''dt. \qquad\text{D.}$$

die Discussion selbst ist es nothwendig, einige zum Theil schon bekannte Eigenschaften der Function $f(\alpha)$ vorauszuschicken. Durch wirkliche Ausrechnung des bestimmten Integrals erhält man

$$f(\alpha) = \frac{2}{\alpha \sqrt{\dfrac{1}{\alpha^3} - 1}} \, \operatorname{arctang} \sqrt{\frac{1}{\alpha^3} - 1}$$

oder

$$f(\alpha) = \frac{1}{\alpha \sqrt{1 - \dfrac{1}{\alpha^3}}} \, \log \frac{1 + \sqrt{1 - \dfrac{1}{\alpha^3}}}{1 - \sqrt{1 - \dfrac{1}{\alpha^3}}} \, ,$$

je nachdem $\alpha < 1$ oder $\alpha > 1$ ist; für $\alpha = 1$ nehmen beide Formen denselben Werth $f(1) = 2$ an; wird α unendlich klein oder unendlich gross, so wird $f(\alpha)$ unendlich klein; und aus dem obigen Ausdruck für $f'(\alpha)$ geht hervor, dass $f(\alpha)$ ein und nur ein Maximum $f(1) = 2$ hat. Ist daher p irgend ein zwischen 0 und 2 liegender Werth, so hat die Gleichung $f(\alpha) = p$ zwei Wurzeln, von denen eine unter, die andere über der Einheit liegt. Ferner überzeugt man sich leicht, dass, wenn α von 0 bis 1 wächst, die Function $f'(\alpha)$ beständig von $+ \infty$ bis 0 abnimmt und dann für $\alpha > 1$ negativ wird, so dass, wenn q irgend ein positiver Werth ist, die Gleichung $f'(\alpha) = q$ stets eine und nur eine Wurzel hat, und zwar liegt dieselbe unter der Einheit. Endlich ist aus den früheren Untersuchungen über die gleichförmige Rotation einer flüssigen Masse bekannt, dass die Function $\alpha^2 f'(\alpha)$ ein Maximum $= 0{,}2246 \ldots$ hat.

§ 7.

Betrachten wir nun zunächst denjenigen speciellen Fall, in welchem ursprünglich, und folglich auch während der ganzen Bewegung keine Rotation stattfindet, also

$$\varrho_0 = 0$$

ist. Nehmen wir ausserdem vorläufig noch an[*]), dass ursprünglich gar keine Geschwindigkeit vorhanden, also auch

$$\left(\frac{d\alpha}{dt} \right)_0 = 0$$

---

[*]) Das Resultat der Untersuchung für diesen Fall ist von DIRICHLET in der vorläufigen Anzeige der Abhandlung vollständig ausgesprochen [1]).

[1]) S. 218 des II. Bandes dieser Ausgabe von G. Lejeune Dirichlet's Werken.   F.

ist, so haben wir die Gleichungen

$$\frac{\sigma}{D^2}\left(2\alpha+\frac{1}{\alpha^2}\right) = 2\varepsilon\pi+\tfrac{3}{4}\left(\frac{1}{\alpha}\frac{d\alpha}{dt}\right)^2,$$

$$2\left(2+\frac{1}{\alpha^3}\right)\frac{d^2\alpha}{dt^2} - \frac{3}{\alpha^4}\left(\frac{d\alpha}{dt}\right)^2 = 8\varepsilon\pi f'(\alpha),$$

$$\left(2+\frac{1}{\alpha^3}\right)\left(\frac{d\alpha}{dt}\right)^2 = 8\varepsilon\pi\left\{f(\alpha)-f(\alpha_0)\right\}.$$

Aus der letzten derselben folgt, dass während der ganzen Bewegung $f(\alpha)\geqq f(\alpha_0)$ sein muss; ist daher ursprünglich $\alpha_0 = 1$, d. h. ist die ursprüngliche Gestalt der ruhenden flüssigen Masse eine Kugel, so folgt, dass stets $\alpha = \alpha_0 = 1$ bleiben muss. Nehmen wir dagegen an, dass $\alpha_0 < 1$, dass also die ursprüngliche Gestalt ein abgeplattetes Sphäroid ist, so ergiebt sich, dass während der ganzen Bewegung $\alpha_0 \leqq \alpha \leqq \alpha_1$ sein muss, wo α_1 die zweite Wurzel der Gleichung $f(\alpha) = f(\alpha_0)$ bedeutet, von der wir wissen, dass sie über der Einheit liegt. In der That wird nun α alle Werthe des Intervalls von α_0 bis α_1, und wieder zurück von α_1 bis α_0 periodisch, und jedesmal nach Verlauf derselben Zeit

$$\tau = \frac{1}{\sqrt{8\varepsilon\pi}} \int_{\alpha_0}^{\alpha_1} d\alpha \sqrt{\frac{2+\dfrac{1}{\alpha^3}}{f(\alpha)-f(\alpha_0)}}$$

durchlaufen; man überzeugt sich hiervon sogleich, wenn man bedenkt, dass $\frac{d\alpha}{dt}$ nur dann sein Zeichen ändern kann, wenn $\alpha = \alpha_0$ oder $= \alpha_1$ ist, und dass $\frac{d^2\alpha}{dt^2}$ im ersten Falle einen positiven, im zweiten einen negativen Werth hat, und wenn man ferner berücksichtigt, dass der vorstehende Werth von τ endlich ist, da an den Grenzen des bestimmten Integrals die Function $f(\alpha)-f(\alpha_0)$ von derselben Ordnung unendlich klein wird, wie $\alpha-\alpha_0$ oder $\alpha-\alpha_1$. Die Bewegung besteht also aus isochronen Schwingungen, in welchen die Flüssigkeit durch die Kugelgestalt hindurchgehend abwechselnd die Form eines verlängerten und die eines abgeplatteten Ellipsoides annimmt. Natürlich würde die Bewegung genau dieselbe sein, wenn das Sphäroid ursprünglich ein verlängertes wäre; es würde dann nur α_0 mit α_1 zu vertauschen sein.

Der Charakter der Bewegung bleibt auch dann noch derselbe, wenn das Sphäroid seine Bewegung nicht aus der Ruhe beginnt, wenn nur die Anfangsgeschwindigkeit in Bezug auf die Anfangsgestalt unterhalb einer gewissen Grenze liegt, welche durch die Bedingung

$$\left(2+\frac{1}{\alpha_0^3}\right)\left(\frac{d\alpha}{dt}\right)_0^2 < 8\varepsilon\pi f(\alpha_0)$$

bestimmt wird. Ist dagegen diese Bedingung nicht erfüllt, also

$$\left(2+\frac{1}{\alpha_0^3}\right)\left(\frac{d\alpha}{dt}\right)_0^2 \geqq 8\varepsilon\pi f(\alpha_0),$$

so kann $\dfrac{d\alpha}{dt}$ nach Verlauf einer endlichen Zeit niemals verschwinden; denn bezeichnet k eine nicht negative Constante, so wird das Integral

$$\frac{1}{\sqrt{8\varepsilon\pi}}\int_{\alpha_0}^{\alpha} d\alpha\,\sqrt{\frac{2+\dfrac{1}{\alpha^3}}{f(\alpha)+k}}$$

mit unendlich wachsendem α, und das Integral

$$\frac{1}{\sqrt{8\varepsilon\pi}}\int_{\alpha}^{\alpha_0} d\alpha\,\sqrt{\frac{2+\dfrac{1}{\alpha^3}}{f(\alpha)+k}}$$

mit unendlich abnehmendem α über alle Grenzen wachsen. Ist daher $\left(\dfrac{d\alpha}{dt}\right)_0$ positiv, so wird $\dfrac{d\alpha}{dt}$ stets positiv bleiben und sich unbegrenzt dem Werth

$$\sqrt{\left(1+\frac{1}{2\alpha_0^3}\right)\left(\frac{d\alpha}{dt}\right)_0^2-4\varepsilon\pi f(\alpha_0)}$$

nähern, während α mit t unbegrenzt wächst; das Ellipsoid wird sich also unbegrenzt verlängern. Ist dagegen $\left(\dfrac{d\alpha}{dt}\right)_0$ negativ, so wird $\dfrac{d\alpha}{dt}$ stets negativ bleiben und dem absoluten Werth nach mit α unbegrenzt abnehmen, während t über alle Grenzen wächst; das Ellipsoid wird sich daher unbegrenzt abplatten.

In allen diesen Fällen wird aber die Function σ niemals negative Werthe annehmen, so dass diese Bewegungen ohne Annahme eines äusseren Druckes physisch möglich sind.

§ 8.

Wir wollen jetzt zu dem Falle übergehen, in welchem ϱ_0 von Null verschieden ist, also während der ganzen Bewegung Rotation stattfindet. Zufolge der am Ende des § 6 angeführten Eigenschaften der Function $f(\alpha)$ und ihrer Derivirten $f'(\alpha)$ giebt es stets einen und nur einen Werth δ, welcher der Gleichung

$$f'(\delta) = \frac{\varrho_0^2}{\alpha_0^2}$$

genügt, und zwar ist $0 < \delta < 1$. Betrachten wir nun die Function

$$\psi(\alpha) = f'(\delta)\alpha - f(\alpha),$$

so ergiebt sich leicht, dass $\psi(0) = 0$ und dass $\psi(\alpha)$, wenn α von 0 bis δ wächst, beständig abnimmt, also negativ wird und für $\alpha = \delta$ den kleinsten Werth $\psi(\delta)$ erreicht, der also ebenfalls negativ ist; wächst dann α weiter, so wächst auch $\psi(\alpha)$ und zwar mit α über alle Grenzen. Die Gleichungen der Bewegung nehmen nun die folgenden Formen an

$$\frac{\sigma}{D^2}\left(2a + \frac{1}{\alpha^2}\right) = 2\varepsilon\pi(1 - f'(\delta)\alpha^2) + \tfrac{3}{4}\left(\frac{1}{\alpha}\frac{d\alpha}{dt}\right)^2,$$

$$2\left(2 + \frac{1}{\alpha^3}\right)\frac{d^2\alpha}{dt^2} - \frac{3}{\alpha^4}\left(\frac{d\alpha}{dt}\right)^2 + 8\varepsilon\pi\psi'(\alpha) = 0,$$

$$\left(2 + \frac{1}{\alpha^3}\right)\left(\frac{d\alpha}{dt}\right)^2 + 8\varepsilon\pi\psi(\alpha) = 8\varepsilon\pi[\psi(\alpha_0) + k],$$

in denen zur Abkürzung

$$\frac{d\psi(\alpha)}{d\alpha} = f'(\delta) - f'(\alpha) = \psi'(\alpha); \quad \left(2 + \frac{1}{\alpha_0^3}\right)\left(\frac{d\alpha}{dt}\right)_0^2 = 8\varepsilon\pi k$$

gesetzt ist. Hieraus geht zunächst hervor, dass für die ganze Dauer der Bewegung

$$\psi(\alpha) \leqq \psi(\alpha_0) + k,$$

und folglich α stets unterhalb einer angebbaren endlichen Grenze liegen muss; das Vorhandensein auch der geringsten anfänglichen Rotationsbewegung verhindert also eine unbegrenzte Verlängerung des Sphäroids.

Da ferner $\psi(\delta)$ der algebraisch kleinste Werth der Function $\psi(\alpha)$ ist, so haben wir je nach dem Werth der Constante $\psi(\alpha_0) + k$ nur drei Fälle zu unterscheiden.

$$1) \qquad \psi(\alpha_0) + k = \psi(\delta).$$

Dies ist, da k nicht negativ sein kann, nur dann möglich, wenn $k = 0$

und $\alpha_0 = \delta$, also

$$\left(\frac{d\alpha}{dt}\right)_0 = 0 \text{ und } \varrho_0^2 = \alpha_0^2 f'(\alpha_0), \text{ also } \alpha_0 < 1$$

ist; in diesem Falle muss α constant $= \alpha_0$ bleiben, sodass die Bewegung in einer gleichförmigen Rotation eines abgeplatteten Sphäroids von unveränderlicher Gestalt um die kleine Axe besteht, was der zuerst von MACLAURIN behandelte Fall ist. Bekanntlich ist erforderlich, dass der Werth von ϱ_0^2 einen bestimmten numerischen Werth $0{,}2246 \ldots$ nicht übersteigt; für jeden unterhalb dieser Grenze liegenden Werth von ϱ_0^2 existiren zwei verschiedene entsprechende Sphäroide, die identisch werden, wenn ϱ_0^2 diesen Grenzwerth selbst erreicht. Ferner leuchtet ein, dass die Grösse σ dann einen unveränderlichen positiven Werth hat, dass also die Bewegung wieder ohne einen äusseren Druck physisch möglich ist. Endlich ergiebt sich auch umgekehrt, dass α nur unter den Bedingungen dieses Falles constant sein kann.

$$2) \qquad \psi(\delta) < \psi(\alpha_0) + k < 0.$$

Dieser Fall ist, da k nicht negativ sein kann, nur dann möglich, wenn

$$\varrho_0^2 < \alpha_0 f(\alpha_0),$$

und ausserdem der absolute Werth von $\left(\dfrac{d\alpha}{dt}\right)_0$ eine von ϱ_0 und α_0 abhängige Grenze nicht übersteigt. Die Gleichung $\psi(\alpha) = \psi(\alpha_0) + k$ hat dann zwei bestimmte Wurzeln α' und $\alpha'' > \alpha'$, und zwar ist $0 < \alpha' < \delta$. Hieraus folgt, dass α stets zwischen den beiden Grenzen α' und α'' liegen muss, und in der That wird α abwechselnd diese beiden Grenzwerthe, stets nach Verlauf derselben Zeit

$$\tau = \frac{1}{\sqrt{8\varepsilon\pi}} \int_{\alpha'}^{\alpha''} d\alpha \sqrt{\frac{2 + \dfrac{1}{\alpha^3}}{k + \psi(\alpha_0) - \psi(\alpha)}}$$

erreichen; die Rotationsgeschwindigkeit ist bei dem Minimumwerth α' zu klein, bei dem Maximumwerth α'' zu gross, als dass die flüssige Masse ihre augenblickliche Gestalt beibehalten könnte. Auch ist zu bemerken, dass, wenn die Rotationsgeschwindigkeit im Augenblicke der grössten Verlängerung des Sphäroids einen gewissen Werth übersteigt, diese Bewegung nur unter der Wirkung eines hinreichend starken äusseren Druckes physisch möglich ist.

$$3) \qquad \psi(\alpha_0) + k \geqq 0.$$

In diesem Falle hat die Gleichung $\psi(\alpha) = \psi(\alpha_0) + k$ eine einzige Wurzel, und es wird daher entweder von vornherein, oder wenigstens nach Ablauf einer endlichen Zeit das Sphäroid anfangen, sich immer mehr und ohne Grenzen abzuplatten. Auch hier gilt die eben gemachte Bemerkung über die physische Möglichkeit der Bewegung.

§ 9.

Die soeben behandelten Fälle bieten die Eigenthümlichkeit dar, dass in ihnen die Werthe der drei in § 4 mit P', Q', R' bezeichneten Verbindungen während der ganzen Dauer der Bewegung verschwinden. Es erschien nun der Mühe werth, zu untersuchen, ob ausser den genannten Fällen noch andere möglich sind, welche dieselbe Eigenschaft besitzen. Durch eine sorgfältige Analyse ergab sich, dass noch zwei andere solche Bewegungen mit den Fundamentalgleichungen (a) in Uebereinstimmung gebracht werden können. Die erste derselben wird durch die Gleichungen

$$x = la, \quad y = m'b, \quad z = n''c; \quad lm'n'' = 1;$$

$$l\,\frac{d^2l}{dt^2} = \frac{2\sigma}{A^2} - 2\varepsilon\pi \int_0^\infty \frac{ds}{\varDelta} \cdot \frac{l^2}{A^2l^2 + s}, \quad m'\,\frac{d^2m'}{dt^2} = \frac{2\sigma}{B^2} - 2\varepsilon\pi \int_0^\infty \frac{ds}{\varDelta} \cdot \frac{m'^2}{B^2m'^2 + s},$$

$$n''\,\frac{d^2n''}{dt^2} = \frac{2\sigma}{C^2} - 2\varepsilon\pi \int_0^\infty \frac{ds}{\varDelta} \cdot \frac{n''^2}{C^2n''^2 + s}$$

ausgedrückt, in denen zur Abkürzung

$$\varDelta = \sqrt{\left(1 + \frac{s}{A^2l^2}\right)\left(1 + \frac{s}{B^2m'^2}\right)\left(1 + \frac{s}{C^2n''^2}\right)}$$

gesetzt ist[*]); allein hier reicht das von dem Princip der lebendigen Kraft herrührende Integral nicht aus, um das Problem auf Quadraturen zurückzuführen.

Der zweite Fall, welcher sich bei der Untersuchung auf eine eigenthümliche Weise von den übrigen absondert, giebt das schöne von JACOBI gefundene Resultat, dass ein dreiaxiges Ellipsoid, dessen Axen A, B, C der Bedingung

$$\int_0^\infty \frac{ds}{\varDelta} \cdot \frac{1}{\left(1 + \frac{s}{A^2}\right)\left(1 + \frac{s}{B^2}\right)} = \int_0^\infty \frac{ds}{\varDelta} \cdot \frac{1}{1 + \frac{s}{C^2}}; \quad \varDelta = \sqrt{\left(1 + \frac{s}{A^2}\right)\left(1 + \frac{s}{B^2}\right)\left(1 + \frac{s}{C^2}\right)}$$

---

[*]) Diese Gleichungen finden sich an verschiedenen Stellen, aber ohne weitere Discussion, in den von DIRICHLET hinterlassenen Papieren.

genügen, um die kleinste Axe C mit constanter Winkelgeschwindigkeit, deren Quadrat

$$k^2 = \frac{2\varepsilon\pi}{A^2 B^2} \int_0^\infty \frac{s\,ds}{\Delta\left(1+\frac{s}{A^2}\right)\left(1+\frac{s}{B^2}\right)}$$

ist, rotiren kann, so dass

$$x = a\cos kt + b\sin kt, \quad y = -a\sin kt + b\cos kt, \quad z = c$$

die Gleichungen der Bewegung sind.

Aus dieser Untersuchung ergiebt sich also auch das Resultat, dass ein flüssiges homogenes Ellipsoid, dessen Elemente sich gegenseitig nach dem NEWTON'schen Gesetze anziehen, nur dann wie ein fester Körper um seinen Schwerpunkt rotiren kann, wenn die Bewegung um eine feste, mit einer der Hauptaxen des Ellipsoids zusammenfallende Axe geschieht, was der von MACLAURIN und JACOBI untersuchte Fall ist*); offenbar nämlich würden ausser den Gleichungen $P' = 0$, $Q' = 0$, $R' = 0$ noch die Bedingungen $P = 1$, $Q = 1$, $R = 1$ zu erfüllen sein, wodurch die übrigen ausser den beiden soeben erwähnten Fällen ausgeschlossen werden.

Die geometrische Bedeutung der Gleichungen $P' = 0$, $Q' = 0$, $R' = 0$ besteht darin, dass diejenigen Elemente der flüssigen Masse, welche anfänglich auf den drei Coordinatenaxen, also auf den Hauptaxen liegen, auch während der ganzen Bewegung drei zu einander senkrechte Gerade erfüllen; da nun andererseits aus der linearen Natur der Ausdrücke für x, y, z erhellt, dass solche Theilchen der flüssigen Masse, welche ursprünglich in drei conjugirten Durchmessern liegen, dieselbe Eigenschaft stets beibehalten, so ist der eigentliche Sinn der erwähnten drei Gleichungen der, dass die drei Hauptaxen des Ellipsoids stets von denselben Elementen der flüssigen Masse gebildet werden. Es lag nun nahe, eine verwandte Hypothese zu machen, die nämlich, dass die Richtungen der drei Hauptaxen stets unverändert bleiben; bedient man sich der in § 4 eingeführten Bezeichnungen, so wird diese Forderung durch die drei Gleichungen $T = 0$, $T' = 0$, $T'' = 0$ ausgedrückt und sie ist offenbar sowohl in dem ersten der beiden in diesem Paragraphen erwähnten Fälle, als auch in demjenigen erfüllt, welcher vorher (in § 6 — 8) ausführlich behandelt ist; ausserdem ergab aber die Durchführung dieser Hypothese noch einen dritten Fall,

---

*) Diese Bemerkung ist fast wörtlich einem Briefe DIRICHLET's an Herrn KRONECKER entnommen.

welcher ein schönes Seitenstück zu dem soeben angeführten von JACOBI herrührenden Satze bildet und sich auf folgende Weise aussprechen lässt:

Ein jedes dreiaxige Ellipsoid, welches dem Satze von JACOBI genügt,
kann auch seine äussere Gestalt und *Lage* unverändert beibehalten, wenn eine
innere Bewegung der Elemente stattfindet, die durch die Gleichungen

$$x = a\cos kt + b\,\frac{A}{B}\,\sin kt, \quad y = -a\,\frac{B}{A}\,\sin kt + b\cos kt, \quad z = c$$

ausgedrückt wird, in denen die Constante k die frühere Bedeutung hat; jedes
Theilchen beschreibt eine Ellipse, deren Gleichungen

$$\frac{x^2}{A^2} + \frac{y^2}{B^2} = \frac{a^2}{A^2} + \frac{b^2}{B^2}; \quad z = c$$

sind, und zwar in derselben Weise, wie wenn es isolirt wäre und gegen den
Mittelpunkt seiner Bahn durch eine der Entfernung proportionale Kraft angezogen würde, deren Maass für die Einheit der Entfernung gleich k^2 ist.

DÉMONSTRATION D'UN THÉORÈME D'ABEL.

PAR

G. LEJEUNE DIRICHLET.

Liouville, Journal de Mathématiques pures et appliquées, Série II, Tome VII. 1863, p. 253—255.

DÉMONSTRATION D'UN THÉORÈME D'ABEL.

[Note de M. Lejeune Dirichlet communiquée par M. Liouville.]

Il s'agit de prouver que si la série

$$a_0+a_1+a_2+\cdots+a_n+\cdots$$

est convergente et a pour somme A, la somme de la série

$$a_0+a_1\varrho+a_2\varrho^2+\cdots+a_n\varrho^n+\cdots,$$

qui sera convergente à fortiori en prenant la variable ϱ positive et inférieure à l'unité, tendra vers la limite A, lorsque l'on fera tendre indéfiniment ϱ vers l'unité. Causant un jour avec mon excellent et si regrettable ami Lejeune Dirichlet, je lui disais que je trouvais assez difficile à exposer (et même à comprendre) la démonstration qu'Abel a donnée de ce théorème important; Dirichlet se mit sur-le-champ à écrire sous mes yeux, dans le seul but de me venir en aide, la Note ci-après, qui m'a été d'un grand secours et qu'on me saura gré de livrer au public. Le mode de démonstration qu'on y trouve comporte de nombreuses applications et m'a été souvent utile dans mes leçons au Collège de France.

Je transcris textuellement la Note de Dirichlet sans y rien ajouter, et bien entendu sans y rien changer.

„Il résulte de la convergence supposée de la série

$$A = a_0+a_1+a_2+\cdots+a_n+ \text{ etc.},$$

que la somme

$$s_n = a_0+a_1+\cdots+a_n$$

reste toujours numériquement inférieure à une certaine constante k et converge vers la limite A, lorsque n croît indéfiniment. Considérons maintenant la série

$$S = a_0+a_1\varrho+a_2\varrho^2+\cdots+a_n\varrho^n+ \text{ etc.},$$

la quantité ϱ étant supposée positive et inférieure à l'unité; en y remplaçant

a_0, a_1, a_2, etc., par s_0, $s_1 - s_0$, $s_2 - s_1$, etc., elle prendra la forme

$$S = s_0 + (s_1 - s_0)\varrho + (s_2 - s_1)\varrho^2 + \cdots + (s_n - s_{n-1})\varrho^n + \text{ etc.}$$

et ensuite celle-ci, en ordonnant autrement,

$$S = (1 - \varrho)(s_0 + s_1\varrho + s_2\varrho^2 + \cdots + s_n\varrho^n + \cdots),$$

transposition, qui ne souffre aucune difficulté, puisqu'elle se réduit à ajouter à la somme des $n+1$ premiers termes le terme $-s_n\varrho^{n+1}$, qui s'évanouit pour $n = \infty$."

„Voyons maintenant vers quelle limite converge S, lorsque la variable positive $\varepsilon = 1 - \varrho$ devient infiniment petite. Décomposons pour cela S en deux parties, comprenant l'une les n premiers termes et l'autre tous les termes suivants, et faisons croître n à mesure que ε décroît, mais assez lentement pour que la limite de $n\varepsilon$ soit zéro. La première partie

$$(1 - \varrho)(s_0 + s_1\varrho + \cdots + s_{n-1}\varrho^{n-1}),$$

étant numériquement moindre que $n\varepsilon k$, converge vers zéro. Quant à la seconde

$$(1 - \varrho)(s_n\varrho^n + s_{n+1}\varrho^{n+1} + \cdots)$$

on pourra lui donner la forme

$$P(1 - \varrho)(\varrho^n + \varrho^{n+1} + \cdots) = P\varrho^n = P(1 - \varepsilon)^n,$$

P désignant une valeur comprise entre la plus grande et la plus petite des quantités s_n, s_{n+1}, $\cdots$. Or ces dernières convergeant toutes vers la limite A, il en sera de même pour P, et comme d'un autre côté le facteur $(1 - \varepsilon)^n$, en vertu de l'hypothèse faite plus haut, converge évidemment vers l'unité, il est prouvé, que la limite de S, lorsque la variable positive $\varrho < 1$ s'approche indéfiniment de l'unité, est la somme même A de la série considérée en premier lieu."

Je ne pense pas que personne puisse songer désormais à demander de nouveaux éclaircissements.

ANHANG.

GEDÄCHTNISSREDE

AUF

GUSTAV PETER LEJEUNE DIRICHLET.

VON

E. E. KUMMER.

Aus den Abhandlungen der Königl. Akademie der Wissenschaften zu Berlin 1860.

GEDÄCHTNISSREDE AUF GUSTAV PETER LEJEUNE DIRICHLET

VON

E. E. KUMMER.

[Gelesen in der öffentlichen Sitzung der Königl. Akademie der Wissenschaften
am 5. Juli 1860.]

Es ist nicht zehn Jahre her, dass die drei Männer, denen unser deutsches Vaterland eine neue Blüthenperiode der mathematischen Wissenschaften verdankt, Gauss, Jacobi und Dirichlet noch lebten und noch thätig arbeiteten, den alten Ruhm tiefer Erkenntniss der abstractesten, sowie der concret in der Natur verwirklichten mathematischen Wahrheiten, welchen vor allen Kepler und Leibnitz der deutschen Nation erworben hatten, glänzend zu erneuern und zu befestigen. Unsere Akademie hatte damals das Glück, zwei dieser hervorragenden Männer als active Mitglieder zu besitzen, Jacobi und Dirichlet, welche persönlich befreundet, durch freie Mittheilung ihrer tiefen mathematischen Gedanken sich gegenseitig anregten und förderten, und auf die allgemeine Entwickelung der mathematischen Wissenschaften den nachhaltigsten Einfluss ausübten. Jacobi's frühzeitiger Tod war der erste unersetzliche Verlust, welcher die in unserem Vaterlande zur Blüthe entfaltete Wissenschaft traf. Die Bedeutung der Schöpfungen dieses mit seltenem Geiste begabten Forschers, die hervorragende Stellung, die er in der Geschichte der Mathematik für alle Zeiten einnehmen wird, hat Dirichlet in der heut vor acht Jahren an dieser Stelle gehaltenen Gedächtnissrede so tiefeingehend und wahr geschildert, dass er dadurch dem Andenken des Dahingeschiedenen das schönste und würdigste Denkmal errichtet hat. Als vier Jahre nach Jacobi der greise Gauss in dem unbestrittenen Ruhme des ersten Mathematikers seiner Zeit aus dem Leben schied, hatte dieser grosse allgemeine Verlust für unsere Akademie noch die beklagenswerthe Folge, dass Dirichlet, als der einzige würdige Nachfolger des grossen Mannes, nach

Göttingen berufen, aus der Zahl ihrer anwesenden Mitglieder austrat. Die Akademie, welche diesen Verlust weder abwehren noch ersetzen konnte, wahrte sich durch seine Wahl zu ihrem ordentlichen, auswärtigen Mitgliede das Recht, DIRICHLET auch ferner als den ihrigen betrachten zu dürfen; für seine speciellen Fachgenossen aber blieb er der lebendige Mittelpunkt ihrer Forschungen und Arbeiten, bis der Tod seinem Leben und Wirken ein Ziel setzte. Unsere Akademie, welcher DIRICHLET siebenundzwanzig Jahre lang angehört hat, in deren Schriften seine unvergänglichen Meisterwerke niedergelegt sind, hat das Recht, den wissenschaftlichen Ruhm dieses grossen Mathematikers als ihren eigenen zu betrachten, sie vor allen anderen hat darum auch die Pflicht, sein Andenken zu bewahren und durch eine öffentliche Gedächtnissrede ihm die letzte akademische Ehre zu erweisen. Die Verehrung, welche ich selbst für den Dahingeschiedenen stets gehegt habe, die Freundschaft, die er mir geschenkt und mehr als zwanzig Jahre hindurch bewahrt hat, sowie die nahe Beziehung, in welcher meine eigenen Studien zu seinen wissenschaftlichen Arbeiten stehen, haben mich bewogen, hier vor dieser hochansehnlichen Versammlung das Wort zu übernehmen, um die grosse wissenschaftliche Bedeutung seiner Meisterwerke zu schildern, und zugleich in wenigen Zügen ein Bild seines Lebens und seines Charakters zu entwerfen, der edel und rein war wie seine Schriften. Ich weiss, dass ich die mir gestellte Aufgabe nur sehr unvollkommen werde lösen können, nicht allein aus dem sachlichen Grunde, dass die wahre Bedeutung der geistigen Schöpfungen grosser Männer oft erst im weiteren geschichtlichen Verlaufe der Wissenschaft richtig erkannt und gewürdigt werden kann, wo sie nicht selten zu Ausgangspunkten reich sich entfaltender Theorieen werden, sondern auch wegen meiner eigenen Schwäche, für welche ich mir erlauben muss, Ihre gütige Nachsicht in Anspruch zu nehmen.

GUSTAV PETER LEJEUNE DIRICHLET wurde den 13. Februar 1805 in Düren geboren. Sein Vater, welcher daselbst die Stelle des Postdirectors bekleidete, ein sanfter, gefälliger und liebenswürdiger Mann, und seine in sehr hohem Alter jetzt noch lebende Mutter, eine geistvolle fein gebildete Frau, gaben dem von der Natur mit mehr als gewöhnlichen Anlagen ausgestatteten Knaben eine sehr sorgfältige Erziehung. Seinen ersten Unterricht erhielt er in einer Elementarschule, und als diese nicht mehr für ihn genügend befunden wurde, in einer Privatschule; dabei wurde er, um später ein Gymnasium besuchen zu können, im Lateinischen noch besonders unterrichtet. Seine grosse Vorliebe für die

Mathematik zeigte sich schon sehr früh, denn damals, als er noch nicht zwölf Jahre alt war, verwendete er sein Taschengeld zum Ankauf mathematischer Bücher, mit denen er sich besonders des Abends sehr fleissig beschäftigte; wenn man ihm dann sagte, er könne sie ja doch nicht verstehen, so erwiederte er: ich lese sie so lange, bis ich sie verstehe. Seine Eltern hatten den Wunsch, dass er Kaufmann werden möchte, als er aber entschiedene Abneigung dagegen zeigte, gaben sie nach und schickten ihn im Jahre 1817 nach Bonn auf das Gymnasium.

Durch freundliche Mittheilung des Herrn Professor ELVENICH in Breslau, welcher damals als Student in Bonn mit dem jungen DIRICHLET in einem Hause wohnte, und welchem dessen Beaufsichtigung und Leitung von den sorgsamen Eltern dringend anempfohlen war, bin ich in den Stand gesetzt, folgende treue und lebendige Darstellung des in jener Zeit etwa dreizehnjährigen Knaben zu geben. Er zeichnete sich in seinem Betragen durch Anstand und gute Sitten sehr vortheilhaft aus, und die Unbefangenheit und Offenheit seines ganzen Wesens bewirkte, dass alle, die mit ihm zu thun hatten, ihm herzlich gewogen waren. Sein Fleiss war geregelt, doch vorzugsweise der Mathematik und Geschichte zugewendet. Er studirte, wenn er auch keine Schularbeiten zu machen hatte, denn auch dann war sein reger Geist stets mit würdigen Gegenständen des Nachdenkens beschäftigt. Grosse historische Ereignisse, wie namentlich die französische Revolution und öffentliche Angelegenheiten, interessirten ihn in hohem Grade, und er urtheilte über diese und andere Dinge mit einer für seine Jugend ungewöhnlichen Selbständigkeit vom Standpunkte einer freisinnigen Denkweise, welche eine Frucht seiner elterlichen Erziehung sein mochte. Alles Rohe und Unedle war ihm stets zuwider, aber auch Spiele und andere jugendliche Vergnügungen hatten für ihn fast gar keinen Reiz, während er gesellige Unterhaltungen liebte und besonders an Gesprächen über Politik und historische Stoffe sich gern und lebhaft betheiligte. Ueberhaupt bewegte sich sein Geist, dessen hervorragende Eigenschaft Scharfsinn war, in einer viel höheren Sphäre, als es bei anderen dieses Alters der Fall zu sein pflegt.

Auf dem Bonner Gymnasium blieb DIRICHLET nur zwei Jahre und vertauschte dasselbe sodann mit dem Jesuiter-Gymnasium in Köln, welchem seine Eltern aus mir unbekannten Gründen den Vorzug gaben. Hier hatte er zu seinem Lehrer in der Mathematik den nachmals durch die Entdeckung des nach ihm benannten Gesetzes des elektrischen Leitungswiderstandes berühmt gewordenen GEORG SIMON OHM, durch dessen Unterricht, so wie durch fleissiges eigenes Studium mathematischer Werke, er in dieser Wissenschaft sehr bedeutende Fortschritte machte und sich einen ungewöhnlichen Umfang von Kenntnissen erwarb. Er vernachlässigte aber dabei die übrigen Disciplinen keineswegs und machte den Cursus auf dem Gymnasium sehr rasch durch, so dass er schon im Jahre 1821, als er erst sechzehn Jahre alt war, das Abgangszeugniss für die Universität erlangte und nach Hause zurückkehrte, um mit seinen Eltern über die Wahl seines künftigen Berufes zu verhandeln. Es war sehr natürlich, dass diese seinem eigenen Entschlusse Mathematik zu studiren mit der ernstlichen Mahnung entgegentraten, durch ein praktischeres Studium, als welches sie ihm die Jurisprudenz vorschlugen, sein Fortkommen in der Welt zu sichern; er erklärte ihnen hierauf bescheiden aber fest, dass wenn sie es verlangten, er ihnen folgsam sein werde, dass er aber von seinem Lieblingsstudium nicht lassen könne und wenigstens die Nächte demselben widmen werde. Die eben so vernünftigen als zärtlichen Eltern gaben hierauf dem entschiedenen Wunsche ihres Sohnes nach.

Das mathematische Studium auf den preussischen und den übrigen deutschen Universitäten lag damals arg darnieder. Die Vorlesungen, welche sich nur wenig über das Gebiet der Elementar-Mathematik erhoben, waren keineswegs geeignet, den Drang nach tieferer Erkenntniss zu befriedigen, der den jungen DIRICHLET beseelte, auch gab es ausser dem einen grossen Namen GAUSS in Deutschland keinen anderen, der auf ihn eine besondere Anziehungskraft hätte ausüben können. In Frankreich dagegen, und namentlich in Paris, stand die Mathematik damals noch in ihrer vollen Blüthe, und ein Kreis von Männern, deren grosse Namen in der Geschichte der mathematischen Wissenschaften für alle Zeiten glänzen werden, arbeitete hier forschend und lehrend an der lebendigen Entwickelung und Verbreitung derselben. Hier lebte noch der grosse LAPLACE, dem seine Mechanik des Himmels unbestritten den ersten Rang sicherte, und arbeitete noch an der Vollendung dieses Werkes und an einem Supplemente seiner Theorie der Wahrscheinlichkeit. LEGENDRE, bis in sein hohes Alter rastlos thätig, vervollkommnete seine Theorie der elliptischen Functionen durch die Entdeckung einer neuen Transformation derselben und bereitete die dritte Ausgabe seines Werkes über Zahlentheorie vor. FOURIER, der vor kurzem seine mathematische Wärmetheorie vollendet hatte, versammelte einen ausgewählten Kreis der talentvollsten jungen Mathematiker um sich, zu wissenschaftlichen und heiteren Gesprächen. POISSON bereicherte die Mechanik und die mathematische Physik durch eine Reihe der werthvollsten Abhandlungen. CAUCHY legte damals den Grund zu einer wesentlichen Verbesserung und Umgestaltung der gesammten Analysis, durch strengere Methoden und durch die Einführung der imaginären Variablen. Diese Männer und ausser ihnen noch eine ansehnliche Zahl anderer wissenschaftlicher Notabilitäten, von denen einige noch jetzt leben, wirkten zusammen, Paris zu dem glänzendsten Sitze der mathematischen Wissenschaften zu machen.

In richtiger Würdigung dieser Verhältnisse erkannte DIRICHLET, dass dies der Ort sei, wo er für seine mathematischen Studien den grössten Gewinn erwarten konnte, und da seine Eltern, welche noch von früherer Zeit her durch einige befreundete Familien mit Paris in Verbindung standen, gern ihre Einwilligung dazu gaben, so bezog er im Mai 1822 diese Hochschule der mathematischen Wissenschaften, in dem freudigen Bewusstsein sich jetzt ganz seinem Lieblingsstudium widmen zu können. Er hörte daselbst die Vorlesungen am *Collège de France* und an der *Faculté des Sciences*, wo er LACROIX, BIOT, HACHETTE und FRANCOEUR zu seinen Lehrern hatte. Ein Versuch, den er machte, auch den Vorlesungen an der *École Polytechnique* als Hospitant beiwohnen zu dürfen, scheiterte daran, dass der Preussische Geschäftsträger in Paris, ohne besondere Autorisation von Seiten des Ministers VON ALTENSTEIN, es nicht übernehmen wollte, die Erlaubniss dazu bei dem französischen Ministerium auszuwirken.

Neben dem Hören der Vorlesungen und dem Durchdenken des in denselben ihm gebotenen Stoffes widmete DIRICHLET seine Zeit auch dem angestrengten Studium der vorzüglichsten mathematischen Schriften, und unter diesen vorzugsweise dem GAUSSischen Werke über die höhere Arithmetik: *Disquisitiones arithmeticae*. Dieses hat auf seine ganze mathematische Bildung und Richtung einen viel bedeutenderen Einfluss ausgeübt, als seine anderen Pariser Studien; er hat dasselbe auch nicht nur einmal oder mehreremal durchstudirt, sondern sein ganzes Leben hindurch hat er nicht aufgehört, die Fülle der tiefen mathematischen Gedanken, die es enthält, durch wiederholtes Lesen sich immer wieder zu vergegenwärtigen, weshalb es bei ihm auch niemals auf dem Bücherbrett aufgestellt war, sondern seinen bleibenden Platz auf dem Tische hatte, an welchem er arbeitete. Welche Anstrengung es ihn gekostet haben muss, sich in dieses ausserordentliche Werk hineinzuarbeiten, kann man daraus ab-

40*

nehmen, dass mehr als zwanzig Jahre, nachdem es erschienen war, noch keiner der damals lebenden Mathematiker es vollständig durchstudirt und verstanden hatte, und dass selbst LEGENDRE, welcher der höheren Arithmetik einen grossen Theil seines Lebens gewidmet hatte, bei der zweiten Ausgabe seiner Zahlentheorie gestehen musste: er hätte gern sein Werk mit den GAUSSISCHEN Resultaten bereichert, aber die Methoden dieses Autors seien so eigenthümlich, dass er ohne die grössten Umwege, oder ohne die Rolle eines blossen Uebersetzers zu übernehmen, dieselben nicht hätte wiedergeben können. DIRICHLET war der erste, der dieses Werk nicht allein vollständig verstanden, sondern auch für andere erschlossen hat, indem er die starren Methoden desselben, hinter welchen die tiefen Gedanken verborgen lagen, flüssig und durchsichtig gemacht und in vielen Hauptpunkten durch einfachere, mehr genetische ersetzt hat, ohne der vollkommenen Strenge der Beweise das Geringste zu vergeben; er war auch der erste, der über dasselbe hinausgehend einen reichen Schatz noch tieferer Geheimnisse der Zahlentheorie offenbar gemacht hat.

DIRICHLET's äusseres Leben in dem ersten Jahre seines Pariser Aufenthalts war höchst einfach und zurückgezogen. Seine Studien, welche nur einmal durch einen Anfall der natürlichen Pocken unterbrochen wurden, nahmen ihn vollständig in Anspruch und sein Umgang beschränkte sich auf einige Häuser, denen er empfohlen war, und auf einige junge Deutsche, welche sich ihrer Studien wegen dort aufhielten. Im Sommer des Jahres 1823 aber trat hierin eine Aenderung ein, welche für seine ganze allgemeine Bildung von der grössten Bedeutung war. Der General FOY, ein geistvoller, vielseitig gebildeter Mann, nicht weniger durch die hervorragende Stellung, die er als Haupt der Opposition in der Deputirtenkammer und als einer der gefeiertsten Redner derselben einnahm, als durch seine glänzende militärische Laufbahn ausgezeichnet, dessen Haus eines der angesehensten und gesuchtesten in Paris war, suchte damals einen jungen Mann als Lehrer für seine Kinder, welcher dieselben hauptsächlich in der deutschen Sprache und Litteratur unterrichten sollte, und durch Vermittelung eines Freundes des Dirichlet'schen Hauses, Herrn LARCHET DE CHAMONT, wurde ihm unser DIRICHLET empfohlen. Bei der ersten persönlichen Vorstellung machte das offene und bescheidene Wesen des jungen Mannes einen so günstigen Eindruck auf den General, dass er ihm unmittelbar darauf die Stellung als Lehrer seiner Kinder antrug, mit einem anständigen Gehalte und mit so geringen Verpflichtungen, dass ihm freie Zeit genug blieb, die angefangenen

Studien fortzusetzen. DIRICHLET ging mit Freuden darauf ein, nicht allein weil er dadurch in die Lage versetzt wurde, seinen Eltern keine Kosten mehr zu machen, sondern vorzüglich auch weil er von dem Aufenthalte in dem Hause eines so allseitig gebildeten, ausgezeichneten Mannes für seine äussere Weltbildung, in der er nach seinem eigenen Urtheile noch sehr zurück war, sich viel Gutes versprach. In dieser neuen Stellung fühlte er sich ausserordentlich zufrieden und glücklich, da Herr und Madame FOY ihm überall die grösste Freundlichkeit und Zuvorkommenheit erwiesen und ihn wie ein Glied ihrer eigenen Familie betrachteten. Der Unterricht der Kinder, deren ältestes ein Mädchen von elf Jahren war, kostete ihn nur wenig Mühe, und die Frau Generalin, die das Deutsche, welches sie in ihrer Kindheit geübt, aber seitdem vollständig vergessen hatte, unter seiner Leitung eifrig und mit dem besten Erfolge wieder betrieb, vergalt ihm seine Mühe auf eben so angenehme als nützliche Weise, indem sie ihm durch Uebungen im Lesen des Französischen den fremden Accent seiner Aussprache abgewöhnte. Den grössten Einfluss übte aber der General auf ihn aus, durch das lebendige Beispiel eines thatkräftigen, edlen und fein gebildeten Mannes, welches er ihm gab, und dieser Einfluss erstreckte sich nicht bloss auf DIRICHLET's äussere Bildung, seine Gewohnheiten und Neigungen, sondern auch auf seine Denk- und Handlungsweise und seine allgemeinen Lebensanschauungen. Von grosser Bedeutung für sein ganzes Leben war es auch, dass das Haus des Generals, welches ein Vereinigungspunkt der ersten Notabilitäten in Kunst und Wissenschaft der Hauptstadt Frankreichs war, und in welchem von den angesehensten Kammermitgliedern die grossen politischen Fragen verhandelt wurden, deren nächste, vorläufige Lösung das Jahr 1830 brachte, ihm zuerst Gelegenheit gab, das Leben in grossartigem Maassstabe zu sehen und sich daran zu betheiligen.

Durch alle diese neuen Eindrücke, welche er in sich aufnahm, durch die Beschäftigungen und Zerstreuungen, die mit seiner Stellung verbunden waren, liess sich DIRICHLET durchaus nicht von seinen mathematischen Studien ablenken, vielmehr arbeitete er gerade in dieser Zeit mit angestrengtem Fleisse an seiner ersten der Oeffentlichkeit übergebenen Schrift: *Mémoire sur l'impossibilité de quelques équations indéterminées du cinquième degré.* Der Gegenstand dieser Abhandlung steht in der engsten Beziehung zu dem von FERMAT aufgestellten Satze, dass die Summe zweier Potenzzahlen von gleichen Exponenten niemals einer Potenz von demselben Exponenten gleich sein kann, wenn diese Potenzen höher sind als die zweite. Dieser Satz, von welchem FERMAT angiebt, dass er ihn beweisen könne, welcher aber noch über 150 Jahre nach FERMAT, zu der Zeit als DIRICHLET sich mit demselben beschäftigte, trotz der angestrengten Bemühungen von EULER und LEGENDRE nicht weiter, als für die dritten und vierten Potenzen hatte bewiesen werden können, kann zwar, als eine aus ihrem wissenschaftlichen Zusammenhange herausgenommene Einzelheit, keinen besonderen Werth beanspruchen, aber er hat dadurch eine ungewöhnlich hohe Bedeutung gewonnen, dass er, als ein, in dem damals noch ganz unbekannten Gebiete der Formen höherer Grade aufgesteckter, nah erscheinender und doch ferner Zielpunkt, auf die Richtung, welche die Zahlentheorie in ihrer geschichtlichen Entwickelung genommen hat, von dem entschiedensten Einflusse gewesen ist. DIRICHLET, indem er in seiner Arbeit die durch den FERMAT'schen Satz angegebene Richtung verfolgt, betrachtet die Summe zweier fünften Potenzen, über welche bis dahin noch nichts ermittelt war, und stellt sich die Aufgabe zugleich etwas allgemeiner, nämlich zu untersuchen, in welchen Fällen eine solche Summe einem gegebenen Vielfachen einer fünften Potenz nicht gleich sein könne. Er ebnet und sichert sich den Weg der Untersuchung durch einige neue Sätze über die allgemeinste Auflösung der Aufgabe: eine quadratische Form einer Potenzzahl gleich zu machen, und gelangt dazu, die Unmöglichkeit einer ganzen Klasse von Gleichungen des fünften Grades zu beweisen. Die FERMAT'sche Gleichung für die fünften Potenzen, deren eine nothwendig durch fünf theilbar sein müsste, ist nur für den Fall, dass diese zugleich eine gerade ist, mit in dieser Klasse enthalten; den anderen Fall aber, wo sie eine ungerade ist, hat kurze Zeit nachher LEGENDRE, indem er den von DIRICHLET eröffneten Weg noch etwas weiter verfolgte, gleichfalls als unmöglich nachgewiesen. Die Ehre, den Beweis dieses geschichtlich merkwürdigen Satzes eine ganze Stufe weiter geführt zu haben, hat DIRICHLET also mit LEGENDRE zu theilen.

Nicht allein die in einem der schwierigsten Theile der Zahlentheorie gewonnenen neuen Resultate, sondern auch die Bündigkeit und Schärfe der Beweise und die ausnehmende Klarheit der Darstellung sicherten dieser ersten Arbeit DIRICHLET's einen glänzenden Erfolg. Die Pariser Akademie, welcher er sie überreichte, gestattete ihm die Vorlesung derselben in der Sitzung vom 11ten Juni 1825, und schon in der nächsten Sitzung vom 18ten desselben Monats statteten die Herren LACROIX und LEGENDRE als Commissäre einen so günstigen Bericht darüber ab, dass die Akademie beschloss, sie in die Sammlung

der Denkschriften auswärtiger Gelehrter aufzunehmen. DIRICHLET's Ruf als
ausgezeichneter Mathematiker war hierdurch begründet, und als ein junger
Mann, der eine grosse Zukunft erwarten liess, war er seitdem in den höchsten
wissenschaftlichen Kreisen von Paris nicht bloss zugelassen, sondern auch gesucht. Er trat dadurch auch mit mehreren der angesehensten Mitglieder der
Pariser Akademie in nähere Verbindung, unter denen besonders zwei hervorzuheben sind, nämlich FOURIER, der auf die Richtung seiner wissenschaftlichen
Forschungen und ALEXANDER VON HUMBOLDT, der auf die fernere Gestaltung
seines äusseren Lebens einen bedeutenden Einfluss ausgeübt hat.

FOURIER, welcher aus der Zeit seiner Jugend, wo er an der Gründung
der *École Normale* und der *École Polytechnique* sich thätig betheiligt hatte, die
Begeisterung für lebendige wissenschaftliche Mittheilung noch ungeschwächt be-
wahrte, und dem es ein inneres Bedürfniss war, das, was er Schönes und
Grosses erforscht hatte, auch mündlich mitzutheilen, fand an DIRICHLET einen
jungen Mann, dem er sein mathematisches Herz ganz eröffnen konnte und
von dem er nicht bloss bewundert, sondern auch vollkommen verstanden
wurde. Er zog ihn daher in den Kreis der ausgezeichneten jungen Mathematiker, die er um sich zu versammeln pflegte, mit denen er damals seine
Wärmetheorie und seine, zum Zweck derselben erfundenen, neuen analytischen
Methoden, so wie allerhand allgemeinere wissenschaftliche Gegenstände und
Fragen in der ihm eigenen lebendigen und anziehenden Weise besprach. In
diesem Kreise, welchem unter anderen auch der durch seinen Satz über die
Wurzeln der algebraischen Gleichungen kurze Zeit darauf allgemein berühmt
gewordene STURM angehörte, erhielt DIRICHLET mannichfache Anregung, namentlich aber wurde durch FOURIER sein Interesse für die mathematische Physik be-
lebt, in welcher er später mit bedeutendem Erfolge gearbeitet hat; ebenso nehmen
auch die FOURIER'schen Reihen und Integrale, welche erst durch DIRICHLET's
strenge Methoden ihre wahre wissenschaftliche Begründung erhalten haben, eine
nicht unbedeutende Stelle in seinen späteren Arbeiten ein.

ALEXANDER VON HUMBOLDT, welcher damals in Paris lebte, hatte schon
früher vom General FOY DIRICHLET als einen ausgezeichneten Mathematiker
preisen hören, ohne jedoch auf dieses Lob, da es nicht aus dem Munde
eines Mannes von Fach kam, ein besonderes Gewicht zu legen; erst als
DIRICHLET in Folge der günstigen Aufnahme, welche die Akademie seiner
Schrift hatte zu Theil werden lassen, seinen Besuch bei HUMBOLDT machte,

wurde er demselben näher bekannt. HUMBOLDT empfing ihn mit der ausgezeichnetsten Freundlichkeit und Zuvorkommenheit, und schenkte ihm mit der Achtung vor seinem Talent und seiner wissenschaftlichen Tüchtigkeit zugleich auch die lebhafteste persönliche Theilnahme und Zuneigung, welche er ihm von da an unausgesetzt bewahrt und bethätigt hat. Schon bei diesem ersten Besuche gab DIRICHLET im Laufe des Gesprächs die Absicht zu erkennen, später in sein Vaterland zurückzukehren, und HUMBOLDT, welcher diesen Gedanken mit Freuden ergriff, bestärkte ihn in seinem Vorsatze, indem er ihn versicherte, dass es dort, bei der äusserst geringen Zahl ausgezeichneter deutscher Mathematiker, ihm nicht fehlen könne, sobald er es wünschte, eine sehr gute Stellung zu erhalten. Unter den damaligen Verhältnissen, wo soeben die mehrere Jahre hindurch fortgesetzten Unterhandlungen wegen GAUSS' Berufung nach Berlin hatten aufgegeben werden müssen, weil es an wenigen hundert Thalern fehlte, war diese Versicherung nicht so leicht zu erfüllen, und es gehörte bald nachher die unermüdliche Thätigkeit und der ganze Einfluss HUMBOLDT's dazu, sie auch nur annähernd wahr zu machen.

. Durch den im November 1825 erfolgten Tod seines hochverehrten Gönners, des Generals FOY und durch den Einfluss ALEXANDER VON HUMBOLDT's, welcher bald darauf Paris verliess und nach Berlin übersiedelte, wurde in DIRICHLET der Entschluss zur Rückkehr in sein Vaterland zur Reife gebracht. Er richtete an den Minister VON ALTENSTEIN ein Gesuch um eine für ihn passende Anstellung, welches HUMBOLDT zu befürworten und durch seinen Einfluss wirksam zu machen übernahm, und kehrte im Herbst 1826 zu seinen Eltern nach Düren zurück, um dort den Erfolg abzuwarten.

Während er hier an einer neuen Abhandlung arbeitete, auf welche ich bald näher eingehen werde, betrieb HUMBOLDT seine Anstellungsangelegenheit mit dem regsten Eifer. Er verwendete sich persönlich bei dem Minister VON ALTENSTEIN, um für DIRICHLET eine ausserordentliche Professur an einer preussischen Universität, mit sechs bis acht hundert Thalern Gehalt zu erlangen, zog die angesehensten Mitglieder der hiesigen Akademie mit in sein Interesse, um seine Empfehlung durch die ihrigen zu unterstützen, und gab DIRICHLET häufigen Bericht und guten Rath, was dieser seinerseits thun sollte; aber durch alle diese Bemühungen, welche selbst GAUSS durch ein an unseren Collegen Herrn ENCKE gerichtetes, und von diesem dem Königlichen Ministerium übergebenes Schreiben unterstützte, konnte doch nicht mehr erreicht werden, als dass ihm 400 Thaler jährlich als feste Remuneration zugesichert wurden, damit er sich in Breslau als Privatdocent habilitiren möge. Da die feste Remuneration ihm vor der Hand ein mässiges Auskommen sicherte, und da er sich darauf verlassen konnte, dass HUMBOLDT seine Bemühungen, ihm eine angemessenere Stellung zu verschaffen, fortsetzen werde, so ging er ohne Bedenken darauf ein. Inzwischen war er auch von der philosophischen Facultät der Universität Bonn zum Doctor der Philosophie *honoris causa* creirt worden, wodurch ihm die Habilitation an einer Universität wesentlich erleichtert wurde.

Auf seiner Reise nach Breslau wählte er den Weg über Göttingen, um GAUSS persönlich kennen zu lernen, und machte demselben am 18ten März 1827 seinen Besuch. Nähere Nachrichten über dieses Zusammentreffen habe ich nicht ermitteln können; ein an seine Mutter gerichteter Brief aus jener Zeit sagt nur, dass GAUSS ihn sehr freundlich aufgenommen habe, und dass der persönliche Eindruck dieses grossen Mannes ein viel günstigerer gewesen sei, als er erwartet habe.

In Breslau sollte er nun, nach den Statuten der dortigen philosophischen Facultät, um die *venia docendi* zu erlangen, eine Probevorlesung nebst Colloquium vor der Facultät halten, eine Dissertation schreiben und dieselbe in lateinischer Sprache öffentlich vertheidigen. Diesen Leistungen, insofern sie seine Wissenschaft betrafen, war er mehr als gewachsen, er verstand auch sehr wohl, über einen wissenschaftlichen Gegenstand klar und correct lateinisch zu schreiben, aber er hatte seine, höheren wissenschaftlichen Zwecken gewidmete Zeit niemals auf die Aneignung der äusserlichen Fertigkeit des lateinisch Sprechens verwendet; die leere Förmlichkeit der lateinischen Disputation war ihm daher in hohem Grade störend und unangenehm. Zu seiner grossen Genugthuung, aber zum grossen Leidwesen einiger Herren der dortigen Facultät, ward er, nachdem er seine Probevorlesung über die Irrationalität der Zahl π gehalten hatte, durch das Königliche Ministerium von der öffentlichen Disputation ganz entbunden, und damit er seine Vorlesungen, ohne welche das Fach der Mathematik daselbst fast ganz unvertreten gewesen wäre, alsbald anfangen möchte, erhielt er zugleich die Erlaubniss, seine lateinische Habilitationsschrift erst nachträglich einzureichen.

Der Erfolg seiner Lehrthätigkeit während der drei Semester, wo er in Breslau docirt hat, war nicht bedeutend. Die dortigen Studirenden, welche über den engen Kreis mathematischer Vorstellungen und Gedanken, die ihnen bisher in den Vorlesungen überliefert worden waren, nicht gern hinausgingen, konnten sich an seine, ihnen fremde Lehrweise nicht so leicht gewöhnen, auch war sein bescheidenes, selbst etwas schüchternes Auftreten nicht geeignet ihnen zu imponiren. Ueberhaupt war DIRICHLET in Breslau zwar als fein gebildeter und liebenswürdiger junger Mann in allen geselligen Kreisen gern gesehen und gesucht, aber gerade als Mathematiker wurde er im Vergleich zu seinem Vorgänger, der ein Lehrbuch der analytischen Geometrie geschrieben hatte, nur gering geachtet. Da er selbst niemals von sich und seinen eigenen wissenschaftlichen Verdiensten sprach, auch keinen litterarischen Anhang hatte, der dies für ihn übernahm, so gelangte er dort nicht zu derjenigen localen oder provinciellen Berühmtheit, welche in beschränkteren Kreisen wirksamer ist, als die allgemeine Anerkennung von Seiten der ersten Männer der Wissenschaft.

In der Zeit seines Breslauer Aufenthalts hat DIRICHLET zwei Abhandlungen geschrieben, welche beide durch die GAUSSISCHE Abhandlung über die biquadratischen Reste veranlasst worden sind. Die Göttinger gelehrten Anzeigen vom April 1825 hatten die kurze Ankündigung einer Reihe von Abhandlungen über die biquadratischen Reste und deren Reciprocitätsgesetze gebracht, welche GAUSS zu veröffentlichen gedenke, deren erste der Göttinger Societät der Wissenschaften auch schon übergeben war, aber erst drei Jahre später erschien. Diese Ankündigung, welche einige der GAUSSISCHEN Resultate gab, deren Beweise auf einem ganz neuen Principe der Zahlentheorie beruhen sollten, erregte zugleich JACOBI's und DIRICHLET's Wissbegier in hohem Grade; beide suchten auf ganz verschiedenen Wegen in das GAUSSISCHE Geheimniss einzudringen, und beiden gelang es auch, in diesem Gebiete der höheren Potenzreste eine Fülle neuer Sätze zu finden, obgleich das neue Princip, welches in der Einführung der complexen ganzen Zahlen bestand, ihnen damals noch verborgen blieb. DIRICHLET fand für die bereits veröffentlichten GAUSSISCHEN Sätze, welche die vollständige Lösung der Aufgabe enthielten: alle Primzahlen anzugeben, für welche die Zahl Zwei biquadratischer Rest oder Nichtrest ist, durch die bekannten Methoden der Zahlentheorie erstaunend einfache Beweise, und in derselben Weise löste er auch die allgemeinere Frage für alle beliebig gegebenen Primzahlen, so dass zu dem vollständigen Reciprocitätsgesetze für die biquadratischen Reste nur noch ein Schritt zu thun war, welcher aber erst durch das neue GAUSSISCHE Princip ermöglicht wurde. In der anderen damals herausgegebenen Schrift, welche Dirichlet lateinisch verfasst und der philosophischen Facultät als seine Habilitationsschrift eingereicht hat, giebt er ein damals ganz neues Beispiel von Formen beliebig hoher Grade, deren Divisoren bestimmte lineare Formen haben. Die Resultate dieser Schrift können gegenwärtig als specielle Fälle der allgemeinen Sätze über die Divisoren der Normformen der aus Einheitswurzeln gebildeten complexen Zahlen angesehen werden.

Um für den Werth, welchen man damals namentlich der ersten dieser beiden Schriften beilegte, einen Maassstab zu geben, führe ich die Urtheile von Bessel und Fourier über dieselbe an. Bessel schreibt von ihr in einem Briefe an Humboldt: Wer hätte gedacht, dass es dem Genie gelingen werde, etwas so schwer Scheinendes auf so einfache Betrachtungen zurückzuführen, es könnte der Name Lagrange über der Abhandlung stehen, und Niemand würde die Unrichtigkeit bemerken. Fourier aber stellte Dirichlet's Leistungen sogar höher, als die grossen Entdeckungen Jacobi's und Abel's in der Theorie der elliptischen Functionen, von denen er freilich bis dahin nur durch Legendre's Lobpreisungen Kenntniss erhalten hatte, die er für übertrieben hielt. In einem an Dirichlet gerichteten Briefe, so wie in mündlich gegen den oben erwähnten Freund der Dirichlet'schen Familie, Herrn Larchet de Chamont gemachten Aeusserungen, aus welchen dieses Urtheil entnommen ist, drückt er auch den lebhaften Wunsch aus, dass Dirichlet nach Paris zurückkommen möge, weil er dazu berufen sei, in der dortigen Akademie bald eine der ersten Stellen einzunehmen.

Inzwischen hatte Alexander von Humboldt die Ernennung Dirichlet's zum ausserordentlichen Professor an der Breslauer Universität ausgewirkt, und arbeitete nun daran, ihn für die hiesige Universität und die Akademie zu gewinnen, zunächst aber ihn überhaupt nach Berlin zu ziehen. Da eine frei werdende mathematische Lehrstelle an der allgemeinen Kriegsschule hierzu die passende Gelegenheit bot, so ergriff Humboldt dieselbe und empfahl Dirichlet sehr dringend dafür bei dem General von Radowitz und bei dem Kriegsminister. Diese konnten sich jedoch nicht sogleich entschliessen, ihm die Stelle definitiv zu übertragen, wahrscheinlich weil er, damals erst 23 Jahre alt, ihnen noch zu jung dafür erscheinen mochte; es wurde daher bei dem Minister von Altenstein ausgewirkt, dass Dirichlet zunächst auf ein Jahr Urlaub erhielt, um den Unterricht an der Kriegsschule interimistisch zu übernehmen.

Im Herbst 1828 kam er nach Berlin, um diese neue Stellung anzutreten.

41*

Die mathematischen Vorlesungen, die er hier vor Offizieren zu halten hatte, welche mit ihm ohngefähr in gleichem Alter waren, machten ihm viel Vergnügen, der Umgang mit gebildeten Militairs, an welchen er von der Zeit seines Aufenthalts im Hause des Generals Foy gewöhnt war, gefiel ihm sehr wohl, und da er in jener Zeit unter anderen auch gründliche Studien in der neueren Kriegsgeschichte gemacht hatte, so verband ihn mit seinen Zuhörern auch ausser der Mathematik noch dieses gemeinschaftliche Interesse. Erst in späterer Zeit, nachdem er sich an der hiesigen Universität einen grossen Kreis von Zuhörern gebildet hatte, welche mit lebendigem wissenschaftlichen Interesse ihm in die höchsten Gebiete der Mathematik folgten, in denen er sich am liebsten bewegte, wurde der Wunsch in ihm rege, von dem Unterrichte an der Kriegsschule entbunden zu werden, welcher Wunsch sodann auch eines der Hauptmotive seiner Uebersiedelung nach Göttingen geworden ist.

Bald nach seiner Ankunft in Berlin that Dirichlet auch die nöthigen Schritte, um an der hiesigen Universität Vorlesungen halten zu dürfen. Als Professor einer anderen Universität war er hierzu nicht berechtigt, es blieb ihm also nichts weiter übrig, als sich nochmals als Privatdocent zu habilitiren, und er richtete in diesem Sinne sein Gesuch an die philosophische Facultät. Diese erliess ihm aber die Habilitationsleistungen in Betracht seiner anderweitig bewährten wissenschaftlichen Tüchtigkeit, und so hielt er seine Vorlesungen hier anfangs unter dem Rechtstitel eines Privatdocenten. Seine definitive Versetzung als ausserordentlicher Professor an die hiesige Universität erfolgte erst im Jahre 1831, und einige Monate darauf wurde er von unserer Akademie zu ihrem ordentlichen Mitgliede gewählt. In demselben Jahre vermählte er sich mit Rebecca Mendelssohn-Bartholdy, einer Enkelin von Moses Mendelssohn, und merkwürdigerweise hat Alexander von Humboldt unwillkürlich selbst hieran einen gewissen Theil, insofern er es gewesen ist, welcher Dirichlet in das durch Geist und Kunstsinn ausgezeichnete und berühmte Haus seiner Schwiegereltern zuerst eingeführt hat.

Die ferneren Lebensereignisse treten nunmehr auf längere Zeit zurück gegen die Bedeutung der wissenschaftlichen Arbeiten, welche Dirichlet während der 27 Jahre seines hiesigen Lebens geliefert hat. Bei der Schilderung derselben, die mir jetzt obliegt, werde ich versuchen, die in ihnen liegenden Fortschritte der Wissenschaft in grösseren und allgemeineren Zügen darzustellen, indem ich sie nicht einzeln nach der Zeit ihrer Entstehung, sondern nach ihrem

Inhalte und nach den ihnen zu Grunde liegenden Gedanken gruppenweise zusammengefasst betrachte.

Die rein analytischen Arbeiten DIRICHLET's über unendliche Reihen und bestimmte Integrale und über die in diesen Formen erscheinenden Functionen sind ursprünglich aus seinem Studium der mathematischen Physik, und namentlich der FOURIER'schen Wärmetheorie hervorgegangen. Bei den Anwendungen dieser allgemeinen Formen auf die physikalischen Probleme konnte er sich aber nicht damit beruhigen, sie als fertige Hülfsmittel zu benutzen, und da eine nähere Prüfung ihm bald zeigte, dass sie selbst in den wichtigsten Punkten noch der strengen wissenschaftlichen Begründung ermangelten, so richtete er seine Arbeit zunächst auf die Sicherung dieser Fundamente. Die nach Sinus und Cosinus der Vielfachen eines Bogens fortschreitenden Reihen, welche von FOURIER mit dem ausgezeichnetsten Erfolge zur Darstellung der in der Wärmetheorie vorkommenden willkürlichen Functionen angewandt worden sind, hatten bisher in allen Fällen, wo die zu entwickelnde Function nicht unendlich wird, die ausgezeichnete Eigenschaft gezeigt, immer convergent zu sein, es war aber selbst CAUCHY's Bemühungen nicht gelungen, dieses allgemein und streng zu beweisen. Der Weg, welchen dieser, nicht minder durch die Strenge, als durch die Originalität seiner Methoden berühmte Mathematiker hier eingeschlagen hatte, nur die Grössenverhältnisse der einzelnen Glieder dieser Reihen zu untersuchen und darauf seine Schlüsse zu gründen, führte aber nicht zur wahren Erkenntniss dieser verborgenen Eigenschaft, sondern nur ziemlich nahe bei derselben vorbei, weil die Convergenz dieser Reihen in gewissen Fällen auch von der besonderen Art und Weise abhängig ist, wie die positiven und negativen Glieder derselben sich gegenseitig aufheben. Aus diesem Grunde untersuchte DIRICHLET, auf den ursprünglichen Begriff der Convergenz der unendlichen Reihen zurückgehend, den Grenzwerth, welchen die Summe einer Anzahl Glieder erreicht, wenn diese Anzahl ins Unendliche wachsend angenommen wird, und diese Frage ergründete er vollständig mittelst der genauen Bestimmung des Grenzwerthes eines einfachen bestimmten Integrales, welches, wegen der vielfachen Anwendungen, die es gestattet, seitdem zu den Grundlagen der Theorie der bestimmten Integrale gerechnet wird.

Nach derselben Methode und mit denselben Mitteln hat DIRICHLET auch die allgemeinere und complicirtere Untersuchung der Convergenz der nach Kugelfunctionen geordneten Entwickelung einer willkürlichen Function zweier unabhängigen Variablen durchgeführt, wobei es überdies nur noch darauf ankam, den Ausdruck der Kugelfunctionen durch bestimmte Integrale in der Art passend zu wählen, dass die Summe einer unbestimmten Anzahl der ersten Glieder dieser Entwickelung, deren Coefficienten als Doppelintegrale gegeben sind, möglichst einfach und in einer Form sich ergab, in welcher der Grenzwerth derselben mittelst des gefundenen Grenzwerthes jenes einfachen Integrales leicht bestimmt werden konnte.

Nicht bloss die specielle Theorie dieser beiden Arten von Reihenentwickelungen, sondern auch die allgemeine Theorie der unendlichen Reihen, fand DIRICHLET in einigen wesentlichen Punkten noch unbegründet vor. Man wusste zwar, dass divergente Reihen keine bestimmten Werthe haben, aber man übertrug die für endliche Reihen gültigen Regeln und Schlüsse immer noch in zu naiver Weise auf die unendlichen Reihen, und man hatte nie daran gedacht, dass selbst die elementarste Regel, nach welcher eine jede algebraische Summe von der Ordnung ihrer Theile unabhängig ist, für die aus unendlich vielen Theilen bestehenden Summen aufhören könnte richtig zu bleiben, bis DIRICHLET nachwies, dass es eine Klasse convergenter Reihen mit positiven und negativen Gliedern giebt, welche andere Werthe erhalten und selbst divergent werden können, wenn nur die Reihenfolge ihrer Glieder geändert wird. Die hierdurch gewonnene tiefere Einsicht in das Wesen der unendlichen Ausdrücke ist auch für die Behandlung der bestimmten Integrale maassgebend geworden, da die DIRICHLET'sche Bemerkung, auf mehrfache Integrale angewendet, deren obere Grenzen unendlich sind, gezeigt hat, dass es ebenso eine ganze Klasse derselben giebt, bei denen Veränderungen in der Reihenfolge der Integrationen ganz andere Werthe hervorbringen können.

Die allgemeine Theorie der bestimmten Integrale hat DIRICHLET mit besonderer Vorliebe in seinen Vorlesungen behandelt, in welchen er die früher als Einzelheiten zerstreuten Resultate durch sachgemässe Anordnung und Methode, unter Ausschliessung aller nicht in dieser Theorie selbst liegenden äusseren Hülfsmittel zu einem zusammenhängenden Ganzen verbunden hat. Ausserdem hat er diese Disciplin durch Erfindung einer neuen, eigenthümlichen Integrationsmethode bereichert, deren Hauptgedanke darin besteht, durch Einführung eines discontinuirlichen Factors die Grenzen, innerhalb deren die Integrationen sich zu halten haben, in der Art überschreitbar zu machen, dass beliebig andere, jedoch weitere und namentlich auch unendlich weite Grenzen anstatt der gegebenen genommen werden können, ohne dass der Werth des Integrales dadurch geändert wird. In den Anwendungen dieser Methode auf die Attraction der Ellipsoide und auf die Werthbestimmung eines neuen vielfachen Integrales hat er auch gezeigt, dass sie, mit Geschicklichkeit gehandhabt, die Lösungen gewisser schwieriger Probleme auf einfacherem Wege zu geben vermag als die anderen bekannten Integrationsmethoden.

Während der Beschäftigung mit diesen analytischen Arbeiten liess Dirichlet niemals davon ab, auch die grossen Probleme seiner Lieblingsdisciplin, der Zahlentheorie, in seinen Gedanken zu hegen und der Lösung derselben nachzusinnen. In seinem überall zur Einheit strebenden Geiste konnte er diese beiden Gedankensphären nicht neben einander bestehen lassen, ohne den inneren Beziehungen derselben nachzuforschen, in denen er die Erkenntniss mancher tief verborgenen Eigenschaften der Zahlen suchte und wirklich fand. Seine Anwendungen der Analysis auf die Zahlentheorie, welche hieraus hervorgegangen sind, unterscheiden sich von allen früheren derartigen Versuchen wesentlich dadurch, dass in ihnen die Analysis der Zahlentheorie in der Art dienstbar gemacht ist, dass sie nicht mehr nur zufällig manche vereinzelte Resultate für dieselbe abwirft, sondern dass sie die Lösungen gewisser allgemeiner Gattungen, auf anderen Wegen noch ganz unzugänglicher Probleme der Arithmetik mit Nothwendigkeit ergeben muss. Diese Dirichlet'schen Methoden sind für die Zahlentheorie in ähnlicher Weise Epoche machend, wie die Descartes'schen Anwendungen der Analysis für die Geometrie; sie würden auch, eben so wie die analytische Geometrie, als Schöpfung einer neuen mathematischen Disciplin anerkannt werden müssen, wenn sie sich nicht bloss auf gewisse Gattungen, sondern auf alle Probleme der Zahlentheorie gleichmässig erstreckten.

Die erste Anwendung, welche Dirichlet von seiner neuen Methode gemacht hat, betrifft den sehr einfachen Satz: dass jede arithmetische Reihe, deren Glieder nicht alle einen gemeinschaftlichen Factor haben, unendlich viele Primzahlen enthält, welcher wegen seines ganz elementaren Charakters in vielen arithmetischen Untersuchungen von grosser Bedeutung ist, und namentlich auch in dem ersten von Legendre versuchten Beweise des quadratischen Reciprocitätsgesetzes nur als ein unbewiesenes Resultat gebraucht worden war. Die eigenthümliche Art, wie Euler aus der Verwandlung eines nur die Primzahlen enthaltenden Products in eine divergente unendliche Reihe, geschlossen hatte, dass die Anzahl aller Primzahlen unendlich gross ist, gab Dirichlet die Veranlassung zur allgemeineren Anwendung der unendlichen Reihen und unendlichen Producte, und indem er diese analytischen Hülfsmittel dem Zwecke seiner Untersuchung gemäss einzurichten suchte, gelangte er zu dem Fundamentalsatze seiner neuen Methode, welcher den Grenzwerth einer allgemeinen Reihe von Potenzen positiver, abnehmender Grössen bestimmt, deren gemeinschaftlicher Exponent sich der Grenze Eins nähert. Die Anwendung auf den Beweis des Satzes über die arithmetische Reihe erfordert die Entwickelung einer bestimmten Gruppe von unendlichen Producten in unendliche Reihen, und es kommt alsdann darauf an zu beweisen, dass das Product dieser unendlichen Reihen unendlich gross wird, wenn der gemeinschaftliche Potenzexponent aller Glieder sich dem Grenzwerthe Eins nähert. Da der erste Factor dieses Products nach dem angegebenen Fundamentalsatze nothwendig unendlich gross wird, so kommt es ferner nur darauf an zu zeigen, dass das Product aller übrigen Factoren nicht gleich Null werden kann. Obgleich diese unendlichen Reihen mittelst Logarithmen und Kreisbogen sich in endlicher Form summiren lassen, so bot die vollständige Erledigung dieses wichtigen Punktes, namentlich für den Fall, wo die Differenz der arithmetischen Reihe eine zusammengesetzte Zahl ist, sehr bedeutende Schwierigkeiten dar, welche DIRICHLET in der ersten Bearbeitung dieser Untersuchung nur durch sehr complicirte und indirecte Betrachtungen hatte überwinden können; aber gerade diese Schwierigkeit wurde ihm die Veranlassung zu einer zweiten Anwendung der Analysis auf die Zahlentheorie, in welcher eine seiner bedeutendsten und glänzendsten Entdeckungen, nämlich die Bestimmung der Klassenanzahl der quadratischen Formen, für eine jede gegebene Determinante, enthalten ist. Die Schwierigkeit der ersten Untersuchung wurde durch diese zweite auf die einfachste Weise erledigt, indem sie von selbst ergab, dass jenes Product nicht gleich Null sein kann, ohne dass zugleich die Klassenanzahl der quadratischen Formen gleich Null sein müsste.

Die Bestimmung dieser Klassenanzahl beruht auf der Betrachtung der doppelt unendlichen Summe, deren allgemeines Glied die Einheit, dividirt durch eine Potenz einer quadratischen Form ist, deren Exponent der Eins unendlich nahe genommen wird. Diese Summe, welche sich auf alle ganzzahligen Werthe der beiden unbestimmten Veränderlichen, mit gewissen Einschränkungen, und auf alle nicht äquivalenten Formen derselben Determinante erstreckt, wird auf zwei verschiedenen Wegen bestimmt, einmal indem die repräsentirenden Formen sämmtlicher Klassen zusammengefasst, das anderemal indem sie einzeln betrachtet werden. Da die Summe für jede dieser Klassen denselben Werth erhält, so ergiebt sich die Gesammtsumme gleich einer solchen Einzelsumme, multiplicirt mit der Klassenanzahl. Die Form, in welcher der hierdurch gewonnene Ausdruck der Klassenanzahl schliesslich sich darstellt, ist für negative und für positive Determinanten wesentlich verschieden und offenbart in beiden Fällen einen überraschenden Zusammenhang der Klassenanzahl mit ganz verschiedenen Gebieten der Zahlentheorie, nämlich für negative Determinanten mit den quadratischen Resten und Nichtresten, und für positive Determinanten mit den beiden vor allen anderen ausgezeichneten Auflösungen der PELL'schen Gleichung, der die kleinsten Zahlen enthaltenden Fundamentalauflösung und der aus der Theorie der Kreistheilung sich ergebenden Auflösung, welche letztere DIRICHLET in einem kleinen Aufsatze: über die Auflösung der PELL'schen Gleichung durch Kreisfunctionen, zuerst angegeben hat. Eine tiefere Einsicht in den Zusammenhang dieser ganz heterogen erscheinenden Gegenstände mit der Klassenanzahl und unter einander hat seitdem nicht können gewonnen werden, weil überhaupt noch keine andere Methode als die DIRICHLET'sche existirt, welche dergleichen schwierige Fragen zu lösen vermöchte.

Obgleich der Ruhm dieser grossen Entdeckung DIRICHLET allein gebührt, insofern er sie vollständig aus seinem eigenen Geiste geschöpft hat, so kann doch ein gewisser Antheil, welchen JACOBI und GAUSS daran haben, nicht unerwähnt gelassen werden. JACOBI hatte aus der Vergleichung gewisser Sätze der Kreistheilung und der Zusammensetzung der quadratischen Formen die Klassenanzahl für diejenigen Formen, deren Determinante eine negative Primzahl ist, schon einige Jahre früher mehr errathen als erschlossen, und da eine Reihe berechneter Zahlenbeispiele seine Vermuthung bestätigten, so hatte er sie auch veröffentlicht. Dieselbe musste aber auf DIRICHLET's Entdeckung ohne Einfluss bleiben, weil er nach seiner Methode nicht darauf ausgehen konnte, ein bestimmtes Resultat in einer fertigen Form zu beweisen, sondern lediglich es zu finden, und zwar so, dass über die Form desselben sich in keiner Weise etwas vorherbestimmen liess. GAUSS aber war, wie die von ihm hinterlassenen Papiere gezeigt haben, schon seit längerer Zeit im Besitze des vollständigen Ausdrucks der Klassenanzahl für negative Determinanten, den er nicht durch Induction, sondern wahrscheinlich nach einer der DIRICHLET'schen ähnlichen Methode gefunden hatte. Dass er dieses Resultat, so wie auch eine ganze Reihe der wichtigsten und glänzendsten, erst später von ABEL und JACOBI gemachten Entdeckungen, welche sich in seinem Schreibpulte vorgefunden haben, niemals veröffentlicht hat, scheint aber nicht allein in einer unerklärlichen Eigenthümlichkeit dieses ausserordentlichen Mannes seinen Grund zu haben, sondern wohl auch darin, dass die von ihm angewendeten Methoden nicht in allen Punkten ihm selbst genügt haben mögen, und dass er lieber nichts geben wollte als etwas Mangelhaftes.

Die Anwendung seiner Methode auf die Theorie der quadratischen Formen hat DIRICHLET nicht auf die Klassenanzahl allein, sondern auch auf alle mit dieser verwandten Fragen erstreckt, welche die Eintheilung der Klassen in Gattungen und Ordnungen betreffen, und er hat dadurch den interessantesten, aber wegen der Schwierigkeit der Methoden am schwersten zu verstehenden Abschnitt der GAUSSischen *disquisitiones arithmeticae* auf einem neuen Wege zugänglich gemacht. Ausserdem hat er nach ähnlichen Principien, wie für die arithmetische Reihe, auch für die quadratischen Formen den Satz bewiesen, dass durch jede Form, deren drei Coefficienten keinen gemeinschaftlichen Factor haben, unendlich viele Primzahlen dargestellt werden.

Als er später in einer besonderen Abhandlung die Theorie der quadratischen Formen unter dem Gesichtspunkte behandelte, dass die Coefficienten und die Veränderlichen der Form als complexe, aus der Zerlegung der Summe zweier Quadrate in imaginäre Factoren entstehende, ganze Zahlen betrachtet werden, erhielt er aus der Anwendung seiner Methode auf dieselben noch mehrere neue und überraschende Resultate, von denen ich hier namentlich zwei hervorzuheben habe, welche dadurch von besonderer Bedeutung sind, dass sie tiefere Blicke in die verborgensten Eigenschaften der Formen höherer Grade eröffnen. Die Klassenanzahl der quadratischen Formen mit complexen Coefficienten wird durch Reihen ausgedrückt, welche, wie DIRICHLET leider nicht vollständig entwickelt, sondern nur angedeutet hat, sich nicht durch Kreisfunctionen, sondern durch Lemniscatenfunctionen summiren lassen; diese stehen also hier zu den Auflösungen der betreffenden PELL'schen Gleichung, oder allgemeiner gesagt, zu den Einheiten in derselben Beziehung, wie die Kreisfunctionen zu den Einheiten der nichtcomplexen quadratischen Formen. Da die hier betrachteten Formen auch als zerlegbare Formen des vierten Grades mit vier Veränderlichen aufgefasst werden können, so deutet dieses Resultat überhaupt auf einen noch unerforschten innigen Zusammenhang, in welchem gewisse Formen höherer Grade zu bestimmten, und zwar periodischen, transcendenten Functionen der Analysis stehen. Ferner hat DIRICHLET gefunden, dass in dem besonderen Falle, wo die Determinante eine nichtcomplexe Zahl ist, die Klassenanzahl dieser complexen quadratischen Formen aus zwei Factoren besteht, welche beide einzeln die Klassenanzahlen der nichtcomplexen Formen derselben Determinante ausdrücken, der eine für die negative Determinante, der andere für die positive. Dieses Beispiel offenbarte zuerst die allgemeinere Natur dieser Ausdrücke, welche in allen später ermittelten Klassenanzahlen von Formen höherer Grade sich wiederfindet, nämlich dass sie aus zwei wesentlich verschiedenen, ganzzahligen Factoren bestehen, deren einer allein durch die Einheiten, der andere aber durch Potenzreste in Beziehung auf die Determinante bestimmt ist.

Für diejenigen zerlegbaren Formen höherer Grade, deren lineare Factoren keine anderen Irrationalitäten, als Einheitswurzeln für einen Primzahl-Exponenten, enthalten, hat DIRICHLET während seines Aufenthalts in Italien die Klassenanzahl bestimmt, aber er hat von dieser Arbeit leider nichts veröffentlicht.

Endlich sind hier noch die interessanten und neuen Resultate zu erwähnen, welche DIRICHLET aus der Anwendung seiner Methode auf die Bestimmung der mittleren Werthe, oder asymptotischen Gesetze für die in der Zahlentheorie überall auftretenden, scheinbar ganz regellos fortschreitenden, ganzzahligen Functionen gewonnen hat. Dieselben betreffen die schon früher von EULER, LEGENDRE und GAUSS behandelte Frage über die Häufigkeit des Vorkommens der Primzahlen in der natürlichen Zahlenreihe, ferner die von GAUSS angedeuteten mittleren Werthe der Klassenanzahl der quadratischen Formen und der Anzahl der Gattungen derselben, und ausserdem mehrere in den Elementen der Zahlentheorie vorkommende, auf die Divisoren und die Reste der Zahlen bezügliche Functionen. Merkwürdigerweise ist es gerade bei dieser Art von Untersuchungen, für welche die analytische Behandlungsweise ganz besonders geeignet erscheint, DIRICHLET's fortgesetzten Bemühungen gelungen, die analytischen Methoden in vielen Fällen durch rein arithmetische zu ersetzen, und auf diesem Wege noch einige neue und überraschende Resultate zu gewinnen, von denen ich hier nur das eine anführen will, dass bei der Division einer gegebenen Zahl durch alle kleineren Zahlen die Reste, welche kleiner als die Hälfte des Divisors sind, durchschnittlich viel häufiger vorkommen, als die welche grösser sind.

Die in dem Vorhergehenden erwähnten, gewisse Formen höherer Grade mit mehreren Veränderlichen betreffenden Untersuchungen führten DIRICHLET auf die allgemeine Theorie der zerlegbaren Formen aller Grade, welche mit

42*

der allgemeinen Theorie der durch GAUSS in die Wissenschaft eingeführten complexen Zahlen wesentlich identisch ist. Was er über diesen wichtigen Gegenstand veröffentlicht hat, beschränkt sich zwar nur auf einige skizzenhafte, kurze Mittheilungen in den Monatsberichten unserer Akademie, aber es enthält dessen ungeachtet ausser den allgemeinen leitenden Gedanken auch die Lösung der hauptsächlichsten fundamentalen Schwierigkeiten; namentlich sind die Sätze über die Einheiten und die Hauptmomente für die Beweise derselben so vollständig angegeben, dass dieser Theil der Theorie sich ganz im Sinne ihres Urhebers möchte ausführen lassen. Welcher bedeutende Nutzen der Wissenschaft aus einer vollständigen Bearbeitung dieser allgemeinen Theorie erwachsen würde, lässt sich schon an dem, was DIRICHLET von derselben gegeben hat, deutlich erkennen; denn man findet hierin die wesentlichsten und schönsten Eigenschaften der betreffenden specielleren Theorieen, namentlich auch der quadratischen Formen wieder, welche in der ihrer Natur entsprechenden Allgemeinheit nicht in complicirterer Gestalt sich darstellen, sondern, gereinigt von den allem Speciellen anhaftenden, unwesentlichen Bestimmungen, erst in ihrer wahren Einfachheit und Grösse erkannt werden können.

Die Vorlesungen über Zahlentheorie, welche DIRICHLET an der hiesigen Universität, und überhaupt auf deutschen Universitäten zuerst eingeführt hat, veranlassten ihn auch auf die mehr elementaren Theile dieser Disciplin, und namentlich auf die Vereinfachung der GAUSSISCHEN Methoden und Beweise, einen besonderen Fleiss zu verwenden. Unter denjenigen hierher gehörenden Arbeiten, die er nicht bloss seinen Zuhörern mündlich mitgetheilt, sondern gelegentlich auch anderweit veröffentlicht hat, erwähne ich hier zunächst die neuen Bearbeitungen zweier GAUSSISCHEN Beweise des quadratischen Reciprocitätsgesetzes, nämlich des ersten in den Disquisitiones gegebenen, welcher aber selbst in der DIRICHLET'schen klaren und sachgemässen Bearbeitung anderen Beweisen dieses Satzes an Einfachheit nachsteht, und nur das Eine für sich hat, dass er keine anderen, als die in der Theorie der quadratischen Reste selbst liegenden Hülfsmittel verlangt, und des vierten GAUSSISCHEN Beweises, der aus der Summation gewisser endlicher Reihen hergeleitet ist, deren absoluter Werth sich sehr leicht angeben lässt, während in der Bestimmung des zugehörigen Vorzeichens die ganze Schwierigkeit liegt, welche DIRICHLET durch die Summation dieser Reihen mittelst bestimmter Integrale bewältigt hat. Ferner ist die als akademische Gelegenheitsschrift herausgegebene neue Bearbeitung der Lehre von der Zusammensetzung der quadratischen Formen besonders hervorzuheben, in welcher er die bei Gauss nur durch einen schwer zu bewältigenden Apparat von Formeln erarbeiteten Sätze dadurch auf die einfachste Weise hergeleitet hat, dass er, auf das Wesen der Sache gehend, anstatt der Formen, die durch dieselben darzustellenden Zahlen betrachtet. Auch die schon oben erwähnte Arbeit über die Theorie der quadratischen Formen für complexe Zahlen kann hierher gerechnet werden, insofern die einfachen Methoden derselben überall auch auf die gewöhnlichen quadratischen Formen anwendbar sind, wodurch sie zugleich die Stelle einer einfachen und gründlichen systematischen Darstellung dieser elementaren Theorie vertritt. Endlich gehören hierher noch die neuen Beweise der Sätze über die Anzahl der Zerlegungen der Zahlen in vier und in drei Quadrate, und die allgemeine Reduction der positiven quadratischen Formen mit drei Veränderlichen, welche letztere zuerst von Seeber in äusserst complicirter Weise ausgeführt worden war. Im allgemeinen erkennt man an den Methoden, durch welche Dirichlet in diesen Arbeiten die Zahlentheorie vereinfacht und leichter zugänglich gemacht hat, dass sie hauptsächlich aus dem gründlichen Studium der allgemeineren Theorieen geschöpft sind; die Beweise der Sätze stützen sich darum nicht auf die speciellen und zufälligen Bestimmungen, sondern durchgängig auf die wesentlichen Eigenschaften der betreffenden zahlentheoretischen Begriffe, und vermitteln so im Speciellen zugleich die Erkenntniss des Allgemeinen.

Dirichlet's Arbeiten aus dem Gebiete der mathematischen Physik und Mechanik gingen ursprünglich von Fourier's Wärmetheorie aus, welche, wie schon oben bemerkt worden, zugleich die Quelle seiner ersten analytischen Arbeiten gewesen ist. Er hat jedoch nur eine die Wärmetheorie selbst betreffende Arbeit veröffentlicht, nämlich eine strenge und einfache Lösung der schon von Fourier behandelten Aufgabe: den Wärmezustand eines unendlich dünnen Stabes zu bestimmen, für dessen beide Enden die Temperaturen als Functionen der Zeit gegeben sind.

Später überwog bei ihm das Interesse an den durch Gauss angeregten Fragen und ausgeführten mathematisch-physikalischen Untersuchungen, und er wählte besonders die Theorie der nach den umgekehrten Quadraten der Entfernungen wirkenden Kräfte zum Gegenstande seiner Forschungen, über welche er auch besondere Vorlesungen an der Universität hielt. Von den zwei hierher gehörenden, von ihm veröffentlichten Abhandlungen giebt die eine die Lösung der Aufgabe: die Dichtigkeit einer unendlich dünnen Massenschicht zu finden, mit welcher eine Kugeloberfläche so zu belegen ist, dass das Potential für jeden Punkt derselben einen gegebenen, continuirlich veränderlichen Werth habe, eine Aufgabe, von welcher GAUSS nachgewiesen hatte, dass sie für jede Fläche eine bestimmte Lösung habe, und dass für die Kugelfläche diese Lösung auch analytisch ausführbar sei. Es kam hierbei namentlich darauf an, den Ausdruck der nach Kugelfunctionen entwickelten Dichtigkeit, welcher sich aus dem entsprechenden Ausdrucke des gegebenen Potentialwerthes leicht ergiebt, in Betreff der Convergenz zu untersuchen, da diese aus der oben schon erwähnten DIRICHLET-schen Abhandlung über die Convergenz der nach Kugelfunctionen geordneten Reihen nicht unmittelbar folgte, indem die Dichtigkeit stellenweis auch unendlich gross sein könnte. Die genaue Untersuchung dieses Punktes ergiebt das Resultat, dass die Convergenz dieser Reihe wirklich nicht allgemein ohne Ausnahme stattfindet, dass dieselbe vielmehr gewissen Bedingungen unterworfen ist, deren Nichtvorhandensein in der That bewirkt, dass diese Reihe divergent wird. Das Endresultat wird sodann durch Ausführung der Summationen so vereinfacht, dass es keine andere unendliche Operation, als eine doppelte Integration erfordert. Die zweite hierhin gehörende kurze Abhandlung betrifft das Potential als solches, und enthält insofern eine neue Definition desselben, als DIRICHLET nachweist, dass die bekannte Gleichung unter den zweiten partiellen Differentialquotienten, verbunden mit gewissen Bedingungen der Continuität und Endlichkeit, denen das Potential und seine ersten Differentialquotienten genügen, dasselbe in der Art bestimmt, dass keine andere analytische Function als das Potential allen diesen Bedingungen genügt. Es kann demnach jeder gefundene Ausdruck eines Potentials durch Differentiation *a posteriori* geprüft und verificirt werden. Diese neue Art der Definition analytischer Functionen mittelst Continuitäts-Bedingungen ist seitdem durch DIRICHLET's Nachfolger in Göttingen, Herrn Professor RIEMANN, zu einem eigenen Principe der Analysis erhoben worden, welches sich in dessen Arbeiten schon jetzt als ausserordentlich fruchtbar bewährt hat und dazu bestimmt zu sein scheint, in der Richtung, welche die Analysis in neuerer Zeit verfolgt, die Lösung ihrer Probleme weniger durch Rechnung als durch Gedanken zu zwingen, eine neue Epoche zu begründen.

Die Untersuchung der Stabilität des Gleichgewichts, in welcher DIRICHLET zuerst streng bewiesen hat, dass jedem Maximum der Kräftefunction wirklich eine Lage des stabilen Gleichgewichts entspricht, ist in einem ähnlichen Sinne ausgeführt, und hat dadurch, dass anstatt der analytischen Regeln für die Bestimmung der Maxima der Functionen nur der ursprüngliche Begriff des Maximum angewendet wird, nicht allein die ausnahmslose Allgemeingültigkeit, welche allen früheren Beweisen mangelte, sondern auch eine wunderbare Einfachheit und Klarheit erlangt.

Dirichlet hat in seinen Untersuchungen über die Bewegung der Flüssigkeiten, das erste Beispiel einer wirklich ausgeführten Integration der allgemeinen Differentialgleichungen der Hydrodynamik gegeben, nämlich für den Fall, dass in einer unendlich grossen, ursprünglich ruhenden Masse der Flüssigkeit eine Kugel sich bewegt, welche von irgend welchen accelerirenden Kräften nach einer constanten Richtung hin bewegt wird und durch ihre Bewegung die Flüssigkeit selbst in Bewegung versetzt. Er findet dabei das sehr merkwürdige, den gewöhnlichen Vorstellungen vom Widerstande der Flüssigkeiten widersprechende Resultat, dass der Widerstand, den die Kugel bei ihrer Bewegung zu erleiden hat, nicht von ihrer Geschwindigkeit selbst, sondern nur von dem Zuwachse derselben abhängig ist, so dass, wenn die accelerirenden Kräfte aufhören auf die Kugel zu wirken, auch der Widerstand verschwindet, und die Kugel in der Flüssigkeit eine constante Bewegung in gerader Linie macht.

Endlich ist hier noch die Abhandlung über ein Problem der Hydrodynamik zu erwähnen, welche zugleich Dirichlet's letzte Arbeit gewesen ist. Dieselbe giebt ein anderes Beispiel einer nicht bloss angenäherten, sondern strengen Integration der allgemeinen hydrodynamischen Gleichungen in der Bestimmung der Bewegung einer Flüssigkeit, von welcher vorausgesetzt wird, dass die einzelnen Massentheilchen in ihrer Bewegung fortwährend eine gewisse Bedingung der Affinität bewahren, und dass die ursprüngliche Form der Flüssigkeit die eines Ellipsoids ist. Dirichlet beweist, dass eine solche Bewegung in der That möglich ist, und dass während der ganzen Dauer derselben die Flüssigkeit die Gestalt eines Ellipsoids behält, mit demselben Mittelpunkte, aber mit veränderlicher Lage und Grösse der Hauptaxen. In dem besonderen Falle, wo es sich um ein Umdrehungs-Ellipsoid handelt, lassen sich alle Integrationen vollständig auf Quadraturen zurückführen, und die Flüssigkeit macht isochrone Schwingungen, indem sie abwechselnd die Form eines verlängerten und eines abgeplatteten Ellipsoids annimmt.

Ehe ich nun von der Betrachtung der wissenschaftlichen Werke Dirichlet's wieder zu der Schilderung seines Lebens zurückkehre, habe ich noch eine allgemeine Bemerkung hervorzuheben, zu welcher eine Vergleichung derselben mit den Arbeiten JACOBI's auffordert. Da diese beiden Männer gleichzeitig, ein Vierteljahrhundert hindurch, an der Fortentwickelung der mathematischen Wissenschaften gearbeitet haben und persönlich nahe befreundet in regem wissenschaftlichen Verkehr mit einander standen, so ist es eine sehr auffallende Erscheinung, dass ihre Schriften, obgleich sie vielfach dieselben besonderen Fächer betreffen, doch fast gar keine unmittelbaren Berührungspunkte zeigen. Die speciellen Gegenstände ihrer Forschungen sind, mit wenigen sehr unbedeutenden Ausnahmen durchaus verschieden, und selbst davon, dass der eine die Resultate des anderen zu seinen eigenen Untersuchungen benutzt hätte, sind kaum einige Beispiele aufzufinden. Dieser Mangel an Beziehungen in ihren Schriften ist aus der Verschiedenheit der Ausgangspunkte und Richtungen ihrer mathematischen Studien und Arbeiten allein nicht genügend zu erklären, und hat seinen Grund vielmehr darin, dass beide es geflissentlich vermieden in diejenigen Gebiete hinüberzugreifen, in denen jeder die Ueberlegenheit des anderen anerkannte, und dass sie selbst den Schein einer Rivalität zu vermeiden suchten.

Die erste persönliche Bekanntschaft zwischen DIRICHLET und JACOBI wurde im Jahre 1829 angeknüpft, wo dieser von Königsberg nach Berlin kam, um hier seine Verwandten und Freunde zu besuchen. Auf einer Reise, die sie zusammen nach Halle, und von dort aus in Gesellschaft von Herrn W. WEBER nach Thüringen unternahmen, lernten sie sich näher kennen, und da JACOBI die Zeit seiner Ferien öfters in Berlin verlebte, so hatten sie auch später Gelegenheit zu intimerem, wissenschaftlichem und freundschaftlichem Verkehr. Als nachher JACOBI, von einer gefährlichen Krankheit erfasst, auf Anrathen der Aerzte zu seiner Wiederherstellung das mildere Klima Italiens aufsuchen musste, ergriff DIRICHLET, der schon seit längerer Zeit eine Reise nach Italien beabsichtigt hatte, diese Gelegenheit mit JACOBI zusammen einen Winter in Rom zu verleben, und reiste im Herbste des Jahres 1843 mit seiner ganzen Familie dahin ab. Da zugleich auch unsere Collegen Herr STEINER und Herr BORCHARDT diesen Winter in Rom zubrachten, so war die deutsche Mathematik in dieser Zeit dort sehr glänzend und vielseitig vertreten. DIRICHLET blieb ein und ein halbes Jahr in Italien, erstreckte seine Reise auch nach Sicilien, und verlebte den nächsten Winter in Florenz. Bei seiner Rückkehr fand er JACOBI in Berlin, da dieser inzwischen durch die Gnade und Munificenz Sr. Majestät des Königs von Königsberg beurlaubt und hierher berufen worden war, damit er, ohne ein bestimmtes Amt zu bekleiden, für seine Gesundheit sorgen und ganz der Wissenschaft leben könne. Das gemeinschaftliche Interesse der Erkenntniss der Wahrheit und der Förderung der mathematischen Wissenschaften blieb die feste Grundlage des freundschaftlichen Verhältnisses, in welchem JACOBI und DIRICHLET hier zusammen lebten. Sie sahen sich fast täglich und verhandelten mit einander allgemeinere oder speciellere wissenschaftliche Fragen, deren geistvolle Erörterung gerade durch die Verschiedenheit der Standpunkte, von denen aus beide das Gesammtgebiet der mathematischen Wissenschaften überschauten, ein stets neues und lebendiges Interesse behielt. JACOBI, der durch die wunderbare Fülle seines Geistes nicht minder als durch die Tiefe seiner mathematischen Forschungen und den Glanz seiner Entdeckungen sich überall die ihm gebührende Anerkennung zu erwerben wusste, genoss damals einen weit ausgebreiteteren Ruf als DIRICHLET, der die Kunst sich selbst geltend zu machen nicht besass, und dessen, hauptsächlich nur die schwierigsten Probleme der Wissenschaft behandelnde Schriften einen weniger ausgebreiteten Kreis von Lesern und Bewunderern hatten. Dieses Missverhältniss der äusseren Anerkennung und der wissenschaftlichen Bedeutung DIRICHLET's wurde von keinem richtiger erkannt als von JACOBI, und kein anderer war zugleich geschickter und thätiger dasselbe auszugleichen und seinem Freunde auch in weiteren Kreisen die verdiente Anerkennung zu verschaffen. Seiner Thätigkeit ist es auch hauptsächlich zuzuschreiben, dass DIRICHLET unserer Akademie erhalten wurde, als im Jahre 1846 die Badische Regierung ihn für die Universität Heidelberg zu gewinnen beabsichtigte. Zwei Briefe, die er in dieser Angelegenheit an ALEXANDER VON HUMBOLDT und an Seine Majestät den König gerichtet hat, geben in wenigen starken und treffenden Zügen eine lebendige Darstellung von DIRICHLET's wissenschaftlicher Grösse und von dem unersetzlichen Verluste, welcher die exacten Wissenschaften in Preussen, die Akademie, die Universität und besonders auch ihn selbst treffen würde, wenn DIRICHLET unser Vaterland verlassen sollte.

Dieser drohende Verlust, welcher damals glücklich abgewendet wurde, traf uns neun Jahre später, nachdem JACOBI und GAUSS dahingeschieden waren, um so empfindlicher.

Die Universität Göttingen, welche ein halbes Jahrhundert hindurch den Ruhm genossen hatte, den ersten aller lebenden Mathematiker zu besitzen, war eifrig bemüht, durch DIRICHLET's Berufung an GAUSS' Stelle sich diesen Ruhm auch ferner zu erhalten, und wandte sich an ihn zunächst mit der Anfrage: ob und unter welchen Bedingungen er geneigt sein möchte, einen Ruf dahin anzunehmen. DIRICHLET hatte hier einen Wirkungskreis, wie er ihn an einer anderen Universität wiederzufinden kaum erwarten konnte, er genoss in hohem Grade die Verehrung seiner Zuhörer und die Achtung und Liebe seiner Collegen und war ausserdem durch nahe Familienbande an Berlin gefesselt. Das einzige, was ihm eine Veränderung seiner Lage wünschenswerth machte, war, dass durch den Unterricht an der Kriegsschule seine Kräfte zersplittert wurden, die er gern ganz der Universität und der Wissenschaft gewidmet hätte. Es war daher sein lebhafter Wunsch von der Stellung an der Kriegsschule entbunden zu werden, und diesen Ausfall seiner Einnahmen von Seiten der Universität gedeckt zu erhalten. Da ihm die Berufung nach Göttingen die Gelegenheit bot, seinen Zweck auf die eine oder die andere Art sicher zu erreichen, so erklärte er auf die an ihn ergangene Anfrage, dass er einer officiellen Berufung von Seiten der Königl. Hannöverschen Regierung Folge leisten werde, wenn nicht bis zu dem Eintreffen derselben seine hiesige Stellung seinen Wünschen gemäss geändert würde. Seine Freunde, denen er dies mittheilte, unterliessen nicht, das Königl. Ministerium hiervon in Kenntniss zu setzen, damit rechtzeitig Vorsorge getroffen werden möchte, den drohenden Verlust von der hiesigen Universität und der Akademie abzuwenden; aber der Minister VON RAUMER wollte nicht sogleich eine Entscheidung treffen, sondern erst einen officiellen Schritt der Königl. Hannöverschen Regierung abwarten. Diese überschickte DIRICHLET alsbald seine förmliche Berufung durch seinen Freund Herrn Professor WEBER in Göttingen, welcher dieselbe persönlich überbrachte, und als jetzt der Minister VON RAUMER, um ihn hier zu halten, ihm sogar mehr bot, als er gewünscht hatte, war es zu spät; denn da DIRICHLET sich nunmehr durch seine frühere Erklärung für gebunden hielt, so waren keinerlei Vortheile oder Rücksichten im Stande, ihn anders zu bestimmen.

Im Herbste 1855 siedelte er von hier nach Göttingen über. Er richtete sich daselbst in einem eigenen, angenehm gelegenen Hause mit Garten ganz nach seinem Gefallen ein, und die Ruhe der kleineren Stadt, welche er seit seiner Jugend nicht mehr genossen hatte, ersetzte ihm hinreichend die äusseren Annehmlichkeiten des grossstädtischen Lebens in Berlin. Er fand auch dort gleichgesinnte Männer, denen er sich näher anschliessen konnte, und seine wissenschaftliche und allgemeine geistige Bedeutung, verbunden mit der Anspruchslosigkeit und Ehrenhaftigkeit seines ganzen Wesens, erwarben ihm bald dieselbe allgemeine Achtung, welche er hier genossen hatte. An der Universität fand er zwar nicht einen so grossen Kreis von Zuhörern, als er hier verlassen hatte, aber sein Ruf als Lehrer, der nicht minder anerkannt war als sein wissenschaftlicher Ruf, zog viele nach höherer Ausbildung in den mathematischen Wissenschaften strebende junge Männer nach Göttingen, und auch einige der ausgezeichnetsten akademischen Docenten daselbst wurden seine eifrigen Zuhörer, so dass der Erfolg seiner Vorlesungen dort verhältnissmässig nicht geringer war als hier. Da auch seine mathematischen Forschungen, welche ihm stets am meisten am Herzen lagen, durch die grössere Musse, deren er sich erfreute, begünstigt wurden, so fühlte er sich in seiner neuen Stellung sehr befriedigt.

Im Sommer des Jahres 1858, nach dem Schlusse seiner Vorlesungen, reiste er nach der Schweiz und hielt sich in Montreux am Genfer See auf, weniger zu seiner Erholung, als vielmehr um daselbst eine in der Göttinger Societät der Wissenschaften zu haltende Gedächtnissrede auf GAUSS und eine Abhandlung für die Denkschriften derselben auszuarbeiten. Als er diese schon oben erwähnte hydrodynamische Abhandlung beinahe vollendet hatte, wurde er plötzlich von einer acuten Herzkrankheit ergriffen und eilte alsbald zu seiner Familie nach Göttingen zurück, wo er todtkrank ankam. Der Kunst der Aerzte und der liebevollen Pflege der Seinigen gelang es zwar, die augenblickliche Lebensgefahr glücklich abzuwenden, aber er konnte sich kaum wieder etwas von seinem Krankenlager erheben und bedurfte zu seiner zu hoffenden gänzlichen Wiederherstellung noch der grössten Ruhe des Körpers und des Geistes, als seine Frau, plötzlich vom Schlage getroffen, nach wenigen Stunden verschied, ohne dass es ihm möglich gewesen wäre, sie noch einmal zu sehen. Dieser unerwartete Schlag wendete seine Krankheit wieder zum Schlimmeren, und nach schweren Leiden erlag er derselben am 5ten Mai 1859.

DIRICHLET war als Mensch durch seinen edlen Charakter nicht minder ausgezeichnet als in der Wissenschaft durch die Tiefe und Gediegenheit seines Geistes. Die Ehrenhaftigkeit, welche sein ganzes Wesen erfüllte und in allen seinen Handlungen rein und ungetrübt hervortrat, ging aus der hohen sittlichen Bildung seines Geistes und Herzens hervor und war darum nicht auf äussere Ehre, sondern überall nur auf die wahre innere Ehre gerichtet, deren genauen und strengen Maassstab er in sich selber hatte. Ehrbegierde, welche nach äusserer Anerkennung strebend mehr am Schein als am Wesen ihre Befriedigung findet, war ihm vollständig fremd. Auch die wissenschaftlichen Ehrenbezeigungen von Seiten der gelehrten Körperschaften, die ihm im reichsten und

43*

höchsten Maasse zu Theil wurden, schätzte er hauptsächlich nur, sofern er den Beifall der Kenner und Sachverständigen darin erblicken konnte, sie blieben aber auf das klare Urtheil, welches er über den Werth seiner eigenen Leistungen mit voller Unbefangenheit ausübte, ohne Einfluss.

Wie in der Wissenschaft, so war auch in seinem ganzen Leben die Liebe der Wahrheit die sittliche Grundlage seines Denkens und Handelns. Sie drängte in ihm die Thätigkeit der Phantasie zurück, hielt ihn frei von Vorurtheilen und Selbsttäuschungen und liess ihn seine volle Befriedigung nur da finden, wo er zu genauer und vollkommen sicherer Erkenntniss gelangen konnte. Die Wahrheit in sinnbildlicher Form entsprach seinem Wesen weniger; die Wahrheiten aber, welche als Resultate philosophischer Speculation sich ankündigen, erschienen ihm im allgemeinen verdächtig. Er pflegte von der Philosophie zu sagen, es sei ein wesentlicher Mangel derselben, dass sie keine ungelösten Probleme habe wie die Mathematik, dass sie sich also keiner bestimmten Grenze bewusst sei, innerhalb deren sie die Wahrheit wirklich erforscht habe und über welche hinaus sie sich vorläufig bescheiden müsse, nichts zu wissen. Je grössere Ansprüche auf Allwissenheit die Philosophie machte, desto weniger vollkommen klar erkannte Wahrheit glaubte er ihr zutrauen zu dürfen, da er aus eigener Erfahrung in dem Gebiete seiner Wissenschaft wusste, wie schwer die Erkenntniss der Wahrheit ist, und welche Mühe und Arbeit es kostet, dieselbe auch nur einen Schritt weiter zu fördern.

Eine gewisse Schüchternheit, welche DIRICHLET in seiner Jugend eigen gewesen war, hatte sich bei ihm im reiferen Alter zu wahrer innerer Bescheidenheit veredelt, aber sie zeigte sich auch dann noch in manchen Beziehungen als natürliche Befangenheit, namentlich darin, dass er nur sehr ungern öffentlich auftrat, in grösseren Versammlungen nicht gern das Wort ergriff, und niemals Reden hielt, wo es nicht eine unabweisbare Pflicht für ihn war. Er drängte sich überhaupt niemals vor, weder mit seiner Person noch mit seinen Ansichten und Urtheilen, sondern war zurückhaltend, selbst da, wo sein Urtheil als Sachkenner in Anspruch genommen wurde, weil er gerade in solchen Fällen mit der grössten Gewissenhaftigkeit verfuhr und erst nach allseitiger Erwägung sein bestimmtes Urtheil abgab. Seinem mehr auf Erkenntniss, als auf praktische Thätigkeit gerichteten Sinne war jedes Streben nach äusserem Einflusse fremd. Er machte auch in der That in seinen äusseren Lebensbeziehungen nie einen anderen Einfluss geltend als denjenigen, welchen ein edler und geistvoller

Mann in den Kreisen, denen er angehört, unwillkürlich und unmittelbar ausübt.

Im geselligen und freundschaftlichen Verkehr bewährte Dirichlet überall die echte Humanität, welche in der allgemeinen Achtung der Persönlichkeit der Menschen und dem freien Gewährenlassen ihrer Eigenthümlichkeiten und Ueberzeugungen begründet ist. Er hatte für die guten Seiten anderer ein offenes Auge und liebte es mehr, diese aufzusuchen, als bei ihren Schwächen und Mängeln zu verweilen, welche er niemals zum Gegenstande selbstgefälligen Spottes machte und nur dann bekämpfte, wenn sie einen Mangel ehrenhafter Gesinnung verriethen. Dieselbe Humanität zeigte er auch in seinem ausgebreiteten wissenschaftlichen Verkehr mit den bedeutendsten und tüchtigsten Mathematikern des Inlandes und Auslandes, den er lieber persönlich als brieflich unterhielt, weil ihm das Briefschreiben nicht angenehm war, während er gern auf Reisen seine Bekannten besuchte und vielfach von ihnen aufgesucht wurde. Er zeigte für die Leistungen anderer stets eine sehr lebhafte Theilnahme, ging in der Unterhaltung gern auf ihre besonderen wissenschaftlichen Interessen ein und belehrte, indem er die höheren Gesichtspunkte mittheilte, von denen er die vorliegenden Fragen überschaute, ohne das Uebergewicht seines Geistes je auf eine drückende Weise empfinden zu lassen.

Die tüchtigsten unter den jüngeren deutschen Mathematikern waren fast alle Dirichlet's frühere Zuhörer und schätzten ihn nicht bloss als ihren Lehrer, dem sie den besten Theil ihrer mathematischen Bildung verdankten, sondern waren ihm auch stets mit wahrer Liebe und Verehrung zugethan. Wie hoch er seinerseits die Liebe seiner Schüler zu schätzen wusste, und wie er sie vor allem als den höchsten Lohn seiner Lehrthätigkeit anerkannte, hat er noch kurz vor seinem Tode in schöner und würdiger Weise ausgesprochen. Als er nach einem der letzten schweren Anfälle seiner Krankheit sich wieder etwas freier fühlte, äusserte er den Wunsch, einen seiner liebsten Freunde und früheren Schüler noch einmal zu sehen; dieser, davon benachrichtigt, reiste sogleich zu ihm hin und hatte das Glück, an zwei Tagen, während deren die Krankheit etwas nachgelassen hatte, seinen geliebten Lehrer sehen und mit ihm sprechen zu können. Beim Abschiede sagte Dirichlet zu ihm: Es ist wahrlich lohnend, Professor zu sein, wenn man sich solche Liebe erwirbt.

Der Erfolg seiner Lehrthätigkeit war, äusserlich nach der Anzahl der Zuhörer abgemessen, namentlich in der späteren Zeit seiner akademischen Wirksamkeit, so bedeutend, wie ihn wohl kein Lehrer an einer deutschen Universität in dem Gebiete der höheren Mathematik aufweisen kann. Er verdankte denselben keinerlei didaktischen Kunstgriffen, noch auch der Gabe eines glänzenden Vortrags, sondern lediglich der inneren Klarheit seines Geistes, vermöge deren er auch die schwierigsten Gegenstände in ihrer einfachen Wahrheit zu erfassen und darzustellen wusste. Dabei ersparte er seinen Zuhörern keine Anstrengung des Gedankens, welche zur vollständigen Erkenntniss des Gegenstandes nöthig ist, aber er ersparte ihnen und sich selbst gern weitläufige und zeitraubende Rechnungen, indem er dieselben womöglich durch einfache Gedanken ersetzte. Misst man den Erfolg seiner Lehrthätigkeit nach der wissenschaftlichen Tüchtigkeit der jüngeren Mathematiker ab, welche seine Schüler gewesen sind und ihm vorzüglich ihre mathematische Bildung verdanken, so kann nur JACOBI's Wirksamkeit der seinen im allgemeinen gleich erachtet, und insofern vielleicht noch höher geschätzt werden, als JACOBI eine besondere mathematische Schule gegründet hat, welche in seinem Geiste und Sinne fortwirkt, während DIRICHLET's Schüler mehr individuell verschiedene Richtungen verfolgen.

Seine eigene wissenschaftliche Richtung war mit der Eigenthümlichkeit seines Geistes und Charakters so eng verbunden, dass sie nicht Gemeingut einer Schule werden konnte. Er liebte die vielbetretenen und bereits geebneten Wege der Wissenschaft nicht, sondern hatte seine Freude vielmehr daran, die principiellen Schwierigkeiten, welche von diesen umgangen zu werden pflegen, zum Gegenstande seines Nachdenkens und seiner Arbeiten zu wählen, und wenn er dieselben ergründet hatte, so erging er sich nicht darin, die Consequenzen der gewonnenen Resultate auszuspinnen, sondern arbeitete von ihnen aus lieber weiter in die Tiefe, wo er neue Schwierigkeiten zu überwinden fand. Seine Schriften sind aus diesem Grunde wenig umfangreich und bestehen meist nur aus kleineren Abhandlungen, in denen er bestimmte Probleme der Wissenschaft behandelt und vollständig ergründet. Besonders charakteristisch für seine wissenschaftliche Richtung ist auch die vollkommene Strenge und Evidenz der Methoden und Beweise, durch die er seine Resultate begründet, eine Eigenschaft, welche zwar nur einer im Wesen der Mathematik selbst liegenden Forderung entspricht, aber dessen ungeachtet auch bei den grössten Mathematikern nur selten in vollkommener Reinheit gefunden wird, welche namentlich in dem Gebiete der Analysis erst durch GAUSS zur Geltung gekommen und seitdem noch so wenig Allgemeingut geworden ist, dass selbst JACOBI's Schriften an gewissen Stellen den Mangel derselben zeigen, den dieser auch offen eingestand.

Dass DIRICHLET sich selbst und seine Schriften von solchen Mängeln frei erhalten hat, verdankt er hauptsächlich der Liebe zu reiner und vollkommen sicherer Wahrheit, die ihm eigen war, ausserdem aber auch der Art und Weise, wie er arbeitete und der Sorgfalt, mit der er seine Schriften verfasste. Die Klarheit und Bestimmtheit seines Denkens und die ungewöhnliche Kraft seines Gedächtnisses, vermöge deren er das einmal Gedachte und Erforschte zu jeder Zeit vollkommen gegenwärtig behielt, machten ihm den Gebrauch der Feder beim Arbeiten fast ganz entbehrlich. Er hatte auch nicht eine besondere Ruhe oder Musse dazu nöthig, sondern konnte auf Spaziergängen, auf Reisen, bei musikalischen Unterhaltungen und überhaupt in allen Lagen, wo er nicht selbst zu sprechen oder zu handeln nöthig hatte, seine tiefen Speculationen mit demselben Erfolge fortsetzen als an seinem Schreibtische. Als Beispiel hierfür kann ich anführen, dass er die Lösung eines schwierigen Problems der Zahlentheorie, womit er sich längere Zeit vergeblich bemüht hatte, in der Sixtinischen Kapelle in Rom ergründet hat, während des Anhörens der Ostermusik, die in derselben aufgeführt zu werden pflegt. Wenn er bedeutende Resultate gefunden hatte, so verwendete er den grössten Fleiss darauf, durch allseitige Erforschung ihres Zusammenhanges unter sich und mit den verwandten Sätzen, die einfachste und der Natur des Gegenstandes angemessenste Methode der Herleitung zu finden. Erst nachdem ihm dieses gelungen war, ging er an die schriftliche Ausarbeitung, zu welcher er sich gewöhnlich schwer entschloss, die er aber alsdann mit der grössten Sorgfalt ausführte.

Von den Resultaten, welche DIRICHLET in den letzten Jahren seines Lebens erarbeitet hat, ist der Wissenschaft nur wenig erhalten worden, weil er die schriftliche Ausarbeitung derselben zu lange verschoben hatte. In seinen hinterlassenen Papieren hat sich von mathematischen Manuscripten nichts vorgefunden, als die eine hydrodynamische Abhandlung, welche vor kurzem in den Denkschriften der Göttinger Societät erschienen ist, von Herrn Professor DEDEKIND herausgegeben, dem er selbst noch ihre Vollendung übertragen hatte. Aus dem, was er einzelnen Freunden über die Gegenstände seiner Forschungen gelegentlich mitgetheilt hat, geht hervor, dass er unter anderem eine vollständige Theorie der ternären unbestimmten Formen zweiten Grades in seinem Kopfe fertig ausgeführt hatte, ferner dass es ihm gelungen war, die Annäherung der asymptotischen Gesetze für eine Art zahlentheoretischer Functionen, von welchen die Bestimmung der Häufigkeit der Primzahlen abhängt, um einen ganzen Grad weiter zu treiben, und dass er einen mathematisch vollkommen strengen Beweis der Stabilität des Weltsystems gefunden hatte. Von einer grossen und besonders werthvollen Entdeckung aus der letzten Zeit seines Lebens, nämlich einer ganz neuen, allgemeinen Methode der Behandlung und Auflösung der Probleme der Mechanik, hat er nur gegen einen seiner Freunde, Herrn KRONECKER, mit dem er in dem intimsten wissenschaftlichen und freundschaftlichen Verkehr stand, einmal im Sommer 1858 gesprochen. Er hatte selbst auf diese Entdeckung ein ganz besonderes Gewicht gelegt und Herrn KRONECKER gebeten, vorläufig gegen niemand davon zu sprechen. Dieser hat darum erst nach DIRICHLET's Tode seinen Freunden das mitgetheilt, was er von ihm darüber erfahren hatte, namentlich dass diese Methode nicht darauf hinausgehe, die Integrationen der betreffenden Differentialgleichungen auf Quadraturen zurückzuführen, weil dieses Mittel, durch welches JACOBI versucht hat, die Lösung der mechanischen Probleme zu gewinnen, zu beschränkt sei, dass sein Verfahren vielmehr in einer stufenweisen Annäherung bestehe, bei welcher jeder neue Schritt zugleich eine vollständigere und genauere Einsicht in die Natur der durch die Bedingungen der Aufgabe bestimmten Bewegungen gewähre, endlich dass die Theorie der kleinen Schwingungen zur Auffindung dieser Methode einen gewissen Anhalt biete.

Der Klage über diese, vielleicht in langer Zeit nicht zu ersetzenden Verluste der Wissenschaft, deren Grösse nach den vorhandenen Andeutungen sich hinreichend ermessen lässt, will ich nur dadurch Worte geben, dass ich an den Ausspruch erinnere, welchen DIRICHLET selbst in der Gedächtnissrede auf JACOBI von dessen unvollendeten Werken gethan hat: Der Tod, welcher ihn zu früh von der Arbeit hinweggenommen, hat der Wissenschaft so grosse Bereicherungen nicht gegönnt!

MÉMOIRE SUR LA GÉOMÉTRIE DES HINDOUS

PAR

M. CHASLES.[*]

Herr CHASLES spricht sich gegen die herrschende Meinung aus, dass der geometrische Theil der Werke des BRAHMAGUPTA und des späteren BHASCARA als eine vollständige Darstellung der indischen Geometrie zu betrachten sei, und will darin eine specielle Theorie, nämlich die des Vierecks im Kreise sehen. Man muss allerdings zugeben, dass die in diesen Schriften enthaltenen Sätze keine zusammenhängende, von den letzten Axiomen aufsteigende Kette bilden; allein nichts scheint mir zu beweisen, dass eine solche strenge, Schritt für Schritt fortschreitende Begründung, wie wir sie bei den Griechen in so hohem Grade bewundern, in Indien ein gleiches Bedürfniss gewesen sei. Es kann vielmehr dem phantasiereichen Geiste des Orients angemessener erscheinen, dass Wahrheiten, welche der unmittelbaren Anschauung zugänglich sind, nicht weiter zergliedert und auf einfachere zurückgeführt werden. Während z. B. bei den Griechen die Proportionalität der Seiten in gleichwinkligen Dreiecken als das Resultat einer langen Reihe von Schlüssen sich darstellt, kann dieselbe Wahrheit im Orient als durch die Anschauung gegeben und mithin keiner ferneren Zurückführung bedürftig betrachtet worden sein. Jedem Menschen, und hätte er sich auch nie mit mathematischen Reflexionen beschäftigt, leuchtet in der That ein, dass jede Figur in beliebigem Grade vergrössert oder verkleinert werden kann, ohne dass die daran vorkommenden Dimensionen ihre Verhältnisse verändern. Diese Zurückführung der Sätze auf das unmittelbar

---

[*] Das Vorliegende ist ein getreuer Abdruck eines von G. Lejeune Dirichlet's Hand geschriebenen Manuscriptes, das sich im Nachlasse unter der Correspondenz zwischen Lejeune Dirichlet und Alexander von Humboldt vorfand und wahrscheinlich für den historischen zweiten Band des „Kosmos" verfasst worden ist.   F.

Anschauliche scheint mir eine sehr merkwürdige Eigenthümlichkeit der indischen Geometrie. Als ein ganz besonders frappantes Beispiel dieser Art ist der Beweis (der zweite) anzuführen, welchen Bhascara für den pythagoräischen Lehrsatz giebt. Man braucht nur die Augen auf seine Figuren zu werfen, um mit einem Blick von einem Satze überzeugt zu werden, der bei Euclides eine Menge von Zurüstungen erfordert. Eine zweite Eigenthümlichkeit der indischen Geometrie, welche der vorher erwähnten gewissermassen entgegengesetzt ist und den Keim der modernen Mathematik enthält, ist der Gebrauch des arithmetischen Elements, welches die Griechen in ihren Darstellungen, wenn auch wahrscheinlich nicht bei ihren Forschungen, sorgfältig entfernt hielten. Geometrie und Arithmetik erscheinen im Orient als vollkommen vermischt und dienen sich gegenseitig als Stütze.

Lässt sich gleich die indische Geometrie, soweit sie in den genannten Werken vorliegt, weder an Umfang noch an innerer Schönheit mit dem grossartigen Gebäude der griechischen Schule vergleichen, so fehlt es ihr doch nicht an Resultaten, welche den Griechen nicht bekannt gewesen zu sein scheinen und die besonders dem freien Gebrauch der Rechnung zuzuschreiben sind. Unter diesen hebt Herr Chasles als bisher ganz übersehen die elegante Formel hervor, durch welche der Inhalt eines dem Kreise eingeschriebenen Vierecks aus den vier Seiten bestimmt wird. Die ähnliche Formel für das Dreieck, welche frühere Schriftsteller als eine dem Orient eigenthümliche Entdeckung betrachtet hatten, findet sich, wie Herr Chasles zuerst nachzuweisen scheint, natürlich in geometrischer Einkleidung, in den Schriften des älteren Heron.

Höchst merkwürdig ist es (*Mémoire* p. 12), dass bei Brahmagupta der richtigen Formel für das Drei- und Viereck die Angabe eines anderen unrichtigen Verfahrens für die Inhaltsbestimmung vorhergeht, und dass dieses andere Verfahren, welches Brahmagupta ausdrücklich als falsch bezeichnet, sowohl bei den Römern als auch später in Gebrauch gewesen ist. Es scheint daraus zu folgen, dass die unrichtige Regel, im Occident entstanden, ihren Weg nach dem Orient genommen und dort ihre Widerlegung gefunden hat.

Dirichlet.

BEMERKUNGEN
ÜBER DIE ZWECKMÄSSIGSTE ART, BEOBACHTUNGEN ZUR BESTIMMUNG UNBEKANNTER ELEMENTE ZU VERBINDEN.[*]

Es ist eine in den Anwendungen der Mathematik, namentlich in der praktischen Astronomie häufig wiederkehrende Aufgabe, die Elemente oder Constanten, welche der analytische Ausdruck eines Phänomens enthält, durch die Erfahrung zu bestimmen. Wären die Beobachtungen, welche dabei zu Hülfe genommen werden müssen, einer absoluten Genauigkeit fähig, so hätte man es mit einer rein mathematischen Frage zu thun. Es würde hinreichen, so viel Beobachtungen, als das analytische Gesetz unbekannte Elemente involvirt, mit diesem zu vergleichen, um die zur Bestimmung der Unbekannten erforderlichen Gleichungen zu erhalten. Bei der Unvermeidlichkeit der Beobachtungsfehler ist jedoch dieses Verfahren, welches nicht mehr Beobachtungen voraussetzt, als man Elemente zu finden hat, nur als eine erste Annäherung anzusehen, und es liegt der Versuch sehr nahe, den Mangel an Genauigkeit durch die Zahl der Beobachtungen zu ersetzen und diese so mit einander zu verbinden, dass die Fehler, womit sie behaftet sind, sich so viel als möglich gegenseitig compensiren. Das arithmetische Mittel als die einfachste Form für eine solche Verbindung ist von jeher bei den Beobachtern in Gebrauch gewesen, aber erst in der neueren Zeit ist dieses Verfahren Gegenstand einer gründlicheren Untersuchung geworden. LAGRANGE hat 1779[**]) in einer Abhandlung *„Sur l'utilité de la méthode de prendre le milieu"* gezeigt, wie man unter gewissen Voraus-

---

setzungen über das Gesetz der Fehler, welchen die einzelnen Beobachtungen unterworfen sind, die Wahrscheinlichkeit bestimmen kann, dass der Fehler des arithmetischen Mittels innerhalb bestimmter Grenzen fällt, und hat dadurch den ersten Grund zu der Beantwortung der Frage gelegt, welche Combination der Beobachtungen vor allen andern den Vorzug verdiene.

Es ist zu meinem Zweck nicht erforderlich, die zahlreichen und wichtigen Untersuchungen, wozu dieser Gegenstand später Veranlassung gegeben hat, hier näher zu bezeichnen, und wäre auch um so überflüssiger, da unser verehrter College, Herr ENCKE, dem wir interessante Abhandlungen über diese Theorie verdanken, in einer derselben die verschiedenen Gesichtspunkte, unter denen die Combination der Beobachtungen betrachtet worden ist, mit vieler Klarheit charakterisirt hat. — Indem ich daher hinsichtlich des Geschichtlichen auf diese Abhandlung verweise, will ich nur den Punkt etwas näher besprechen, an den sich die Betrachtungen anknüpfen, die ich der Akademie vorzulegen wünsche. Meine Bemerkungen betreffen die Art, wie LAPLACE in der „*Théorie analytique des probabilités*" die Methode der kleinsten Quadrate begründet. Er selbst drückt sich am Ende des Capitels, welches dieser Untersuchung gewidmet ist*), darüber ungefähr in folgender Weise aus:

„Sind die gesuchten Elemente, wie man immer voraussetzen kann, schon näherungsweise bekannt, so sind die Correctionen derselben die eigentlichen Unbekannten und die durch die Beobachtungen gegebenen Bedingungsgleichungen gehen in Bezug auf diese in die lineare Form über. Sollen die Finalgleichungen ebenfalls linear sein, so können die Bedingungsgleichungen nur so mit einander verbunden werden, dass man sie der Reihe nach mit Factoren multiplicirt, welche für die Gleichungen, die nicht gebraucht werden sollen, der Null gleich sind, und dann durch Addition zu einer Finalgleichung vereinigt. Ein zweites System von Factoren giebt eine zweite Endgleichung u. s. w., bis die Zahl derselben der Anzahl der Elemente gleich wird. Nun ist klar, dass die Factoren so einzurichten sind, dass der mittlere Fehler jedes Elements d. h. das Integral jedes möglichen Fehlers mit seiner Wahrscheinlichkeit multiplicirt ein Minimum werde. Bei einer geringen Zahl von Beobachtungen sind die zu wählenden Factoren von dem Gesetz der Fehler abhängig, denen die Beobachtungen unterworfen sind. — Werden hingegen, wie es in der Astronomie gewöhnlich der Fall ist,

---

*) Théorie analytique des probabilités, Livre II, Chap. IV No. 24 p. 348 (IIIième éd.); Oeuvres complètes, t. VII p. 353.

F.

die Beobachtungen sehr zahlreich, so hört diese Abhängigkeit auf, und die Theorie zeigt, dass die vortheilhaftesten Factoren mit denen zusammenfallen, welche der Methode der kleinsten Quadrate entsprechen. Diese Methode ist daher bei zahlreichen Bedingungsgleichungen allen andern vorzuziehen, vorausgesetzt, dass man nur lineare Finalgleichungen anwenden will."

Zu der eben ausgesprochenen Beschränkung, die in gewissem Sinne durch die Praxis geboten zu sein scheint, tritt bei der analytischen Bestimmung des vortheilhaftesten Factorensystems noch eine andere hinzu, die nämlich, dass die Factoren nur von den Coefficienten der Elemente, keineswegs aber von den in den Bedingungsgleichungen enthaltenen constanten Gliedern, die mit den Beobachtungsfehlern behaftet sind, abhängen sollen. Bedenkt man, dass diese Coefficienten ganz durch die Umstände gegeben sind, unter denen die Beobachtungen angestellt werden, z. B. durch die Zeit, wo sie stattfinden, so sieht man sogleich, wenn man sich der Einfachheit wegen auf ein Element beschränkt, dass die von LAPLACE gegebene analytische Behandlung eigentlich folgender Aufgabe entspricht:

Es sollen zu vorher bestimmten Zeiten Beobachtungen angestellt werden. Welches ist alsdann von allen im voraus der Grösse und Ordnung nach angegebenen Factorensystemen dasjenige, von dessen Anwendung man die vortheilhafteste Bestimmung des unbekannten Elements zu erwarten hat?

Wollte*) man diese zweite Beschränkung nicht gelten lassen, sondern bei der Bestimmung der Factoren den wirklichen Erfolg der Beobachtungen berücksichtigen, so würde man leicht finden, dass bei noch so zahlreichen Beobachtungen die zu wählenden Factoren immer vom Fehlergesetz abhängig bleiben, und daher bei der Unbekanntheit desselben nicht dargestellt werden können. Allein man würde sehr irren, wenn man daraus den Schluss ziehen wollte, dass sich bei der mangelnden Kenntniss des Fehlergesetzes keine Factorensysteme angeben lassen, die im Allgemeinen ebenso vortheilhafte Resultate versprechen, als dies bei der Methode der kleinsten Quadrate der Fall ist, der bekanntlich Factoren entsprechen, die den Coefficienten des Elements in den einzelnen Bedingungsgleichungen proportional sind. Ich will dies für den einfachsten Fall zu zeigen versuchen, wo die zu bestimmende Grösse unmittelbar

---

*) Hier beginnt die in Bd. I S. 281 dieser Ausgabe von G. Lejeune Dirichlet's Werken veröffentlichte Arbeit (nicht wörtlich)
F.

Gegenstand der Beobachtung ist und das Resultat der Methode der kleinsten Quadrate in das arithmetische Mittel übergeht.

Denkt man sich eine grosse ungerade Anzahl $(2n+1)$ von Beobachtungen und bezeichnet mit B_1, B_2, ..., B_{2n+1} nach ihrer Grösse geordnet die von der Beobachtung für die zu bestimmende Unbekannte u gegebenen Werthe, so kann man für u dasjenige B wählen, welches die Mitte einnimmt oder mit dem Index $n+1$ versehen ist. Dieses längst bekannte Verfahren ist offenbar als ein specieller Fall der linearen Behandlung der Bedingungsgleichungen anzusehen, in welcher Form es erscheint, wenn man alle Factoren der Null gleich setzt mit Ausnahme desjenigen, welcher die $(n+1)^{te}$ Gleichung multiplicirt und welcher beliebig bleibt und z. B. gleich 1 genommen werden kann. —

Ebenso klar ist es aber auch, dass dieses Factorensystem nicht unter denen begriffen ist, welche Laplace mit einander vergleicht, um durch diese Vergleichung dasjenige auszumitteln, welches das vortheilhafteste Resultat zu erwarten berechtigt. Es sind nämlich bei der angegebenen Methode die Factoren zwar der Grösse nach von den Werthen B_1, B_2, ... unabhängig, allein bei Anwendung derselben wird doch auf diese Werthe, die erst nach gemachter Beobachtung bekannt sind, in sofern Rücksicht genommen, als diejenige Bedingungsgleichung mit der Einheit multiplicirt wird, d. h. allein zur Bestimmung der Unbekannten u gebraucht wird, in welcher B der Grösse nach zwischen allen übrigen in der Mitte liegt.

Laplace erwähnt dieses Verfahren (*Introd.* pag. 56) und fügt hinzu, dass man sich durch Anwendung desselben bei wachsender Anzahl der Beobachtungen dem wahren Werth von u ins Unendliche nähere, dass jedoch das arithmetische Mittel als die vortheilhafteste Methode vorzuziehen sei. Diese Behauptung schien mir nicht einleuchtend, da die Art, wie Laplace das arithmetische Mittel begründet, gar keine Vergleichung mit diesem Verfahren gewährt und also ganz unentschieden lässt, welcher von beiden Methoden der Vorzug gebührt. Ich habe daher versucht, beide Verfahrungsarten hinsichtlich des Fehlers, den sie befürchten lassen mit einander zu vergleichen. In Bezug auf das arithmetische Mittel hat Laplace die Grenzen bestimmt, innerhalb welcher der Fehler, womit dasselbe behaftet ist, mit einer gegebenen Wahrscheinlichkeit liegt. Für das andere Verfahren bietet dieselbe Methode wenig Schwierigkeiten dar und führt zu einem höchst einfachen Resultat. Vergleicht man dieses mit dem, welches dem arithmetischen Mittel entspricht, so findet man, dass bei derselben Wahrscheinlichkeit die Fehlergrenzen der Resultate beider Methoden in einem constanten, d. h. von dieser Wahrscheinlichkeit unabhängigen Verhältnisse stehen, ohne dass sich im Allgemeinen entscheiden lässt, bei welcher Methode die Fehlergrenzen enger ausfallen. Das Verhältniss ist das zweier Constanten, welche beide von dem unbekannten Fehlergesetz der Beobachtungen abhängen; die Constante, welche dem arithmetischen Mittel entspricht, wird durch ein Integral ausgedrückt, welches sich über den ganzen Umfang der Fehlercurve erstreckt, während die zum andern Verfahren gehörige bloss durch die Ordinate im Anfangspunkt der Coordinaten bestimmt wird.

NOTE SUR UN THÉORÈME D'ANALYSE INDÉTERMINÉE.

Je lis dans le résumé des séances de l'Académie des Sciences, inséré dans les Annales de Chimie et de Physique: „M. Lamé présente un mémoire sur l'impossibilité de l'équation $x^5 + y^5 = 2^n z^5$, en nombres entiers". Cela me rappelle un théorème du même genre sur lequel je suis tombé, il y a plus d'un an, et dont voici l'énoncé.

L'équation $x^3 \pm y^3 = 2^n z^3$ est impossible en nombres entiers et positifs.

Pour démontrer ce théorème, il suffira de prouver l'impossibilité de ces trois équations

$$(a) \qquad x^3 \pm y^3 = z^3, \quad x^3 \pm y^3 = 2z^3, \quad x^3 \pm y^3 = 4z^3.$$

Car, si l'on voulait supposer $x^3 \pm y^3 = 2^n z^3$, n étant $=$ ou > 3, on n'aurait qu'à faire $n = 3k + r$, r étant un des nombres 0, 1, 2; ce qui changerait l'équation précédente en celle-ci $x^3 \pm y^3 = 2^r (2^k z)^3$, qui rentre dans une des équations (a) supposées impossibles.

L'impossibilité des deux premières des équations (a) est démontrée depuis longtemps, comme on peut le voir dans le second volume de l'Algèbre d'Euler ou dans la théorie des nombres de M. Legendre. Je n'ai donc qu'à m'occuper de la troisième.

Soit, s'il est possible, $x^3 \pm y^3 = 4z^3$. Si, comme il est permis, on suppose les nombres x, y premiers entre eux, ils seront impairs tous deux. Faisant donc $x = p + q$ et $\pm y = p - q$, les nombres p et q seront entiers, premiers entre eux, et de plus l'un pair, l'autre impair. La substitution des valeurs précédentes donne l'équation $p(p^2 + 3q^2) = 2z^3$, qui montre que c'est p qu'il faut supposer pair, sans quoi le premier membre serait impair; $\frac{p}{2}$ est donc entier et l'on a $\frac{p}{2}(p^2+3q^2) = z^3$. Il y a maintenant deux cas à distinguer selon que p est ou n'est pas divisible par 3.

Premier cas. — Si p n'est pas divisible par 3, $\frac{p}{2}$ et p^2+3q^2 seront premiers entre eux, et leur produit étant un cube, chacun de ces nombres devra en être un. Pour faire p^2+3q^2 égal à un cube de la manière la plus générale, on n'a, comme on sait, qu'à poser ces deux équations $p = m^3-9mn^2$, $q = 3m^2n-3n^3$. D'après ce qui a été dit sur les nombres p et q, on verra facilement que m doit être premier à n, et de plus pair et non divisible par 3. Il suit de là que les trois facteurs du second membre de l'équation

$$\frac{p}{2} = \frac{m}{2}(m+3n)(m-3n)$$

sont premiers entre eux. Leur produit $\frac{p}{2}$ devant être un cube, il faudra que chacun de ces facteurs en soit un; on aura par conséquent

$$\frac{m}{2} = \alpha^3, \quad m+3n = \beta^3, \quad m-3n = \gamma^3,$$

d'où l'on tire cette équation $\beta^3+\gamma^3 = 4\alpha^3$, qui est semblable à la première $x^3 \pm y^3 = 4z^3$, mais exprimée en nombres beaucoup plus petits.

Second cas. Si p est divisible par 3, on fera $p = 3r$, et r sera, comme p, pair et premier à q. On aura ainsi $\frac{9r}{2}(q^2+3r^2) = z^3$. On verra facilement que les deux facteurs du premier membre sont premiers entre eux; il faut donc que chacun d'eux soit un cube. Pour faire q^2+3r^2 égal à un cube, on posera comme dans le premier cas, $q = m^3-9mn^2$, et $r = 3m^2n-3n^3$. On peut s'assurer que n doit être premier à m, et de plus pair; $\frac{n}{2}$ sera donc entier et l'on aura $\frac{9r}{2} = 27\frac{n}{2}(m+n)(m-n)$. Les facteurs $\frac{n}{2}$, $m+n$, $m-n$ sont premiers entre eux d'après ce qu'on vient de dire sur m et n; et leur produit multiplié par le cube 27 devant être un cube, il faut que chacun d'eux soit un cube. On aura donc $\frac{n}{2} = \alpha^3$, $m+n = \beta^3$, $m-n = \gamma^3$ et par conséquent $\beta^3-\gamma^3 = 4\alpha^3$, équation semblable à la proposée $x^3 \pm y^3 = 4z^3$, mais exprimée en nombres beaucoup plus petits.

On conclut de là, à la manière ordinaire, que l'équation proposée n'est pas possible.

DÉMONSTRATION DU THÉORÈME DE BERNOULLI.[*])

Désignant l la somme des termes du développement $(p+q)^n$ (où $p+q=1$) depuis celui, qui contient q^h jusqu' à celui qui contient $q^{h'}$, il est facile de voir qu'on a

$$(1)\qquad l = \frac{1}{2\pi}\int_{-\pi}^{+\pi}[p+q\,e^{z\sqrt{-1}}]^n\, e^{-(h+h')\frac{z}{2}\sqrt{-1}}\,\frac{\sin(h'-h+1)\frac{z}{2}}{\sin\frac{z}{2}}\,dz.$$

Cette expression peut être mise dans cette autre forme en posant $h=b-c$, $h'=b+c$:

$$(2)\qquad l = \frac{1}{\pi}\int_{0}^{\pi}[p^2+q^2+2pq\cos z]^{\frac{n}{2}}\cos(n\psi-bz)\,\frac{\sin(c+\frac{1}{2})z}{\sin\frac{z}{2}}\,dz$$

où

$$\psi = \operatorname{arctg}\frac{q\sin z}{p+q\cos z}\,,$$

on tire de là

$$(3)\qquad \psi = qz-Qz^3+\text{ etc.},$$

en faisant pour abréger

$$Q = \tfrac{1}{3}q^3-\tfrac{1}{2}q^2+\tfrac{1}{6}q,$$

$$(4)\quad\begin{cases}\log(p^2+q^2+2pq\cos z)^{\frac{n}{2}} = -\dfrac{n}{2}pq z^2+n\left(\dfrac{pq}{24}-\dfrac{p^2q^2}{4}\right)z^4+\cdots,\\[2ex](p^2+q^2+2pq\cos z)^{\frac{n}{2}} = e^{-\frac{n}{2}pq z^2}\left(1+n\left(\dfrac{pq}{24}-\dfrac{p^2q^2}{4}\right)z^4+\cdots\right),\end{cases}$$

$$(5)\qquad \frac{1}{\sin\frac{z}{2}} = \frac{2}{z}\left(1+\frac{z^2}{24}+\cdots\right),$$

$$(6)\quad l = \frac{2}{\pi}\int dz\, e^{-\frac{n}{2}pq z^2}\,\frac{\sin(c+\frac{1}{2})z}{z}\left(1+\frac{z^2}{24}+nkz^4+\cdots\right)\cos\big((nq-b)z-nQz^3+\cdots\big).$$

*) Die obige Notiz enthält eine getreue Wiedergabe eines Manuscriptes, welches ersichtlich nicht in druckreifer Gestalt abgefasst ist.

F.

Es sei[*]) $nq = b$ und $c + \frac{1}{2} = \gamma\sqrt{n}$, $z = \dfrac{\varphi}{\sqrt{n}}$, so kommt

$$(7) \quad l = \frac{2}{\pi}\int d\varphi\, e^{-\frac{pq}{2}\varphi^2}\frac{\sin\gamma\varphi}{\varphi}\left(1 + \frac{\varphi^2}{24n} + \frac{k\varphi^4}{n} + \cdots\right)\left(1 - n^3\frac{Q\varphi^6}{n^3} + \cdots\right),$$

$$(8) \qquad l = \frac{2}{\pi}\int_0^\infty d\varphi\, e^{-\frac{pq}{2}\varphi^2}\frac{\sin\gamma\varphi}{\varphi} = \frac{2}{\sqrt{\pi}}\int_0^{\frac{\gamma}{\sqrt{2pq}}} e^{-u^2}du.$$

Die Wahrscheinlichkeit, dass bei einem aus n einfachen Ereignissen . . . . . B (dessen Wahrscheinlichkeit q) zwischen

$$qn \pm \gamma\sqrt{n}$$

liegt, ist also

$$\frac{2}{\sqrt{\pi}}\int_0^{\frac{\gamma}{\sqrt{2pq}}} e^{-u^2}du,$$

oder $\dfrac{\gamma}{\sqrt{2pq}} = \beta$ gesetzt, ist

$$\frac{2}{\sqrt{\pi}}\int_0^{\beta} e^{-u^2}du$$

die Wahrscheinlichkeit, dass $\dfrac{Q}{n}$ zwischen

$$q \pm \beta\sqrt{2pq}\sqrt{n}$$

liegt.

BEMERKUNGEN ZUR VORSTEHENDEN ABHANDLUNG.

1) Die Formel (1) lässt sich folgendermassen verificiren:

$$l = \frac{1}{2\pi}\int_{-\pi}^{+\pi} [p + q e^{zi}]^n\, e^{-(h+h')\frac{zi}{2}}\frac{\sin(h' - h + 1)\frac{z}{2}}{\sin\frac{z}{2}}\, dz.$$

Wir formen den Werth von

$$l = \sum_{a=0}^{n}\frac{n_a}{2\pi}p^{n-a}q^a\int_{-\pi}^{+\pi} e^{zia}\, e^{-(h+h')\frac{zi}{2}}\frac{\sin(h' - h + 1)\frac{z}{2}}{\sin\frac{z}{2}}\, dz$$

um, indem wir setzen

$$J_a = \frac{1}{2\pi}\int_{-\pi}^{+\pi} e^{zia - (h+h')\frac{zi}{2}}\frac{\sin(h' - h + 1)\frac{z}{2}}{\sin\frac{z}{2}}\, dz$$

45*

oder

$$J_a = \frac{1}{2\pi} \int_{-\pi}^{+\pi} e^{ia-(h+h')\frac{zi}{2}} \frac{e^{(h'-h+1)\frac{zi}{2}} - e^{-(h'-h+1)\frac{zi}{2}}}{e^{\frac{zi}{2}} - e^{-\frac{zi}{2}}}\, dz.$$

Man substituire

$$e^{zi} = u,$$

so wird

$$J_a = \frac{1}{2\pi i} \int u^{a-1-h'}(1+u+u^2+\cdots+u^{h'-h})\, du,$$

wo die Integration sich über die Peripherie des $u=0$ umgebenden Einheitskreises erstreckt.
Man erkennt daraus, dass

$$J_a = 0, \quad \text{wenn} \quad \alpha < h \quad \text{oder} \quad \alpha > h'$$

und

$$J_a = 1, \quad \text{wenn} \quad h \leqq \alpha \leqq h'.$$

Also ist in der That

$$l = n_h p^{n-h} q^h + n_{h+1} p^{n-h-1} q^{h+1} + \cdots + n_{h'} p^{n-h'} q^{h'}.$$

2) Setzt man in (1)

$$h = b-c, \quad h' = b+c,$$

so kommt

$$l = \frac{1}{2\pi} \int_{-\pi}^{+\pi} (p+q\,e^{iz})^n e^{-bzi}\, \frac{\sin(c+\frac{1}{2})z}{\sin\frac{z}{2}}\, dz.$$

Bezeichnet man den Modul von $p+q\,e^{zi}$ mit P, das Argument mit ψ, so erhält man

$$l = \frac{1}{2\pi} \int_{-\pi}^{+\pi} (P^2)^{\frac{n}{2}} e^{n\psi i - bzi}\, \frac{\sin(c+\frac{1}{2})z}{\sin\frac{z}{2}}\, dz,$$

also folgt (2)

$$l = \frac{1}{\pi} \int_0^{\pi} [p^2+q^2+2pq\cos z]^{\frac{n}{2}} \cos(n\psi - bz)\, \frac{\sin(c+\frac{1}{2})z}{\sin\frac{z}{2}}\, dz.$$

3) Zu (6). Es ist

$$l = \frac{2}{\pi} \int_0^{\pi} dz\, e^{-\frac{n}{2}pq\,z^2}\, \frac{\sin(c+\frac{1}{2})z}{z} \left[1+n\left(\frac{pq}{24} - \frac{p^2q^2}{4}\right)z^4 + \cdots\right]$$

$$\times \left[1 + \frac{z^2}{24} + \frac{7z^4}{5760} + \cdots\right] \cdot \cos((nq-b)z - nQz^3 + \cdots),$$

folglich

$$l = \frac{2}{\pi} \int_0^{\pi} dz\, e^{-\frac{n}{2}pq\,z^2}\, \frac{\sin(c+\frac{1}{2})z}{z} \left[1 + \frac{z^2}{24} + n\left(\frac{pq}{24} - \frac{p^2q^2}{4}\right)z^4 + \frac{7z^4}{5760} + \cdots\right] \cdot \cos((nq-b)z - nQz^3 + \cdots);$$

um also die im Text angegebene Formel zu erhalten, hat man zu setzen

$$nk = n\left(\frac{pq}{24} - \frac{p^2q^2}{4}\right) + \frac{7}{5760}.$$

4) In (7) muss $\frac{Q^2}{2}$ statt Q gesetzt werden, es muss also heissen

$$l = \frac{2}{\pi} \int_0^{n\sqrt{n}} d\varphi\, e^{-\frac{pq}{2}\varphi^2} \frac{\sin\gamma\varphi}{\varphi} \left(1 + \frac{\varphi^2}{24\,n} + k\,\frac{\varphi^4}{n} + \cdots\right)\left(1 - \frac{n^2 Q^2 \varphi^6}{2\,n^3} + \cdots\right).$$

5) In (8) ist zunächst die Annahme gemacht, dass n sehr gross ist. Um den zweiten Theil der Gleichung zu verificiren, gehe man von der bekannten Formel aus

$$\int_0^\infty e^{-x^2}\cos 2\alpha x\, dx = \frac{\sqrt{\pi}}{2}\, e^{-\alpha^2}.$$

Daraus folgt

$$\frac{d}{d\alpha} \int_0^\infty e^{-x^2}\frac{\sin 2\alpha x}{x}\, dx = 2 \int_0^\infty e^{-x^2}\cos 2\alpha x\, dx = \sqrt{\pi}\, e^{-\alpha^2}.$$

Und da $\int_0^\infty e^{-x^2}\frac{\sin 2\alpha x}{x}\, dx$ für $\alpha = 0$ verschwindet, erhält man

$$\int_0^\infty e^{-x^2}\frac{\sin 2\alpha x}{x}\, dx = \sqrt{\pi} \int_0^\alpha e^{-u^2}\, du.$$

Für $x = \varphi\sqrt{\frac{pq}{2}}$, $\alpha = \frac{\gamma}{\sqrt{2pq}}$ ergiebt sich hieraus (8).

6) In der drittletzten Zeile der Arbeit S. 355 tritt der Buchstabe Q in anderer Bedeutung auf als vorher auf Seite 354, Gl. (3), (6) und (7), nämlich als das Vorkommen von B, d. h. als Anzahl derjenigen unter den n Versuchen, in denen das Ereigniss B (von der Wahrscheinlichkeit q) eintritt; l ist die Wahrscheinlichkeit, dass dieses Q höchstens gleich h' und mindestens gleich h ist, dass also

$$h = b - c \leqq Q \leqq b + c = h'$$

oder (nachdem $b = qn$, $c + \frac{1}{2} = \gamma\sqrt{n}$ gewählt ist), dass Q zwischen den Grenzen

$$q\,n \pm (\gamma\sqrt{n} - \tfrac{1}{2})$$

oder abgerundet

$$q\,n \pm \gamma\sqrt{n}$$

liegt.

Aus diesem Grunde gehört in der vorletzten Zeile des Textes $\sqrt{n}$ nicht in den Zähler sondern in den Nenner; l ist die Wahrscheinlichkeit, dass das Verhältniss $\frac{Q}{n}$ zwischen

$$q \pm \frac{\gamma}{\sqrt{n}} = q \pm \frac{\beta\sqrt{2pq}}{\sqrt{n}}$$

liegen wird.

F.

PREISFRAGE

DER PHYSIKALISCH-MATHEMATISCHEN KLASSE

DER

KÖNIGLICH-PREUSSISCHEN AKADEMIE DER WISSENSCHAFTEN

ZUR

JUBELFEIER DES REGIERUNGS-ANTRITTS KÖNIGS FRIEDRICHS II.

AUF DAS JAHR 1844.*)

Bekannt gemacht am Jahrestage des Regierungs-Antritts Friedrichs II. den 31. Mai 1840.

Der durch seine Allgemeinheit und Einfachheit gleich merkwürdige Satz, welchen die Wissenschaft ABEL verdankt, scheint den Keim zu einer vollständigen Theorie aller Integrale zu enthalten, deren Element eine algebraische Function der Veränderlichen ist. Für die einfachsten Formen dieser Function geht der ABEL'sche Satz in die längst bekannten Grundgleichungen der trigonometrischen und elliptischen Functionen über, und man kann aus dem Umfange und der Wichtigkeit, welche die Theorie dieser beiden Gattungen von Transcendenten durch die wiederholten Bemühungen der Mathematiker erlangt hat, schon jetzt mit grosser Wahrscheinlichkeit auf die künftige Bedeutung der allgemeinen Theorie schliessen, welche ABEL durch seine Entdeckung vorbereitet hat. Was bis jetzt auf dem von ihm gelegten Grunde, hauptsächlich durch LEGENDRE, JACOBI und RICHELOT geleistet worden ist, kann als ein erster, wichtiger Anfang zu einer ausgedehnten Disciplin betrachtet werden, welche den Analysten ohne Zweifel noch lange Stoff zu den umfassendsten Untersuchungen geben wird. Für diese Untersuchungen scheint die Analogie, welche

---

*) Wie aus den Sitzungsprotokollen der physikalisch-mathematischen Klasse aus dem Jahre 1840 hervorgeht, ist die obige Preisaufgabe auf die Veranlassung von Lejeune Dirichlet von der Akademie gestellt worden.   F.

der Gegenstand mit den schon so vielfach erforschten Transcendenten ähnlicher aber einfacherer Natur darbietet, ein mächtiges Hülfsmittel an die Hand zu geben, von dessen Benutzung man sich um so grösseren Erfolg versprechen darf, als durch die völlige Umgestaltung, welche die Theorie der elliptischen Functionen in neuerer Zeit erfahren hat, diese selbst der schon früher ausgebildeten Lehre von den Kreisfunctionen ähnlicher geworden ist.

Wenn gleich nämlich die eben erwähnte Erweiterung und Bereicherung der Integralrechnung wie alle bedeutenderen analytischen Entdeckungen nicht aus einem einzigen, sondern aus dem Zusammenwirken mehrerer sich gegenseitig unterstützenden Gedanken hervorgegangen ist, so scheint doch einem derselben die grösste Wichtigkeit beigelegt werden zu müssen, weil er mehr als irgend ein anderer zu dieser Umgestaltung wirksam gewesen ist und alle Theile der neuen Theorie innig durchdringt. Während die früheren Bearbeiter dieses Gegenstandes das elliptische Integral als eine Function seiner Amplitudo ansahen, geht die neue Betrachtungsweise wesentlich von dem entgegengesetzten Gesichtspunkte aus und behandelt die Amplitudo oder vielmehr gewisse trigonometrische Verbindungen derselben als Functionen des Integrals, gerade wie man schon früher zu den wichtigsten Eigenschaften der vom Kreise abhängigen Transcendenten gelangt war, indem man den Sinus und Cosinus als Functionen des Bogens und nicht diesen als eine Function von jenen betrachtete. Die zahlreichen und glänzenden Resultate, welche die Folge dieser neuen Behandlung gewesen sind, machen es im höchsten Grade wünschenswerth, dass dieselbe Betrachtungsweise auf die complicirteren Transcendenten angewendet werde, welche ABEL in die Wissenschaft eingeführt und deren Fundamentaleigenschaften er begründet hat. Einen bedeutenden Schritt in dieser Richtung hat schon JACOBI gethan, welcher gezeigt hat, dass die den ABEL'schen Integralen entsprechenden umgekehrten Functionen zwei oder mehr Veränderliche enthalten und die merkwürdige Eigenschaft besitzen vier- oder mehrfach periodisch zu sein. Dieses Resultat wirft ein ganz neues Licht auf die Natur dieser Transcendenten, lässt aber zugleich den ganzen Umfang der Schwierigkeiten erkennen, welche der vollständigen Darstellung dieser umgekehrten Functionen im Wege stehen und welche zu überwinden sind, wenn die Theorie der ABEL'schen Transcendenten auf denselben Grad von Ausbildung gebracht werden soll, welchen die der elliptischen Functionen schon erlangt hat.

Von den Vortheilen überzeugt, welche der Analysis aus der weiteren

Entwickelung dieser Theorie erwachsen müssen, glaubt die Königliche Akademie, welche durch die Gedächtnissfeier der Thronbesteigung Friedrichs des Zweiten veranlasst wird, eine ausserordentliche Preisbewerbung zu eröffnen, eine der Würde dieser Feier angemessene Wahl zu treffen, wenn sie diesen Gegenstand den Mathematikern zur Bearbeitung vorlegt. Sie verlangt daher:

„Eine ausführliche Untersuchung der Abel'schen Integrale, und besonders der Functionen von zwei oder mehr Veränderlichen, welche als die umgekehrten Functionen derselben anzusehen sind."

Die Akademie enthält sich jeder näheren Bestimmung über den Umfang, welcher der Behandlung des Gegenstandes zu geben sein wird, da nur die Bearbeitung selbst darüber entscheiden kann, ob die Abel'schen Integrale schon jetzt in ihrer ganzen Allgemeinheit mit Erfolg untersucht werden können, oder ob man sich zunächst auf besondere Klassen derselben, und vielleicht sogar auf diejenige beschränken muss, welche unmittelbar auf die elliptischen Functionen folgt.

ÜBER DIE QUADRATUR DES KREISES.*)

Es ist eine höchst merkwürdige Erscheinung, dass bei den grossen, man kann sagen, alle Erwartungen übersteigenden Fortschritten, welche die Mathematik in den letzten Jahrhunderten gemacht hat, mehrere Fragen, welche sich schon in den frühesten Zeiten darbieten mussten, und in der That beinahe so alt als die Wissenschaft selbst sind, aller Bemühungen ungeachtet, noch immer nicht entschieden sind. —

Zu diesen Aufgaben gehört unter andern die Quadratur des Kreises, welche schon bei den Griechen durch ihre Schwierigkeiten einen hohen Grad von Berühmtheit erlangt hatte. Die Alten suchten die Auflösung aller Aufgaben durch rein geometrische Construction zu bewerkstelligen, und zur Auflösung der Aufgabe, wovon hier die Rede ist, wäre also nöthig, wenn man dieselbe in demselben Sinne, wie die griechischen Mathematiker nimmt, dass man zeigte, durch welche geometrische Construction aus dem Halbmesser eines gegebenen Kreises die Seite des Quadrats abgeleitet werden kann, welches mit dem gegebenen Kreise denselben Inhalt hat. Es entsteht hier die Frage, ob eine solche Ableitung überhaupt möglich sei. Zur vollständigen Beantwortung dieser Frage wird entweder die Angabe der Construction erfordert, durch welche diese Ableitung geschehen kann, oder es muss dargethan werden, dass die Seite des Quadrats durch den Halbmesser auf geometrischem Wege nicht bestimmt werden kann. Man hat oft versucht, die von den Neueren erfundenen so fruchtbaren Methoden, die zu so vielen Resultaten geführt haben, welche die Alten bei ihren beschränkten Hülfsmitteln für unerreichbar halten mussten, auch auf die Entscheidung dieser Frage anzuwenden, ohne dass dies bisher vollständig

*) Das obige von Dirichlet's Hand herrührende Fragment scheint ein Entwurf eines gemeinfasslichen Vortrages zu sein, welchen Dirichlet zu halten beabsichtigte oder vielleicht auch gehalten hat. F.

gelungen wäre. Ehe ich aber zur Darstellung des einzigen befriedigenden Resultats übergehe, welches aus diesen Bemühungen hervorgegangen ist, ist es nöthig mit wenigen Worten anzugeben, unter welcher Form sich die Frage darstellt, wenn man dieselbe in die bei den neueren Mathematikern übliche Sprache überträgt. — Unter Quadratur des Kreises versteht man (wie schon früher bemerkt worden) die Ableitung der Seite des Quadrats, welches denselben Inhalt, wie ein gegebener Kreis hat, aus dem Halbmesser des Kreises; und zwar muss diese Ableitung durch geometrische Construction geschehen, mit welchem Namen man bekanntlich zwar beliebige aber endliche Verbindung von folgenden einfachen Constructionen oder Operationen bezeichnet: „Zeichnung einer geraden Linie durch zwei gegebene Punkte" und „Beschreibung eines Kreises, dessen Mittelpunkt und Halbmesser gegeben sind". —

In der analytischen Geometrie wird umständlich gezeigt, dass wenn eine Linie sich aus einer anderen auf die eben näher angegebene Weise ableiten lässt, das Verhältniss der beiden Linien durch einen Ausdruck dargestellt werden kann, in dem ausser den vier Fundamentaloperationen der Rechnung nur noch eine oder mehrere Ausziehungen von Quadratwurzeln vorkommen, und dass umgekehrt, wenn ein solcher Ausdruck gegeben ist, sich immer durch geometrische Construction eine Linie finden lässt, welche zu einer gegebenen in dem durch den Ausdruck bestimmten Verhältniss steht. Die Frage ist also, wenn man dieselbe durch Rechnung entscheiden will, folgende. „Lässt sich das Verhältniss des Durchmessers zur Seite des dem Kreise gleichen Quadrats durch eine endliche Verbindung von den eben angegebenen Rechnungsoperationen darstellen?" Statt des genannten Verhältnisses kann man auch das des Durchmessers zum Umfange betrachten, da sich das eine aus dem anderen sehr leicht ableiten lässt, oder mit anderen Worten, da die Quadratur und Rectification des Kreises eigentlich eine und dieselbe Aufgabe sind. — In der That wird die Frage gewöhnlich auf die zuletzt genannte Weise gestellt, und es kommt also, um dieselbe zu entscheiden, darauf an zu untersuchen, ob sich das Verhältniss des Durchmessers zum Umfange, welches man mit π bezeichnet, durch einen Ausdruck, wie wir ihn oben definirt haben, darstellen lässt. Alles, was bisher zur Beantwortung dieser Frage versucht worden ist, und namentlich einige von LAMBERT angestellte Untersuchungen, von denen sogleich umständlich die Rede sein soll, [haben] die Unmöglichkeit einer solchen Darstellung und mithin die der Quadratur des Kreises sehr wahrscheinlich gemacht. Allein es wäre dennoch sehr zu wünschen, dass man einen strengen Beweis für die Unmöglichkeit fände. Denn abgesehen davon, dass Wahrheiten, von denen sich keine praktischen Anwendungen machen lassen, (und unter diese wird man unstreitig den soeben als höchst wahrscheinlich dargestellten Satz von der Unmöglichkeit der Quadratur des Kreises rechnen müssen) uns nur in sofern interessiren, als wir dieselben durch strenge Schlüsse als Wahrheiten erkannt haben, ist es auch nicht selten der Fall gewesen, dass das, was durch wiederholte vergebliche Bemühungen als höchst wahrscheinlich unmöglich erschien, zuletzt als möglich erkannt und wirklich ausgeführt wurde. Ein merkwürdiges Beispiel dieser Art bietet uns eine Aufgabe dar, mit der sich schon die griechischen Mathematiker beschäftigt haben, die aber erst in der neuesten Zeit in ihrer ganzen Allgemeinheit aufgelöst worden ist. Ich meine die Theilung des Kreises. Schon in EUKLID's Elementen findet man die geometrische Construction für die Theilung des Kreises in 3, 5 und 15 Theile, aus der sich durch wiederholte Halbirung der Bogen [noch andere herleiten lassen].

Alle späteren Bemühungen, die Theilung auch in anderen Fällen durch geometrische Construction zu bewerkstelligen, blieben fruchtlos, und man schien zuletzt allgemein der Ueberzeugung zu sein, dass die eben angegebenen Fälle wirklich die einzigen sind, in welchen eine solche Theilung möglich ist, bis GAUSS das Gegentheil auf eine ebenso überraschende als glänzende . . . . .

ENTWURF ZU EINER AKADEMISCHEN REDE.*)

Munere professoris publici annos amplius viginti perfuncto et per longissimum hoc tempus proverbii veritatem experto „docendo nos discere" non alienum mihi videtur, occasione data de vera artis analyticae colendae ratione pauca disserere. Quod argumentum si ea ubertate qua perdignum videtur, exsequi vellem, neque tempus neque vires sufficerent. Paucis exemplis monere sufficiat, in quo periculo verseris, si in rebus, quas vix inspexeris, nedum perspexeris, certum ordinem constituere tibi arroges. Inter omnes constat, multos geometras, singularum doctrinae partium originis aetatem plerumque sequentes, talem quendam capitum ordinem constituisse, ut ab quaque parte ad superiorem esset ascendendum, quem ordinem ita servandum censuerunt, ut non raro in sententias incidas, quales sunt: In calculo differentialium partialium tractando aequationum differentialium vulgarium integrationem jam plane perfectam esse supponendam, et similiter, si quaestio ad Analysin sublimiorem pertinens tibi sit proposita, aequationum algebraicarum solutionem praesto esse debere. Cui capitum difficultatumque ordini artificiali quantopere ipsa rerum natura illudat quantaque subsidia tibi essent defectura, si talem ordinem in investigationibus analyticis servare velles, jam paucis exemplis illustrare suscipio.

EULERI inventum celeberrimum de additione integralium, quae hodie ellipticorum nomine nuncupamus, quid aliud est quam theorema de his integralibus fundamentale, in capite superiori petitum? Satis enim notum est, virum summum hanc eximiam veritatem e consideratione aequationis differentialis hausisse, cujus variabiles sint separatae, theorema vero de additione totius de functionibus ellipticis doctrinae esse verum fundamentum, quis dubitabit, si perpenderit non solum

---

*) Die obige von der Hand Dirichlet's herrührende Abhandlung ist ihrem Inhalte nach als der Entwurf zu einer akademischen Rede bezeichnet worden; über das Datum der Abfassung hat sich nichts feststellen lassen.	F.

illustrissimi Legendre in hoc capite omnia fere inventa theoremati Euleriano esse superstructa, sed eidem fundamento etiam inniti veritates eximias, quibus juvenes Abel et Jacobi prima stipendia merentes et sine obtrectatione inter se certantes hoc doctrinae caput fecundissimum amplificaverunt et quae juvenibus illustribus tantam geometrarum Nestoris admirationem moverunt. Quae praeclara inventa commemoranti mihi renovatur dolor, quem cum omnibus, quibus artis analyticae incrementa cordi sunt, ex inexorabili fato accepi, quod praematura morte duo tanta ingenia universae litterarum reipublicae eripuit, alterum arenam vix ingressum, alterum tot tantisque districtum disquisitionibus, quibus extremam manum imponere non licuerit.

Aliud exemplum auxilii ex doctrinae partibus petendi, quae quaestionem propositam difficultate superare videntur, praebent illustrissimi Jacobi disquisitiones de lineis brevissimis in superficie ellipsoidis. Problema nullo negotio ad quaestionem mechanicam revocatur ope principii noti, punctum singulare in superficie data, nulla vi acceleratrici coactum, cum velocitate initiali per lineam brevissimam moveri. Aequationibus dynamicis, a quibus motus in superficiebus secundi gradus pendet, per methodos notas integrationem non admittentibus, vir illustris, in regionem superiorem ascendens et theoremate illustrissimi Hamilton usus, quod ipse ante ad formam simpliciorem redegerat, quaestionem ad aequationem unicam differentialia partialia continentem reduxit et tali modo prosperrimo successu solvere valuit. Quo ingenioso invento theoriae superficierum secundi ordinis caput plane novum condidit, in quo excolendo viri acutissimi Joachimsthal, Chasles, Liouville, Roberts vires exercendi et geometriam eximiis veritatibus locupletandi amplam materiem invenerunt.

Venio nunc ad argumentum quo nihil invenias admirabilius, si exemplo monstrare velis, quam artis vinculis saepenumero artis analyticae capita inter se cohaereant, inter quae primo intuitu vix ullum nexum conspicias. Loquor de geometrarum disquisitionibus circa sectionem circuli, quam quaestionem jam Euclidis temporibus agitatam fuisse constat. Problematis solutione in casibus simplicissimis, qui soli recentiorum calculo carere posse videntur, ab Alexandrinis perfecta, quaestio generalis recentiorum conatus expectabat, inter quos summo viro Francisco Vieta primo successit, circuli divisionem generalem ad aequationem algebraicam revocare. Saeculi intervallo aequatio circuli divisionem definiens ad ultimum simplicitatis gradum reducta est opera illustrissimorum Cotesii et Moivre, qui problema ab aequatione omnium simplicissima pendere demonstraverunt, in qua incognitae potestas unitati aequetur. Alterius saeculi intervallo sagax VANDERMONDE de aequatione Cotesiana instituit disquisitiones ingeniosissimas, quas hodie quidem principio profundissimo superstructas esse videmus, sed quae vix in notitiam geometrarum aequalium venisse videntur, id quod forsitan auctoris expositioni paululo obscuriori tribuendum, qui aetate jam provectus arti analyticae primam navarat operam. Harum disquisitionum, quas illustrissimus LAGRANGE in notis tractatui de aequationum solutione numerosa adjectis oblivioni eripuit, originem valde singularem, data occasione, paucis referam, qualem mihi praeceptor veneratissimus LACROIX, vir de propagatione doctrinae analyticae meritissimus, quondam enarravit. — VANDERMONDE, natione Batavus, postquam per multos annos in patria medicinam exercuerat, aetate jam provectus Parisiis degens ibique tabernam quandam frequentans, ubi multi ludi regii causa conveniebant, quum ab omnibus, qui hunc locum visitabant, geometram inclytum CLAIRAUT singulari reverentia coli vidisset, ipse artis analyticae plane rudis ex quodam percunctatus, numquid in doctrina analytica perficiendum reliquum esset, responsum tulit, inter alia (*addere possumus* eaque multa) aequationum algebraicarum desiderari solutionem generalem. Quo responso incitatus vir acutus, Algebrae elementis brevi tempore penetratis, summo studio huic argumento se dedit et mox disquisitiones perfecit, quarum supra mentionem fecimus.

Prodierunt tandem illustrissimi GAUSSII Disquisitiones arithmeticae, quo opere auctor saeculum inauguravit et languescente jam inter nostrates artis analyticae cultu et paene exstincto Germaniae restituit laudem, quae post LEIBNITZII tempora penes exteros fuerat. In operis sectione ultima, ut de aliis taceam, aequatio ad circuli sectionem pertinens generaliter solvitur sive potius, ut res clarius definiatur, haec aequatio ad puras graduum inferiorum reducitur, qua reductione circuli sectio in infinitis casibus geometrice perficitur, quorum simplicissimum post casus ante notos sistit divisio in partes septemdecim, quod inventum mox in omnium adeo tironum fuit ore, cum interea cetera operis capita non minus admiratione digna vix in paucorum geometrarum exterorum notitiam venerunt. Cujus rei testis est ipse auctor, qui viginti amplius annis post librum editum publice fassus est se neminem adhuc reperisse, qui librum perlegerit. Sed ad rem redeo.

Solutio superstructa est principio valde singulari ex Arithmetica sublimiori petito, cujus beneficio aequationis radices tali modo in cyclo disponuntur, ut quaeque a praecedente eodem modo pendeat, quo facto reductio ad aequationes inferiores nullo negotio perficitur. In qua tamen problematis algebraici solutione vir summus non acquievit, sed profundius in argumentum propositum inquirens, qua est sagacitate, mox perspexit, solutionem artissime cum numerorum proprietatibus reconditissimis esse connexam et Algebra opem, quam ab Arithmetica sublimiori mutuata esset, magno fenore reddente, ex hoc fonte uberrimo pulcherrima theoremata arithmetica fluere, quae vix ac ne vix quidem aliis viis adiri posse videantur. Viri summi vestigiis insistentes postea geometrae illustrissimi ABEL, JACOBI, CAUCHY, GALOIS, EISENSTEIN, KUMMER, LEBESGUE ex hoc argumento disciplinam vastissimam efformaverunt, quae utrum magis ad Algebram an ad Arithmeticam sublimiorem sit referenda, vix dicere possis. Adeo enim utriusque fines confunduntur, ut nullo modo inter se discerni possint. Ad idem argumentum pertinent clarissimi POINSOT de radicibus primitivis ex circuli sectione deducendis observationes. Quomodo vero hic geometra se his observationibus primam Algebrae ad numerorum proprietates cognoscendas applicationem exhibuisse asserere potuerit, vix intellexerim, nisi supposuerim viro acuto quondam cum bono HOMERO, qualem HORATIUS in arte poetica depinxit, esse similitudinem.

Alia exempla, quibus magna subsidia quaestionibus analyticis e regionibus specie remotissimis peti posse appareat, afferre possem, si de calculi integralis serierumque numero terminorum infinitarum usu in Arithmetica sublimiori verba facere vellem, sed ut fas sit post inventa praeclara modo commemorata de meis disserere, vereor.

Si omnia de quibus supra dixi, paucis verbis comprehendere et sub tropi forma exponere licet, permagna illa studia atque certamina, quibus per tot saecula viri summo ingenio et singulari sagacitate praediti operam navarunt, non admodum aliena mihi videntur a libro quodam singulari componendo, cujus singula capita, paginas, lineas nos omnes, quotquot sumus, pro viribus quisque componere conamur. Quo in libro quum tot loci posteris perficiendi, tot paginae explendae relinquantur, nihil certi de ordine constare videtur neque quisquam singulas sententias ita inter se conjungere sibi arrogabit, ut recte HORATII illud „primo ne medium, medio ne discrepet imum“, adhiberi possit.

Ad hunc igitur librum optimo jure pertinere videntur, quae vir ingenii acumine eximius et multa de humana mente meditatus hisce verbis exposuit:

La dernière chose qu'on trouve, en faisant un ouvrage, est de savoir celle qu'il faut mettre la première.

ÜBER EINEN VON LEJEUNE DIRICHLET HERRÜHRENDEN BEWEIS AUS DER WAHRSCHEINLICHKEITSRECHNUNG.

(Nach einer Mittheilung von J. F. ENCKE.)*)

Ordnet man die Beobachtungsfehler, ohne Rücksicht auf ihr Zeichen, nach ihrer absoluten Grösse, so wird bei m Beobachtungen der, welcher zu dem Index $\frac{1}{2}(m+1)$ gehört, bei ungeradem m, oder bei geradem m das arithmetische Mittel zwischen den Fehlern mit dem Index $\frac{1}{2}m$ und $\frac{1}{2}m+1$ einen genäherten Werth für den wahrscheinlichen Fehler r ergeben.

Wenn indessen schon bei den Potenzensummen die grössere Anzahl der Beobachtungsfehler die Genauigkeit in Bezug auf die wahrscheinlichen Grenzen so sehr wachsen lässt, so wird bei dieser Zählungsweise es um so mehr stattfinden müssen. Da GAUSS in der Zeitschrift für Astronomie Bd. I S. 195 die dazu nöthige Formel ohne Beweis angegeben, so wird um so mehr der folgende elegante Beweis, den ich der Mittheilung meines geehrten Collegen, Herrn Prof. DIRICHLET, verdanke, hier von Werth sein, als der Satz selbst anderswo noch nicht bewiesen ist.

Man suche die Wahrscheinlichkeit, dass bei $(2n+1)$ Beobachtungen die Vertheilung der Fehler so sei, dass ein Fehler liege zwischen t und $t+dt$, n Fehler zwischen 0 und t, und n Fehler zwischen $t+dt$ und ∞. Die Wahrscheinlichkeit, dass ein Fehler kleiner als t, sei wiederum ganz allgemein

$$= \int_0^t \psi(\varDelta)d\varDelta = u.$$

Die Wahrscheinlichkeit eines Fehlers $> t+dt$ wird dann werden

$$1 - \psi(t)dt - \int_0^t \psi(\varDelta)d\varDelta = 1 - u - \psi(t)dt,$$

da die Wahrscheinlichkeit eines Fehlers zwischen t und $t+dt$ ist $= \psi(t)dt$.

*) Das Folgende ist bis auf den zur Orientirung hinzugefügten ersten Absatz ein wörtlicher Abdruck aus dem Astronomischen Jahrbuch für 1834 S. 295—298; vgl. Encke, Gesammelte Abhandlungen Bd. II S. 49—53.   F.

Hiernach ist die zusammengesetzte Wahrscheinlichkeit einer Anordnung der Fehler, wenn n Fehler $< t$, ein Fehler zwischen t und $t+dt$, und n Fehler $> t+dt$

$$= u^n(1-u)^n \psi(t)dt,$$

wenn man die Glieder zweiter Ordnung vernachlässigt, da das Resultat von der ersten Ordnung ist. Solcher Fälle oder Anordnungen können aber so viele vorkommen als Versetzungen von $2n+1$ Elementen möglich sind, wenn unter ihnen n gleiche Elemente einer Art (deren Wahrscheinlichkeit $= u$) und n gleiche Elemente einer andern Art (deren Wahrscheinlichkeit $= (1-u)$) vorkommen. Folglich ist die Wahrscheinlichkeit aller möglichen Anordnungen dieser Art

$$= \frac{1.2.3\ldots(2n+1)}{(1.2.3\ldots n)^2} u^n(1-u)^n \psi(t)dt = U.$$

Denkt man sich die Grösse dt des Intervalls zwischen t und $t+dt$ constant, so giebt es einen Werth von t, für welchen U ein Maximum ist. Die sich durch Differentiation zur Bestimmung desselben ergebende Gleichung ist:

$$\frac{n\psi(t)}{u} - \frac{n\psi(t)}{1-u} + \psi'(t) = 0,$$

wo $\psi'(t)$ die nämliche Bedeutung, wie oben $\varphi'(\varDelta)$ hat. Es ist nämlich du, oder das Increment von $\int_0 \psi(\varDelta)d\varDelta$ in Bezug auf eine unendlich kleine Aenderung der Grenze t, gleich $\psi(t)dt$. Man kann der letzten Gleichung die Form geben

$$\frac{1}{u} - \frac{1}{1-u} + \frac{\psi'(t)}{n\psi(t)} = 0.$$

Das letzte Glied wird um so kleiner werden, je grösser n ist, oder je mehr Beobachtungen gegeben sind. Bei einer hinlänglich grossen Anzahl wird man es vernachlässigen können. Oder der Werth von t, für welchen das Maximum stattfindet, nähert sich bei wachsendem n immer mehr dem Werthe, welcher aus der Gleichung folgt:

$$\frac{1}{u} - \frac{1}{1-u} = 0,$$

d. h.

$$u = \int_0^t \psi(\varDelta)d\varDelta = \tfrac{1}{2}$$

oder nach der oben gegebenen Definition dem Werthe r.

Nimmt man das Integral von U zwischen bestimmten Grenzen, so erhält man daraus die Wahrscheinlichkeit, dass der in der Mitte liegende Fehler in diesen Grenzen enthalten ist. Diese wird also für die Grenzen $r-\delta$ und $r+\delta$

$$= \frac{1.2.3\ldots(2n+1)}{(1.2.3\ldots n)^2}\int_{r-\delta}^{r+\delta} u^n(1-u)^n\psi(t)dt;$$

oder weil $\psi(t)dt = du$, wenn wegen der Grenzen in Bezug auf t gesetzt wird

$$\int_0^{r-\delta}\psi(t)dt = u',\qquad \int_0^{r+\delta}\psi(t)dt = u'',$$

so wird die Wahrscheinlichkeit, dass der mittelste Werth zwischen $r-\delta$ und $r+\delta$ liegt

$$= \frac{1.2.3\ldots(2n+1)}{(1.2.3\ldots n)^2}\int_{u'}^{u''} u^n(1-u)^n du.$$

Je grösser die Anzahl der Beobachtungen ist, desto enger werden die Grenzen, zwischen welchen t mit gleicher Wahrscheinlichkeit liegen wird. Sind deshalb die Beobachtungen zahlreich genug, so wird, wenn man u' und u'' nach dem TAYLOR'schen Satze entwickelt, es erlaubt sein, nur die erste Potenz von δ zu berücksichtigen. Dadurch wird:

$$u' = \int_0^r \psi(t)dt - \delta.\psi(r)\cdots\cdots = \tfrac{1}{2} - \delta.\psi(r)$$

und ebenso

$$u'' = \tfrac{1}{2}+\delta\,\psi(r).$$

  Sowohl diese Form, als auch die Verbindung von u und $1-u$ in dem Integral, zeigt an, dass man eine noch bequemere Form erhalten wird, wenn man für u eine andere Variabele einführt; am besten durch die Gleichung

$$u = \tfrac{1}{2}+\frac{s}{2\sqrt{n}} = \tfrac{1}{2}\left(1+\frac{s}{\sqrt{n}}\right),$$

folglich

$$1-u = \tfrac{1}{2}-\frac{s}{2\sqrt{n}} = \tfrac{1}{2}\left(1-\frac{s}{\sqrt{n}}\right),$$

wobei die Grenzen in Bezug auf s gefunden werden durch

$$\delta\psi(r) = \frac{s}{2\sqrt{n}}\cdot$$

Hiernach wird das Integral

$$\frac{1.2.3\ldots(2n+1)}{(1.2.3\ldots n)^2}\cdot\frac{1}{2^{2n+1}\sqrt{n}}\int_{-2\delta\sqrt{n}\,\psi(r)}^{+2\delta\sqrt{n}\,\psi(r)}\left(1-\frac{s^2}{n}\right)^n ds,$$

oder weil s im Differential nur gerade Potenzen enthält

$$\frac{1.2.3\ldots(2n+1)}{(1.2.3\ldots n)^2}\,\frac{1}{2^{2n}\sqrt{n}}\int_0^{2\delta\sqrt{n}\,\psi(r)}\left(1-\frac{s^2}{n}\right)^n ds.$$

Sei nun $\delta\sqrt{n}$ eine endliche Grösse $=\gamma$, also die Grenze δ in eben dem Maasse abnehmend wie $\sqrt{n}$ zunimmt, so bleibt s innerhalb der angenommenen Grenze endlich, wie sehr auch n zunimmt. Bei einem grossen n wird man aber auch nach der Entwickelung der Logarithmen in EULER's *Introductio* setzen können:

$$\left(1-\frac{s^2}{n}\right)^n = e^{-s^2}$$

und

$$\frac{1.2.3\ldots 2n}{(1.2.3\ldots n)^2} = \frac{2^{2n}}{\sqrt{n\pi}}$$

nach EULER *Calc. Diff. P. II. Cap. VI.* § 160—162, als dem Grenzwerthe, welchem es sich beständig mit wachsendem n nähert, so dass der Ausdruck wird

$$\frac{2n+1}{n\sqrt{\pi}}\cdot\int_0^{2\delta\sqrt{n}\,\psi(r)}e^{-s^2}ds,$$

wofür man unbedenklich schreiben kann

$$\frac{2}{\sqrt{\pi}}\int_0^{2\delta\sqrt{n}\,\psi(r)}e^{-s^2}ds$$

als den Ausdruck für die Wahrscheinlichkeit, dass bei zahlreichen Beobachtungen der mittelste Fehler r, wenn alle der Grösse nach geordnet sind, liegt

$$\text{zwischen}\quad r-\delta\quad\text{und}\quad r+\delta.$$

Diese Wahrscheinlichkeit wird folglich $\frac{1}{2}$, oder es sind die wahrscheinlichen Grenzen gegeben durch

$$2\delta\sqrt{n}\,\psi(r) = \varrho,$$

d. h.

$$\delta = \frac{\varrho}{2\sqrt{n}}\cdot\frac{1}{\psi(r)}.$$

Für das oben angenommene Gesetz der Fehler

$$\psi(\varDelta) = 2\varphi(\varDelta) = \frac{2h}{\sqrt{\pi}}\,e^{-hh\varDelta\varDelta}$$

werden also die wahrscheinlichen Grenzen von r

$$r\pm\frac{\varrho\,e^{h.h.r.r}\sqrt{\pi}}{4\sqrt{n}.h},$$

oder wenn man statt $2n+1$ die Anzahl der Beobachtungen m nennt, und die Gleichung

$$hr = \varrho$$

benutzt:

$$r \cdot \left\{ 1 \pm \frac{e^{\varrho\varrho}\sqrt{\pi}}{\sqrt{(8m)}} \right\}.$$

Der numerische Werth von $e^{\varrho\varrho}$ ist 1,2554176, womit der Ausdruck wird:

$$r \cdot \left\{ 1 \pm \frac{0{,}786716}{\sqrt{m}} \right\}.$$

BRIEFWECHSEL ZWISCHEN LEJEUNE DIRICHLET UND GAUSS.*)

I. LEJEUNE DIRICHLET AN GAUSS.

Verehrungswürdiger Herr Hofrath!

Ew. Hochwohlgeboren habe ich die Ehre, meinen ersten mathematischen Versuch als ein Zeichen meiner innigsten Verehrung und meiner tiefsten Bewunderung ganz gehorsamst zu überreichen. Bei der gütigen Empfehlung des Herrn Baron von Humboldt glaube ich mir mit der Hoffnung schmeicheln zu dürfen, dass Sie diese erste Arbeit eines jungen Deutschen mit gütiger Nachsicht aufnehmen und beurtheilen werden. Wenn Ew. Hochwohlgeboren dieselbe Ihrer Aufmerksamkeit nicht ganz unwürdig finden sollten, so würde ich es wagen, Sie ganz ergebenst um die Erlaubniss zu ersuchen, Ihnen zuweilen schreiben und Sie um einige Winke zur Leitung meiner ferneren wissenschaftlichen Bestrebungen bitten zu dürfen. Ich würde diese Erlaubniss als das höchste Glück ansehen, indem ich bei der Vorliebe, womit ich das Studium der unbestimmten Analysis betreibe, nichts so sehnlich wünsche, als den Verfasser der unsterblichen *Disquisitiones arithmeticae* an meinen Bemühungen einigen Antheil nehmen zu sehen. Indem ich mich bisher hauptsächlich mit der höheren Arithmetik beschäftigt habe, bin ich ganz meiner Neigung gefolgt, ohne gehörig zu erwägen, wie wenig ich bei meinen beschränkten Anlagen hoffen darf, in diesem schwierigen Theile der Mathematik etwas Erhebliches zu leisten. Obgleich ich mich nun täglich mehr von den Schwierigkeiten überzeuge, womit Untersuchungen dieser Art verbunden sind, so ist mir doch diese Beschäftigung zu sehr zur Gewohnheit und ich möchte fast sagen, zu sehr zur Leidenschaft ge-

*) Von den Antworten von Gauss auf die im Folgenden mitgetheilten Briefe Dirichlet's standen nur die beiden Briefe zur Verfügung, welche in Gauss Werken Bd. II S. 514—518 abgedruckt sind. Nach einer Mittheilung von Herrn E. Schering haben sich auch im Nachlasse von Gauss andere Antwortschreiben nicht gefunden.   F.

worden, als dass ich mich so leicht entschliessen könnte, die einmal begonnenen Untersuchungen aufzugeben.

Gegen das Ende dieses Jahres werde ich nach meinem Vaterlande Preussen zurückkehren, wo ich durch die gütige Verwendung des Herrn Baron von Humboldt angestellt zu werden hoffe. Obgleich ich nun die Fürsprache dieses grossen Gelehrten gehörig zu schätzen weiss, so kann ich doch nicht umhin zu gestehen, dass dieselbe mir noch etwas zu wünschen übrig lässt. Es hängt nämlich grossentheils von dem Urtheile, welches man in Berlin über meine Arbeit fällen wird, ab, was für ein Wirkungskreis mir in meinem Vaterlande wird angewiesen werden, und es ist daher bei dem geringen Werthe meines Versuchs von der höchsten Wichtigkeit für mich, dass man denselben mit Nachsicht beurtheile oder demselben doch wenigstens Gerechtigkeit widerfahren lasse. Da aber selbst unter den ausgezeichnetesten Mathematikern — wie ich mich hier zu überzeugen Gelegenheit gehabt habe — nur sehr wenige mit der unbestimmten Analysis vertraut sind, so steht zu fürchten, dass meine Abhandlung eine weniger günstige Aufnahme finden werde, als derselben vielleicht zu Theil werden dürfte, wenn dieselbe bei übrigens gleichem inneren Werthe eine Aufgabe aus einem bekanntern Theile der Wissenschaft, z. B. der Astronomie oder Integralrechnung zum Gegenstande hätte. Dieser Umstand wird mich einigermassen entschuldigen, dass ich es wage Ew. Hochwohlgeboren mit der unterthänigsten Bitte zu beschweren, gelegentlich einem der Berliner Gelehrten, mit denen Sie in Correspondenz stehen, Ihr Urtheil über meine Arbeit mitzutheilen. Ich glaube der Hoffnung Raum geben zu dürfen, dass Ew. Hochwohlgeboren diese Gunst einem jungen Deutschen nicht versagen werden, dessen Glück durch Ihre gütige Fürsprache so sehr befördert werden würde.

Da ich noch einige Zeit in Paris zu bleiben gedenke, so bin ich so frei, Ihnen meine Dienste während meines Aufenthaltes in hiesiger Stadt anzubieten, indem ich Ew. Hochwohlgeboren zugleich bitte, wenn Sie mich mit einem Auftrage oder einigen Zeilen beehren wollen, Ihren Brief gefälligst an meinen Vater Postkommissar in Düren bei Aachen zu adressiren.

Ich verharre in der tiefsten Verehrung

Ew. Hochwohlgeboren

ganz gehorsamer

Paris d. 28. Mai 1826.

G. Lejeune Dirichlet.

II.　GAUSS AN LEJEUNE DIRICHLET.

A Monsieur
　　Monsieur LEJEUNE DIRICHLET à Paris.

Schon früher würde ich Ihnen meinen Dank für die mir gütigst über-
sandte Abhandlung und das grosse Vergnügen, welches Sie mir dadurch gemacht
haben, bezeugt haben, wenn ich nicht gewünscht hätte, erst etwas von dem
Erfolg dessen zu erfahren, was ich in Beziehung auf Ihre, und ich kann hinzu-
setzen meine eigenen Wünsche in Berlin zu thun versucht habe.　Ich freue mich
ungemein jetzt aus einem von dem Secretair der Akademie in Berlin erhaltenen
Briefe zu sehen, dass wir hoffen können, dass man Ihnen bald im Vaterlande
eine angemessene Fixirung zu verschaffen geneigt sein wird.

Es ist mir eine um so erfreulichere Erscheinung, dass Sie mit grosser
Neigung demjenigen Theile der Mathematik anhängen, der von jeher mein Lieblingsstudium gewesen ist, je seltener dieselbe ist.　Ich wünsche Ihnen herzlich
eine äussere Lage, wo Sie soviel als möglich Herr Ihrer Zeit und der Wahl
Ihrer Arbeiten bleiben.　Ich selbst wurde gleich nach dem Erscheinen meiner
Disquisitiones durch andersartige Beschäftigungen, und später durch meine
äusseren Verhältnisse sehr gehindert, meiner Neigung in dem Maasse nachzu-
hängen, wie ich gewünscht hätte.　Anstatt eines zweiten Theils jenes Werks,
den ich früher beabsichtigte, werde ich mich aller Wahrscheinlichkeit nach
darauf beschränken müssen, von Zeit zu Zeit ein Memoire über einen einzelnen
Gegenstand zu liefern.　Die drei Abhandlungen dieser Art, die bisher im
16. Band der hiesigen Commentationen, und im ersten und vierten der *Com-
mentationes recentiores* erschienen sind, enthalten aber (einen Theil der zweiten
abgerechnet) keine von den Gegenständen, die ich schon 1801 zur Fortsetzung
im Auge hatte, sondern neue; und so beziehen sich auch meine späteren Arbeiten dieser Art gleichfalls auf einen neuen Gegenstand, namentlich die Theorie
der biquadratischen Reste, die ich etwa in drei Abhandlungen zu geben denke;
die erste davon wird in kurzem für den sechsten Band der *Comment. rec.* gedruckt werden, und die Hauptmaterialien für das Uebrige sowie für die ähnliche Theorie der cubischen Reste, ist, obgleich noch wenig davon ordentlich
zu Papier gebracht ist, im Wesentlichen als abgemacht zu betrachten.

Empfehlen Sie mich gefälligst dem Herrn VON HUMBOLDT, falls er noch in Paris ist, und entschuldigen mich, dass ich jetzt nicht an ihn selbst schreibe, mit der Besorgniss, dass mein Brief ihn nicht treffen möchte, da er, wie ich höre, Paris zu verlassen die Absicht hatte.

Mit aufrichtiger Hochschätzung

Ihr ergebenster

Göttingen, den 13. September 1826.

C. F. GAUSS.

III. LEJEUNE DIRICHLET AN GAUSS.

Höchstzuverehrender Herr Hofrath!

Schon früher würde ich von der mir von Ew. Hochwohlgeboren gütigst ertheilten Erlaubniss, Ihnen zuweilen schreiben zu dürfen, Gebrauch gemacht haben, um Ihnen für das Wohlwollen, womit Sie mich aufgenommen haben, zu danken, wenn ich nicht gewünscht hätte, Ihnen zugleich eine Arbeit zu übersenden, mit der ich mich bald nach meiner Ankunft in Breslau zu beschäftigen angefangen hatte. Diese Arbeit ist durch die in Ihren Anzeigen enthaltene Ankündigung Ihrer Abhandlung über die biquadratischen Reste veranlasst worden. Die Eleganz der in dieser Ankündigung mitgetheilten Kriterien zur Entscheidung der Frage, ob ± 2 biquad. Rest oder Nichtrest einer Primzahl $= 8n + 1$ sey, deren zweites mir ganz besonders merkwürdig schien, erregte bei mir den Wunsch, meinerseits Beweise für dieselben zu finden. Sobald ich mich hier mit meinen Berufsgeschäften etwas vertraut gemacht hatte, fing ich an, mich mit diesem Gegenstande ernstlich zu beschäftigen; meine Bemühungen blieben eine Zeit lang fruchtlos, bis es mir gelang, Ihr zweites Kriterium, dessen Beweis nach dem von Ihnen gewählten Gange eine Menge Hülfsuntersuchungen zu erfordern scheint, aus dem ersten abzuleiten. Allein nach diesem ersten glücklichen Erfolge gerieth meine Arbeit wieder sehr ins Stocken und ich konnte lange Zeit kein zur Begründung des ersten Kriteriums geeignetes Mittel ausfindig machen. Endlich kam ich gegen den Anfang des Winters auf den in der beiliegenden Abhandlung enthaltenen Beweis, der so einfach ist, dass man kaum begreift, wie sich derselbe einem nicht gleich darbietet, sobald man nur mit dem zu beweisenden Satze bekannt ist. Die Fortsetzung meiner Untersuchungen, von denen meine Abhandlung nur einen Theil enthält, hat mich auf eine Menge von Resultaten geführt, von denen man im voraus gewiss nicht vermuthet hätte, dass sie mit diesem Gegenstande in irgend einer Beziehung ständen, und es haben sich mir bei dieser Arbeit mehrere merkwürdige Beispiele von dem oft wunderbaren Zusammenhange arithmetischer Wahrheiten dargeboten, in welchem Sie den Hauptgrund des Reizes finden, welchen uns die Untersuchungen der unbestimmten Analysis gewähren. —

Da ich voraussetzen konnte, dass die Leser meiner Abhandlung schon einigermassen mit der unbestimmten Analysis vertraut seyn würden, so habe ich mich bei der Abfassung der Preliminarien sehr kurz gefasst. Dieser Umstand hat eine der Allgemeinheit der Untersuchung nachtheilige Beschränkung veranlasst. Ich habe mich nämlich durch Analogie zu dem Irrthume verleiten lassen, als sey es in der Theorie der biquad. Reste hinlänglich, das Verhalten irgend einer Primzahl zu einer andern Primzahl der Form $4n+1$ auszumitteln, da doch zur vollständigen Beantwortung aller hierher gehörigen Fragen erfordert wird, dass man auch das Verhalten von zusammengesetzten Zahlen, wenigstens von solchen die Produkte zweier Primzahlen sind, zu Primzahlen der Form $4n+1$ bestimme. So kann z. B. die Frage, ob 21 biq. Rest oder Nichtrest einer Primzahl $84n+1$, 25, 37 sey, sehr leicht auch vermittelst der in der Abhandlung aufgestellten Sätze beantwortet werden; anders aber verhält es sich mit den Primzahlen p der Form $84n+5$, 17, 41, welche neue Kriterien erfordern. Für den eben erwähnten speciellen Fall finde ich folgendes Kriterium.

„Setzt man $5p = \varphi^2 + \psi^2$ (wo ich annehme, dass ψ durch 6 theilbar sey), so wird 21 biq. Rest von $p = 84n+5$, 17, 41 seyn, wenn eine der Zahlen φ, ψ durch 7 theilbar; im entgegengesetzten Falle ist 21 biq. Nichtrest von p.“ —

Ich bin jetzt eifrig damit beschäftigt, die durch den oben angegebenen Irrthum in meiner Arbeit hervorgebrachte Lücke auszufüllen. —

Sie hatten während meines Aufenthaltes in Göttingen die Güte, mir einige der merkwürdigen Resultate mitzutheilen, welche die Frucht der von Ihnen neuerdings angestellten geometrischen Forschungen sind. Der schon damals entstandene Wunsch, Ihre Untersuchungen kennen zu lernen, ist recht lebhaft bei mir geworden, seitdem ich durch den in den Anzeigen enthaltenen Auszug aus Ihrer Abhandlung von den in der Unterhaltung nur leicht angedeuteten Resultaten eine deutlichere und vollständigere Idee bekommen habe. Es ist mir bei dieser Gelegenheit wieder recht fühlbar geworden, wie sehr es zu wünschen wäre, dass die gelehrten Gesellschaften bei der Herausgabe ihrer Commentarien dem von der Londoner Societät gegebenen Beispiele folgen möchten, die jedes halbe Jahr einen Band erscheinen lässt. — Sogar Ihre Abhandlung über die biquadratischen Reste ist mir noch immer nicht zugekommen, obgleich ich die schleunigste Besorgung derselben dem Buchhändler zu wiederholten Malen anempfohlen habe und der Band Ihrer Commentarien, welcher dieselbe enthalten soll, schon im vorigen Katalog angekündigt ist. —

Dürfte ich Ew. Hochwohlgeboren bitten, die Versicherung der innigen Verehrung und Dankbarkeit zu genehmigen, womit ich verharre

Ew. Hochwohlgeboren

gehorsamer

Breslau d. 8. April 1828.   LEJEUNE DIRICHLET.

IV. GAUSS AN LEJEUNE DIRICHLET.

Für Ihr gütiges Schreiben, und die gefällige Uebersendung Ihrer beiden Abhandlungen statte ich Ihnen, mein hochgeschätzter Freund, meinen verbindlichsten Dank ab. Ich sehe mit Vergnügen das steigende Interesse, welches man gegenwärtig an den Untersuchungen der Höhern Arithmetik zu nehmen anfängt. Die glückliche Art, wie Sie das zweite auf die biquadratische Residualität der Zahl 2 [bezügliche Kriterium] aus dem ersten ableiten, hat mir sehr wohl gefallen.

Vermuthlich hat jetzt der 6. Band unserer Commentationen seinen Weg nach Breslau gefunden, und meine *Commentatio prima* über die biquadratischen Reste wird Ihnen also wohl gegenwärtig bekannt sein: wenn sich eine Gelegenheit darbieten sollte, würde ich auch mit Vergnügen Ihnen einen besonderen Abdruck derselben übersenden. Ich hätte unter mehreren Beweisarten für das darin vorkommende Theorem wählen können; es wird Ihnen aber nicht entgehen, warum ich den daselbst ausgeführten hier vorgezogen habe, hauptsächlich nemlich, weil die Classification von 2 bei denjenigen Moduln, für welche es quadratischer Nichtrest ist (unter B oder D) als ein wesentlicher integrirender Theil des Theorems betrachtet werden muss, auf welchen die meisten andern Beweisarten nicht anwendbar scheinen.

Die ganze Untersuchung, deren Stoff ich schon seit 23 Jahren vollständig besitze, die Beweise der Hauptheoreme aber (zu welchen das in der ersten Commentation noch nicht zu rechnen ist) seit etwa 14 Jahren — (obwohl ich wünsche und hoffe, an letztern, den Beweisen, noch einiges vereinfachen zu können) — habe ich auf ungefähr drei Abhandlungen berechnet. Mit der Abfassung der zweiten habe ich bereits jetzt einen Anfang gemacht, und hoffe, sie in nicht langer Zeit zu vollenden, falls nicht die neuerdings mir wieder aufgetragenen Messungsgeschäfte dabei noch einige Verzögerung verursachen.

Das Schlusstheorem $b \equiv \frac{1}{2}rr$ (mod. p) hatte ich schon vor drei Jahren in den hiesigen gel. Anzeigen mit bekannt, und auf den merkwürdigen dabei noch zu lösenden Knoten aufmerksam gemacht; ich habe aber bisher nicht gehört, dass jemand einen Versuch dazu gemacht hätte. Vor einigen Tagen ist es mir nun mit der einen Hälfte wirklich gelungen, und dieser Fund hat mir um so mehr Vergnügen gemacht, da er sich garnicht auf Induction gründet — denn ich gestehe, dass ich gerade diesen Zusammenhang nicht erwartet hätte sondern a priori auf die Combination anderweitiger sehr verschlungener und interessanter, schon 28 Jahr alter, aber noch garnicht bekannt gemachter Untersuchungen, wovon eine leise Andeutung in der Schlussanmerkung der *Disquis. Arithm.* S. 668[*]) gegeben ist.

Es ist dies nemlich ein ausreichendes Criterium für den Fall, wo p von der Form $8n + 5$ ist.

Es sei die Anzahl der Klassen, welche die binären Formen in jeder der beiden Gattungen für den Determinant $-p$ bilden gleich k. Der Anfang einer von mir bis zu dem Determinant -3000 construirten Tafel steht *Disquis. Arithm.* p. 520[**]). Auch ist noch zu bemerken, dass für ein p von der angenommenen Form, allemal $k = 2m + 1$ wird, wenn m die Anzahl der Zerlegungen von p in drei positive Quadrate bedeutet (ich sage positiver, um 0 auszuschliessen), wie Legendre durch Induction gefunden, und in den *Disquisitiones Arithm.* zuerst aus der Theorie der ternären Formen bewiesen ist. Man hat z. B.

$$
\begin{array}{llllllllll}
\text{für } p = 5, & 13, & 29, & 37, & 53, & 61, & 101, & 109, & 149, & 157 \ \text{u. s. w.}\\
k = 1, & 1, & 3, & 1, & 3, & 3, & 7, & 3, & 7, & 3\\
m = 0. & 0, & 1, & 0, & 1, & 1, & 3, & 1, & 3, & 1
\end{array}
$$

$$
\begin{array}{lllllllllll}
 & & \underline{1} & \underline{1} & \underline{1} & \underline{1} & \underline{3} & & \underline{3} & & \underline{1}\\
 & & 4 & 1 & 9 & 1 & 4 & 16 & 9 & 1 & 4 & 36 & 4\\
 & & 9 & & 16 & 16 & 36 & 16 & 36 & 36 & 4 & 64 & 64 & 9\\
 & & 16 & & 36 & 36 & 64 & 81 & 49 & 64 & 144 & 81 & 49 & 144.
\end{array}
$$

---

[*]) Gauss Werke Bd. I. S. 466.
[**]) art. 303.

Dies vorausgesetzt, ist allemal derjenige Werth von b, welcher $\equiv \frac{1}{2}rr$ (mod. p) ist,
$$\equiv 2k+a-1 \equiv 4m+a+1 \quad \text{(mod. 8)},$$
wodurch das Zeichen von b vollkommen bestimmt ist. Sehen Sie hier 22 Beispiele,
indem ich die Ausdehnung der am Schluss der Abhandlung gegebenen Tafel verdopple

p	k	a	b		p	k	a	b
5	1	$+ 1$	$+ 2$		181	5	$+ 9$	$+10$
13	1	$- 3$	$- 2$		197	5	$+ 1$	-14
29	3	$+ 5$	$+ 2$		229	5	-15	$+ 2$
37	1	$+ 1$	$- 6$		269	11	$+13$	$+10$
53	3	$- 7$	$- 2$		277	3	$+ 9$	$+14$
61	3	$+ 5$	$- 6$		293	9	$+17$	$+ 2$
101	7	$+ 1$	-10		317	5	-11	$+14$
109	3	$- 3$	$+10$		349	7	$+ 5$	$+18$
149	7	$- 7$	-10		373	5	$- 7$	$+18$
157	3	-11	$- 6$		389	11	$+17$	-10
173	7	$+13$	$+ 2$		397	3	-19	$- 6$

Man kann die Vorschrift also auch so ausdrücken, (immer voraussetzend
$p \equiv 5$ (mod. 8)).

Es ist $b \equiv a+1$ (mod. 8), wenn m gerade
$\qquad b \equiv a+5 \qquad\qquad$ wenn m ungerade.

Ich wage noch keine Vermuthung, ob ein noch einfacheres Criterium
möglich ist, woran man den Fall des geraden m von dem des ungeraden im
Voraus unterscheiden könnte, d. i. ohne den Werth von m selbst zu kennen,
da, wie ich schon oben bemerkt habe, dies Rapprochement noch ganz neu ist.
Für den Fall $p \equiv 1$ (mod. 8), bleibt zwar obige Congruenz $b \equiv 2k+a-1$ (mod. 8)
richtig, entscheidet aber nicht mehr über das Zeichen von b, da sie dem positiven und negativen Werthe von b zugleich genug thut. Es ist hier nemlich
k immer gerade, $= 2m$ (wenn die Bedeutung von m ebenso ausgesprochen wird
wie oben) oder $= 2m+2$, wenn man unter m die Anzahl der Zerlegungen
von p in 3 positive ungleiche Quadrate versteht, und $b \equiv 0$ (mod. 4), oder
$b \equiv - b$ (mod. 8). Ich vermuthe, dass der Fall $p \equiv 1$ (mod. 8) oder $b \equiv 0$ (mod. 4)
altioris indaginis ist und vielleicht wieder

$\qquad b \equiv 4$ (mod. 8)   leichter als $b \equiv 0$ (mod. 8)
$\qquad b \equiv 8$ (mod. 16)   leichter als $b \equiv 0$ (mod. 16) u. s. w.

Mit ausgezeichneter Hochachtung beharre ich

$\qquad\qquad\qquad$ Ihr freundschaftlich ergebenster

Göttingen, den 30. Mai 1828. $\qquad\qquad\qquad\qquad$ C. F. GAUSS.

V. LEJEUNE DIRICHLET AN GAUSS.

Empfangen Sie, hochgeehrter Gönner, meinen innigsten Dank für die mir gütigst ertheilte Erlaubniss, einige Zeit in Ihrer Nähe zubringen zu dürfen. Leider bin ich nicht im Stande, in diesen Ferien davon Gebrauch zu machen und einen lange gehegten Wunsch auszuführen. Ich habe vor wenigen Tagen einen ziemlich heftigen Ruhranfall zu bestehen gehabt, und jetzt wo ich mich wieder herzustellen anfange, liegen die Meinigen an den Masern danieder. Ich darf Ihnen wohl nicht erst sagen, wie sehr ich es bedauere, meinen Besuch in Göttingen abermals hinausgeschoben zu sehen. Seit Jahren mit dem Studium Ihrer Werke beschäftigt, könnte für mich nichts genussbringender und fördernder seyn, als Ihrer Güte Aufschlüsse über die Entstehung und Ausbildung der herrlichen Methoden zu verdanken, welche in Ihren Schriften in bewundernswürdiger Vollendung erscheinen. Ja, ich will es Ihnen nur gestehen, ich gehe in meinen Hoffnungen so weit, mir von Ihrem Wohlwollen mündliche Mittheilung eines Theiles Ihrer theoretischen Untersuchungen über den Magnetismus und Elektromagnetismus zu versprechen, und gelobe im voraus feierlich, wenn Sie mich einer solchen Gunst würdigen sollten, mir Herrn Krone's Diskretion zum Vorbilde zu nehmen, welcher im beneidenswerthen Besitz dieses Schatzes nichts hat verrathen wollen, als dass sich diese Untersuchungen an die schöne in Ihrer Abhandlung über die Attraktion der Ellipsoide entwickelte Methode innig anschliessen. Haben Sie wohl durch die *Comptes rendus* der Pariser Akademie von der Diskussion Kenntniss genommen, welche sich neuerdings über das eben erwähnte Problem erhoben hat. Poisson scheint seine Auflösung für die einzige direkte zu halten, während bei allen andern im Falle eines äussern Punktes die Schwierigkeit nur eludirt werde. Ich muss aufrichtig bekennen, dass dergleichen Aeusserungen für mich keinen rechten Sinn haben. Ein doppeltes Integral durch Einführung neuer Variabeln, für welche sich die eine Integration ausführen lässt, auf ein einfaches zurückführen, scheint mir nicht direkter als irgend ein anderes Mittel z. B. die Differentiation unter dem Integralzeichen. Nach meiner Ansicht kommt Alles darauf an, auf welchem Wege sich die Zurückführung am schnellsten und übersichtlichsten bewerkstelligen lässt, und in dieser Beziehung hat wohl Ihre Behandlung, welche die Attraktion auf innere und äussere Punkte auf einen Schlag giebt, entschieden den Vorzug vor allen bekannten. Wollte man dergleichen Distinktionen gelten lassen, so müsste man, um consequent zu seyn, bei fast allen bestimmten Integralen zugeben, dass bei ihrer Auffindung die Schwierigkeit nur eludirt sey, womit jedoch, wie mir scheint, eigentlich gar nichts gesagt wäre.

Erlauben Sie, hochgeehrter Gönner, dass ich Ihnen beiliegend einen kleinen im letzten Hefte des Crelleschen Journals erschienenen Aufsatz überreiche. Ich bin auf die darin angedeutete, mir sehr fruchtbar scheinende Methode durch die Bemühung geführt worden, den Satz, dass jede arithmetische Progression, deren erstes Glied und Differenz keinen gemeinschaftlichen Factor haben, unendlich viel Primzahlen enthält, zu beweisen. Ich möchte fast vermuthen, dass meine Methode mit den in der Schlussbemerkung der *disq. arith.* angedeuteten Untersuchungen einige Analogie hat, besonders deshalb, weil Sie von Ihren Untersuchungen sagen, dass sie über mehrere Theile der Analysis Licht verbreiten, und meine Methode in so innigem Zusammenhange mit den merkwürdigen trigonometrischen Reihen steht, welche discontinuirliche Funktionen darstellen und deren Natur zur Zeit des Erscheinens der *disq. arith.* noch ganz unaufgeklärt war. Sie werden sich vielleicht noch erinnern, dass Sie mir vor mehr als 10 Jahren, als ich noch in Breslau war, ein Kriterium zur Entscheidung der am Ende Ihrer ersten Abhandlung über biq. Reste aufgeworfenen Frage (für den Fall, wo $p = 8n + 5$) mit der Bemerkung mitgetheilt haben, dass Sie dasselbe aus den am Ende der *disq. arith.* angekündigten Untersuchungen abgeleitet hätten. Dieses Kriterium folgt nun ganz leicht aus der Combination des Satzes, dass für die Determinante $-p$ die Anzahl der Formen in jedem Genus dem Ueberschuss der Anzahl der quad. Reste $< \frac{p}{4}$ über die Anzahl der quad. Nichtreste $< \frac{p}{4}$ gleich ist, mit der Theorie der biquad. Reste, diese Theorie selbst nur in dem Umfange genommen, worin ich dieselbe im Crelleschen Journal gegeben habe. Darf ich wohl bei einer ausführlichen Ausarbeitung meiner Untersuchungen über den Gebrauch der Reihen in der höheren Arithmetik, womit ich mich nächstens zu beschäftigen gedenke, dieses Kriterium als mir von Ihnen im Jahr 1828 mitgetheilt erwähnen?

Erlauben Sie mir die Bitte, beiliegenden Brief WEBER einhändigen zu wollen und genehmigen Sie gefälligst die Versicherung der tiefsten Bewunderung und innigsten Verehrung

Ihres dankbar ergebenen

Berlin d. 9. Sept. 1838.

DIRICHLET.

VI. LEJEUNE DIRICHLET AN GAUSS.

Verehrtester Gönner!

Die bei mir durch die Kränklichkeit, wovon meine Frau in der letzten Zeit heimgesucht worden ist, verursachte Verstimmung wird mich hoffentlich entschuldigen, dass ich so lange gezögert habe, Ihnen zu schreiben, wie sehr ich auch wünschte, Ihnen für die überaus gütige und wohlwollende Aufnahme, deren Sie mich gewürdigt haben, meinen innigsten Dank abzustatten. Eine andere Veranlassung meinen Vorsatz zu verschieben, lag in dem Umstande, dass mehrere der Bücher, welche ich zu Rathe ziehen wollte, um Ihnen die gewünschte Auskunft über das zu geben, was bisher über die kürzeste Fläche geschrieben worden, gerade nicht auf der Bibliothek waren, und ich daher die Zurücklieferung derselben erst abwarten musste.

Ueber den genannten Gegenstand habe ich nun zwar gar nichts gefunden, wohl aber Untersuchungen über andere Probleme, die wenn auch dem Objekte nach verschieden, doch im Wesen mit der Bestimmung der kürzesten Fläche zusammenfallen. Diese Probleme betreffen die Theorie der Wärme für den Fall permanenter Temperaturen, auf den sich je nachdem man 2 oder 3 Dimensionen in Betracht zieht, die Gleichung

$$(1) \quad \frac{\partial^2 u}{\partial x^2} + \frac{\partial^2 u}{\partial y^2} = 0, \quad \text{oder} \quad (2) \quad \frac{\partial^2 u}{\partial x^2} + \frac{\partial^2 u}{\partial y^2} + \frac{\partial^2 u}{\partial z^2} = 0,$$

bezieht. Projicirt sich die gegebene von einer Ebene sich wenig entfernende Curve, durch welche die kürzeste Fläche gelegt werden soll, als Rechteck oder Kreis, so ist die Auflösung der Aufgabe leicht aus den von FOURIER in seiner *Théorie de la Chaleur* gegebenen Methoden abzuleiten. Auch der weit schwierigere Fall, wo die Curve sich als Ellipse projicirt, scheint implicite in einer schönen Abhandlung von LAMÉ (Journal de LIOUVILLE, Mai 1839) enthalten, indem dort eine Funktion u bestimmt wird, die innerhalb eines durch die Gleichung $\left(\frac{x}{\alpha}\right)^2 + \left(\frac{y}{\beta}\right)^2 + \left(\frac{z}{\gamma}\right)^2 = 1$ gegebenen Ellipsoides der Differentialgleichung (2) genügt und sich auf der Oberfläche auf eine beliebige Funktion der beiden jeden Punkt derselben bestimmenden Coordinaten reducirt. Setzt man $\gamma = \infty$, und lässt die gegebene beliebige Funktion von z unabhängig werden, so erhält man die Gleichung der kürzesten Fläche, deren Grenzcurve sich als Ellipse projicirt.

Ich habe mich seit meiner Rückkunft mit den quadratischen Formen für complexe Zahlen etwas beschäftigt und mich überzeugt, dass fast alle Resultate und Methoden der 5ten Sekt. der *disq. arith.* mutatis mutandis auf diesen Fall anwendbar bleiben. Auch lässt sich in ähnlicher Weise wie für reelle Zahlen die Anzahl der Formen bestimmen, wobei sich das merkwürdige Resultat ergiebt, dass diese Anzahl, wie sie für reelle positive Determinanten mit der Kreistheilung zusammenhängt, hier in analoger Beziehung zur Theilung der Lemniscate steht. Diese Untersuchungen haben mich auf einen Satz geführt, welcher für die Theorie der unbestimmten Gleichungen höherer Grade nicht unwichtig scheint, und eine merkwürdige Verallgemeinerung des Theorems darbietet, nach welchem die Gleichung $t^2 - Du^2 = 1$ immer auflösbar ist.

Sind a, b, ..., g, h ganze Zahlen und hat die Gleichung

$$s^n + a s^{n-1} + b s^{n-2} + \cdots + g s + h = 0$$

keinen rationalen Faktor und unter ihren Wurzeln α, β, γ, ... wenigstens eine reelle, so lassen sich immer und auf unendlich verschiedene Art ganze Zahlen

$$\lambda, \quad \mu, \quad \nu, \quad \ldots, \quad \varrho \quad (\text{ohne dass } \lambda = 1, \quad \mu = 0, \quad \nu = 0, \ldots)$$

von solcher Beschaffenheit finden, dass, wenn man zur Abkürzung setzt

$$\lambda + \mu \alpha + \nu \alpha^2 + \cdots + \varrho \alpha^{n-1} = F(\alpha),$$

das Produkt

$$F(\alpha) F(\beta) F(\gamma) \cdots = 1 \quad \text{ist.}$$

Der Beweis dieses Satzes ist im höchsten Grade einfach und mit Hülfe geometrischer Betrachtungen auf zwei oder drei Seiten abzumachen.

Ich kann diesen Brief nicht schliessen, ohne den schon in Göttingen Ihnen vorgetragenen Wunsch zu wiederholen, dass es Ihnen gefallen möge, mich durch einen besondern Abdruck Ihrer schönen Untersuchungen über die allgemeine Theorie der Attraktionen zu beglücken, welche kennen zu lernen ich mich nur höchst ungern bis zur Vollendung des ganzen nächsten Heftes der Resultate etc. gedulden würde. In Erwartung einer gütigen Gewährung meiner Bitte verharre ich

Ihr dankbar ergebenster

Berlin, d. 3 Jan. 1840.

LEJEUNE DIRICHLET.

Darf ich Sie wohl bitten, inliegenden Brief WEBER einzuhändigen oder falls er in Leipzig seyn sollte, dorthin auf die Post geben zu wollen.

VII. LEJEUNE DIRICHLET AN GAUSS.

Hochgeehrter Gönner!

Wenn ich Ihnen das Resultat der in Ihrem Auftrage angestellten Erkundigungen wegen der russischen Bücher so spät mittheile, so wird diese Verspätung, wie ich hoffe, in dem guten Erfolge meiner Bemühungen einige Entschuldigung bei Ihnen finden. Wie Sie selbst hat H. Geheimrath VON VARNHAGEN grosse Schwierigkeiten gefunden, sich russische Bücher zu verschaffen. Die früher mit grosser Mühe zu diesem Zweck von ihm angeknüpften Verbindungen bestehen jetzt grossentheils nicht mehr; da er schon seit Jahren seine russischen Studien sehr vernachlässigt und es ihm folglich an Gelegenheit gefehlt hat, die früheren Verbindungen zu cultiviren. In jener früheren Zeit aber, als er das Russische mit grossem Eifer trieb, hat er einen nicht unansehnlichen Vorrath von Büchern erworben, die er Ihnen zu beliebiger Benutzung mit grosser Bereitwilligkeit zur Disposition stellt. Auf meinen Wunsch hat er ein Verzeichniss der wichtigsten dieser Bücher entworfen, welches ich beilege. Was Sie von diesen Werken zu lesen wünschen, bitte ich mir gefälligst zu nennen. Ich werde dann das Verlangte mir sogleich von H. VON V. ausbitten und Ihnen ohne Zeitverlust übersenden.

Ich bin gerade zu rechter Zeit von meiner Ferienreise zurückgekehrt, um den armen EISENSTEIN wenigstens noch einmal zu sehen. Als ich ihn den Tag nach meiner Ankunft besuchte, fand ich ihn zum Erschrecken verändert und so ganz mit seinen Leiden beschäftigt, dass selbst der Versuch, ihm von Ihnen zu erzählen und so ihn einen Augenblick zu zerstreuen, ohne Erfolg blieb. Bei so grenzenlosen Leiden musste mir der Tod, der noch in derselben Nacht eintrat, als eine Wohlthat für unsern armen Freund erscheinen.

Wie ich von WEBER höre, wünschen Sie Auskunft über den Ursprung der mathematischen Bibliothek, welche hier im März verkauft werden soll, wenn sie nicht früher — wozu einige Wahrscheinlichkeit vorhanden zu seyn scheint — im Ganzen acquirirt wird. Diese Bibliothek ist früher im Besitz eines Geheimraths HEILIGENSTEIN gewesen, der sich zu Anfang des Jahrhunderts in Paris aufhielt, und dann später in den seines Sohnes übergegangen, der ein Astronom gewesen seyn soll. — Mit dieser Bibliothek hat man zu gleichzeitiger Verauktionirung einige andere Sachen vereinigt, zu denen z. B. die beiden Mst von

Ihnen — wovon das eine das der *Determinatio attract.*, auf den Inhalt des anderen besinne ich mich nicht gleich — gehören, die aus DIRKSEN's Nachlass stammen.

Sie schienen neulich zu wünschen, dass mein Beweis für die Convergenz der trigonometrischen Reihen auf den Fall ausgedehnt würde, wo die Max. u. Min. der zu entwickelnden Funktion nicht mehr zählbar sind, und äusserten zugleich die Vermuthung, dass der Nachweis des Theorems in dieser erweiterten Voraussetzung wahrscheinlich keine wesentlichen Schwierigkeiten darbieten würde. Bei näherer Erwägung der Sache finde ich Ihre Vermuthung vollständig bestätigt, wenn man anders von gewissen ganz singulären Fällen absehen will. Die ganze Grundlage des Beweises bilden die Sätze, nach welchen

$$\lim \int_0^o f(\beta)\,\frac{\sin k\beta}{\sin\beta}\,d\beta = \frac{\pi}{2}\,f(0), \quad \text{und} \quad \lim \int_b^c f(\beta)\,\frac{\sin k\beta}{\sin\beta}\,d\beta = 0,$$

wo $0 < b < c \lessgtr \dfrac{\pi}{2}$ angenommen ist und sich das Zeichen lim auf das Unendlichwerden der positiven Grösse k bezieht.

Die Erweiterung dieser Sätze auf den eben erwähnten Fall, wo $f(\beta)$ eine unendliche Anzahl von Max. u. Min. darbietet, ist ganz leicht wenigstens für den zweiten Satz und ebenso für den ersten, wenn nur nicht unendlich viele Max. u. Min. in unmittelbarer Nähe von $\beta = 0$ liegen. Man darf nämlich aus den Integralen nur die Theile ausscheiden, innerhalb welcher eine solche Anhäufung von Max. u. Min. Statt findet und die man, wenn man die Grenzen dieser Theilintegrale einander hinlänglich nähert, so einrichten kann, dass dieselben beliebig klein bleiben, wie gross auch k werde. Aus dieser einfachen Bemerkung und nach der Art und Weise, wie aus obigen Sätzen die Convergenz geschlossen wird, folgt schon, dass die trigonometrische Reihe zur Darstellung einer beliebigen Funktion $\varphi(x)$ selbst dann, wenn die Max. u. Min. von $\varphi(x)$ nicht mehr zählbar sind, immer convergirt, wofern man x nur keinen Werth beilegt, in dessen unmittelbarer Nachbarschaft eine unendliche Anhäufung von Max. u. Min. von $\varphi(x)$ Statt findet. Um die Convergenz für die eben ausgenommenen Werthe nachzuweisen, muss gezeigt werden, dass der erste der obigen Sätze seine Gültigkeit behält, wenn $f(\beta)$ von $\beta = 0$ bis $\beta = \delta$, wo δ beliebig klein ist, unendlich oft vom Wachsen zum Abnehmen und umgekehrt übergeht. Ist alsdann $f(\beta)$ so beschaffen, dass die Differenz $f(\beta) - f(0)$ sich als ein Produkt darstellen lässt, dessen erster Faktor $\varphi(\beta)$ für ein unendlich kleines β

endlich bleibt, während der zweite, den ich positiv voraussetze und $\psi(\beta)$ nennen will, die Eigenschaft besitzt, dass das Integral $\int_0^\delta \psi(\beta)\,\dfrac{d\beta}{\beta}$, wie es z. B. für jede positive Potenz β^p der Fall ist, für ein unendlich kleines δ selbst unendlich klein wird, so darf man $\int_0^\delta f(\beta)\,\dfrac{\sin k\beta}{\sin\beta}\,d\beta$ nur in die beiden Bestandtheile

$$f(0)\int_0^\delta \frac{\sin k\beta}{\sin\beta}\,d\beta + \int_0^\delta \varphi(\beta)\sin k\beta\,\frac{\psi(\beta)}{\sin\beta}\,d\beta$$

zerlegen, von denen der erste für ein unveränderliches δ durch das Wachsen von k in $\dfrac{\pi}{2}\,f(0)$ übergeht, während der zweite für ein gehörig klein gewähltes δ immer kleiner bleibt als eine beliebig kleine Grösse. Hieraus und da $\int_\delta^c f(\beta)\,\dfrac{\sin k\beta}{\sin\beta}\,d\beta$ die Null zur Grenze hat, folgt dann, wenigstens in der vorhin gemachten Voraussetzung über $f(\beta)-f(0)$, die Richtigkeit des ersten Satzes.

Verzeihen Sie, verehrter Gönner, diese lange fast unbriefliche mathematische Exposition, die ich nicht gewagt haben würde, wenn ich eben als ich sie begann die grosse Ausdehnung derselben vorhergesehen hätte.

Genehmigen Sie, hochgeehrter Gönner, den Ausdruck der tiefen Bewunderung und innigen Verehrung

Ihres dankbar

ergebenen

DIRICHLET.

Berlin 20. Feb. 53.

49*

BRIEFWECHSEL ZWISCHEN G. LEJEUNE DIRICHLET UND LEOPOLD KRONECKER,

MITGETHEILT VON

HERRN ERNST SCHERING.*)

I. DIRICHLET AN KRONECKER.

Ich habe mir, verehrter Freund, so grosse Nachlässigkeit gegen Sie zu Schulden kommen lassen, dass ich fast verzweifeln muss, Ihre Verzeihung zu erlangen. Sie werden nämlich als junger Mann kaum glaublich finden, was ich zu meiner Entschuldigung anführen kann, da Sie sich schwerlich eine Vorstellung davon machen, wie sehr es einem im Mittelalter, in welches ich schon seit längerer Zeit getreten bin, an der nöthigen Flexibilität fehlt, um sich schnell in Dinge hineinzufinden, mit denen man nicht schon einigermassen vertraut ist. Als Ihr erster Brief ankam, war ich mit 13 wöchentlichen Vorlesungen und anderen Geschäften so überladen, dass die wenige Zeit, die ich dem Studium Ihrer interessanten Mittheilung zu widmen im Stande war, durchaus nicht ausreichte, um mir Ihre Untersuchungen klar zu machen. Ich hoffte, dass ich in den Ferien dazu gelangen würde, besser in das Wesen Ihrer Arbeit einzudringen, von der ich durch meine vorläufigen Bemühungen wenigstens die Ueberzeugung gewonnen hatte, dass Sie darin einen vielfach behandelten Gegen-

---

*) Nachrichten der K. G. d. W. zu Göttingen, Sitzung vom 4. Juli 1885. Herr Schering leitet die obige Correspondenz mit den Worten ein: „Diese Briefe gehören, ausser dem ersten, der Zeit von Dirichlet's Aufenthalt in Göttingen an und haben durch diese örtliche Beziehung ein besonderes Interesse für uns. Da dieselben auch eine grosse geschichtliche Bedeutung für die mathematische Wissenschaft besitzen, so habe ich Herrn Kronecker um die Erlaubniss gebeten, diese Briefe sowie auch einige von Herrn Kronecker an Dirichlet gerichtete Briefe abdrucken zu lassen, auf welche die oben erwähnten sich beziehen, und von welchen ich wusste, dass Dirichlet's Sohn dieselben nach des Vaters Tode an den Verfasser zurückgegeben hatte. Diese Erlaubniss hat Herr Kronecker gütigst gewährt und auch gestattet, dass seine Briefe an Dirichlet mit dessen Antworten auf dieselben der hiesigen Universitäts-Bibliothek übergeben werden."

F.

stand von einer neuen und wie mir schien sehr glücklich gewählten Seite angefasst haben. In dieser Hoffnung fand ich mich aber leider getäuscht, da ich gleich nach Beginn der Ferien von einem Anfall der Grippe heimgesucht wurde, der mich länger als drei Wochen zu jeder Anstrengung unfähig gemacht hat. Nachdem ich jetzt in den letzten Tagen Ihrer Arbeit, wie ich glaube, näher getreten bin, beeile ich mich Ihnen zu sagen, dass es mir sehr wünschenswerth scheint, dass Sie eine kurze Notiz über Ihre Untersuchungen veröffentlichen, da Sie leider durch Ihr fortgesetztes schlechtes Befinden verhindert sind, an eine ausführliche Redaktion derselben für jetzt zu denken. Wenn diese Notiz, die Sie durchaus so einrichten müssten, dass jeder dem Gegenstande nicht fremde Mathematiker sich vollständig daraus vernehmen kann, nicht die Grenzen überschreitet, welche den in den akademischen Monatsbericht aufzunehmenden Aufsätzen gesteckt sind, so werde ich sie mit Vergnügen der Akademie vorlegen und die Aufnahme in den Bericht beantragen*).

Das Weitere mündlich. Hoffentlich fällt Ihre hiesige Anwesenheit gar nicht oder doch wenigstens nicht ganz in die Zeit vom 12. bis 22. Mai, während welcher Tage ich meine Frau, die Karlsbad besuchen soll, dorthin begleite**).

Indem ich meine Frau und mich selbst Ihnen und Ihrer Frau Gemahlin bestens empfehle, nenne ich mich

Ihr treu ergebener

Berlin, 3. Mai 53.

DIRICHLET.

II. KRONECKER AN DIRICHLET.

Hochgeehrter Herr Professor,

Zu meiner grossen Freude habe ich vielfach gehört, dass Sie Sich in Ihrer neuen Heimath gar sehr gefallen und allen Grund haben mit jenem Wechsel zufrieden zu sein, der freilich uns hier so schweren Verlust gebracht hat. Wie

---

*) Die zwei Briefe von KRONECKER, auf welche sich DIRICHLET in diesem Briefe bezieht, haben sich in DIRICHLET's Nachlass nicht gefunden. Der wissenschaftliche Inhalt derselben ist in jener Notiz reproducirt, welche von DIRICHLET im Juni 1853 der Berliner Akademie mitgetheilt und im betreffenden Monatsberichte abgedruckt worden ist.   E. Sch.

**) Herr KRONECKER theilt mir gütigst mit, dass er Ende Mai 1853 auf einer Reise nach Paris, wohin er sich zur Consultation eines dortigen Arztes begab, Berlin passirt und DIRICHLET persönlich die Handschrift für die in der vorstehenden Bemerkung erwähnte Notiz übergeben hat.   E. Sch.

sehr ich grade bei diesem Verlust betheiligt bin und wie tief ich denselben empfinde, brauche ich Ihnen kaum zu sagen, denn Sie wissen selbst, wie unendlich viel ich Ihnen verdanke, und Sie wissen auch dass, Ihnen näher zu sein, der Hauptzweck bei meiner Uebersiedelung nach Berlin war. Ich hatte nun jetzt die Absicht Sie noch in diesem Monat zu besuchen, um wenigstens für ein paar Tage den langentbehrten Genuss Ihres persönlichen Verkehrs zu haben; aber da mir BORCHARDT gesagt hat, dass Sie schon in wenigen Tagen nach Paris reisen, um dort wohl etwa vier bis sechs Wochen zuzubringen, so will ich die Ausführung jenes Vorhabens bis nach Ihrer Rückkehr verschieben, vorausgesetzt, dass Sie Ihre mir früher mündlich gegebene Erlaubniss Sie zu besuchen noch aufrecht erhalten. Ich werde wohl — wenn auch nicht direct von Ihnen — so doch indirect durch BORCHARDT oder andere hiesige Bekannte zur Zeit erfahren, wenn Sie wieder in Göttingen sind. Für diese Zeit könnte ich mir nun freilich alle übrigen Mittheilungen aufsparen — aber wer weiss, was sich doch noch Alles zwischen Vorsatz und Ausführung eindrängt — und da ich Ihrer alten Theilnahme noch jetzt gewiss zu sein glaube, so will ich ein paar Worte über mein mathematisches Leben im vergangenen Winter beifügen.

Ich habe die ganze Zeit über — seit ich aus dem Seebade zurück bin — eigentlich recht anhaltend gearbeitet, und die dabei erlangten Resultate haben auch mein Streben grösstentheils belohnt. Freilich habe ich die Hauptfrage, auf welche ich vor etwa einem Jahre gekommen bin, nicht gelöst, aber eine Einsicht in dieselbe gewonnen, die mir sehr werthvoll ist. Ausserdem habe ich den ursprünglichen Zweck, um dessentwillen ich jene Frage lösen zu müssen glaubte, ohne diese Lösung so vollständig erreicht, dass mir in dieser Hinsicht wirklich nichts zu wünschen übrig bleibt. Ich habe nämlich eine Methode gefunden zur Herleitung aller Eigenschaften der auflösbaren Gleichungen von Primzahlgraden, deren Einfachheit und Strenge allen gerechten Anforderungen entsprechen dürfte*). Denn die Methode verlangt keinen irgend höheren Standpunkt mathematischen Fassungsvermögens als das Problem selbst, welches dadurch erledigt wird. Ich werde den Sommer zur sorgfältigen Ausarbeitung dieser Sachen verwenden, und diese wird nur desshalb ziemlich umfangreich werden, weil so sehr viel einzelne Resultate herauskommen, und weil ich keinen

---

*) Es ist dies, wie Herr KRONECKER mir gütigst mitgetheilt hat, die Methode, welche er regelmässig — und zwar zum ersten Male im Winter 1861/62 — in seinen Universitäts-Vorlesungen gegeben und alsdann im Monatsberichte der Berliner Akademie vom März 1879 veröffentlicht hat. E. Sch.

Raum sparen darf bei der genauen Bezeichnung gewisser ganz neuer Gesichtspunkte*), die namentlich in den GALOISSchen und ABELSchen Fragmenten vermisst werden, und ohne welche die erforderliche Strenge nicht beobachtet
werden kann. Einige ganz hübsche Resultate oder — richtiger gesagt —
hübsche Anschauungen, die ich bei der Beschäftigung mit jenen „Methoden"
erlangt habe, werde ich unter Kurzem in einer kleinen Notiz veröffentlichen,
da diese Dinge in den zu redigirenden vollständigen Abhandlungen erst ganz
zuletzt an die Reihe und also erst etwa in einem Jahre zur Publikation kommen
würden. Ich werde in dieser Notiz auch die allgemeinste Wurzel einer ABEL-
schen ganzzahligen Gleichung als complexe Zahl dargestellt angeben, da es mir
jetzt gelungen ist, diese in so einfache Form zu bringen, dass „die erforderlichen zahlentheoretischen Vorbemerkungen" (wie ich mich am Schlusse der im
Juni 1853 der hiesigen Akademie überreichten Notiz ausdrücken musste) nur
noch ganz unbedeutend sind. — Während ich auf diese Weise die Untersuchung
der Auflösbarkeit von Gleichungen, deren Grad eine Primzahl ist, vollständig
absolvirte, habe ich mich aber auch vielfach mit allgemeineren Arbeiten beschäftigt und zwar einerseits, indem ich die Untersuchung der Gleichungen be-
züglich ihrer Auflösbarkeit auch für diejenigen Grade vornahm, die nicht Primzahlen sind, und andrerseits indem ich die Untersuchung der Gleichungen nicht
mehr auf ihre Auflösbarkeit beschränkte, sondern auf die Ergründung aller Eigenschaften ausdehnte, die eine Gleichung überhaupt haben kann. In dieser Beziehung bin ich allerdings erst so weit gekommen, das ganze grosse neue Feld
vor mir zu sehen d. h. klar zu wissen, was zu suchen ist; aber diess ist, wie
ich glaube, bei einer Untersuchung von solcher Allgemeinheit auch nicht ganz
unbedeutend. Die vollständige Lösung des ganz präcisen Problems, welches ich
mir in dieser Hinsicht gestellt habe, dürfte freilich, wenn überhaupt, meinen
schwachen Kräften erst in geraumer Zeit gelingen. Aber lohnend ist es gewiss
Zeit und Mühe an eine einzige Frage zu wenden, welche die ganze Theorie
der algebraischen Gleichungen (mit einer unbekannten Grösse) vollständig umfasst. Ich bemerke nur noch, dass ich dieses Problem für die ersten Grade —
den siebenten eingeschlossen — gelöst habe, dass die Schwierigkeiten dabei erst
mit dem 7ten Grade anfangen, dass ich aber schon für diesen speziellen Fall

---

*) Nach einer von Herrn KRONECKER mir gütigst zugegangenen brieflichen Mittheilung sind hiermit
die „Gesichtspunkte" gemeint, welche ihn auf die Feststellung des mit dem Ausdrucke „Rationalitäts-Bereich"
bezeichneten Begriffes geführt haben.   E. Sch.

Ergebnisse erlangt habe, die durch ihre Neuheit wie durch den wunderbaren Zusammenhang mit der complexen Zahlentheorie mir sehr interessant scheinen. Dabei zeigte sich mir das Naturgemässe dieser abstrakten algebraischen Untersuchungen in dem bemerkenswerthen Umstande, dass — wie alle auflösbaren und ABELschen Gleichungen in den Theorieen transcendenter analytischer Functionen vorkommen — so auch alle diejenigen „Affecte" (um mit JACOBI zu sprechen), die ich als überhaupt nur möglich a priori gefunden habe, bei gewissen bekannten Gleichungen 7ten Grades wirklich auftreten. — Was nun die Auflösbarkeit der Gleichungen anlangt, deren Grad eine beliebige zusammengesetzte Zahl ist, so habe ich auch in dieser Untersuchung wesentliche Fortschritte gemacht, ohne sie indessen zum vollständigen Abschluss gebracht zu haben ... meine Arbeit über die Gleichungen von Primzahlgraden wird die einfachen Gesichtspunkte angeben, durch welche das Algebraische und das Zahlentheoretische in diesem ganzen Gebiete gehörig geschieden und in Folge dessen eine Klarheit und Sicherheit erlangt wird, die bisher überall vermisst wurde. Aber Sie werden es gewiss billigen, hochverehrter Herr Professor, dass ich jetzt meine vorerwähnten allgemeinen Untersuchungen unterbreche, um einmal an die Redaction des — wenn auch nicht dem Inhalte — so doch dem Umfange nach ziemlich ansehnlichen Materials zu gehen, das sich mir durch fast dreijährige Arbeiten gesammelt hat. Ausserdem will ich auch jetzt gleich einige ganz kleine Abhandlungen fertig machen, um sie Herrn LIOUVILLE zu überschicken; und Sie würden mich sehr verbinden, wenn sie in Paris gelegentlich durch Ihr gewichtiges Wort die möglichst baldige Aufnahme derselben ins Journal befürworteten. Ich werde in der ersten dieser Abhandlungen die Kleinigkeit über BERNOULLIsche Zahlen auseinandersetzen, welche ich vor mehr als zehn Jahren gemacht habe; in der zweiten werde ich eine bei Vorträgen über Kreistheilung passende und äusserst einfache Weise der Zeichenbestimmung von

$\Sigma e^{\frac{2k^2\pi i}{p}}$ mittheilen; in der dritten werde ich einen höchst simpeln Beweis für die Irreductibilität von $1 + x + x^2 + \cdots + x^{p-1}$ geben, und die vierte wird eine wesentliche Abkürzung einer von KUMMER in seinem Aufsatze über die complexen Zahlen angewendeten Methode enthalten. — Diess, geehrtester Herr Professor, sind meine guten Vorsätze für die nächsten Wochen, — die Ausarbeitung mancher andrer Sachen, die ich in diesem Winter und früher gemacht habe, verschiebe ich noch, weil ich sie noch nicht für reif genug halte, — denn ich habe bei meinen Arbeiten über die auflösbaren Gleichungen die Erfahrung gemacht, dass ich die Dinge erst eine lange Zeit wärmen muss, ehe sie die für die Publication erforderliche Reife erhalten.

Aber ich habe Ihre Lese-Geduld gewiss schon auf eine zu harte Probe gestellt und will desshalb endlich diese Zeilen schliessen, indem ich Ihnen eine recht glückliche Reise wünsche und meine Frau sowie mich selbst Ihnen und Ihrer Frau Gemahlin auf das Angelegentlichste empfehle.

Mit aufrichtigster Verehrung und Anhänglichkeit

Ihr

dankbarer Schüler

Berlin, den 3. Maerz 1856.

LEOPOLD KRONECKER.

Von KUMMER habe ich die besten Grüsse beizufügen.

D. O.

III. KRONECKER AN DIRICHLET.

Hochgeehrter Herr Professor,

Als ich Ihnen am 3. Maerz schrieb, hatte ich zwar schon an die Möglichkeit gedacht, dass mein Göttinger Reiseprojekt durch irgend etwas vereitelt werden könnte — aber es lag doch nichts vor, um diess gradezu zu befürchten. Inzwischen hat mich mein altes Uebel wieder gequält, mein kleiner Sohn — den ganzen vorigen Winter leidend — bedurfte einer baldmöglichen Luftveränderung — und so sind wir seit einigen Wochen hier in Koesen, von wo ich Ende Juli in ein Seebad gehen werde, um meine eigene Gesundheit wieder möglichst ins Geleis zu bringen*). Da ich auf diese Weise wieder darauf angewiesen bin, mich schriftlich Ihrem Andenken zu erhalten, so bekommen Sie hier diese Paar Zeilen bloss als Geleitschreiben des Abdruckes von einem kleinen Aufsätzchen, dessen Entstehungsgrund ich Ihnen bereits am 3. Maerz mitgetheilt habe. Ich hoffe, dass dieser Grund genügende Entschuldigung für die Existenz

---

*) Herr KRONECKER hat sein Göttinger Reiseproject in der That noch im Sommer 1856 ausgeführt.
E. SCH.

der beifolgenden Unbedeutendheit in Ihren Augen sein wird, falls Sie einmal gelegentlich einen Blick hinein thun sollten*). Für diesen Fall erwähne ich nur noch, dass die auf pag. 209 definirten Zahlen k und deren Eigenschaften mir mehr Mühe gemacht haben als man ihnen ansieht, und dass überhaupt die Herleitungen und Beweise der mitgetheilten Resultate über ABELsche Gleichungen manche Schwierigkeiten grade in der erforderlich gewesenen detaillirten Ausarbeitung darboten. — Uebrigens sind die erwähnten Zahlen k in mancher Beziehung interessant, und es erleidet keinen Zweifel, dass sie bei gewissen Formenanzahlen dieselbe Rolle spielen, wie die von Ihnen mit a und b bezeichneten Zahlen in der Theorie der quadratischen Formen. Wenn man nämlich (um die in dem Aufsätzchen den Buchstaben n und m beigelegten Bedeutungen beizubehalten) überhaupt Formen n^{ten} Grades mit mehreren Variabeln betrachtet, so kann man die den einfachsten complexen Zahlen entsprechenden so definiren: „dass die Formen in lineare Factoren zerlegbar und schon die cyklischen Functionen dieser linearen Factoren rationale Functionen der Variabeln (d. h. mit rationalen Coëfficienten) sein sollen“. Derlei Formen n^{ten} Grades mit der Determinante m sind dann nichts Anderes als die Normformen (und deren associirte) von complexen Zahlen, die aus den Perioden $\varpi(\varrho)$ gebildet sind, und bei deren Formenanzahl eben die k's auftreten müssen. Sie sehen, dass man auf diese Weise eine einfache Erklärung derjenigen Formen hat, die offenbar die zunächst liegenden sind, und dass hierbei nichts von jenen zufälligen Besonderheiten auftritt, welche EISENSTEIN bei Erklärung der Kreistheilungsformen 3ten Grades mit 3 Variabeln hat zu Hülfe nehmen müssen. — Was meine Arbeiten anlangt, so bin ich in meiner Hauptbeschäftigung nur wenig vorgeschritten, da ich mich mit einigen kleinen Ausarbeitungen habe beschäftigen müssen. Aber ich bin vielfach in den hoffnungsvollen Fernsichten, dem, was ich beweisen kann, vorausgeeilt und habe dabei Anschauungen von der Natur der Gleichungen gewonnen, die, wenn sie sich bewähren, ein ganz neues und erhebliches Interesse gewähren dürften. Bei der gänzlichen Neuheit des Feldes aber, auf welchem ich jetzt arbeite, und bei der kaum zu bewältigenden Complicirtheit glaube ich, dass ich jahrelanger Arbeit bedürfen werde, ehe ich zu stricten Resultaten komme. Also, geehrter Herr Professor, erwarten Sie in

---

dieser Hinsicht nicht so bald etwas von mir, zumal ich ein gut Theil Zeit auf die sorgfältigste elementare Bearbeitung meiner älteren Resultate verwenden werde. Und ich habe ja doch nichts zu versäumen — vorausgesetzt dass meine Gesundheit mit den Jahren besser statt schlechter wird. Nun nur noch eins!

Bei Gelegenheit eines kleinen Sätzchens über ganzzahlige Gleichungen, welches wohl in dem ersten unter BORCHARDT's Namen erscheinenden Hefte des Journals abgedruckt werden wird, kam ich wiederholt auf Ihre Notiz über complexe Einheiten im Monatsberichte der Akademie. Erlauben Sie mir in Bezug darauf Ihnen zu sagen, dass — wie ich glaube — Ihre dortige Darstellung zu Missverständnissen führen kann, und dass es meines Erachtens besser wäre die Sache zum Theil vom Ende anzufangen. Hat man nämlich — und Sie zeigen, dass diess stets zu finden ist — ein System von Einheiten:

$$\Phi_1(\alpha), \quad \Phi_2(\alpha), \quad \ldots, \quad \Phi_{h-1}(\alpha),$$

für welches — wenn α' und α conjugirt,

$$\Phi_k(\alpha).\Phi_k(\alpha') = a_k \text{ und } \log a_k = A_k$$

gesetzt wird — jene Determinante $\Sigma \pm A_1 B_2 C_3 \ldots$ nicht verschwindet, so giebt es keine von 0 verschiedenen Werthe für m_1, m_2, $\ldots$, m_{h-1}, so dass die Gleichungen:

$$A_1 m_1 + A_2 m_2 + \cdots + A_{h-1} m_{h-1} = 0,$$
$$B_1 m_1 + B_2 m_2 + \cdots + B_{h-1} m_{h-1} = 0,$$
$$\vdots$$

sämmtlich erfüllt würden. Also kann nicht

$$\Phi_1(\alpha)^{m_1} \Phi_2(\alpha)^{m_2} \ldots \Phi_{h-1}(\alpha)^{m_{h-1}} = 1$$

sein für irgend welche ganze Werthe von m_1, m_2, $\ldots$, m_{h-1}, denn sonst folgte wegen der Irreductibilität der zu Grunde gelegten Gleichung

$$\Phi_1(\alpha')^{m_1} \Phi_2(\alpha')^{m_2} \cdots = 1,$$
$$\Phi_1(\beta)^{m_1} \Phi_2(\beta)^{m_2} \cdots = 1,$$
$$\Phi_1(\beta')^{m_1} \Phi_2(\beta')^{m_2} \cdots = 1 \text{ etc.}$$

also durch Multiplication von je zwei dieser Gleichungen:

$$a_1^{m_1} . a_2^{m_2} \cdots = 1, \quad b_1^{m_1} b_2^{m_2} \cdots = 1 \text{ etc.}$$

für alle h Gleichungen was ja eben unmöglich ist. Folglich bilden $\Phi_1(\alpha)$, $\Phi_2(\alpha) \ldots$ ein System von unabhängigen Einheiten.

50*

Ich meine, dass eine solche Umkehr der Aufeinanderfolge Ihrer Schlüsse vor gewissen Missdeutungen hüten würde. Man ist nämlich durch die Worte pag. 106: „Sollen nun z. B. drei Auflösungen . . .“ und resp. durch die folgende Stelle: „Berücksichtigt man, . . .“ veranlasst zu glauben

1, dass für ein System unabhängiger Einheiten keine einzige der obigen h Gleichungen stattfinden könne — während es doch nur unmöglich ist, dass alle stattfinden,

2, könnte man denken, dass die Gleichung $a_1^{m_1} a_2^{m_2} \cdots = 1$ die Gleichung $b_1^{m_1} b_2^{m_2} \cdots = 1$ etc. zur Folge hat, während doch nur aus der Existenz der Gleichung

$$\Phi_1(\alpha)^{m_1} \Phi_2(\alpha)^{m_2} \cdots = 1$$

die aller übrigen folgt. Die Gleichung $a_1^{m_1} a_2^{m_2} \cdots = 1$, d. h.

$$\Phi_1(\alpha)^{m_1} \Phi_1(\alpha')^{m_1} \Phi_2(\alpha)^{m_2} \Phi_2(\alpha')^{m_2} \cdots = 1,$$

lässt keinerlei Folgerungen über den Bestand derselben zu, wenn α in β verwandelt wird.

Ich erwähne nur noch der Fälle, wo in der That für ein System unabhängiger Einheiten $\Phi_1(\alpha), \ldots, \Phi_{h-1}(\alpha)$ eine oder mehrere der Gleichungen

$$a_1^{m_1} a_2^{m_2} \cdots = 1, \quad b_1^{m_1} b_2^{m_2} \cdots = 1, \quad \ldots$$

(aber natürlich nicht alle) befriedigt werden. Wenn nämlich z. B. eine Einheit $\Psi(\alpha)$ existirt, deren analytischer Modul $= 1$ ist, und welche doch nicht Wurzel der Einheit ist (und es ist leicht zu zeigen, dass diess möglich ist), so muss nach Ihrem Fundamentalsatze

$$\omega \, \Psi(\alpha) = \Phi_1(\alpha)^{m_1} \Phi_2(\alpha)^{m_2} \ldots \Phi_{h-1}(\alpha)^{m_{h-1}}$$

sein, wenn $\Phi_1(\alpha), \ldots$ die Fundamentaleinheiten und ω eine Wurzel der Einheit bedeutet. Verwandelt man hierin $\sqrt{-1}$ in $-\sqrt{-1}$, so wird

$$\omega^{-1} . \Psi(\alpha') = \Phi_1(\alpha')^{m_1} . \Phi_2(\alpha')^{m_2} \ldots \Phi_{h-1}(\alpha')^{m_{h-1}}$$

und durch Multiplication, wenn man berücksichtigt, dass $\Psi(\alpha) \Psi(\alpha') = 1$ ist:

$$1 = a_1^{m_1} . a_2^{m_2} \ldots a_{h-1}^{m_{h-1}},$$

wo die m's von 0 verschieden sind. Es gäbe noch mancherlei hierbei zu erwähnen, doch lohnt es nicht der Schreiberei, und ich verlasse desshalb diesen Gegenstand, um Sie nur noch zu fragen, ob Sie die Bemerkung für interessant halten, dass man cyklometrische Auflösungen der Gleichung $x^2 + D y^2 = 4p$ finden kann, wenn $p \equiv 1 \pmod{D}$ ist. Es ist diess leicht als Verallgemeinerung der JACOBI'schen Ψ's zu sehen, woraus dort nur die Auflösung von $x^2 + 3y^2 = 4p$ und $x^2 + 7y^2 = 4p$ sich ergiebt. Es ist mir diese ganze Bemerkung nur abgefallen von allgemeineren Betrachtungen, die sich aber im Uebrigen noch nicht hinreichend fruchtbringend gezeigt haben.

Nimmt man der grösseren Einfachheit wegen $D = \lambda$ einer Primzahl von der Form $4n + 3$, so ist, wenn $\alpha^\lambda = 1$, $x^p = 1$ und $p = k\lambda + 1$, nach JACOBI's Bezeichnung

$$(\alpha, x) = x + \alpha x^g + \alpha^2 x^{g^2} + \cdots,$$

und das Product $\Pi(\alpha^a, x)$, welches sich auf alle quadratischen Reste a von λ bezieht, ist wie leicht zu sehen von der Form $\frac{1}{2}u + \frac{1}{2}v\sqrt{-\lambda}$, wo u und v ganze Zahlen sind. Es ist nun

$$\frac{u + v\sqrt{-\lambda}}{u - v\sqrt{-\lambda}} = \left(\frac{U + V\sqrt{-\lambda}}{U - V\sqrt{-\lambda}}\right)^{\frac{\Sigma b - \Sigma a}{\lambda}},$$

wenn U und V die Zahlen der Auflösung von $U^2 + \lambda V^2 = 4p$ bedeuten. Man sieht hieraus, dass man für ein gegebenes p und λ eine Gleichung vom Grade $\frac{\Sigma b - \Sigma a}{\lambda}$ aufstellen kann, welche (wenn $U^2 + \lambda V^2 = 4p$ in ganzen Zahlen auflösbar ist) eine einzige rationale Wurzel hat, aus welcher die Werthe von U und V unmittelbar hervorgehen. —

Ich habe mich — zu meinem Schrecken sehe ich es — schon wieder allzusehr ausgebreitet und bitte Sie desshalb um Entschuldigung. Ich bitte Sie ferner mich und meine Frau Ihrer Frau Gemahlin angelegentlichst zu empfehlen und bitte Sie endlich mir Ihr so sehr schätzbares Wohlwollen stets zu bewahren.

Mit innigster Anhänglichkeit und Verehrung

Ihr

dankbarer Schüler

Koesen, den 26. Juni 1856.

LEOPOLD KRONECKER.

IV. KRONECKER AN DIRICHLET.

Hochgeehrter Herr Professor!

Ich habe so eben an Herrn Dr. DEDEKIND ein Paar Zeilen geschrieben, und da treibt mich meine alte Anhänglichkeit auch Ihnen einige Worte zu schicken selbst auf die Gefahr hin, dass Ihr Interesse für mich inzwischen einigermassen erkaltet sein sollte. Zumal habe ich nicht recht Aussicht Sie bald einmal persönlich wiederzusehen*), denn Sie reisen stets nach Westen, und ich kann aus vielfachen Gründen nicht nach Göttingen kommen. — Mit meinen mathematischen Arbeiten ist es mir im vergangenen Winter sonderbar gegangen, nämlich sowohl in meinen algebraischen Ausarbeitungen als in den weiteren Untersuchungen über die Affecte der Gleichungen bin ich immerfort von scheinbar wenig damit zusammenhängenden Dingen unterbrochen worden, ohne dass ich grade Grund hätte mit diesen Unterbrechungen unzufrieden zu sein. Denn ich habe so manche sehr interessante Sachen gefunden, und da ich mich zumeist dadurch so unabhängig fühle, dass mich keine Spur irgend welchen Ehrgeizes quält, da ich vielmehr einzig und allein meine Freude in der Erkenntniss des Wahren habe, so kommt es mir wenig darauf an, wozu ich grade meine Zeit verwende, wenn ich sie nur überhaupt gut benutze. — Die beiden Hauptepisoden meiner Arbeiten betrafen die complexe Multiplication der elliptischen Functionen und die Theorie der allgemeinsten idealen Zahlen. In Bezug auf das erste Thema habe ich Ihnen meine ersten Resultate schon im December hier mitgetheilt. Ich habe in den ersten drei Monaten dieses Jahres noch viele ähnliche Resultate gefunden, Alles streng bewiesen und überhaupt die betreffende Untersuchung eigentlich abgeschlossen. Das dabei durchforschte kleine mathematische Gebiet war mir in vieler Beziehung äusserst interessant. Die Eleganz der Resultate und die Einfachheit der Beweismethoden, der Zusammenhang der Analysis und Zahlentheorie, die weiteren Aussichten, die die Sachen gewähren — alles das vereinigte sich, um meinen Eifer in der Untersuchung anzuspornen und nachher zu belohnen. Ich werde kurz die wesentlichsten Resultate anführen: 1, die Moduln k, für welche Multiplication mit $a + b\sqrt{-D}$ stattfindet, sind Wurzeln einer auflösbaren Gleichung Hten Grades, deren Coëfficienten complexe Zahlen von der Form $a + b\sqrt{-D}$ sind, wo H die Anzahl der quadratischen Formen für die Determinante $-D$ bedeutet. 2, die Gleichung hat den Charakter der von ABEL behandelten Gleichungen, dass sämmtliche Wurzeln rationale Functionen einer einzigen sind, und dass, wenn: k, $\theta(k)$, $\theta_1(k)$ solche Wurzeln bedeuten, $\theta\theta_1(k) = \theta_1\theta(k)$ ist. Die Anzahl der hierbei nach ABEL entstehenden Cykeln oder Perioden ist gleich dem Irregu-

---

*) DIRICHLET hatte im December 1856 Berlin besucht.   E. SCH.

laritäts-Exponenten von GAUSS für $-D$. Ist jene Anzahl $= 1$ also jene Gleichung eine (wie ich es nenne) „Abelsche", so ist die Determinante regulär.
Es ist mir nicht aussichtslos, dass ich noch werde bestimmen können, ob jene
Gleichung eine Abelsche ist oder nicht und damit also, ob die Determinante
regulär oder irregulär ist. Wenigstens kann ich schon jetzt den Charakter einer
solchen Bestimmung angeben, und der ist merkwürdig genug. 3, Aus den
H Moduln k lassen sich die Coëfficienten eines Systems nicht äquivalenter quadratischer Formen der Determinante $-D$ in transcendenter Form angeben.
4, Gewisse rationale Functionen der irrationalen Grössen k lassen sich als ideale
Zahlen betrachten, welche die quadratischen Formen ersetzen. Diese idealen
Zahlen erschliessen manche Eigenthümlichkeit der Zahlentheorie und Algebra,
und ich erwähne in dieser Beziehung nur, dass sie bei Aufstellung der Abelschen Gleichungen mit complexen Coëfficienten mit Nothwendigkeit erscheinen.
Ihre Analogie mit den wirklichen Zahlen $a + b\sqrt{-D}$ geht ferner daraus hervor,
dass sie dieselben bei der Multiplication der elliptischen Functionen gradezu ersetzen. 5, Der erwähnten Untersuchung gebührt jedenfalls das Verdienst auf
den für die Berechnung und überhaupt einfachsten Ausdruck der Formenanzahl
für die Determinante $-D$ aufmerksam gemacht zu haben. Aus jener Untersuchung resultiren nämlich eine Menge recurrirender Formeln der allereinfachsten
Art für die zu den Determinanten: $-D$, $-D + 1^2$, $-D + 2^2$, $-D + 3^2$, $\ldots$
gehörigen Formenanzahlen. Viele dieser Formeln lassen sich ganz simpel aus
dem Zusammenhang der Formenanzahl mit der Anzahl der Darstellungen als
Summe von 3 Quadraten ableiten und, was schöner ist, jene Theorie giebt einen
Beweis dieses Zusammenhanges. Aber ein andrer Theil jener Formeln scheint
mir arithmetisch schwer beweisbar. Ich habe trotz mancher daran gewendeten
Mühe keine Ahnung davon, wie es möglich sein wird. Ich theile Ihnen zur
Probe eine dieser Formeln hier mit: Sei $F(m)$ die Anzahl der Formen für die
Determinante $-m$, so ist:
$$F(n) + 2F(n-1) + 2F(n-4) + 2F(n-9) + 2F(n-16) + \cdots = \Phi(n),$$
wo $\Phi(n)$ die Summe derjenigen Divisoren von n bedeutet welche grösser als
$\sqrt{n}$ sind, und wo $n \equiv 3 \bmod 4$ ist. 6, Wenn n Primzahl, so ist $\Phi(n) = n$, und
da findet eine merkwürdige Eigenschaft der Formen statt, die ich noch nicht
bewiesen und auf sehr eigenthümlichen Inductionswegen gefunden habe, eine
Eigenschaft, welche zeigt, dass die Determinanten n, $n-1$, $n-4 \ldots$ in vieler
Beziehung zusammen zu betrachten sind. Denkt man sich nämlich alle redu-

cirten Formen für alle diese Determinanten: $-(n-r^2)$ und für alle diese Formen (a, b, c) die Zahlen, welche der Ausdruck $\frac{b \pm \sqrt{-n+r^2}}{a}$ oder besser: $\frac{b \pm r}{a}$ modulo n congruent ist, so erhält man grade alle Zahlen 0, 1, 2 ... $(n-1)$. Ist das nicht schön? 7, Wenn D als Summe dreier Quadrate darstellbar ist, so erhält man auf die einfachste Art die Formenanzahl ausgedrückt durch die Anzahl der Darstellungen als Summe von 2 Quadraten von: $D-1$, $D-4$, $D-9$ ...; da diese Anzahlen nur von den Primfactoren abhängen, so ergiebt diess eine Weise zur Berechnung der Formenanzahl die — mit Hülfe einer Factorentafel — im Wesentlichen nur auf „Ablesen" hinaus kommt. 8, Diejenigen Moduln k, für welche die Modulargleichungen gleiche Wurzeln haben, sind von der oben bezeichneten Art. Es charakterisirt diess die von mir betrachteten elliptischen Functionen als gewissermassen Grenzwerthe der allgemeinen und zwar als solche, die einen Schritt näher liegen als die äusserste Grenze d. h. die Kreisfunctionen. Während es für diese nur Multiplication giebt, findet für meine besonderen ellipt. F. zwar auch Transformation statt, aber dieselbe ist hier selbst eine Art von Multiplication; die Multiplication wird durch die forma principalis, die Transformationen werden durch die andern Formen repräsentirt. Haec hactenus. Augenblicklich stecke ich tief in Untersuchungen über allgemeine complexe Zahlen von der Form, wie Sie die Einheiten betrachtet haben. Ich habe die Begriffe der idealen Zahlen, die Reduction der Formen etc. festgestellt und durch diese allgemeinsten Betrachtungen eine sehr bemerkenswerthe Einfachheit erzielt. Und es ist keine hohle Allgemeinheit; denn ich bin sehr schönen Resultaten auf der Spur und weiss ziemlich genau, wie weit ich kommen werde. Das Schönste daran ist, dass man den Begriff der derivirten Formen für alle diese zerlegbaren Formen allgemein aufstellen und, wie ich glaube, auch das Verhältniss der Formenanzahl für primitive und derivirte allgemein bestimmen kann. Für eine grosse Classe (wozu die quadratischen Formen, die Kreistheilungsformen gehören) ist es mir bereits gelungen. Auch geben meine Untersuchungen eine Einsicht in Ihr Resultat über die Formenanzahl für eine reelle Determinante in der complexen Zahlentheorie. Doch genug! Raum, Zeit und wohl auch Ihre Geduld sind zu Ende, und desshalb bitte ich nur noch ein Bischen Wohlwollen zu bewahren

Ihrem Ihnen aufrichtig ergebenen

Berlin, 17. Mai 57.
Köthner Str. 12.

LEOPOLD KRONECKER.

V. DIRICHLET AN KRONECKER.

Herrn Dr. KRONECKER

in Berlin
Köthener Str. Nr. 12.

Da Sie, verehrter Freund, aus Erfahrung wissen, wie tief bei mir die üble Gewohnheit eingewurzelt ist, die Briefe selbst meiner liebsten Freunde sehr spät zu beantworten, so werden Sie sich kaum wundern, wenn die durch BORCHARDT und EHLERT hierher überbrachte Nachricht, dass Sie von Berlin abwesend seyen, meinen festen Entschluss, Ihnen während der Pfingstferien zu schreiben, nicht zur Ausführung hat kommen lassen. Da Sie aber, wie ich von DEDEKIND erfahre, wieder zurück sind und Berlin bald wieder verlassen wollen, so kann ich nicht länger zögern, Ihnen meinen innigsten Dank für Ihren so interessanten Brief abzustatten. Für die überaus grosse Freude, welche mir die Mittheilung Ihrer schönen Entdeckungen verursacht hat, finde ich keinen passenderen Ausdruck als Ihnen aus vollster Ueberzeugung *macte virtute* zuzurufen. Zugleich kann ich Ihnen nicht verhehlen, dass sich dieser Freude etwas Egoismus beimischt, da ich mir bei aller Bescheidenheit das Zeugniss nicht versagen kann, dass ich Sie zuerst in die unteren Regionen einer der Wissenschaften eingeführt habe, auf deren Höhen Sie jetzt als Meister einherschreiten. Ich rede absichtlich nur von einer dieser Wissenschaften, denn an Ihrer algebraischen Grösse muss ich mich völlig unschuldig erklären.

Mein Interesse an den merkwürdigen Beziehungen, die Sie zwischen den quadratischen Formen, der Algebra und den elliptischen Funktionen aufgefunden haben, ist um so lebhafter, als ich selbst zuweilen ähnlichen Beziehungen nachgespürt habe. Ein hierauf bezüglicher Gesichtspunkt ist in meiner Abh. R. s. d. a. § 7 angedeutet, doch wird das am bezeichneten Orte Gesagte, wie ich später bemerkt, sehr durch die dort vorausgesetzte Bedingung verdunkelt, dass bei den doppelten Summationen nach x und y, das Trinom $ax^2 + 2bxy + cy^2$ relative Primzahl zu D seyn muss. Ich habe den Gegenstand von dem durch Beseitigung der erwähnten Bedingung sehr vereinfachten Gesichtspunkt aus eine gute Strecke weiter verfolgt, glaube jedoch, wenn ich anders Ihre leider sehr kurzen Mittheilungen richtig deute, dass die von mir gemachten Bemerkungen kaum etwas mit Ihren schönen Resultaten gemein haben, welche wesentlich auf der Partikularisirung des Moduls zu beruhen scheinen, während meine Betrachtung die Unbestimmtheit von k und des davon abhängigen q voraussetzt. Um so begieriger bin ich, das Fundament und den eigentlichen Ausgangspunkt Ihrer Untersuchungen kennen zu lernen, auf deren baldige Publikation ich rechnen zu dürfen glaube, da Sie selbst Ihre Arbeit als im Wesentlichen abgeschlossen betrachten und als eine von mässigem Umfange bezeichnen.

Was mich betrifft, so bin ich jetzt mit der Ausarbeitung der hydrodynamischen Abhandlung beschäftigt, von deren Gegenstand zu Weihnachten flüchtig zwischen uns die Rede war. Das Hauptresultat lässt sich ungefähr so formuliren.

„Hat eine incompressible homogene flüssige Masse, deren Theile sich nach dem Newtonschen Gesetze anziehen und die an ihrer Oberfläche einen constanten oder nur von der Zeit abhängigen Druck erleidet, anfänglich die Gestalt eines Ellipsoides, ist ferner die anfängliche Bewegung so beschaffen, dass sie in zwei einfachere zerlegbar ist, eine Drehung um eine durch den Mittelpunkt gehende Axe mit derselben Winkelgeschwindigkeit für alle Massenelemente, und eine zweite Bewegung, bei welcher alle Massenelemente sich in Bezug auf drei bestimmte sich im Mittelpunkte rechtwinklig durchschneidende Ebenen so bewegen, dass ihre Geschwindigkeiten senkrecht gegen jede dieser Ebenen zerlegt, den Abständen von denselben proportional sind, so wird die Oberfläche zu einer beliebigen Zeit die Form eines Ellipsoides haben, welches mit dem ursprünglichen concentrisch ist, dessen Axen aber in Grösse und Richtung mit der Zeit veränderlich sind. Hinsichtlich der Bewegung der einzelnen Elemente gilt dasselbe, was für den ersten Augenblick vorausgesetzt wurde, d. h. die augenblickliche Bewegung ist zu jeder Zeit aus zwei einfachen, wie sie oben definirt wurden, zusammengesetzt, so jedoch dass die Drehungsaxe und die drei Ebenen, welche diesen Bewegungen entsprechen, im Allgemeinen mit der Zeit veränderlich sind.

Wie leicht zu sehen, involvirt der vorausgesetzte ursprüngliche Bewegungszustand 8 willkührliche Grössen und es ist merkwürdig, dass sich für einen solchen Anfangszustand der allgemeine Charakter der eintretenden Bewegung angeben lässt. Ich sage „der allgemeine Charakter der Bewegung", denn zur vollständigen Kenntniss derselben sind 9 Funktionen der Zeit zu bestimmen, welche durch eben so viele Gl. definirt werden, eine endliche und 8 Differt. gl. 2ter Ordnung, für welche man allgemein 7 Integrale erster Ordnung angeben kann. Die vollständige Lösung lässt sich nur in speciellen Fällen durchführen, von denen einer der einfachsten der ist, wenn das Ellipsoid zwei gleiche Axen hat und die Bewegung ohne anfängliche Geschwindigkeit beginnt.

Aus meinen Gl. ergiebt sich die Lösung eines Problems, welches einiges Interesse darzubieten scheint, wenn gleich das Resultat ein rein negatives ist. Die bekannten von MACLAURIN und JACOBI gefundenen Resultate führen naturgemäss auf die Frage, in welchen Fällen ein flüssiges homogenes Ellipsoid, dessen Elemente sich gegenseitig nach dem NEWTONschen Gesetze anziehen, wie ein fester Körper um seinen Schwerpunkt rotiren kann, und die Antwort lautet, dass dies nur möglich ist, wenn die Bewegung um eine feste, mit einer der Hauptaxen des Ellipsoids zusammenfallende Axe geschieht, was der von MACLAURIN und JACOBI untersuchte Fall ist.

Wenn ich mich nun noch eines mir von meiner Frau gegebenen Auftrages entledige, so ist das Papier und also auch dieser lange Brief zu Ende. Der Auftrag ist der, Sie zu bitten, dass Sie meine Frau gefälligst bei Ihrer Frau entschuldigen wollen, dass sie sie (schöner Stil) vorigen Winter nicht hat besuchen können. EHLERT kann bezeugen, wie sehr meine Frau während ihres kurzen Aufenthaltes gehetzt gewesen ist und nur den kleinsten Theil der von ihr beabsichtigten Besuche hat machen können.

Vale et mihi fave

GÖTTINGEN 4. Juli 1857.

DIRICHLET.

VI. DIRICHLET AN KRONECKER.

Ich beeile mich, verehrter Freund, Ihnen für Ihren freundlichen Brief[*]) zu danken und zugleich den früheren vom Mai Ihrem Wunsche gemäss zu überschicken. Es versteht sich von selbst, dass Sie mir den letzteren, der mein Eigenthum ist, später wieder zustellen müssen, doch hat es damit keine Eile, da mir eine von DEDEKIND genommene Abschrift jeden Augenblick zu Gebote steht. Von Ihrem freundlichen Versprechen, mich zu besuchen, nehme ich, wie die Juristen sagen, Akt, hoffe jedoch, Sie vielleicht noch früher in Berlin

---

*) Dieser Brief von Herrn KRONECKER hat sich in DIRICHLET's Nachlass nicht vorgefunden. E. Sch.

51*

zu sehen. Ihres Auftrages wegen RIEMANN, dessen jetzigen Aufenthalt ich nicht sicher kenne — er war längere Zeit in Harzburg — entledige ich mich dadurch, dass ich heute an DEDEKIND schreibe, um durch diesen Ihr Gesuch an RIEMANN gelangen zu lassen.

Empfehlen Sie mich und meine Frau Ihrer Frau Gemahlin bestens und grüssen Sie unsere Freunde EHLERT, KUMMER, WEIERSTRASS und BORCHARDT, falls er zurück ist, ergebenst von

Ihrem treu ergebenen

GÖTTINGEN 4. Okt. 57.

DIRICHLET.

VII. KRONECKER AN DIRICHLET.

Hochgeehrter Herr Professor,

Zuvörderst meinen herzlichsten Dank für die ungemein prompte Erfüllung meiner neulichen Bitte! — Inzwischen bin ich von einem sehr schweren Verluste betroffen worden — meine Mutter ist im 59sten Jahre ihres Lebens, wenn auch an einer chronischen Krankheit, doch so plötzlich gestorben, dass, als ich vor sechs Wochen auf die erste Nachricht hin nach Liegnitz eilte, ich sie schon nicht mehr lebend antraf. Ich verweilte damals noch einige Wochen bei meinem armen Vater, und ich war selbst geistig und körperlich von dem Schlage sehr mitgenommen. Nachher kamen mancherlei leichtere Krankheiten in meiner kleinen Familie hier — Sie können Sich also denken, dass meine Arbeiten nur sehr langsam von Statten gingen, und ich muss Sie um Nachsicht bitten.

Die kleine Notiz, die ich über meine „Ellipt. Functions-Arbeiten" redigirt habe, erlaube ich mir Ihnen anbei zu überreichen und noch drei Exemplare zur ganz gelegentlichen Abgabe an die Herren RIEMANN, DEDEKIND und STERN beizufügen. Zur Entschuldigung hätte ich dabei mehr zu sagen als der Text selbst Raum einnimmt; doch werde ich die ausführliche Ausarbeitung so bald folgen lassen, dass diese selbst Alles erklären soll. Einige kleine Nachlässigkeiten meines Briefes vom 17. Mai, welcher anbei zurückfolgt, finden sich in der gedruckten Notiz verbessert. Nur zwei Punkte sind es, über die ich im

Frühjahr eine wirklich irrige Meinung hatte. I. Ich hatte damals einen Beweis für die Irreductibilität der Gleichungen gemacht, von denen die Modulwerthe abhängen — und dieser Beweis ist falsch. Ich bin zwar immer noch überzeugt, dass jene Gleichungen irreductibel sind, aber da ich es noch nicht beweisen kann, musste ich einstweilen den darauf gegründeten Schluss auf den Irregularitätsexponenten aufgeben. Dieser Schluss würde — so lange jene Irreductibilität noch nicht feststeht — nur in einer alternativen Form gemacht werden können, die weder schön noch einfach genug ist, um in die beiliegende Notiz mit aufgenommen zu werden. — II. Ich hatte ferner im Frühjahr die irrige Meinung mit dem qu. Gebiete mathematischer Untersuchung gewissermaassen fertig zu sein, während sich mir jetzt noch eine Fülle neuen und reichen Materials bietet. Indessen werde ich dieses Mal gegen meine Gewohnheit und Neigung doch an die Veröffentlichung gehen, ehe ich die Sache ganz durchgearbeitet habe; ich werde in zwei Theilen meiner Arbeit die Auflösbarkeit jener Gleichungen und die Anwendung derselben auf die Theorie der quadratischen Formen negativer Determinante geben, die weiteren Anwendungen aber namentlich auf die Composition der Formen wahrscheinlich noch verschieben. — Ich hoffe Sie werden diese Genügsamkeit Ihres armen Schülers billigen — denn ich sehe endlich ein, dass ich meinem Ideal nicht mehr nachstreben kann und darf, nämlich auch nur eine — wenn auch in niedrigeren Regionen sich bewegende — doch so in sich vollendete Arbeit zu liefern, wie die Ihrigen Alle sind. Es ist einmal mein Kreuz, dass ich immer auf Gebiete geführt werde, die bessere geistige Kräfte erfordern, als mir von der Natur verliehen sind, und die mehr Zeit in Anspruch nehmen als die ist, auf welche ich bei meinem doch eigentlich sehr unzuverlässigen Körper zu rechnen habe. — Bei meiner Ausarbeitung will ich nichts aus der Theorie der quadr. Formen voraussetzen, um deutlich zu zeigen, dass sich die ellipt. Functionen das Alles selbst machen. Doch, ehe ich das auch für die „Composition" mache, muss ich Sie, den Meister aller dieser Gebiete, durchaus selbst sprechen. Hoffentlich kommen Sie in den Weihnachtsferien hierher; wenn nicht — so komme ich später nach Göttingen. Von KUMMER, der mit seinem Reciprocitätsgesetzbeweise sehr schön vorgeschritten ist, soll ich Ihnen die herzlichsten Grüsse ausrichten. Ihrer Frau Gemahlin, die hoffentlich glücklich dort angekommen ist, bitte ich mich selbst und meine Frau, die ihre Grippe immer noch nicht ganz verwunden hat, bestens zu empfehlen. Sie selbst endlich, geehrter Herr

Professor, ersuche ich, Ihr für mich über Alles schätzbares Wohlwollen auch fernerhin zu bewahren

Ihrem Ihnen treu und dankbar ergebenen

BERLIN 2. Decbr. 57.

LEOPOLD KRONECKER.

Grüssen Sie RIEMANN und DEDEKIND gefälligst herzlichst von mir

D. O.

VIII. DIRICHLET AN KRONECKER.

Herrn Dr. KRONECKER

(aus Berlin)　　z. Z.

in

frei　　　　Ilsenburg.

Göttingen 23. Juli 58.

Da Sie, verehrter Freund, neulich auf dem Bahnhofe zu Harzburg[*) den Wunsch äusserten, den Ausgangspunkt meiner Untersuchungen über den Zusammenhang zwischen den quadratischen Formen von negativer Determinante und den elliptischen Funktionen kennen zu lernen, so will ich Ihnen meine Grundformel für den speciellen Fall, wo die Determinante eine negativ genommene Primzahl p von der Form $4n+3$ ist, mit zwei Worten mittheilen und so gut es, ohne mich in lange Erörterungen, zu denen mir die Musse fehlt, einzulassen, geschehen kann. Eine Andeutung dieses Zusammenhanges habe ich schon im zweiten Theile meiner Abhandlung R. s. d. a. etc. gegeben, aber die Sache ist dort durch den Umstand complicirt, dass die Zahlen bei der Darstellung ausgeschlossen werden, welche mit der Determinante einen gemeinschaftlichen Theiler haben. Hebt man diese Voraussetzung auf, so stellt sich die Formel für den erwähnten besonderen Fall und unter Anwendung der JACOBI'schen Zeichen wie folgt:

$$\frac{k}{\sqrt{p}}\,\frac{K}{\pi}\,\Sigma\!\left(\frac{s}{p}\right)\sin \text{ am } s\,\frac{4K}{\pi} \;=\; \Sigma q^{\frac{1}{4}(ax^2+2bxy+cy^2)}+\text{etc.}$$

Die Summe auf der ersten Seite erstreckt sich von $s=1$ bis $s=p-1$,

---

*) DIRICHLET war im Juli bei Herrn KRONECKER, welcher den Sommer in Ilsenburg zubrachte, einige Tage zum Besuch. Auf DIRICHLET's Rückreise nach Göttingen begleitete ihn Herr KRONECKER zu Wagen von Ilsenburg nach Harzburg.　　　　　　　　　E. SCH.

und andere Störungen verlängerte sich meine Abwesenheit von hier bis Sonnabend vor acht Tagen. Ich hatte inzwischen nicht an BORCHARDT noch an HEINE geschrieben, da ich nach der früheren KUMMERschen Mittheilung über BORCHARDT's Befinden dessen Abreise als noch weit hinausgeschoben betrachtete. Zu meinem Erstaunen fand ich nun aber bei meiner Rückkunft hierher am Sonnabend BORCHARDT's Nachricht vor, dass er Sonntag Mittag in Braunschweig eintreffen würde. Es war nun rein unmöglich, Ihnen noch rechtzeitig davon Mittheilung zu machen, zumal ich wusste, dass Sie Montag wieder Vorlesungen halten und also selbst ein längeres Warten BORCHARDT's in Braunschweig nichts genützt haben würde. Ich reiste also Sonntag allein hinüber und war mit BORCHARDT von 1 bis 8 Uhr zusammen. Er hat es natürlich sehr bedauert, um Ihren — vielleicht auch um HEINE's Besuch — durch Umstände gekommen zu sein, deren Abwendung zum Theil vielleicht in meiner Gewalt war. Indessen, geehrter Herr Professor, Sie haben jetzt alle Data, um selbst das Verdict über mich auszusprechen. Soviel über meine etwaigen Entschuldigungsgründe; was BORCHARDT anlangt, so fand ich ihn freilich sehr schwach und angegriffen, indessen hoffe ich doch, dass er die Reise nach der Insel Wight, die er in kurzen Tagereisen und in Begleitung eines gewandten Dieners machte, glücklich vollendet haben wird. Er denkt auf der Insel Wight auch seine Cousine HELLBORN, jetzt verheirathete SUSSMANN, mit ihrem Manne zu treffen, so dass er also sich dort um so weniger verlassen fühlen wird. BORCHARDT hatte, wie ich vor einigen Tagen von Berlin hörte, vor einigen Wochen erst wieder einen kleinen Anfall gehabt, und seitdem datirt sich die eigentliche Besserung, während bis dahin die Krankheit mehr schleichend verlaufen war, aber auch gar nicht recht weichen wollte. — BORCHARDT gedenkt an 5 Wochen in England zu verweilen und, wenn es ihm alsdann gut geht, noch auf einige Zeit nach Sorrent zu gehen. Freilich liegen die beiden Seeküsten etwas weit auseinander — aber Dampfwagen und Dampfschiffe laufen ja schnell. BORCHARDT's Adresse von der Insel Wight werde ich erst in Helgoland erfahren, wohin ich übermorgen mit meinem Sohne ERNST abzureisen gedenke, und wohin mir vielleicht (einem gestrigen Berliner Briefe nach zu schliessen) WEIERSTRASS und KUMMER folgen werden.

Nach allen diesen Personalien komme ich nun dazu, Ihnen für Ihren freundlichen Brief vom 23sten Juli aufs Herzlichste zu danken und Ihnen zu sagen, wie sehr ich mich durch diese prompte Mittheilung geschmeichelt fühle und noch mehr, wie ungemein mich der Inhalt jenes Schreibens interessirt hat; dass Sie in der Bestimmung von $\Sigma\left[\dfrac{n}{s}\right]$ so vorgeschritten sind, ist doch eigentlich so prächtig, dass keinerlei Rücksicht Ihre Freude daran beeinträchtigen darf. Auch wird Sie gewiss kein Bedenken von der weiteren Verfolgung der bezüglichen Untersuchungen abhalten, denn die Macht des Reizes derselben ist zu gross. Endlich aber wird es Ihrem umfassenden Geiste gewiss nicht schwer, die Ausarbeitung fertiger Untersuchungen selbst bei Arbeiten auf ganz andern Gebieten nebenher gehen zu lassen. Das ist eben der Vorzug unsrer grossen Männer, dass sie nicht nur die Fülle der Gedanken haben, sondern dass diese ihnen auch kein Hinderniss ist für deren Ausbeutung. — Ihre schönen Mittheilungen über die ellipt. Functionen werde ich mir gleich nach meiner Rückkunft nach Berlin ordentlich zu Nutze machen. Ich werde mir die von Ihnen angedeutete Umformung von $\Sigma q^{\frac{1}{2}(ax^2+2bxy+cy^2)}$ in Produkte von je zwei einfachen Summen $\Sigma q^{(\delta x+\varepsilon)^2}$ zu verschaffen und namentlich die rationalen Zahlen δ und ε zu bestimmen suchen. Diese hängen direct wahrscheinlich von den Coëfficienten der Formen ab, wenigstens so dass — während die linke Seite Ihrer Hauptgleichung offenbar algebraische von der Modulargleichung $p$ter Ordnung abhängige Functionen enthält — auf der rechten Seite algebraische Functionen vorkommen werden, welche aus Modulargleichungen andrer Ordnungen entstehen. Solche Beziehungen sind mir aber algebraisch vom höchsten Interesse — man kennt zwar schon dergleichen, aber die aus Ihrer Gleichung resultirenden sind sicher ganz verschieden von den bereits bekannten. Auch die zahlentheoretischen Folgerungen aus Ihrer Gleichung müssen ganz verschieden sein von denjenigen, die ich aus der Theorie der ellipt. Functionen gezogen habe. Aber ich glaube, dass Ihre Gleichung auch dann noch interessante Ergebnisse liefern wird, wenn man darin dem Modul k einen derjenigen speciellen Zahlenwerthe giebt, die ich besonders untersucht habe. Alle meine diessfällsigen Ideen und Absichten sind natürlich noch sehr unbestimmt — denn Ilsenburg ist kein gutes Klima für mathematische Studien — aber von Berlin aus hoffe ich Ihnen den Dank für Ihre schätzbaren Mittheilungen zu bethätigen. Meine liebe Frau lässt sich Ihnen angelegentlichst empfehlen, und ich selbst bitte Sie mir Ihre überaus werthe Freundschaft zu bewahren.

Ihr treu ergebener
KRONECKER.

Beste Grüsse Ihrem Sohn ERNST und meine besten Empfehlungen Ihrer Frau Mutter, so wie den Herrn WEBER, LISTING und RIEMANN. Ich bitte Sie noch von meinen Ihnen mitgetheilten Ideen über die Algebra der Zukunft, namentlich über die Benutzung der JACOBISCHEN linearen Gleichungen für $\sqrt{M}$ nichts Anderen mitzutheilen. Ich möchte erst selbst sehen, ob meine Speculationen Erfolg haben.

D. O.

52*

AUSZUG AUS DEM BRIEFWECHSEL ZWISCHEN ALEXANDER VON HUMBOLDT UND G. LEJEUNE DIRICHLET.

Aus einigen Briefen A. von Humboldt's an G. Lejeune Dirichlet geht hervor, dass der letztere Beiträge zum Kosmos geliefert hat. So heisst es in einem Briefe Humboldt's, welcher kurz vor der Drucklegung des zweiten Bandes, also um das Jahr 1847 geschrieben sein muss:

„Je Vous écris ces lignes au milieu de bien d'oiseuses et futiles agitations; mais ce serait un manque de sensibilité et de reconnaissance de ma part, que de ne pas Vous exprimer, mon cher et respectable ami, combien je suis touché du sacrifice de temps que Vous avez dû faire pour répondre à ma prière. Vous m'avez satisfait et parfaitement satisfait à ce qui pouvait seul entrer dans la composition de mon Précis historique. Vous l'avez fait avec cette mesure et cette précision dans l'expression des idées qui caractérise à un si haut degré tout ce qui sort de Votre plume. Je ne Vous nomme pas, ce serait Vous rendre „le Ministre responsable", mais j'ai guillemeté les passages, ce qui indique, comme je l'ai dit p. XIV de la préface, que la phrase est empruntée à un de mes amis. Comme Vous êtes moins indophile que moi, par devoir de parenté, Vous nourrissez l'espoir malin qu'un jour on découvrira quelque fragment de Diophante, qui nous donnera ce que jusqu' ici on ne trouve que chez les Indiens. J'espère que cette malice ne Vous réussira pas, et si je savais autant de Mathématiques que j'en ignore, je mettrais aussi dans la balance des probabilités le caractère particulier d'analyse, le goût de terroir des algébristes indiens, poètes métriques et coloristes par symboles. Que ces phrases ne Vous fassent pas craindre que j'aie ajouté à la phrase sacramentale. Je m'en suis bien gardé."

Dieser Brief scheint sich auf die folgende Stelle im Kosmos (Bd. II S. 262) zu beziehen:

„In den algebraischen Werken der Inder findet sich die allgemeine Lösung der unbestimmten Gleichungen des ersten Grades und eine weiter ausgebildete Behandlung derer des zweiten als in den auf uns gekommenen Schriften der Alexandriner; es unterliegt daher keinem Zweifel, dass, wären die Werke der Inder zwei Jahrhunderte früher und nicht erst in unseren Tagen den Europäern bekannt geworden, sie auf die Entwickelung der modernen Analysis fördernd hätten einwirken müssen."

A. VON HUMBOLDT AN G. LEJEUNE DIRICHLET.

Hier, mein theurer Freund und College, ist meine Ihnen längst angekündigte Frage wegen der Benennung der Wochentage durch Anwendung periodischer Reihen. Die Alten (so im Somnium Scipionis, so in einer berühmten Stelle des DIO CASSIUS, IDELER Bd. I. p. 179.) rechneten die Planeten folgendermaassen.

$$
\begin{array}{ll}
\text{Saturn} & \saturn \\
\text{Jupiter} & \jupiter \\
\text{Mars} & \mars \\
\text{Sonne} & \odot \\
\text{Venus} & \venus \\
\text{Mercur} & \mercury \\
\text{Mond} & \leftmoon
\end{array}
$$

Die Juden liessen aber die planetarische Benennung der 7 tägigen Woche also folgen:

$$
\begin{array}{llll}
\text{Sabbath,} & \text{Sonnabend,} & \text{Dies Saturni} & \saturn \\
& \text{Sonntag,} & \text{Dies Solis} & \odot \\
& \text{Montag,} & \text{Dies Lunae} & \leftmoon \\
& \text{Dienstag,} & \text{Dies Martis} & \mars \\
& \text{Mittwoch,} & \text{Dies Mercurii} & \mercury \\
& \text{Donnerstag,} & \text{Dies Jovis} & \jupiter \\
& \text{Freitag,} & \text{Dies Veneris} & \venus
\end{array}
$$

Es giebt 2 verbreitete Lösungen des Problems, wie die letzte Reihe aus der ersten entsteht.

a) nach Erklärung des DIO CASSIUS, indem man die Stunden des Tages und der Nacht von der ersten Tagesstunde zu zählen anfängt, diese erste dem Saturn, die zweite dem Jupiter, die dritte dem Mars weiht, so wird die letzte der 24 Stunden Mars sein, und die erste des auf den Sabbath folgenden Tages

Sonntag sein, auf ☉ fallen; der dritte Tag fängt mit einer von ☾ beherrschten Stunde an . . . IDELER I. p. 179.

b) nach LETRONNE wird das Problem dadurch gelöst, dass in dem Zodiacus durch excentrische Kreise (z. B. in dem römischen Zodiacus von BIANCHINI, über den ich vor 30 Jahren viel geschrieben, weil er in der späteren Caesarenzeit griechische Thierkreiszeichen mit tartarisch-kirgisischen verband) 12 Zeichen unterhalb 36 Dekanen stehen. Die 36 Dekane, deren je drei auf ein Zeichen gehen, sind benannt nach Planeten in der Reihenfolge der ersten Tabelle. Werfen Sie einen Blick auf CLERAC, Musée de Sculpture p. 832, so finden Sie, dass da der Planet, welcher der erste im Zeichen ist, den Wochentag benennt:

Leo	♄	♃	♂
Virgo	☉	♀	☿
Libra	☾	♄	♃
Scorpio	♂	☉	♀

. . . . . .

Die Wochentage heissen also

$$♄ \quad ☉ \quad ☾ \quad ♂ \quad . \quad . \quad .$$

Meine Frage ist nun: wie kann ich kurz und arithmetisch zeigen, dass der Weg der periodischen Reihe 7 und 24 eben dahin führt, als dieselbe periodische Reihe zu je drei in 12 verteilt.

Auf diese Frage lasse ich eine andere folgen, die mich weniger interessirt. Das einfältige Gesetz der Planetenabstände von TITIUS (oft fälschlich von BODE genannt) heisst:

$$4. \quad 4+3. \quad 4+6. \quad 4+12. \quad 4+24. \quad 4+48.$$

Das ist, wenn Entfernung des Saturn zur Sonne 100 ist

von Mercur	Venus	Erde	Mars	kleine Planeten	Jupiter
$\frac{4}{100}$	$\frac{7}{100}$	$\frac{10}{100}$	$\frac{16}{100}$	$\frac{28}{100}$	$\frac{52}{100}$

GAUSS hat schon gesagt, dass es eine tolle Reihe ist, die mit 4 anfängt, da Mercur nicht 4, sondern $4+\frac{1}{2}=5\frac{1}{2}$ sein sollte. MÄDLER nun nennt dies empirische Gesetz eine *geometrische* Progression, BODE nennt es ein *harmonisches*. Es ist gewiss weder eines noch das andere. Es hat dem Prof. TITIUS dunkel die Idee der Verdoppelung von Mercur an, nicht von der Sonne an, vorgeschwebt: 3. 6. 12. 24. . . . und durch Tappen hat er für Mercur die constante Quantität 4 gefunden, welche die geometrische Progression verunstaltend zu jedem Gliede der Reihe addirt, die wirklichen Abstände annähernd giebt. Ist das richtig? Heisst nicht eine harmonische Progression eine solche, in der das erste Glied sich zum dritten verhält wie die Differenz des ersten und zweiten Gliedes sich zur Differenz des zweiten und dritten Gliedes verhält.

$$a. \quad b. \quad c. \quad d$$
$$a:c = b-a:c-b$$

Wo ist denn etwas in der Reihe von TITIUS

$$4. \quad 7. \quad 10. \quad 16. \quad . \quad .$$

zu finden, wie BODE will? $4:10 = 3:3$. Unsinn.

Lächeln Sie nicht zu sehr über mein weniges Wissen! Wegen der dunkeln Idee der Verdoppelung erinnere ich an die wirklichen Abstände der Planeten von der Sonne.

Mercur 8 Millionen geogr. Meilen
Venus 15
Erde 20,6!!
Mars 31,5
kleine Planeten 56
Jupiter 107,5 bene
Saturn 197 bene
Uranus 396 bene
Neptun 620,8 schlecht.

Mit inniger Freundschaft

Berlin Sonntag Nacht $2^{\mathrm{h}}\frac{3}{4}$ A. v. HUMBOLDT.

G. LEJEUNE DIRICHLET AN A. VON HUMBOLDT.

Nach zwei der drei über den Ursprung der planetarischen Wochentags-benennungen aufgestellten Hypothesen sind diese dadurch entstanden, dass man in der aus der Planetenreihe

Saturn a
Jupiter b
Mars   c

Sonne d
Venus e
Mercur f
Mond g

gebildeten periodischen Reihe

    (1.)   a b c d e f g, a b c etc.

immer ein Glied genommen und dann zwei übersprungen hat, was die neue periodische Reihe

    (2.)   a d g c f b e, a d etc.

ergiebt, sei es nun, dass dieses Ueberspringen von 2 Gliedern nach DIO CASSIUS' erster Erklärung aus der Anwendung der Quarte hervorgegangen sei oder dass man von der obigen ersten Reihe, wie LETRONNE meint, immer je drei folgende Glieder in ein Zeichen des Zodiacus eingeschrieben und nur das erste als Wochentagsbenennung gebraucht hat. Nach der dritten Hypothese (der zweiten Erklärungsweise des DIO CASSIUS) heissen die auf einanderfolgenden Wochentage nach den Planeten, welche die erste Tagesstunde beherrschen, so dass also immer 23 Glieder zu überspringen sind. Da es nun bei einer periodischen Reihe wie (1.) offenbar gleichgültig ist, ob man eine gewisse Gliederzahl oder diese Zahl um irgend ein Multiplum der Gliederzahl der Periode (hier 7) vermehrt überspringt, so muss das Ueberspringen von 23 $(= 3 \cdot 7 + 2)$ genau dasselbe Resultat wie das von 2 geben, d. h. es muss wie oben die Reihe (2.) kommen.

Hinsichtlich der Behauptung von BODE, dass die Reihe von TITIUS eine harmonische sei, weiss ich nichts anderes zu sagen, als dass mir die Benennung harmonische Progression in keiner andern Bedeutung als der von Ew. Excellenz angegebenen bekannt ist und dass sich auch bei KLÜGEL nichts anderes findet.

— — — — — — — — — — — — — — — — — —

Ew. Excellenz
ergebenster

Mittwoch 26. Mai 51.   DIRICHLET.

Die Bemerkungen, welche sich auf die Benennung der Wochentage beziehen, sind von HUMBOLDT im Kosmos, wo er diese Frage einer Discussion unterzieht, benutzt worden. Im dritten Bande des Kosmos findet sich auf den Seiten 474 u. ff. ein fast wörtlicher Abdruck der beiden vorhergehenden Briefe.

In dem folgenden Briefe A. VON HUMBOLDT's benachrichtigt er DIRICHLET davon, dass er seine Mittheilungen benutzt habe.

A. VON HUMBOLDT AN G. LEJEUNE DIRICHLET.

Mon cher ami!

Je suis très pressé de renvoyer une épreuve à Stuttgart pour terminer ce malheureux 3ième vol. tout astronomique. Daignez jeter à la hâte les yeux sur pages 10 et 11*) pour voir, si j'ai bien saisi Votre éclaircissement de la concordance des deux méthodes, de celle des heures planétaires avec la méthode des 36 Décans. Si Vous ordonnez des changements, donnez les moi en allemand et renvoyez le tout avec la note de Votre écriture.

---

*) Die Angabe der Seitenzahl bezieht sich wahrscheinlich auf das Manuscript des Kosmos.

F.

BEMERKUNG ZU DIRICHLET'S WERKEN Bd. I. S. 348. Z. 7.

VON

HERRN R. DEDEKIND.

Ist die Primzahl $p \equiv 5$ (mod. 8), so sind die beiden Zahlen h und k, welche der Gleichung

$$h^2 - pk^2 = -4$$

genügen, nicht immer ungerade, wie hier behauptet wird, sondern sie können auch beide gerade sein; der letztere Fall tritt zuerst für $p = 37$ ein, wo $h = -12$, $k = 2$ wird. Die Methode, die PELLsche Gleichung mittelst der Kreistheilung zu lösen, ist aus den Untersuchungen über die arithmetische Reihe und über die Klassenanzahl der binären quadratischen Formen von positiver Determinante hervorgegangen, und jene Behauptung würde in der Abhandlung *Recherches sur diverses applications de l'analyse infinitésimale à la théorie des nombres* ihre Berichtigung von selbst gefunden haben, wenn DIRICHLET dort auf die Betrachtung der einzelnen Fälle zurückgekommen wäre. Die im Winter 1856—1857 in Göttingen von ihm gehaltene Vorlesung brach ebenfalls vor Erledigung dieses Punktes ab, und erst bei der Ausarbeitung derselben zum Zweck ihrer Veröffentlichung bemerkte ich den genannten Irrthum.

Bedeuten T, U, T', U', T'', U'' die kleinsten natürlichen Zahlen, welche den Gleichungen

$$T^2 - pU^2 = 1, \quad T'^2 - pU'^2 = 4, \quad T''^2 - pU''^2 = -4$$

genügen, und setzt man die Fundamentaleinheit

$$\frac{T'' + U''\sqrt{p}}{2} = \varepsilon,$$

so leuchtet ohne Weiteres ein, dass

$$\frac{T' + U'\sqrt{p}}{2} = \varepsilon^2, \quad T' \equiv U' \equiv T'' \equiv U'' \ (\text{mod. } 2)$$

ist. Setzt man ferner

$$T + U\sqrt{p} = \varepsilon^{2m},$$

so zeigt DIRICHLET (Bd. 1. S. 470—471), dass $m = 1$ oder $= 3$ ist, je nachdem die Zahlen T', U' (also auch T'', U'') gerade oder ungerade sind, und wenn n und n' die (dort mit h und h' bezeichneten) Klassenanzahlen der zu der Determinante p gehörenden Formen erster und zweiter Art bedeuten, so ergiebt sich zugleich

$$mn = 3n'.$$

Zufolge §. 11 derselben Abhandlung (Bd. I. S. 495, wo $P = p$, $Y_1 = g = pk$, $Z_1 = -h$ zu setzen ist) wird die Klassenanzahl n durch die Gleichung

$$(T + U\sqrt{p})^n = \left(\frac{-h + k\sqrt{p}}{2}\right)^6$$

bestimmt, und da die Zahlen $-h$ und k immer positiv sind (Bd. I. S. 371—372), so folgt hieraus

$$\frac{-h + k\sqrt{p}}{2} = \varepsilon^{n'}.$$

Die Zahlen h, k werden daher gewiss gerade sein, wenn die Zahlen T'', U'', also auch T', U' gerade sind, d. h. wenn $m = 1$, also $n = 3n'$ ist, und in den *Disquisitiones Arithmeticae* (Art. 256. VI) — welche Stelle DIRICHLET am Schlusse von §. 8 (Bd. I. S. 473) zur Vergleichung citirt — bemerkt GAUSS, dass dieser Fall $n = 3n'$ für die Primzahlen $p = 37$, 101, 197, 269, 349, 373, 389, 557 (und für keine andere Primzahl unterhalb 600) eintritt. In der That findet man z. B.

$$-h = 12, \quad k = 2, \quad n' = 1, \quad n = 3 \quad \text{für } p = 37$$
$$-h = 20, \quad k = 2, \quad n' = 1, \quad n = 3 \quad \text{für } p = 101.$$

Aus der obigen Gleichung für die Klassenanzahl n ergiebt sich unmittelbar das allgemeine Kennzeichen, dass die Zahlen h, k stets und nur dann gerade sind, wenn n durch 3 theilbar ist. Dies geschieht, wie eben besprochen, gewiss im Falle $m = 1$, weil dann $n = 3n'$ ist; dasselbe kann aber auch in dem anderen Falle $m = 3$, $n = n'$ geschehen, obgleich die Zahlen T', U', T'', U'' ungerade sind, und die kleinste Primzahl p, für welche diese Erscheinung eintritt, ist 229; die äusserst mühselige Berechnung der Funktionen Y, Z giebt

$$-h = 3420, \quad k = 226 \quad \text{für } p = 229;$$

53*

zu demselben Resultate gelangt man auf viel kürzerem Wege durch die Aufstellung der reducirten Formen, woraus sich

$$T'' = 15, \quad U'' = 1, \quad n = n' = 3$$

ergiebt.

R. DEDEKIND.

BEMERKUNG
DES HERRN HEINRICH WEBER.

KIRCHHOFF hat in einem anfangs der siebenziger Jahre in Heidelberg geführten Gespräche dem Unterzeichneten erzählt, dass DIRICHLET, wie er aus dessen eigenem Munde wisse, im Besitze der Lösung des Problems gewesen sei, die Vertheilung der statischen Electricität auf der Oberfläche eines leitenden Würfels zu bestimmen, und dass auch dies für uns, wie so vieles andere, verloren sei. Näheres darüber hat sich nicht ermitteln lassen.

Strassburg, März 1897.

H. WEBER.

VERZEICHNISS DER UEBERSETZUNGEN DIRICHLET'SCHER ABHANDLUNGEN, DIE NICHT IN DIE GESAMMELTEN WERKE AUFGENOMMEN WORDEN SIND.

I. Démonstration de cette proposition: Toute progression arithmétique, dont le premier terme et la raison sont des entiers sans diviseur commun, contient une infinité de nombres premiers.

> Liouville, Journal de Mathématiques, Sér. I, Tome IV, p. 393—422 (Uebersetzung von Terquem).
>
> Bd. I, S. 313—342 dieser Ausgabe von G. Lejeune Dirichlet's Werken.

II. Recherches sur la théorie des nombres complexes.

> Liouville, Journal de Mathématiques, Sér. I, Tome IX, p. 245—269. (Uebersetzung von Faye).
>
> Bd. I, S. 509—532 dieser Ausgabe von G. Lejeune Dirichlet's Werken.

III. Note sur la stabilité de l'équilibre.

> Liouville, Journal de Mathématiques, Sér. I, Tome XII, p. 474—478 (Uebersetzung von Kopp).
>
> Bd. II, S. 3—8 dieser Ausgabe von G. Lejeune Dirichlet's Werken.

IV. Sur la réduction des formes quadratiques à trois indéterminées entières.

> Liouville, Journal de Mathématiques, Sér. II, Tome IV, p. 209—232 (Ohne Angabe des Uebersetzers).
>
> Bd. II, S. 27—48 dieser Ausgabe von G. Lejeune Dirichlet's Werken.

V. Sur la détermination des valeurs moyennes dans la théorie des nombres.

> Liouville, Journal de Mathématiques, Sér. II, Tome I, p. 353—370. (Uebersetzung von Hoüel).
>
> Bd. II, S. 49—66 dieser Ausgabe von G. Lejeune Dirichlet's Werken.

VI. Sur une nouvelle formule pour la détermination de la densité d'une couche sphérique infiniment mince, quand la valeur du potentiel de cette couche est donnée en chaque point de la surface.

> Liouville, Journal de Mathématiques, Sér. II, Tome II, p. 57—80 (Uebersetzung von Hoüel).
>
> Bd. II, S. 67—88 dieser Ausgabe von G. Lejeune Dirichlet's Werken.

VII. Sur la possibilité de la décomposition des nombres en trois carrés.

> Liouville, Journal de Mathématiques, Sér. II, Tome IV, p. 233—240. (Uebersetzung von Hoüel.)
>
> Bd. II, S. 89—96 dieser Ausgabe von G. Lejeune Dirichlet's Werken.

VIII. Sur un problème relatif à la division.
       LIOUVILLE, Journal de Mathématiques, Sér. II, Tome I, p. 371—376 (Uebersetzung
       von HOÜEL).
       Bd. II, S. 97—104 dieser Ausgabe von G. LEJEUNE DIRICHLET's Werken.

 IX.   De la composition des formes binaires du second degré.
       LIOUVILLE, Journal de Mathématiques, Sér. II, Tome IV, p. 389—398. (Ueber-
       setzung von LEBESGUE.)
       Bd. II, S. 105—114 dieser Ausgabe von G. LEJEUNE DIRICHLET's Werken.

  X.   Sur la première démonstration donnée par GAUSS de la loi de réciprocité dans la
       théorie des résidus quadratiques.
       LIOUVILLE, Journal de Mathématiques, Sér. II, Tome IV, p. 401—420 (Uebersetzung
       von HOÜEL.)
       Bd. II, S. 121—138 dieser Ausgabe von G. LEJEUNE DIRICHLET's Werken.

 XI.   Éloge de CHARLES-GUSTAVE-JACOB JACOBI.
       LIOUVILLE, Journal de Mathématiques, Sér. II, Tome II, p. 217—243 (Uebersetzung
       von HOÜEL.)
       Bd. II, S. 225—252 dieser Ausgabe von G. LEJEUNE DIRICHLET's Werken.

XII.   Sur le caractère biquadratique du nombre 2, extrait d'une lettre adressée à M. STERN.
       LIOUVILLE, Journal de Mathématiques, Sér. II, Tome IV, p. 367—368 (Uebersetzung
       von HOÜEL.)
       Bd. II, S. 259—262 dieser Ausgabe von G. LEJEUNE DIRICHLET's Werken.

DRUCKFEHLER-VERZEICHNISS ZUM 1. BANDE.

Seite 26 Zeile 7 von unten muss es heissen:
$$(dd' \pm aee')^2 - a(d'e \pm de') = l^{2n},$$

- 27 Zeile 6 von unten muss es heissen:
$$D'^2 - aE'^2 = k,$$

- 289 in Formel (2) muss es heissen:
$$\frac{n(n-1)}{2(2n-1)} \quad \text{statt} \quad \frac{n(n-1)}{2(2n-2)}.$$